高职高专电类专业基础课规划教材

高职高专电子技术实用规划教材——案例驱动与项目实践(工作过程系统化)

电子技术综合实践项目教程

卜树坡　叶　萍　主编

周步新　孟桂芳　吴　琦　袁志敏　副主编

叶国平　主审

電子工業出版社

Publishing House of Electronics Industry

北京 • BEIJING

内容简介

本书是参照《国家职业标准》，满足电子行业企业技术标准和行业技能资格认证的相关知识和技能要求，同时适合项目导向、任务驱动教学实训。本书主要内容包括：常用元器件的识别与检测、电子元器件的焊接工艺、常用电子仪器的测量技术、电子调试技术、电子电路检修技术、电子电路的设计、Mutisim 7 仿真与应用等，同时融入了技能训练和知识拓展训练等实际操作，着力培养学生专业核心技能。

本书适合于高职高专类院校作为电子测量和产品调试的教材，也可以作为各类应用电子、电子测量和电子信息等专业或相近专业的参考书，还可作为岗位培训用书及自学用书。

图书在版编目(CIP)数据

电子技术综合实践项目教程/卜树坡，叶萍主编. —北京：电子工业出版社，2013.8
高职高专电类专业基础课规划教材
ISBN 978-7-121-21137-9

Ⅰ. ①电… Ⅱ. ①卜… ②叶… Ⅲ. ①电子技术－高等职业教育－教材 Ⅳ. ①TN

中国版本图书馆 CIP 数据核字(2013)第 175701 号

策划编辑：贺志洪
责任编辑：贺志洪　　特约编辑：张晓雪　薛　阳
印　　刷：北京京师印务有限公司
装　　订：北京京师印务有限公司
出版发行：电子工业出版社
　　　　　北京市海淀区万寿路 173 信箱　邮编　100036
开　　本：787×1092　1/16　印张：17.75　字数：454 千字
印　　次：2016 年 12月第 2 次印刷
定　　价：36.50 元

凡所购买电子工业出版社图书有缺损问题，请向购买书店调换，若书店售缺，请与本社发行部联系，联系及邮购电话：(010)88254888。

质量投诉请发邮件至 zlts@phei.com.cn，盗版侵权举报请发邮件至 dbqq@phei.com.cn。

服务热线：(010)88258888。

前言

FOREWORD

本书依据“全面实施素质教育，深化教育领域综合改革，着力提高教育质量，培养学生创新精神”，教育的根本任务是立德树人。现代职业教育具有自己的特定目标和特殊规律，即满足社会经济发展的人才需求和相关的就业需求，促进学生的个性发展和相关的智力开发。在编写过程中，参照《国家职业标准》，结合高等职业教育的特点和需求，着重培养学生的实际应用能力和职业技能，以应用为目的，强化训练，突出实用性和针对性。以理论知识够用，实际操作管用，就业上岗可用为原则，体现“做中学”、“学中做”，理论与实践相融合。

本书内容覆盖了电子技术综合实践课程教学所规定的知识点，内容的逐步展现符合教学规律和学生的认知规律。包括：常用元器件的识别与检测、电子元器件的焊接工艺、常用电子仪器的测量技术、电子调试技术、电子电路检修技术、电子电路的设计、Mutisim 7 仿真与应用等七个项目。采用项目化授课模式，以电子技术中的典型项目为载体，每个项目又分若干个任务，每个任务都有任务要求、基本活动、技能训练和拓展思考等内容，每章最后对重要知识点进行精练的、提升性的小结。以完成工作任务为主线，进行相关的理论知识学习。一边讲授一边操作，既能激发学生的兴趣，又能加深学生的理解，同时提高学生的动手能力。

本书共有七个项目，项目一、二由吴琦老师编写，项目三由叶萍老师编写，项目四由叶萍老师和周步新老师编写，项目五、六由孟桂芳老师编写，项目七由卜树坡老师和苏州市电子产品检验所有限公司总工程师袁志敏编写。卜树坡、叶萍负责全书统稿并担任主编，周步新、孟桂芳、吴琦、袁志敏副主编，苏州职业大学副教授、高级工程师叶国平担任主审。

在编写过程中，认真听取了校企合作单位——苏州市电子产品检验所有限公司总工程师袁志敏、苏州市汉达工业自动化有限公司技术中心主任张洁、苏州新亚电通有限公司张勇工程师、苏州阳立电子有限公司唐黎明工程师、西门子听力技术（苏州）有限公司杨宝书高级工程师等企业专家的意见和建议，在此谨致以衷心的感谢！

承蒙哈尔滨理工大学林海军教授在百忙中审阅，并提出了许多宝贵意见。

由于作者水平所限，书中定有疏漏和欠妥之处，敬请批评指正，作者不胜感谢！

作　者

2013 年 6 月

目录

CONTENTS

项目1

常用元器件的识别与检测

【项目描述】

电子元器件是电子产品最基本的要素，打开任何一台电子仪器设备，都会看到其内部的电路板上排满了各种电子元器件。而且在分析电路的实际工作过程和电路功能时，通过对电路进行实际解剖，要求学生会识别常见电子元器件的种类，熟悉常见电子元器件的名称，了解各种电子元器件的用途，掌握常见电子元器件的检测方法。

【学习目标】

(1) 掌握电阻(位)器、电容器和电感器的种类、作用与标志方法。

(2) 掌握半导体二极管、三极管和场效应管的种类、作用与标志方法。

(3) 掌握万用表对常用元器件的检测。

【能力目标】

(1) 能用目视法判断、识别常用电子元器件的种类，能正确说出常用电子元器件的名称。

(2) 对常用电子元器件上标志的主要参数能正确识读，了解该电子元器件的作用与用途。

(3) 能使用万用表对常用元器件进行测量，并判断其性能的优劣。

任务1.1　电阻器、电位器的识别与检测

电阻器是电气、电子设备中用得最多的基本元件之一。在电路中的主要作用为分流、限流、分压、偏置、滤波(与电容器组合使用)和阻抗匹配等。

【任务要求】

(1) 熟悉电阻器、电位器的类型和用途。

(2) 熟悉电阻器、电位器上标志的主要参数。

(3) 掌握用万用表对电阻器、电位器的测量，并判断其性能的优劣。

【基本知识】

一、电阻器、电位器的分类

电阻器是具有一定电阻值的电子元件，也叫电阻，英文名 Resistance，通常缩写为 R，它是导体的一种基本性质，指导体对电流的阻碍作用，与导体的尺寸、材料、温度有关。事实上，“电阻”说的是一种性质，而通常在电子产品中所指的电阻，是指电阻器这样一种元器件。电阻的基本单位是欧姆，用希腊字母“Ω”表示。表示电阻阻值的常用单位还有千欧(kΩ)，兆欧(MΩ)。电阻器是组成电子电路不可缺少的元件，电路元器件中应用最广泛的一种，在电子设备中约占元器件总数的三分之一，其质量的好坏对电路的稳定性有极大影响。电阻器主要用途是稳定和调节电路中的电流和电压，其次还可作为分流器、分压器和消耗电能的负载等。

电阻器的种类很多，随着电子技术的发展，新型电阻器会日益增多。电阻器分为固定式电阻器和可变式电阻器两大类。固定电阻器按电阻体材料及用途又可分成多个种类。

1. 固定式电阻器

按制作材料和工艺不同，固定式电阻器可分为线绕电阻器、薄膜电阻器、实芯电阻器和敏感电阻器 4 种类型。

(1) 线绕电阻器 RX：有通用线绕电阻器、精密线绕电阻器、大功率线绕电阻器和高频线绕电阻器。

(2) 薄膜电阻器：有碳膜电阻器 RT、合成碳膜电阻器 RH、金属膜电阻器 RJ、金属氧化膜电阻器 RY、化学沉积膜电阻器、玻璃釉膜电阻器和金属氮化膜电阻器。

(3) 实芯电阻器：有无机合成实芯碳质电阻器 RN、有机合成实芯碳质电阻器 RS。

(4) 敏感电阻器：有压敏电阻器、热敏电阻器、光敏电阻器、力敏电阻器、气敏电阻器、湿敏电阻器。

按电阻器的用途来分，电阻器可以分为通用电阻器、精密电阻器、高阻电阻器、功率型电阻、高压电阻器和高频电阻器等。

按电阻器的结构来分，又可以分为圆柱形电阻器、管形电阻器、圆盘形电阻器以及平面形电阻器等。

按引出线形式不同，电阻器又可以分为轴向引线型、径向引线型、同向引线型及无引线型等。

按保护方式的不同，电阻器又可分为无保护、涂漆、塑压、密封和真空密封等类型。

2. 可变式电阻器

可变式电阻器分为滑线式变阻器和电位器，其中应用最广泛的是电位器。

电位器(Potentiometer)是可变式电阻器的一种，通常由电阻体与转动或滑动系统组成，即靠一个动触点在电阻体上移动，获得部分电压输出。其作用是调节电压(含直流电压与信号电压)和电流的大小。

电位器的结构特点是有两个固定端和一个动触点，通过手动调节动触点转轴或滑柄，改变动触点在电阻体上的位置，则改变了动触点与任一个固定端之间的电阻值，从而改变了电压与电流的大小。

电位器是一只可调的电子元件。它大多用作分压器。因此简单来说它是一种具有3个接头的可变电阻器，其阻值在一定范围内连续可调。它有几种样式，一般用在音箱音量开关和激光头功率大小调节电位器是一种可调的电子元件。组成电位器的关键零件是电阻体和电刷。

电位器还可按电阻体的材料分类，如线绕、合成碳膜、有机实芯和导电塑料等类型如图1-1-1所示，电性能主要决定于所用的材料。此外还有用金属箔、金属膜和金属氧化膜制成电阻体的电位器，具有特殊用途。电位器按使用特点区分，有通用、高精度、高分辨力、高阻、高温、高频、大功率等电位器；按阻值调节方式分则有可调型、半可调型和微调型，后两者又称半固定电位器。为克服电刷在电阻体上移动接触对电位器性能和寿命带来的不利影响，又有无触点非接触式电位器，如光敏和磁敏电位器等，供少量特殊应用。

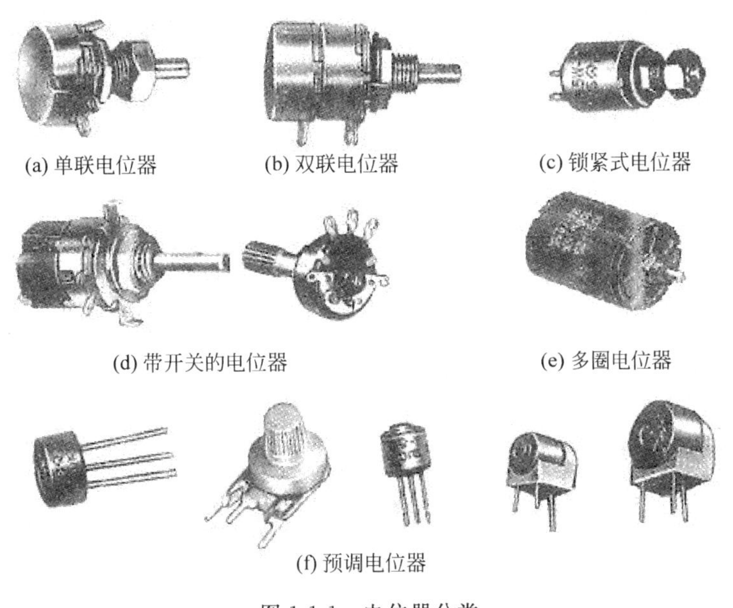
(a) 单联电位器 (b) 双联电位器 (c) 锁紧式电位器

(d) 带开关的电位器 (e) 多圈电位器

(f) 预调电位器

图1-1-1 电位器分类

(1) 线绕电位器：具有高精度、稳定性好、温度系数小，接触可靠等优点，并且耐高温，功率负荷能力强。缺点是阻值范围不够宽、高频性能差、分辨力不高，而且高阻值的线绕电位器易断线、体积较大、售价较高。这种电位器广泛应用于电子仪器、仪表中。线绕电位器的电阻体由电阻丝缠绕在绝缘物上构成，电阻丝的种类很多，电阻丝的材料是根据电位器的结构、容纳电阻丝的空间、电阻值和温度系数来选择的。电阻丝越细，在给定空间内获得的电阻值和分辨率越大。但电阻丝太细，在使用过程中容易断开，影响传感器的寿命。

(2) 合成碳膜电位器：具有阻值范围宽、分辨力较好、工艺简单、价格低廉等特点，但动噪声大、耐潮性差。这类电位器宜作函数式电位器，在消费类电子产品中大量应用。采用印刷工艺可使碳膜片的生产实现自动化。

(3) 有机实芯电位器：阻值范围较宽、分辨力高、耐热性好、过载能力强、耐磨性较好、可靠性较高，但耐潮热性和动噪声较差。这类电位器一般是制成小型半固定形式，在电路中作微调用。

(4) 金属玻璃釉电位器：它既具有有机实芯电位器的优点，又具有较小的电阻温度系数(与线绕电位器相近),但动态接触电阻大、等效噪声电阻大,因此多用于半固定的阻值调节。这类电位器发展很快,耐温、耐湿、耐负荷冲击的能力已得到改善,可在较苛刻的环境条件下可靠地工作。

(5) 导电塑料电位器:阻值范围宽、线性精度高、分辨力强,而且耐磨寿命特别长。虽然它的温度系数和接触电阻较大,但仍能用于自动控制仪表中的模拟和伺服系统。

(6) 多圈精密可调电位器:在一些工控及仪表电路中,通常要求可调精度高。为了适应生产需要。现在这类电路采用一种多圈可调电位器。这类电位器具有步进范围大、精度高等优点。

二、电阻器、电位器的型号命名法

根据部颁标准规定,国产电阻器和电位器的型号由 4 部分组成。第一部分:主称(用字母表示);第二部分:电阻体材料(用字母表示);第三部分:分类(一般用数字表示);第四部分:序号(用数字表示),如图 1-1-2 所示。

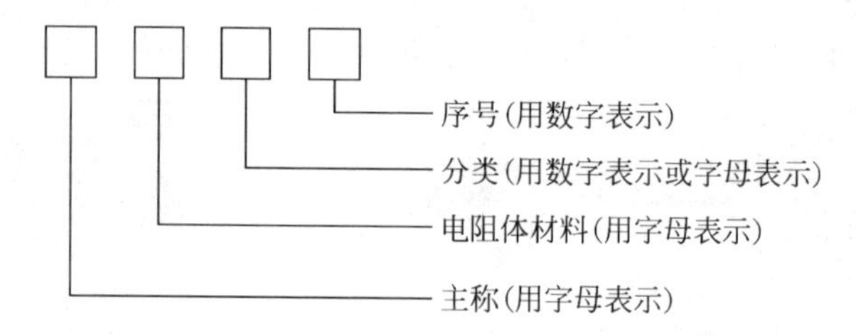

图 1-1-2 电阻器、电位器的型号组成

(1) 第一、第二部分符号及意义,如表 1-1-1 所示。

表 1-1-1 型号中主称和材料部分的符号及意义

主称		材料		主称		材料	
符号	意义	符号	意义	符号	意义	符号	意义
R	电阻器	T	碳膜	W	电位器	H	合成碳膜
		H	合成膜			S	有机实心
		S	有机实心			N	无机实心
		N	无机实心			J	金属膜
		J	金属膜			Y	氧化膜
		Y	氧化膜			I	玻璃釉膜
		C	沉积膜			X	线绕
		I	玻璃釉膜				
		X	线绕				

例 1:如 RJ73—精密金属膜电阻器;WXD3—多圈线绕电位器。

(2) 第三部分数字和字母意义,如表 1-1-2 所示。

表 1-1-2 分类部分数字和字母的意义

数字代号	1	2	3	4	5	7	8	9
电阻器	普通	普通	超高频	高阻	高温	精密	高压	特殊
电位器	普通	普通				精密	特殊函数	特殊

字 母	G	T	W	D
电阻器	高功率	可调	—	—
电位器	—	—	微调	多圈

注：① 以上命名法，对光敏、热敏电阻不适用。
② 由于电阻器品种不断发展，加上从国外引进了一些电阻器和电位器生产线，有些电阻器、电位器没有按照上述方法命名。请在使用时参阅各生产厂的产品手册。

三、电阻器、电位器的主要参数

电阻器参数很多，通常考虑标称阻值、允许误差和额定功率等三项。对有特殊要求的电阻器还需考虑它的温度系数和稳定性、最大工作电压、噪声和高频特性（高频下电阻的寄生电感和寄生电容影响）等。

1. 电阻器的标称阻值和允许误差

（1）标称阻值系列。各个工厂生产的电阻器，均应符合国家规定的阻值系列，并将阻值标志在电阻体上。根据部颁标准规定，电阻器的标称阻值系列如表 1-1-3 所示，所列数值的 10^n 倍，其中 n 为正整数、负整数或零。

表 1-1-3 电阻器的标称阻值系列

系列	允 许 误 差	电阻器的标称值
E24	Ⅰ级（±5%）	1.0 1.1 1.2 1.3 1.5 1.6 1.8 2.0 2.2 2.4 2.7 3.0 3.3 3.6 3.9 4.3 4.7 5.1 5.6 6.2 6.8 7.5 8.2 9.1
E12	Ⅱ级（±10%）	1.0 1.2 1.5 1.8 2.2 2.7 3.3 3.9 4.7 5.6 6.8 7.8
E6	Ⅲ级（±20%）	1.0 1.5 2.2 3.3 4.7 6.8

随着电子技术的发展，对器件数值的精密越来越高，所以近几年来，国家又相继公布了 E192、E96、E48 系列标准，其精度等级分别为 005、01 或 00、02 或 0，使电阻器的系列值得以增加，阻值误差越来越小。固定电阻器 E192、E96、E48 标称阻值系列如表 1-1-4 所示。

（2）标称阻值和允许误差的标志法。

① 直接标志法。它是将电阻的阻值和误差等级直接用数字和字母印在电阻上，电阻值单位的标志符号如表 1-1-5 所示。精密度等级Ⅰ或Ⅱ可标，对Ⅲ可不标，如图 1-1-3 所示。

表 1-1-4 固定电阻器 E192、E96、E48 标称阻值系列

系列	允 许 误 差	电阻系列标称值
E48	±1%	1.00 1.02 1.20 1.15 1.21 1.27 1.33 1.40 1.47 1.54 1.62 1.69 1.78 1.87 1.96 2.05 2.15 2.26 2.37 2.49 2.61 2.74 2.87 3.01 3.16 3.32 3.48 3.65 3.83 4.02 4.22 4.42 4.64 4.87 5.22 5.36 5.62 5.90 6.19 6.49 6.81 7.15 7.50 7.87 8.25 8.66 9.09 9.53

续表

系列	允许误差	电阻系列标称值
E96	±1%	1.00 1.02 1.05 1.07 1.10 1.13 1.15 1.18 1.21 1.24 1.26 1.27 1.29 1.30 1.32 1.33 1.35 1.37 1.38 1.40 1.42 1.43 1.45 1.47 1.49 1.50 1.52 1.54 1.58 1.62 1.65 1.69 1.74 1.78 1.82 1.87 1.91 1.96 2.00 2.05 2.10 2.15 2.21 2.26 2.32 2.37 2.43 2.49 2.55 2.61 2.67 2.74 2.80 2.87 2.94 3.01 3.09 3.16 3.24 3.32 3.40 3.48 3.57 3.65 3.74 3.83 3.92 4.02 4.12 4.22 4.32 4.42 4.53 4.64 4.75 4.87 4.99 5.11 5.23 5.36 5.49 5.62 5.76 5.90 6.04 6.19 6.34 6.49 6.65 6.81 6.98 7.15 7.32 7.50 7.68 7.87 8.06 8.25 8.45 8.66 8.87 9.09 9.31 9.53 9.76 9.88
E192	±1%	1.00 1.01 1.02 1.04 1.05 1.06 1.07 1.09 1.10 1.11 1.13 1.14 1.15 1.17 1.18 1.20 1.21 1.23 1.24 1.26 1.27 1.29 1.30 1.32 1.33 1.35 1.37 1.38 1.40 1.42 1.43 1.45 1.47 1.49 1.50 1.52 1.54 1.56 1.58 1.60 1.62 1.64 1.65 1.67 1.69 1.72 1.74 1.76 1.78 1.80 1.82 1.84 1.87 1.89 1.91 1.93 1.96 1.98 2.00 2.03 2.05 2.08 2.10 2.13 2.15 2.18 2.21 2.23 2.26 2.29 2.32 2.34 2.37 2.40 2.43 2.46 2.49 2.52 2.55 2.61 2.64 2.67 2.71 2.74 2.77 2.80 2.84 2.87 2.91 2.94 2.98 3.01 3.05 3.09 3.12 3.16 3.20 3.24 3.28 3.32 3.36 3.40 3.44 3.48 3.52 3.57 3.61 3.65 3.70 3.74 3.79 3.83 3.88 3.92 3.97 4.02 4.07 4.12 4.17 4.22 4.27 4.32 4.37 4.42 4.48 4.53 4.59 4.64 4.70 4.75 4.81 4.87 4.93 4.99 5.05 5.11 5.17 5.23 5.30 5.36 5.42 5.49 5.56 5.62 5.69 5.76 5.83 5.90 5.97 6.04 6.12 6.19 6.26 6.34 6.42 6.49 6.57 6.65 6.73 6.81 6.90 6.98 7.06 7.15 7.23 7.32 7.41 7.50 7.59 7.68 7.77 7.87 7.96 8.06 8.16 8.25 8.35 8.45 8.56 8.66 8.76 8.87 8.98 9.09 9.20 9.31 9.42 9.53 9.65 9.76 9.88 9.96

表 1-1-5　电阻值单位的标志符号

符号	Ω	K	M	G	T
单位	欧姆	千欧(10^3)	兆欧(10^6)	千兆欧(10^9)	兆兆欧(10^{12})

其中,图 1-1-3(a)所示电阻值为 3.3Ω 允许误差±5%;图 1-1-3(b)所示电阻值为 5.1MΩ 允许误差±10%;图 1-1-3(c)所示电阻值为 1.8kΩ 允许误差±20%。

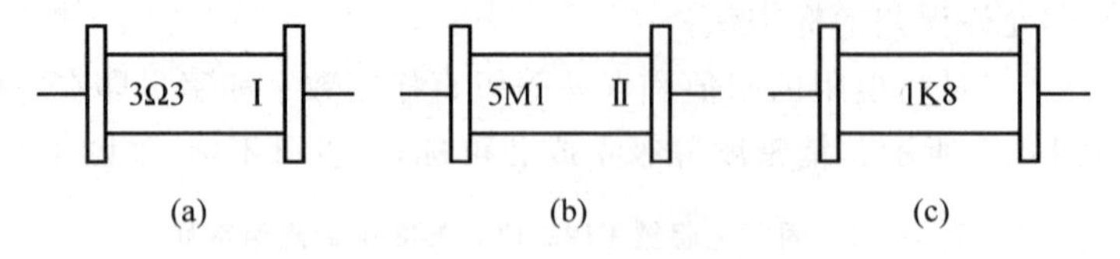

图 1-1-3　电阻元件

② 数标法主要用于贴片等小体积的电路,如:472 表示 $47\times10^2\Omega$(即 4.7k);104 则表示 100k。

③ 色环标志法:是将不同颜色的色环画在电阻器上,以标明电阻器的标称阻值和允许误差。电阻器色标符号意义如表 1-1-6 所示。

表 1-1-6 电阻器色标符号意义

颜色	有效数字第一位	有效数字第二位	倍乘数	允许误差%
棕	1	1	10^1	±1
红	2	2	10^2	±2
橙	3	3	10^3	
黄	4	4	10^4	
绿	5	5	10^5	±0.5
蓝	6	6	10^6	±0.25
紫	7	7	10^7	±0.1
灰	8	8	10^8	+20−50
白	9	9	10^9	—
黑	0	0	10^0	—
金	—	—	10^{-1}	±5
银	—	—	10^{-2}	±10
无色	—	—	—	±20

固定电阻器的色环标志读数识别如图 1-1-4 所示，色环标在电阻器一端，由左向右排列。一般电阻用两位有效数字表示，需 4 个色环，精密电阻用 3 位有效数字表示，需 5 个色环。

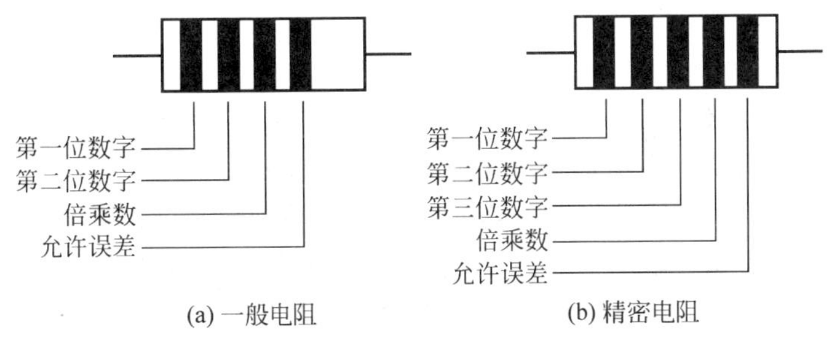

图 1-1-4 固定电阻器色环标志读数识别

例 2：如图 1-1-5 所示，4 个色环依次是黄、紫、红、银，表示 4.7kΩ±10%。

例 3：如图 1-1-6 所示，5 个色环依次是棕、黑、黑、红、棕，表示 10kΩ±1%。

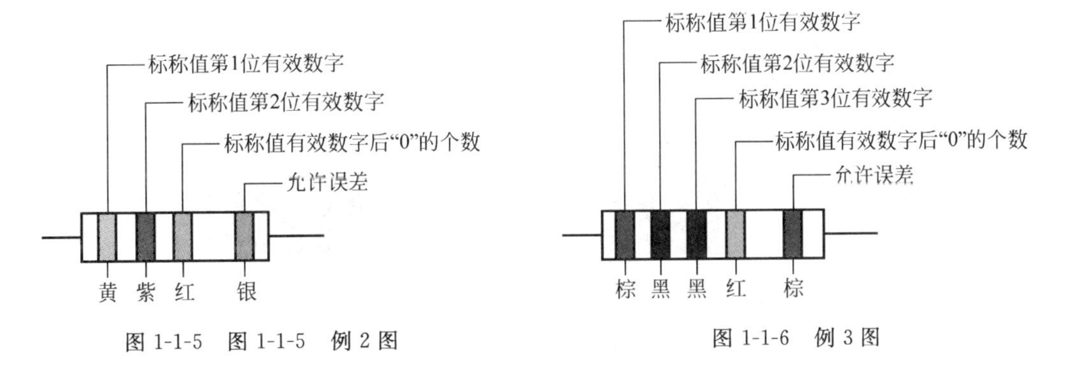

图 1-1-5 图 1-1-5 例 2 图

图 1-1-6 例 3 图

用色环标志的电阻器，颜色醒目，标志清晰，不退色，从各个方面都能看清阻值和允许误差，使安装、调试和检修电子电器设备时十分方便。因此在国际上被广泛采用。

电位器的型号命名方法与电阻器相同，主体符号为 W，如多圈电位器 WXD2。各部分意义如图 1-1-7 所示。

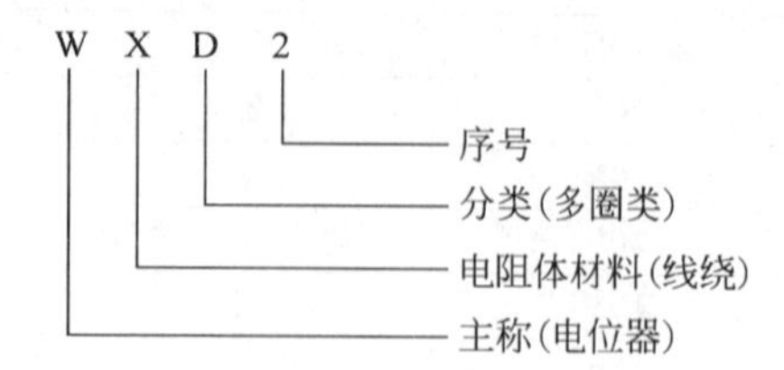

图 1-1-7 多圈电位器 WXD2 各部分意义

电位器的规格标志一般采用直标法，即用字母和阿拉伯数字直接标注在电位器上，内容有电位器的型号、类别、标称阻值和额定功率。有时电位器还将电位器的输出特性的代号(Z 表示指数、D 表示对数、X 表示线性)标注出来。

2. 电阻器的额定功率

电阻器的额定功率是指电阻器在直流或交流电路中，长期连续工作所允许消耗的最大功率。电阻器的额定功率有两种标志方法：一是 2W 以上的电阻，直接用阿拉伯数字印在电阻体上。二是 2W 以下的电阻，以自身体积的大小来表示功率。

各种功率的电阻器在电路图中的符号，如图 1-1-8 所示。

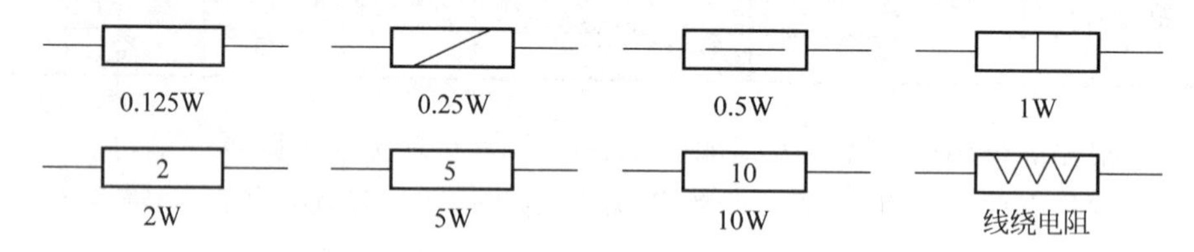

图 1-1-8 电阻器符号

3. 电位器的主要参数

电位器的主要参数除与电阻器相同之外还有如下参数。

(1) 阻值的变化形式。这是指电位器的阻值随转轴旋转角度的变化关系，可分为线性电位器和非线性电位器。常用的有直线式、对数式和指数式，分别用 X、D、Z 来表示。

(2) 动态噪声。由于电阻体阻值分布的不均匀性和滑动触点接触电阻的存在，电位器的滑动臂在电阻体上移动时会产生噪声，这种噪声对电子设备的工作将产生不良影响。

【技能训练】

测试工作任务书

任务名称	电阻器、电位器的测试
任务要求	1. 了解电阻器、电位器的主要参数 2. 掌握电阻器、电位器的检测方法
测试器材	1. 直流稳压电源 2. 各类电阻、电位器若干
电路原理图	第一位数字 第二位数字 倍乘数 允许误差 (a) 一般电阻 第一位数字 第二位数字 第三位数字 倍乘数 允许误差 (b) 精密电阻

续表

测试步骤	1. 电阻器的作用,主要性能参数 2. 电位器的作用,主要性能参数 3. 用色环标志法标出电阻器和电位器的标称阻值和误差
测试数据	1. 电阻器的主要性能参数________、________和________ 2. 电阻器的标称阻值和误差 (1) 红黄绿金棕,阻值________,误差________ (2) 棕绿黑棕棕,阻值________,误差________ (3) 橙蓝黑黑棕,阻值________,误差________ (4) 黄紫绿金棕,阻值________,误差________ (5) 红紫橙银,阻值________,误差________
结论	1. 电阻器的作用______________________________ 2. 电位器的作用______________________________

【拓展思考】

1. 电阻器在使用前要进行检查,检查其性能好坏,即测量实际阻值与标称值是否相符,要求误差是否在允许范围之内。

2. 电位器在使用时的注意事项。

① 使用前应先对电位器的质量进行检查。电位器的轴柄应转动灵活、松紧适当,无机械杂声。用万用表检查标称电阻值,应符合要求。若用万用表测量电位器固定端与滑动端接线片间的电阻值,在缓慢旋转电位器旋柄轴时,表针应平稳转动、无跳跃现象。

② 由于电位器的一些零件是用聚碳酸酣等合成树脂制成的,所以不要在含有氨、胺、碱溶液和芳香族碳氢化合物、酮类、卤化碳氢化合物等化学物品浓度大的环境中使用,以延长电位器的使用寿命。

③ 对于有接地焊片的电位器,其焊片必须接地,以防外界干扰。

④ 电位器不要超负载使用,要在额定值内使用。当电位器作变阻器调节电流使用时,允许功耗应与动触点接触电刷的行程成比例地减小,以保证流过的电流不超过电位器允许的额定值,防止电位器由于局部过载而失效。为防止电位器阻值调整接近零时的电流超过允许的最大值,最好串接一限流电阻,以避免电位器过流而损坏。

⑤ 电流流过高阻值电位器时产生的电压降,不得超过电位器所允许的最大工作电压。

⑥ 为防止电位器的接点、导电层变质或烧毁,小阻值电位器的工作电流不得超过接点允许的最大电流。

⑦ 电位器在安装时必须牢固可靠,须紧固的螺母应用足够的力矩拧紧到位,以防长期使用过程中发生松动变位,与其他元件相碰而引发电路故障。

⑧ 各种微调电位器可直接在印制电路板上安装,但应注意相邻元件的排列,以保证电位器调节方便而又不影响相邻元件。

⑨ 非密封的电位器最容易出现噪声大的故障,这主要是由于油污及磨损造成的。此时千万不能用涂润滑油的方法来解决这一问题,因为涂润滑油反而会加重内部灰尘和导电微粒的聚集。正确的处理方法是,用蘸有无水酒精的棉球轻拭电阻片上的污垢,并清除接触电刷与引出簧片上的油渍。

⑩ 电位器严重损坏时需要更换新电位器，这时最好选用型号和阻值与原电位器相同的电位器，还应注意电位器的轴长及轴端形状应与原旋钮相匹配。如果万一找不到原型号、原阻值的电位器，可用相似阻值和型号的电位器代换。代换的电位器阻值允许增值变化 20%～30%，代换电位器的额定功率一般不得小于原电位器的额定功率。除此之外，代换的电位器还应满足电路及使用中的要求。

任务 1.2　电容元件

电容器是组成电子电路和设备的基本元件之一，利用电容器充、放电和隔直通交特性，在电路中用于交流耦合、滤波、隔直、交流旁路和组成振荡电路等。

【任务要求】

(1) 熟悉电容器的类型和用途。

(2) 熟悉电容器上标志的主要参数。

【基本知识】

一、电容器的基本原理与分类

电容器由两个电极及其间的介电材料构成。介电材料是一种电介质，当被置于两块带有等量异性电荷的平行极板间的电场中时，由于极化而在介质表面产生极化电荷，从而使束缚在极板上的电荷相应增加，维持极板间的电位差不变。这就是电容器具有电容特征的原因。电容器中储存的电量等于电容量与电极间的电位差的乘积。电容量与极板面积和介电材料的介电常数成正比，与介电材料厚度(即极板间的距离)成反比。

电路中具有储存电荷功能的装置称为电容器；电容器是一种常用的电学元件，它可以用来储存电荷；物理学中，把能储存电荷和电能的装置称为电容器。

电容根据介质的不同可分为陶瓷、云母、纸质、薄膜、电解电容几种，如图 1-2-1 所示。

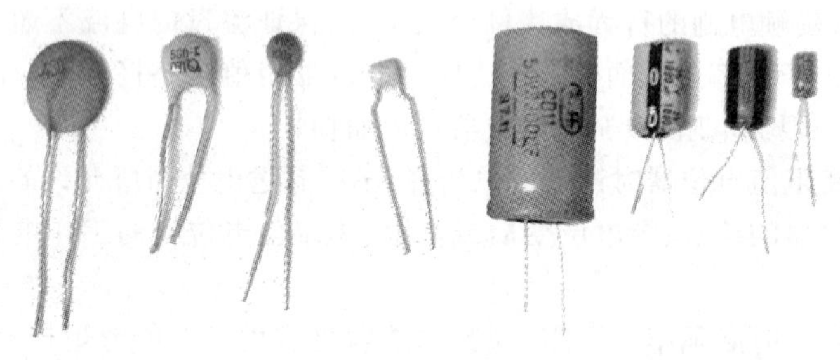

图 1-2-1　电容器的分类

(1) 陶瓷电容：以高介电常数、低损耗的陶瓷材料为介质，体积小，自体电感小。

(2) 云母电容：以云母片作介质的电容器，其性能优良，高稳定，高精密。

(3) 纸质电容：纸介电容器的电极用铝箔或锡箔做成，绝缘介质是浸蜡的纸，相叠后卷成圆柱体，外包防潮物质，有时外壳采用密封的铁壳以提高防潮性，价格低，容量大。

(4) 薄膜电容：用聚苯乙烯、聚四氟乙烯或涤纶等有机薄膜代替纸介质，做成的各种电容器，体积小，但损耗大，不稳定。

(5) 电解电容：以铝、钽、钛等金属氧化膜作介质的电容器，容量大，稳定性差。(使用时应注意极性)

二、电容器型号

电容器型号由主称、材料、分类和序号等四部分组成，国产电容器型号命名及含义如表 1-2-1 所示。

第一部分：用字母表示名称，电容器为 C。

第二部分：用字母表示材料。

第三部分：用数字表示分类，个别用字母表示。

第四部分：用数字表示序号。

表 1-2-1 国产电容器型号命名及含义

第一部分：主称	
字母	含义
C	电容器

第二部分：介质材料	
字母	含义
A	钽电解
B	聚苯乙烯等非极性有机薄膜(常在“B”后面再加一字母，以区分具体材料。例如“BB”为聚丙烯，“BF”为聚四氟乙烯)
C	高频陶瓷
D	铝电解
E	其他材料电解
G	合金电解
H	纸膜复合
I	玻璃釉
J	金属化纸介
L	涤纶等极性有机薄膜(常在“L”后面再加一字母，以区分具体材料。例如：“LS”为聚碳酸酯)
N	铌电解
O	玻璃膜
Q	漆膜
T	低频陶瓷
V	云母纸
Y	云母
Z	纸介

第三部分：类别				
数字或字母	含义			
	瓷介电容器	云母电容器	有机电容器	电解电容器
1	圆形	非密封	非密封	箔式
2	管形	非密封	非密封	箔式
3	叠片	密封	密封	烧结粉，非固体
4	独石	密封	密封	烧结粉，固体
5	穿心		穿心	
6	支柱等			
7				无极性
8	高压	高压	高压	
9			特殊	特殊
G	高功率型			
T	叠片式			
W	微调型			
J	金属化型			
Y	高压型			

第四部分：序号
用数字表示序号，以区别电容器的外形尺寸及性能指标

如：CZ82 型——高压密封纸介电容器；CC12 型——圆形瓷介电容器；CD11 型——铝电解电容器。

三、电容器主要参数

为了能正确使用电容器，必须了解它的参数。电容器的主要参数有：标称容量、允许误差、额定直流工作电压。其他还有绝缘电阻、损耗角正切和温度系数等参数。

1. 标称容量和允许误差

电容器的标称容量和允许误差与电容器内所用介质有关，可参见表 1-2-2～表 1-2-4。容量为所列数值 10^n 倍，其中 n 可为正、负整数和零。

2. 额定直流工作电压(耐压)

电容器的额定直流工作电压，是指电容器在电路中长期可靠地工作允许加的最高直流电压。如果工作在交流电路中，电容器耐压能力比直流时差，至少交流电压峰值不得超过额定直流工作电压。对电解电容器，其两个连接端有“+”、“−”极性，不能接反，否则电容器将发生爆裂损坏，因此不宜使用在交流电路中。无极性电解电容器例外。

表 1-2-2 瓷介、云母等电容器的标称容量和允许误差

系列	允许误差	电容器的标称值
E24	±5%(J)	1.0 1.1 1.2 1.3 1.5 1.6 1.8 2.0 2.2 2.4 2.7 3.0 3.3 3.6 3.9 4.3 4.7 5.1 5.6 6.2 6.8 7.5 8.2 9.1
E12	±10%(K)	1.0 1.2 1.5 1.8 2.2 2.7 3.3 3.9 4.7 5.6 6.8 8.2
E6	±20%(M)	1.0 1.5 2.2 3.3 4.7 6.8

表 1-2-3 金属化纸介、低频有机薄膜等电容器标称容量允许误差

允许误差	±5%(J) ±10%(K) ±20%(M)	
容量范围	100pF～1μF	1～100μF
标称容量	1.0 1.5 2.2 3.3 4.7 6.8	1 2 4 6 8 10 15 20 30 50 60 80 100

表 1-2-4 铝电解电容器等的标称容量和允许误差

标称容量/μF	1 1.5 2.2 3.3 4.7 6.8
允许误差	±10%(K) ±20%(M) −20～+50%(S) −10～+100%(R)

3. 电容器的标称容量、允许误差和耐压程度

电容器的标称容量、允许误差和耐压程度也可以用直标法、文字符号法、数字标注法表示。标志符号含义如表 1-2-5 所示。

表 1-2-5 电容器容量的标志符号

符号	pF	nF	μF	mF	F
单位	皮法 (10^{-12}法拉)	纳法 (10^{-9}法拉)	微法 (10^{-6}法拉)	毫法 (10^{-3}法拉)	法拉

(1) 直标法：用字母和数字把型号、规格直接标在外壳上。

(2) 文字符号法：用数字、文字符号有规律的组合来表示容量。文字符号表示其电容量的单位(P、n、u、m、F)等。和电阻的表示方法相同，标称允许误差也与电阻的表示方法相同。小于 10pF 的电容，其允许误差用字母代替，如 B—±0.1pF，C—±0.2pF，D—±0.5pF，F—±1pF。

(3) 数字标注法：体积较小的电容器常用数字标注法，一般用 3 位整数，第 1 位、第 2 位为有效数字，第 3 位表示有效数字后面零的个数，单位为皮法(pF)，但是当第 3 位数是 9 时表示 10^{-1}，如“243”表示容量为 24000pF，而“339”表示容量为 33×10^{-1}pF(3.3pF)。

例：

即 10×10^3pF=0.01μF，且精度为±5%。

① 标有单位的直接表示法。有的电容的表面上直接标志了其特性参数，如在电解电容上经常按如下的方法进行标志。4.7μ/16V，表示此电容的标称容量为 4.7μF，耐压 16V。

② 不标单位的数字表示法。许多电容受体积的限制，其表面经常不标注单位，但都遵循一定的识别规则。当数字小于 1 时，默认单位为微法，当数字大于等于 1 时，默认单位为皮法。

用 2～4 位数字和一个字母表示标称容量，其中数字表示有效数值，字母表示数值的量级，字母为 m、u、n、p。字母 m 表示毫法(10^{-3}F)、u 表示微法(10^{-6}F)、n 表示毫微法(10^{-9}F)、P 表示微微法(10^{-12}F)。字母有时也表示小数点。如 33m 表示 33 000μF；47n 表示 0.047μF；3u3 表示 3.3μF；5n9 表示 5900pF；2P2 表示 2.2pF。另外也有些是在数字前面加 R，则表示为零点几微法，即 R 表示小数点，如 R22 表示 0.22pF。

③ p、n、u、m 法：此时标在数字中的字母(p、n、u、m)既是量纲，又表示小数点位置。

(4) 色环(点)表示法：该法同电阻的色环表示法，沿着电容器引线方向，第一、第二种色环代表电容量的有效数字，第三种色环表示有效数字后面零的个数，其单位为 pF，如图 1-2-2 所示。

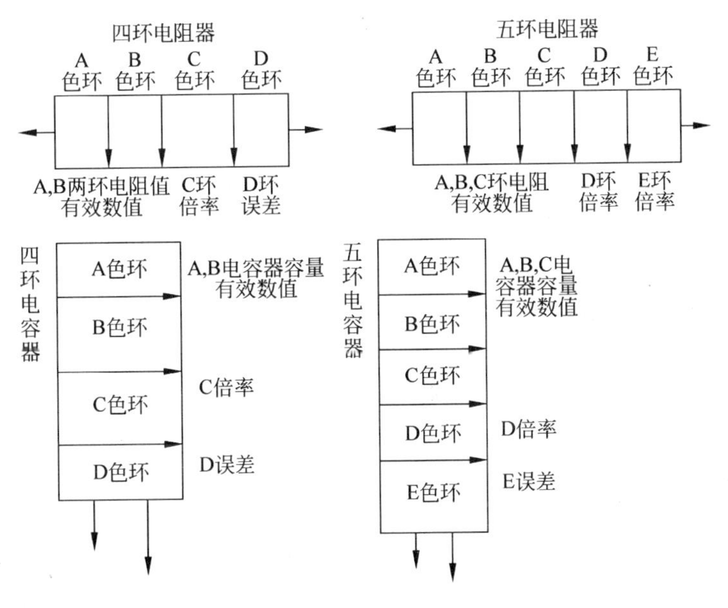

图 1-2-2　色环表示法

4. 温度系数

温度系数是指在一定温度范围内,温度每变化1℃,电容量的相对变化值。所以温度系数越小越好。

5. 绝缘电阻

绝缘电阻用来表明漏电的大小。一般小容量的电容,绝缘电阻很大,在几百兆欧姆或几千兆欧姆。电解电容的绝缘电阻一般较小。相对而言,绝缘电阻越大越好,漏电也小。

6. 损耗

在电场的作用下,电容器在单位时间内发热而消耗的能量。这些损耗主要来自介质损耗和金属损耗。通常用损耗角正切值来表示。

7. 频率特性

电容器的电参数随电场频率而变化的性质。在高频条件下工作的电容器,由于介电常数在高频时比低频时小,电容量也相应减小。损耗也随频率的升高而增加。另外,在高频工作时,电容器的分布参数,如极片电阻、引线和极片间的电阻、极片的自身电感、引线电感等,都会影响电容器的性能。所有这些,使得电容器的使用频率受到限制。

四、电容器的检测

电容器主要故障有击穿、短路、断路、漏电容量减小、变质失效(多数是电解电容器年久干枯而失效)及破损(瓷介微调电容较易发生)等。因此在实际维修中,电容器的故障主要表现为引脚腐蚀致断的开路故障、脱焊和虚焊的开路故障、漏液后造成容量小或开路故障、漏电、严重漏电和击穿故障。

电容器的检测方法是:首先观察电容器的外表是否完好无损,表面无裂口、污垢和腐蚀;标志(特别是电解电容器极性)应清晰;引出电极无折伤、刻损。然后用电表进行检测,检测时通常用万用表的欧姆挡,具体方法在以后的项目中会学习。

五、电容器的功能

充电和放电是电容器的基本功能。

1. 充电

使电容器带电(储存电荷和电能)的过程称为充电。这时电容器的两个极板总是一个极板带正电,另一个极板带等量的负电。把电容器的一个极板接电源(如电池组)的正极,另一个极板接电源的负极,两个极板就分别带上了等量的异种电荷。充电后电容器的两极板之间就有了电场,充电过程把从电源获得的电能储存在电容器中。

2. 放电

使充电后的电容器失去电荷(释放电荷和电能)的过程称为放电。例如,用一根导线把电容器的两极接通,两极上的电荷互相中和,电容器就会放出电荷和电能。放电后电容器的两极板之间的电场消失,电能转化为其他形式的能。

(1) 电解电容器:在一般的电子电路中,常用电容器来实现旁路、耦合、滤波、振荡、相移以及波形变换等,这些作用都是其充电和放电功能的演变。

在直流电路中,电容器是相当于断路的。电容器是一种能够储藏电荷的元件,也是最常用的电子元件之一。这得从电容器的结构上说起。最简单的电容器是由两端的极板和中间的绝缘电介质(包括空气)构成的。通电后,极板带电,形成电压(电势差),但是由于中间的绝缘物质,所以整个电容器是不导电的。不过,这样的情况是在没有超过电容器的临界电压(击穿电压)的前提条件下的。任何物质都是相对绝缘的,当物质两端的电压加大到一定程度后,物质都是可以导电的,称这个电压为击穿电压。电容也不例外,电容被击穿后,就不是绝缘体了。不过在中学阶段,这样的电压在电路中是见不到的,所以电容器都是在击穿电压以下工作的,可以被当做绝缘体。

(2) 陶制电容器：在交流电路中,因为电流的方向是随时间成一定的函数关系变化的。电容器充放电的过程中其极板间会形成变化的电场,而这个电场是随时间变化的。"通交流,阻直流",说的就是电容器的这个性质。

3. 旁路

旁路电容是为本地器件提供能量的储能器件,它能使稳压器的输出均匀化,降低负载需求。就像小型可充电电池一样,旁路电容能够被充电,并向器件进行放电。为尽量减少阻抗,旁路电容要尽量靠近负载器件的供电电源引脚和地引脚。这能够很好地防止输入值过大而导致的地电位抬高和噪声。地电位是地连接处在通过大电流毛刺时的电压降。

4. 去耦

去耦,又称解耦。从电路来说,总是可以区分为驱动的源和被驱动的负载。如果负载电容比较大,驱动电路要把电容充电、放电,才能完成信号的跳变,在上升沿比较陡峭的时候,电流比较大,这样驱动的电流就会吸收很大的电源电流。由于电路中的电感特别是芯片引脚上的电感,会产生反弹,这种电流相对于正常情况来说实际上就是一种噪声,会影响前级的正常工作,这就是所谓的"耦合"。

去耦电容就是起到一个"电池"的作用,满足驱动电路电流的变化,避免相互间的耦合干扰,在电路中进一步减小电源与参考地之间的高频干扰阻抗。

将旁路电容和去耦电容结合起来将更容易理解。旁路电容实际也是去耦合的,只是旁路电容一般应用在高频旁路,也就是给高频的开关噪声提高一条低阻抗泄防途径。高频旁路电容一般比较小,根据谐振频率大小可取 0.1μF、0.01μF 等；而去耦合电容的容量一般较大,可达 10μF 或者更大。应依据电路中分布参数,以及驱动电流的变化大小来确定。旁路时是把输入信号中的干扰作为滤除对象,而去耦时是把输出信号的干扰作为滤除对象,防止干扰信号返回电源。这应该是它们的本质区别。

5. 滤波

从理论上(即假设电容为纯电容)说,电容越大,阻抗越小,通过的频率也越高。但实际上超过 1μF 的电容大多为电解电容,有很大的电感成分,所以频率高阻抗反而会增大。电容的作用就是通高阻低,通高频阻低频。电容越大低频越不容易通过。具体用在滤波中,大电容(1000μF)滤低频,小电容(20pF)滤高频。由于电容的两端电压不会突变,由此可知,信号频率越高则衰减越大,可很形象地说电容像个水塘,不会因几滴水的加入或蒸发而引起水量的变化。它把电压的变动转化为电流的变化,频率越高,峰值电流就越大,从而缓冲了电压。滤波就是充电、放电的过程。

6. 储能

储能型电容器通过整流器收集电荷,并将存储的能量通过变换器引线传送至电源的输出端。电压额定值为 40～450VDC、电容值在 10～220 000μF 之间的铝电解电容器(如 EPCOS

公司的 B43504 或 B43505 系列以及 Yadacon 公司的 CD135,CD136 系列电容)是较为常用的。根据不同的电源要求,器件有时会采用串联、并联或其组合的形式,对于功率级超过 10kW 的电源,通常采用体积较大的罐形螺旋端子电容器。

【拓展思考】

1. 电解电容在滤波电路中根据具体情况其电压值可取为噪声峰值的 1.2～1.5 倍,并不根据滤波电路的额定值来确定。

2. 电解电容的正下面不得有焊盘和过孔。

3. 电解电容不得和周边的发热元件直接接触。

4. 铝电解电容分正负极,不得加反向电压和交流电压,对可能出现反向电压的地方应使用无极性电容。

5. 对需要快速充放电的地方,不应使用铝电解电容器,应选择特别设计的具有较长寿命的电容器。

任务 1.3　电感器和变压器的识别与检测

电感器也是构成电子电路的基本元件,其基本特性为通直流、阻交流、通低频、阻高频。而变压器在电路中被用作变换电路中的电压、电流和阻抗的器件。

【任务要求】

(1) 熟悉电感器和变压器的类型和用途。

(2) 熟悉电感器和变压器的主要参数。

(3) 掌握万用表对各种电感器和变压器进行正确测量,并对其质量进行判断。

【基本知识】

一、电感器的类型及其主要参数

电感线圈是将绝缘的导线在绝缘的骨架上绕一定的圈数制成的。直流信号可通过线圈,直流电阻就是导线本身的电阻,压降很小;当交流信号通过线圈时,线圈两端将会产生自感电动势,自感电动势的方向与外加电压的方向相反,以阻碍交流的通过,所以电感的特性是通直流阻交流,频率越高,线圈阻抗越大。电感在电路中可与电容组成振荡电路。电感器在电路中常用作交流信号的扼流、电源滤波、谐振选频。电感器的文字符号用大写字母“L”表示,电感的单位是亨利(H),常用的单位还有毫亨(mH),微亨(μH)。常见电感器的外形和图形符号如图 1-3-1 所示。

电感器可分为固定电感和可变电感两大类。按导磁性质分为空芯线圈、磁芯线圈、铜芯线圈;按用途分为高频扼流、低频扼流、调谐线圈、退耦线圈、稳频线圈;按结构分为单层、多层、蜂房式、磁芯式;按电感量分为固定电感线圈、可调电感线圈。

1. 电感器的类型

(1) 小型固定电感线圈。将铜线绕在磁芯上,再用环氧树脂或塑料封装而成。其电感量用直表法和色标法表示,又称色码电感器。体积小、重量轻、结构牢固、安装使用方便,在电路中,用于滤波、陷波、扼流、振荡、延迟等。固定电感器有立式和卧式两种,电感量为 0.1～

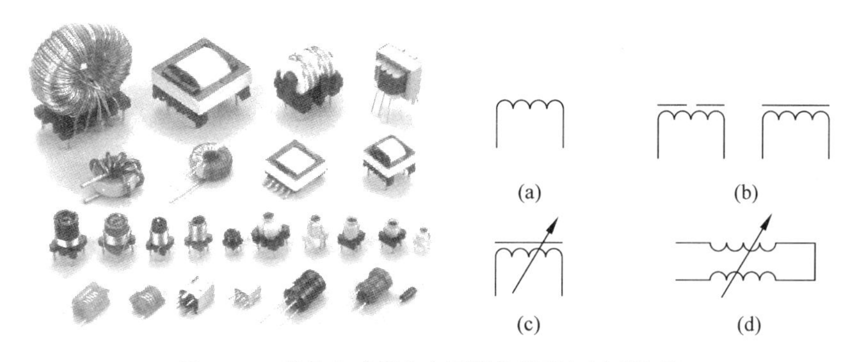

图 1-3-1 常见电感器和变压器的外形与图形符号

3000μH，允许误差：Ⅰ(5%)、Ⅱ(10%)、Ⅲ(20%)挡，频率在 10kHz～200MHz。

(2) 低频扼流圈，又称滤波线圈，由铁芯和绕组构成，有封闭和开启式两种。低频扼流圈与电容器组成滤波电路，以滤除整流后残存的交流。

(3) 高频扼流圈，用在高频电路中，阻碍高频电流的通过。常与电容器串联组成滤波电路，起到分开高频信号和低频信号的作用。

(4) 可调电感器。在线圈中插入磁芯(或铜芯)，改变磁芯在线圈中的位置就可以达到改变电感量的目的。如磁棒式天线线圈-可变电感线圈，其电感量在一定范围内可以调节。与可变电容器组成调谐器，用于改变谐振回路的谐振频率。

2. 电感器的主要参数

(1) 电感量标称值与误差。电感量表示电感线圈工作能力的大小，电感＝磁通/电流。电感器的电感量也有标称值。电感量的误差是指线圈的实际电感量与标称值的差异，对振荡线圈的要求较高，允许误差为 0.2%～0.5%；对于耦合阻流线圈要求则较低，一般为 10%～15%。电感器的标称电感量和误差的常见标志方法有直接法和色标法，标志方法类似于电阻(位)器的标志方法。

(2) 品质因数(重要参数)。表示在某一工作频率下，线圈的感抗对其等效直流电阻的比值，品质因数值越大，线圈的铜耗越小，当然质量也就越好。中波收音机的中周品质因数一般在 55～75。选频电路中，品质因数值越高，电路的选频特性也越好。

(3) 标称电流。指规定温度下，线圈正常工作时所能承受的最大电流值。对于阻流线圈、电源滤波线圈和大功率谐振线圈而言，这是一个很重要的参数。

标称电流表示示例如 A：50mA，B：150mA，C：300mA，D：700mA，E：1600mA。

(4) 分布电容。指电感线圈匝与匝之间、线圈与地及屏蔽盒之间存在的寄生电容。

分布电容使品质因数值减小，稳定性变差。导线用多股线或将线圈绕成蜂房式，天线线圈采用间绕法，可以减小分布电容。

3. 电感器电感量的标示方法

(1) 直标法：电感器的标称电感量用数字和文字符号直接标在外壳上。字母代表误差(和文字符号法相同)。

例 1：560μHK，表示电感量 560 微亨，误差：10%。

(2) 文字符号法：用字母和数字按一定规律组合标注电感器的标称值和允许误差，单位

μH 或 nH。

例 2：4N7—4.7nH ；4R7—4.7μH；47N—47nH ；6R8—6.8μH。

当然其允许误差也可用文字符号表示。

例 3：±1% ±2% ±5% ±10% ±20% ±30%

F G J K M N

(3) 数码法：用三位数码表示电感量的标称值。第一位、第二位为有效数，第三位为倍率，即零的个数，单位为 μH。

例 4：102J—1000μH，允许误差±5%；

183K—18 000μH，允许误差±10%。

(4) 色标法：与电阻器类似，可用三环或四环表示，如表 1-3-1 所示。其色环电感圈短而粗。

表 1-3-1 采用色标法电容器的各色环代表的含义

颜色	有效数字第一位	有效数字第二位	倍乘数	误　差
棕	1	1	10^1	±1%
红	2	2	10^2	±2%
橙	3	3	10^3	±3%
黄	4	4	10^4	±4%
绿	5	5	10^5	—
蓝	6	6	10^6	—
紫	7	7	10^7	—
灰	8	8	10^8	—
白	9	9	10^9	—
黑	0	0	10^0	±20%
金	—	—	10^{-1}	±5%
银	—	—	10^{-2}	±10%

二、变压器的类型及其主要参数

1. 变压器的类型与特点

(1) 低频变压器分音频变压器和电压变压器。

音频变压器：实现阻抗匹配、耦合信号、将信号倒相(只有在阻抗匹配的情况下，音频信号的传输损耗及其失真才能降到最小)等。频率范围为 20Hz～20kHz。

电压变压器：将 220V 交流电压升高或降低，变成所需的各种交流电压。

(2) 中频变压器(又叫中周)。中周是超外差式收音机和电视机中的重要元件。中周的磁芯磁帽用高频或低频特性的磁性材料制成，低频磁芯用于收音机，高频磁芯用于电视机和调频收音机。

调谐方式有单调谐和双调谐两种。收音机多采用单调谐电路，常用的中周有 TFF-1、TFF-2、TFF-3；而 10TV21、10LV23、10TS22 等型号为电视机所用。

中周变压器的适用频率范围：几千赫兹～几十兆赫兹，在电路中起选频、耦合等作用。

（3）高频变压器。高频变压器分为耦合线圈和调谐线圈两大类。调谐线圈与电容器可组成串、并联谐振电路，用于选频作用。天线线圈、谐振线圈等都是高频线圈。

（4）行输出变压器。又称逆行程变压器，接在电视机行扫描的输出级。

2. 变压器的主要参数

（1）额定功率：在规定的温度和电压下，变压器长期工作不超过规定温升的最大输出视在功率，单位为 V·A。

（2）效率：指在额定负载时变压器输出功率与输入功率的比值。

（3）绝缘电阻：表征变压器绝缘性能的一个参数，是施加在绝缘层上的电压和漏电流的比值，包括绕组一绕组、绕组与铁芯、绕组与外壳。可用兆欧表测量(或万用表 R×10k 挡)。

3. 电感线圈和变压器的型号及命名方法

（1）电感线圈的命名方法：由 4 部分组成。电感线圈的型号组成如图 1-3-2 所示。

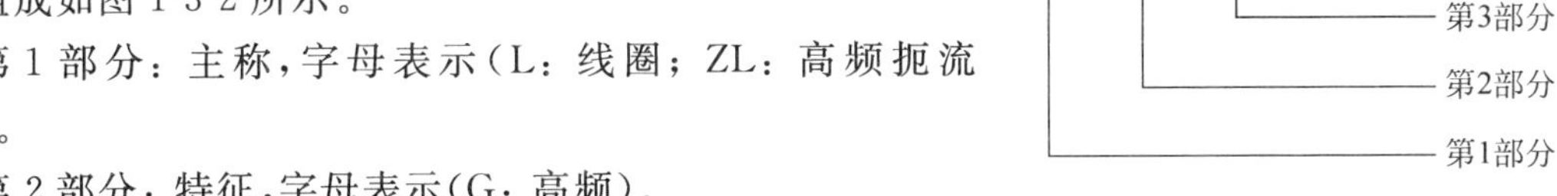

图 1-3-2　电感线圈的型号组成

第 1 部分：主称，字母表示(L：线圈；ZL：高频扼流线圈)。

第 2 部分：特征，字母表示(G：高频)。

第 3 部分：形式，字母表示(X：小型)。

第 4 部分：区别代号，字母表示。

（2）中周变压器的命名方法：由 3 部分组成，如表 1-3-2 所示。

第 1 部分：主称，字母表示(T：中频变压器；L：振荡线圈；T：磁性瓷芯式)。

第 2 部分：尺寸，数字表示(1:7×7×12；2：10×10×14 等)。

第 3 部分：级数，数字表示(1：第 1 级；2：第 2 级；3：第 3 级)。

表 1-3-2　中频变压器型号各部分所表示的意义

主　　称		尺　　寸		级　　数	
字母	名称、特征、用途	数字	外形尺寸/mm	数字	用于中波级数
T	中频变压器	1	7×7×12	1	第一级
L	线圈或振荡线圈	2	10×10×14	2	第二级
T	磁性瓷芯式	3	12×12×16	3	第三极
F	调频收音机	4	20×25×36		
S	短波段	5			

例 5：TTF-2-1 型：表示调幅收音机用磁性瓷芯式中频变压器，外形尺寸为 10mm×10mm×14mm，用于中波第一级。

（3）变压器型号中主称字母的含义，其含义如下。

DB：电压变压器；CB：音频输出变压器；RB：音频输入变压器；

GB：高频变压器；HB：灯丝变压器；SB 或 ZB：音频(定阻式)变压器

【技能训练】

测试工作任务书

任务名称	电感器、变压器的测试
任务要求	熟悉各种电感器和变压器的类型和用途
测试器材	1. 直流稳压电源 2. 各类电感器、变压器若干
测试步骤	1. 识读功率放大器上各种类型的电容器 2. 电路板上相同的新电感器和变压器进行离线检测，并分析比较在线与离线检测的结果

测试数据

1. 功率放大器上固定电感器的直观识别

要求：对电路板上各种电感器的类别、容量大小、额定电流进行直观识别，将结果填入表1中。

表1　电感器的直观识别记录表

序号	电感器底色	电感器类别	电感器标称方法（直标法、文字符号法、色标法）	标称电感量	额定电流	备注

2. 色码电感器的识读

要求：对各种标志的色码电感器进行识读，结果填入表2中。

表2　色码电感器的识读纪录

型号	色点颜色（从左到右）	电感器的电感量	误差等级	额定电流	电流组别
LG1	黑橙黄金				A
LG400	金橙橙金				A
LG402	黑绿棕金				A
LG404	黑绿橙金				D
LGX	金橙绿金				B

结论	1. 电感器的主要技术指标：________、________和________ 2. 变压器的主要技术指标：________、________和________

任务 1.4　半导体器件

半导体器件是近60年来发展起来的新型电子器件，具有体积小、重量轻、耗电少、寿命长、工作可靠等一系列优点，应用十分广泛。

【任务要求】

（1）掌握半导体的基础知识，熟悉二极管器件的外形和电路符号，理解半导体二极管的单向导电性。

（2）掌握半导体二极管的检测及参数的选取。

（3）掌握半导体三极管的检测及参数的选取。

【基本知识】

自然界中的各种物质，按导电能力划分为：导体、绝缘体、半导体。半导体是一种导电能力介于导体和绝缘体之间的物质。由于半导体器件具有体积小、寿命长、耗电少、工作可靠等优点而得到广泛应用，成为各种电子电路的重要组成部分。半导体具有热敏性、光敏性和掺杂性。利用其光敏性可制成光电二极管和光电三极管及光敏电阻；利用其热敏性可制成各种热敏电阻；利用其掺杂性可制成各种不同性能、不同用途的半导体器件，例如二极管、三极管、场效应管等。

国产半导体器件型号由 5 部分组成，如表 1-4-1 所示。

表 1-4-1　国产半导体器件型号命名法

第一部分		第二部分		第三部分		第四部分	第五部分
用数字表示器件的电极数目		用字母表示器件的材料和类型		用字母表示器件的用途		用数字表示序号	用字母表示规格
符号	意义	符号	意义	符号	意义	意义	意义
2	二极管	A	N 型，锗材料	P	小信号管	反映了极限参数、直流参数和交流参数的差别	反映承受反向击穿电压的程度，如规格号为 A、B、C、D…。其中 A 承受的反向击穿电压最低，B 次之……
		B	P 型，锗材料	V	混频检波器		
		C	N 型，硅材料	W	稳压管		
		D	P 型，硅材料	C	变容管		
3	三极管	A	PNP 型，锗	Z	整流管		
		B	NPN 型，锗	S	隧道管		
		C	PNP 型，硅	GS	光电子显示器		
		D	NPN 型，硅	K	开关管		
		E	化合材料	X	低频小功率管		
				G	高频小功率管		
				D	低频大功率管		
				A	高频大功率管		
				T	半导体闸流管		
				Y	体效应器件		
				B	雪崩管		
				J	阶跃恢复管		
				CS	场效应器件		
				BT	半导体特殊器件		
				FH	复合管		
				PIN	PIN 管		
				GJ	激光管		

一、半导体二极管的类型及选用

在本征半导体中掺入微量的杂质元素，就会使半导体的导电性能发生显著改变。根据掺入杂质元素的性质不同，杂质半导体可分为 P 型半导体和 N 型半导体两大类。

一块 P 型半导体与另一块 N 型半导体相结合的交界处为 PN 结，它是构成一切晶体元件的基础。PN结正向偏置时，正向电流很大，此时PN结如同一个开关合上，呈现很小的电阻，称为导通状态；PN结反向偏置时，反向电流很小，此时PN结如同一个开关打开，呈现很大的电阻，称为截止状态，这就是PN结的单向导电性。当PN结反向偏置时，结电阻很大，当反向电压加大到一定程度，PN结会发生击穿而损坏。

1. 常用二极管的类型

(1) 普通二极管。只有一个PN结，用数字万用表"—▷|—"挡位来测量正向导通管压降范围：

硅管 0.5～0.7V

锗管 0.1～0.3V

符号：—▷|—

(2) 稳压二极管。稳压二极管简称稳压管，其结构与普通二极管相同，也是利用一个PN结制成的。稳压二极管在电子设备电路中，起稳定电压的作用。稳压二极管有金属外壳、塑料外壳等封装形式。当稳压管工作时，微小的端电压变化会引起通过其中的电流较大的变化，利用这种特性把稳压管与适当的电阻配合，就能在电路中起到稳定电压的作用。稳压二极管的反向击穿电压为稳定工作电压，用U_Z表示。曲线越陡，电压越稳定。对于小功率稳压二极管，可用数字万用表测量，当正向管压降大于0.7V时为硅稳压二极管。工作在反向击穿的状态，电路中要有限流电阻。

符号：—▷|—

(3) 发光二极管。发光二极管的内部结构为一个PN结，而且具有晶体管的特性，即单向导电性。当发光二极管的PN结上加上正向电压时，由于外加电压产生电场的方向与PN结内电场方向相反，使PN结势垒(内总电场)减弱，则载流子的扩散作用占了优势。于是P区的空穴很容易扩散到N区，N区的电子也很容易扩散到P区，相互注入的电子和空穴相遇后会产生复合。复合时产生的能量大部分以光的形式出现，会使二极管发光。发光二极管采用砷化镓、磷化镓、镓铝砷等材料制成，不同材料制成的发光二极管，能发出不同颜色的光。有发绿色光的磷化镓发光二极管；有发红色光的磷砷化镓发光二极管；有双向变色发光二极管(加正向电压时发红光，加反向电压时发绿色光)等。由于发光二极管的特点，它在一些光电控制设备中用作光源，在许多电子设备中用作信号显示器。把它的管芯做成条状，用7条条状的发光管组成7段式半导体数码管，每个数码管可显示0～9十个数字。

发光二极管的外形有圆形的、方形的、三角形的、组合型等，封装形式有透明和散射的两种。着色散射型用D表示；白色散射型用W表示；无色透明型用C表示；着色透明型用T表示。正向导通电压约为1.5V。

符号：—▷|—

可用数字式万用表"—▷|—"挡位测引线极性，以及判定是否能发光。

(4) 光电二极管。光电二极管是将光信号变成电信号的半导体器件。它是利用一个PN结制成，但外形结构不同。普通二极管的PN结被封装在不透明的管壳内，以避免外部光照的影响；而光电二极管的管壳上开有一个透明的窗口，使外部光线能透过该窗口照射到PN结上。为了便于接受入射光照，PN结面积尽量做得大些，电极面积尽量小些。

符号：a○—▷|—○k

它们在反向电压作用下参加漂移运动，使反向电流明显变大，光的强度越大，反向电流也越大。这种特性称为“光电导”。光电二极管在一般照度的光线照射下，所产生的电流叫光电流。如果在外电路上接上负载，负载上就获得了电信号，而且这个电信号随着光的变化而相应变化。光电二极管工作于反偏状态，其反向电流随光照强度的增加而上升，以实现光电转换。光电二极管常用作传感器的光敏元件，可以将光信号转换为电信号。大面积的光电二极管可用作能源器件，即光电池。

(5) 变容二极管。变容二极管是利用PN结空间电荷具有电容特性的原理制成的特殊二极管。变容二极管为反偏二极管，其结电容就是耗尽层的电容，一次可以近似把耗尽层看作为平行板电容，且导电板之间有介质。一般的二极管在多数情况下，其结电容很小，不能有效利用。变容二极管的结构特殊，它具有相当大的内部电容量，并可像电容器一样地运用于电子电路中。

(6) 开关二极管。开关二极管是利用二极管的单向导电性，在半导体PN结加上正向偏压后导通，电阻很小(几十欧到几百欧)；加上反向偏压后截止，其电阻很大(硅管在100MΩ以上)。利用开关二极管的这一特性，在电路中起到控制电流通过或关断的作用，成为一个理想的电子开关。开关二极管从截止(高阻状态)到导通(低阻状态)的时间叫开通时间；从导通到截止的时间叫反向恢复时间；两个时间之和称为开关时间。一般反向恢复时间大于开通时间，故在开关二极管的使用参数上只给出反向恢复时间。开关二极管的正向电阻很小，反向电阻很大，开关速度很快，像硅开关二极管的反向恢复时间只有几纳秒，即使是锗开关二极管，也不过几百纳秒。

开关二极管分为普通开关二极管、高速开关二极管、超高速开关二极管、低功耗开关二极管、高反压开关二极管、硅电压开关二极管等多种。常用开关二极管可分为小功率和大功率管形。小功率开关二极管主要使用于电视机、收录机及其他电子设备的开关电路、检波电路高频高速脉冲整流电路等。

2. 常用二极管的选用常识

应根据用途和电路的具体要求选择二极管的种类、型号及参数。

选择整流二极管时主要考虑其最大整流电流、最高反向工作电压是否满足要求，常用硅桥(硅整流组合管)为QL型。

在修理电子电路过程中，遇到损坏的二极管型号一时找不到时，可考虑用其他二极管代用。代用的原则是弄清原二极管的性质和主要参数，然后换上与其参数相当的其他型号二极管，如检波二极管，只要工作频率不低于原型号的就可以使用。

二、半导体三极管的类型及选用

半导体三极管又称“晶体三极管”或“晶体管”。半导体三极管是能起放大、振荡或开关等作用的半导体电子器件。具有体积小、结构牢固、寿命长、耗电省等优点，被广泛应用于各种电子设备中。

1. 三极管的种类

三极管的种类通常按照以下类型进行分类：

(1) 按结构类型分为NPN型和PNP型。

(2) 按制作材料分为硅管和锗管。

(3) 按工作频率分为高频管和低频管。

(4) 按功率大小分为大功率管、中功率管和小功率管。

(5) 按工作状态分为放大管和开关管。

NPN 管型，由 P 型半导体上引出基极 B；

PNP 管型，由 N 型半导体上引出基极 B；

基极用 B 表示；集电极用 C 表示；发射极用 E 表示。三极管结构示意图如图 1-4-1 所示。

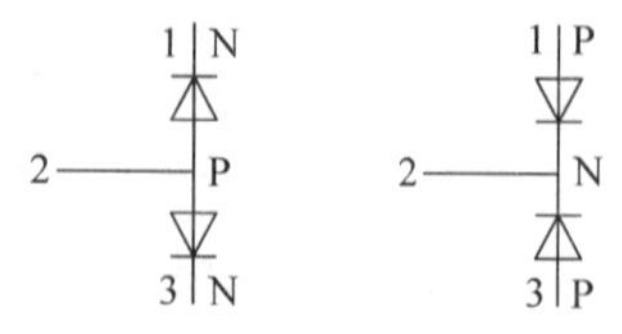

图 1-4-1 三极管结构示意图

2. 半导体三极管的极限参数

(1) 集电极最大允许电流 I_{CM}。晶体管的集电极电流 I_C 在相当大的范围内 β 值基本保持不变，但当 I_C 的数值大到一定程度时，电流放大系数 β 值将下降。使 β 明显减小的 I_C 即为 I_{CM}。为了使三极管在放大电路中能正常工作，I_C 不应超过 I_{CM}。

(2) 集电极最大允许功耗 P_{CM}。晶体管工作时，集电极电流在集电结上将产生热量，产生热量所消耗的功率就是集电极的功耗 P_{CM}，即：$P_{CM}=I_C U_{CE}$，功耗与三极管的结温有关，结温又与环境温度、管子是否有散热器等条件相关。元器件手册上给出的 P_{CM} 值是在常温下 25℃时测得的。硅管集电结的上限温度为 150℃左右，锗管则为 70℃左右，使用时应注意不要超过此值，否则管子将损坏。

(3) 反向击穿电压 $U_{BR(CEO)}$。反向击穿电压 $U_{BR(CEO)}$ 是指基极开路时，加在集电极与发射极之间的最大允许电压。使用中如果管子两端的电压 $U_{CE}>U_{BR(CEO)}$，集电极电流 I_C 将急剧增大，这种现象称为击穿。三极管电路在电源 E_C 的值选得过大时，有可能会出现当管子截止时，$U_{CE}>U_{BR(CEO)}$ 导致三极管击穿而损坏的现象。一般情况下，三极管电路的电源电压 E_C 应小于 $1/2U_{BR(CEO)}$。

根据 3 个极限参数 I_{CM}、P_{CM}、$U_{BR(CEO)}$，可以确定晶体管的安全工作区。

3. 常用三极管的选用常识

三极管的种类很多，用途各异，恰当、合理地选用三极管是保证电路正常工作的关键，下面介绍选用步骤。

(1) 根据不同电路的要求，选用不同类型的三极管。在不同的电子产品中，电路各有不同，如高频放大电路、中频放大电路、功率放大电路、电源电路、振荡电路、脉冲数字电路等。由于电路的功能不同，构成电路所需要的三极管的特性及类型也不同。

(2) 根据电路要求合理选择三极管的技术参数，由于三极管的参数较多，但其中主要的参数要满足电路的需求，否则将影响电路的正常工作。主要参数有：电流放大系数 h_{FE}、集电极最大电流 I_{CM}、集电极最大耗散功率、特征频率 f_T 等。对于特殊用途的三极管除满足上述的要求外，还必须满足对特殊管的参数要求。如选用光敏晶体管时，就要考虑光电流、暗电流和光谱范围是否满足电路要求。小功率三极管在电子电路中的应用最多，主要用作小信号的放大、控制或振荡器。选用三极管时首先要搞清楚电子电路的工作频率大概是多少。三极管的集电极最大允许耗散功率 P_{CM} 是大功率三极管重点考虑的问题，需要注意的是大功率三极管必须有良好的散热器。即使是一只四五十瓦的大功率三极管，在没有散热器时，也只能经受两三瓦的功率耗散。大功率三极管的选择还应留有充分的余量。另外在选择大功率三极管时还要考虑它的安装条件，以决定选择塑封管还是金属封装的管子。如果拿到一只三极管无法查到它的参数，则可以根据它的外形来推测它的参数。目前小功率三极管最多见的是 TO-92 封装的塑封管，也有部分是金属壳封装。它们的 P_{CM} 一般为 100～500mW，最大的不超过 1W。它们的 I_{CM} 一般为 50～500mA，最大的不超过 1.5A。

(3) 根据整机的尺寸合理选择三极管的外形及其封装。由于三极管的外形有圆形、方形、扁平形等，封装又可分为金属封装、塑料封装等，尤其是近年来采用了表面封装三极管，其体积很小，节约了很多的空间位置，使整机小型化。选用三极管时在满足型号、参数的基础上，就要考虑外形和封装，在安装位置允许的前提下，优先选用小型化产品和塑封产品，以减小整机尺寸、降低成本。

三、场效应管的类型及选用

在半导体三极管中，基极注入电流的大小，直接影响集电极电流的大小，是一种利用输入电流控制输出电流的半导体器件，称为电流控制型器件。在半导体技术的发展过程中，科学家们经过不断的探索和实践，又研制出一种仍具有 PN 结但工作机理与三极管全然不同的新型半导体器件——场效应管(Field Effect Transistor，FET)。场效应管是一种利用电场效应来控制电流大小的半导体器件，故以此命名。这种器件不仅兼有体积小、重量轻、耗电省、寿命长等特点，而且还有输入阻抗高、噪声低、热稳定性好、抗辐射能力强和制造工艺简单等优点，因而大大扩展了它的应用范围，特别是在大规模和超大规模集成电路中得到了广泛的应用。

1. 场效应管的类型

根据结构的不同，场效应管可分为两大类：结型场效应管和金属-氧化物-半导体场效应管。结型场效应管又分为 N 沟道和 P 沟道两种；绝缘栅场效应管除有 N 沟道和 P 沟道之分外，还有增强型和耗尽型之分。

2. 场效应管的选用

选择场效应管时要考虑其是否适应电路的要求。当信号源内阻高，希望得到好的放大作用和较低的噪声系数时；当信号为超高频和要求低噪声时；当信号为弱信号且要求低电流运行时；当要求作为双向导电的开关等场合，都可以优先选用场效应管。

结型场效应管的栅源电压不能反接，但可以在开路状态下保存。MOS 场效应管在不使用时，必须将各极引线短路。焊接时，应将电烙铁外壳接地，以防止由于烙铁带电而损坏管子。不允许在电源接通的情况下拆装场效应管。

【技能训练】

测试工作任务书

任务名称	二极管、三极管的测试
任务要求	1. 学会二极管、三极管的检测 2. 掌握二极管、三极管特性曲线的测试方法
测试器材	1. 直流稳压电源 2. 各类二极管、三极管若干
电路原理图	阳极 a —▷|— k 阴极 VD 二极管的电路符号 VD_Z − —|◁— + 稳压二极管的图形符号
测试步骤	二极管极性，正、反向电阻的测量、管型和质量的识别

续表

<table>
<tr><td>测试数据</td><td>
判定晶体三极管的型号、类型及引脚图，并将它填入表 1
表 1　三极管型号、类型及引脚图
<table>
<tr><th>三极管型号</th><th>类　型</th><th>引脚图</th></tr>
<tr><td></td><td></td><td></td></tr>
<tr><td></td><td></td><td></td></tr>
</table>
晶体二极管的型号命名查阅资料，认识二极管的型号，填写表 2
表 2　二极管各部分的含义
<table>
<tr><th>含义 / 型号</th><th>第一部分</th><th>第二部分</th><th>第三部分</th><th>第四部分</th></tr>
<tr><td>2AP9</td><td></td><td></td><td></td><td></td></tr>
<tr><td>2CZ12</td><td></td><td></td><td></td><td></td></tr>
<tr><td>IN4001</td><td></td><td></td><td></td><td></td></tr>
</table>
</td></tr>
<tr><td>结论</td><td>1. 普通二极管的单向导电性____________________
2. 稳压二极管的特性，正向________，反向________________</td></tr>
</table>

【拓展思考】

1. 普通二极管利用的是单向导电性，即正向导通反向截止，所以在焊接时，应注意正负极不能接反，否则在通电时将通路变断路，断路变通路。

2. 稳压二极管由于利用的是它的反向击穿特性，所以在焊接时也要注意其正负极，如果正向焊接，那么稳压管通电后工作在正向特性区就相当于是一个普通二极管，没有稳压的特性。

3. 发光二极管的管壳一般都是用透明塑料制成的，不用万用表也可以判别出二极管的极性，将管子拿起置于光线较明亮处，从侧面仔细观察两条引出线在管体内所焊接的电极的形状，电极较小的引线就是发光二极管的正极，电极较大的一端就是发光二极管的负极。

4. 三极管焊接时，一定要正常地判断出 3 个引脚，引脚位置不能焊错，否则三极管在通电时不能正常工作，还有可能会引起电路的其他部分的损坏。

5. 大功率管的散热器和管子底部接触平整光滑，中间可涂凡士林或有机硅脂，以减小腐蚀，并有利于导热。在散热器上用螺钉固定管子，要保证各螺钉的松紧一致，结合紧密。

6. 二极管、三极管应安装牢固，避免靠近电路中的发热元件。

7. 对 CMOS 电路，如果事先已将各引线短路，焊前不要拿掉短路线。

项 目 小 结

1. 电阻(位)器的最常用的主要技术指标有两个：阻值和额定功率。测量电阻(位)器的方法主要是用万用表的欧姆挡对其进行测量，通过表的读数与电阻(位)器自身的标志读数进行比较，判断其是否有阻值变大或断路等故障。掌握用色环法去读电阻器的阻值。

2. 电容器的最常用的主要技术指标有两个：容量和额定耐压。

3. 电感器的最常用的主要技术指标有两个：电感量和品质因数。

4. 二极管的最常用的主要技术指标有两个：正向最大整流电流和额定耐压。一般小功率的二极管在管壳上都有标志，一般是在管壳的一端涂有黑颜色的圈或点，则靠近标志的引脚为二极管的负极。其中要注意一些特殊二极管的使用和焊接接法，正负极性在焊接时不能接错，否则电路特性就会发生不一样的变化，甚至会烧坏电路。

5. 发光二极管的管壳一般都是用透明塑料制成的，所以可以用眼睛观察来区分发光二极管的正、负电极。其方法为：将管子拿起置于光线较明亮处，从侧面仔细观察两条引出线在管体内所焊接的电极的形状，电极较小的引线就是发光二极管的正极，电极较大的一端就是发光二极管的负极。

6. 三极管的最常用的主要技术指标是放大倍数。直接使用万用表上测量三极管放大倍数的 h_{fe} 插孔对三极管进行测量，在三极管的引脚正确插入万用表的对应插孔后，若读数在几百欧左右的，表示该三极管正常，而且还可以对应得到三极管的引脚。

思考与训练

1. 电阻器有何作用？主要有哪些性能参数？
2. 电位器有何作用？
3. 电容器有何作用？
4. 电感器有何作用？
5. 变压器有何作用？
6. 写出下列标有色环的电阻器的标称值和误差，并指出其标志方法。
(1) 棕绿黑棕棕
(2) 棕黑金金
(3) 红黄绿金棕
(4) 黄紫绿金棕
(5) 橙白黑黑棕
7. 读出下列标有数字的瓷片电容器的标称值和误差，并指出其标志方法。
(1) 2200
(2) 0.47K
(3) 224j
(4) 103K
(5) 4n7J
(6) 104
(7) 220n
(8) 68

项目2

电子元器件的焊接工艺

【项目描述】

在电子电器的装配与维修过程中，往往需要大量焊接工作。焊接工艺质量，对电路、整机的性能指标和可靠性有很大的影响。随着电子设备的复杂化、超小型化和对可靠性要求不断提高，焊接质量的重要性越来越突出。对于电工或电子技术人员必须能熟练地进行焊接操作，正确地掌握焊接要领，才能在电器装修中提高效率，保证工作质量。

通过该项目的学习和训练，要求学生熟练掌握手工焊接和拆焊的技能，达到掌握手工焊接的基本技能，能对焊点的质量作出判断，能按照电路要求完成元件和导线的焊接工作，达到合格的焊接要求，并了解工厂在进行大批量生产时使用机器进行焊接的种类和设备。

【学习目标】

(1) 了解手工锡焊所需要的各种工具用处和性能。

(2) 掌握手工锡焊的质量判别标准。

(3) 掌握手工拆焊的原则，了解拆焊所需要的工具和特点。

(4) 了解 PTH、SMT 和波峰焊的焊接工艺。

【能力要求】

(1) 能掌握使用手工焊接工具，并会对新电烙铁进行挂锡处理。

(2) 能熟练使用电烙铁给电子元器件引脚上锡和给导线头上锡。

(3) 能将电子元器件牢固的焊接到电路板上，焊点达到质量标准。

任务 2.1　常用焊接操作

电子元器件是组成电子产品的基本单元，把电子元器件牢固地焊接到印制电路板上，是电子装配的重要环节。掌握焊接的基本知识和基本技能是衡量学生掌握电子技术基本技能的一个重要项目,也是从事电子技术工作人员所必须掌握的技能。

【任务要求】

(1) 了解手工锡焊所需要的各种工具用处和性能。

(2) 掌握手工锡焊的质量判别标准,焊点达到质量标准。

(3) 掌握手工拆焊的原则。

(4) 能把元器件从板上拆装几遍而保证元器件和印制电路板完好。

【基本知识】

一、焊接基础知识

利用加热或其他方法,使焊料与被焊接金属原子之间互相吸引,互相渗透,依靠原子之间的内聚力使两种金属永久地牢固结合,这种方法叫做焊接。焊接通常分为熔焊、钎焊及接触焊三种。在电子电器设备的装修中,主要采用钎焊。所谓钎焊,就是利用加热将作为焊料的金属熔化成液态,把被焊固态金属(母材)连接在一起,并在焊接部位发生化学变化的焊接方法。在钎焊中起连接作用的金属材料叫作钎料,即焊料。焊料的熔点,应低于被焊接金属的熔点。

在电工和电子技术中,大量采用锡铅焊料进行焊接,叫锡钎焊,简称锡焊。锡铅焊点的形成,是将被加热熔化的液态锡铅焊料,借助于焊剂的作用,熔于被焊接金属材料缝隙并适量堆积而形成焊点,如果被焊接的金属结合面清洁,焊料中的锡和铅原子会在热态下进入被焊接金属材料的晶格,在焊接面形成合金并使两被焊金属连接在一起,得到牢固可靠的焊接点。要使被焊接金属与焊锡生成合金,实现良好焊接,应具备以下几个条件。

1. 被焊接的金属应具有良好的可焊性

所谓可焊性是指在适当温度和助焊剂的作用下,在焊接面上,焊料原子与被焊金属原子能互相渗透,牢固结合,生成良好的焊点。

2. 被焊金属表面和焊锡应保持清洁接触

在焊接前,必须清除焊接部位的氧化膜和脏物,否则容易阻碍焊接时合金的形成。

3. 应选用助焊性能适合的助焊剂

助焊剂在熔化时,能熔解被焊部位的氧化膜和污物,增强焊锡的流动性,并能保证焊锡与被焊金属的牢固结合。

4. 选择合适的焊锡

焊锡的选用应能使其在被焊金属表面产生良好的浸润,使焊锡与被焊金属间熔为一体。

5. 保证足够的焊接温度

足够的焊接温度一是能够使焊料熔化,二是能够加热被焊金属,使两者生成金属合金。焊接温度不足将造成假焊或虚焊。

6. 要有适当的焊接时间

焊接时间过短不能保证焊点质量,过长会损坏焊接部位和元器件,对印制电路板焊接时间过长还会使电路铜箔起泡。

为了获得良好的焊接效果,在锡焊技术中,对焊点应有如下要求:

(1) 应有可靠的导电连接,即焊点必须有良好的导电性能。

(2) 应有足够的机械强度,即焊接部位比较牢固,能承受一定的机械应力。

(3) 焊料适量。焊点上焊料过少,会影响机械强度和缩短焊点使用寿命;焊料过多,不仅浪费,影响美观,还容易使不同焊点间发生短路。

(4) 焊点不应有毛刺、空隙和其他缺陷。在高频高压电路上,毛刺易造成尖端放电。一般电路上,严重的毛刺还会导致短路。

(5) 焊点表面必须清洁。焊接点表面的污垢,特别是有害物质,会腐蚀焊点、线路及元器件,焊完后应及时清除。

在焊接技术中,除满足上述条件和对焊点的基本要求外,对焊接工具(电烙铁)的正确使用、焊接中的操作要领及工艺要求,都是实现良好焊接的重要方面。

二、电烙铁的使用与维护

焊接必须使用合适的工具。目前在电子电器产品的锡焊技术中,用电烙铁进行手工焊接仍占有极其重要的地位。电烙铁的正确选用与维护知识,是电器装修人员必须掌握的基础知识。

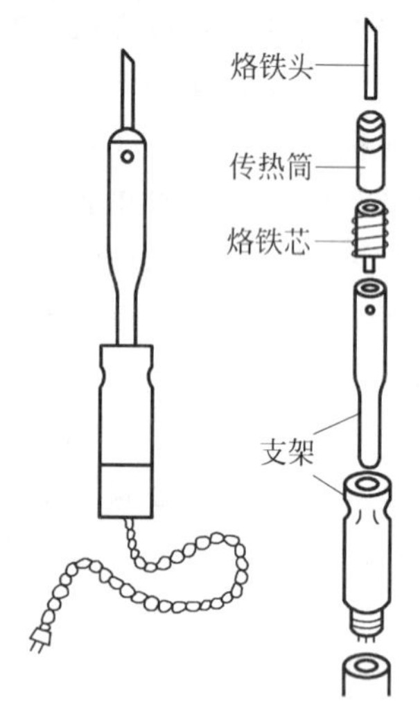

图 2-1-1　外热式电烙铁

1. 电烙铁的种类及构造

常用的电烙铁有外热式和内热式两大类,随着焊接技术的发展,后来又研制出了恒温电烙铁和吸锡电烙铁。无论哪种电烙铁,它们的工作原理基本上是相似的,都是在接通电源后,电流使电阻丝发热,并通过传热筒加热烙铁头,达到焊接温度后即可进行工作。对电烙铁要求热量充足、温度稳定、耗电少、效率高、安全耐用、漏电流小,对元器件不应有磁场影响。

(1) 外热式电烙铁。外热式电烙铁通常按功率分有 25W、45W、75W、100W、150W、200W 和 300W 等多种规格,这几种功率实际是指电烙铁向电源吸取的电功率,其结构如图 2-1-1 所示。部分结构的作用如下。

① 烙铁头:烙铁头有长寿命型和普通型两种。长寿命烙铁头由在其头部镀上一层特殊的金属而成;普通型烙铁头则由紫铜做成。用螺丝固定在传热筒中,它是电烙铁用于焊接的工作部分,由于焊接面的要求不同,烙铁头可以制成各种不同形状。烙铁头在传热筒中的长度可以伸缩,借以调节其温度。

② 传热筒:为一铁质圆筒,内部固定烙铁头,外部缠绕电阻丝,它的作用是将发热器的热量传递到烙铁头。

③ 烙铁芯:用电阻丝分层绕制在传热筒上,以云母作层间绝缘,其作用是将电能转换成热能并加热烙铁头。

④ 支架:木柄和铁壳为整个电烙铁的支架和壳体,起操作手柄的作用。

(2) 内热式电烙铁。内热式电烙铁常见的规格有 20W、35W 和 50W 等几种。外形和内部结构如图 2-1-2 所示,主要部分由烙铁头、发热器、连接杆和胶木手柄等组成,各部分的作用与外热式电烙铁基本相同。只是在组合上,它的发热器(烙铁芯)装置在烙铁头空腔内部,故称为内热式。它的连接杆既起支架作用,又起

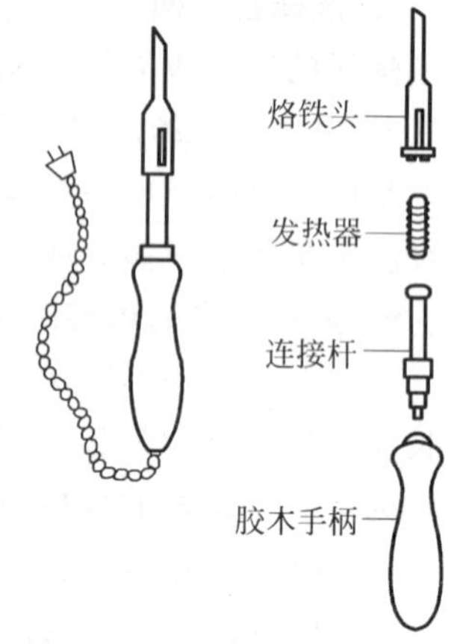

图 2-1-2　内热式电烙铁

传热作用。内热式电烙铁具有发热快、耗电省、效率高、体积小、重量轻、便于操作等优点。一把标称为20W的内热式电烙铁，相当于25～45W外热式电烙铁所产生的温度。

(3) 恒温电烙铁。它是借助于电烙铁内部的磁控开关自动控制通电时间而达到恒温的目的。其外形和内部结构如图2-1-3所示。这种磁控开关是利用软金属被加热到一定温度而失去磁性作为切断电源的控制信号。

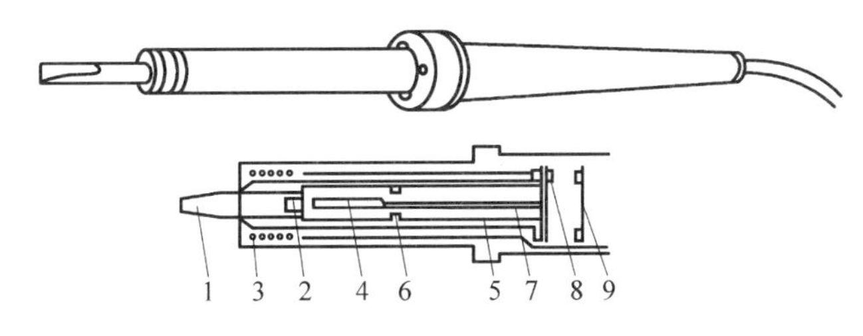

图2-1-3　恒温电烙铁

1—烙铁头；2—软磁金属块；3—加热器；4—永久磁铁；5—非金属薄壁圆筒；6—支架；7—小轴；8—接触点；9—接触簧片

在烙铁头1附近装有软磁金属块2，加热器3在烙铁头外围，软磁金属块平时总是与磁控开关接触，非金属薄壁圆筒5的底部有一小块永久磁铁4，用小轴7将永久磁铁4、接触簧片9连在一起构成磁控开关。

电烙铁通电时，软磁金属块2具有磁性，吸引永久磁铁4，小轴7带动活动接触簧片9与接触点8闭合，使发热器通电升温，当烙铁头温度上升到一定值，软磁金属块去磁，永久磁铁4在支架6的吸引下脱离软金属，小轴7带动簧片9离开接触点8，发热器断电，电烙铁温度下降。当温度降到一定值时，软磁金属片恢复磁性，永久磁铁又被吸回，接触簧片9接触接触点8，发热器电路又被接通。如此断续通电，可以把烙铁温度始终控制在一定范围。

恒温电烙铁的优点是：比普通电烙铁省电二分之一，焊料不易氧化，烙铁头不易过热氧化，更重要的是能防止元器件因温度过高而损坏。

(4) 吸锡电烙铁和吸锡器。主要用于电工和电子技术装修中拆换元器件。吸锡电烙铁和吸锡器对于拆焊元器件是很实用的，并且使用该工具不受元器件种类的限制。但拆焊时必须逐个焊点除锡，效率不高，而且还要及时清除吸入的锡渣。操作时先用吸锡电烙铁头部加热焊点，待焊锡熔化后，按动吸锡装置，即可把锡液从焊点上吸走，便于拆焊。利用这种电烙铁，使拆焊效率高，不会损伤元器件，特别是拆除焊点多的元器件如集成块、波段开关等，尤为方便。

吸锡器与吸锡烙铁拆焊原理相似，但吸锡器自身不具备加热功能，它需与烙铁配合使用。拆焊时先用烙铁对焊点进行加热，待焊锡熔化后再使用吸锡器除锡。

用吸锡材料在没有专用工具和吸锡烙铁时，可采用屏蔽线编织层、细铜网以及多股导线等吸锡材料进行拆焊。操作方法是，将吸锡材料浸上松香水贴到待拆焊点上，用烙铁头加热吸锡材料，经吸锡材料传热使焊点熔化。熔化的焊锡被吸附在吸锡材料上，取走吸锡材料后焊点即被拆开。该方法简便易行，且不易损坏印制电路板，其缺点是拆焊后的板面较脏，需要用酒精等溶剂擦拭干净。

2. 电烙铁的选用

从总体考虑，电烙铁的选用应遵从下列4个原则。

(1) 烙铁头的形状要适应被焊物面的要求和焊点及元器件密度。从形状上分烙铁头有直轴式和弯轴式两种，从寿命上分有长寿命型和普通紫铜型两种。功率大的电烙铁，烙铁头的体积也大。常用外热式电烙铁的头部大多制成錾子式样，而且根据被焊物面要求，錾式烙铁头头部角度有45°、10°～25°等，錾口的宽度也各不相同，如图2-1-4(a)、(b)所示。对焊接密度较大的产品，可用图2-1-4(c)、(d)所示烙铁头。内热式电烙铁常用圆斜面烙铁头，适合于焊接印制电路板和一般焊点，如图2-1-4(e)所示。在印制电路板的焊接中，采用图2-1-4(f)所示的凹口烙铁头和2-1-4(g)所示的空芯烙铁头有时更为方便，但这两种烙铁头的修理较麻烦。

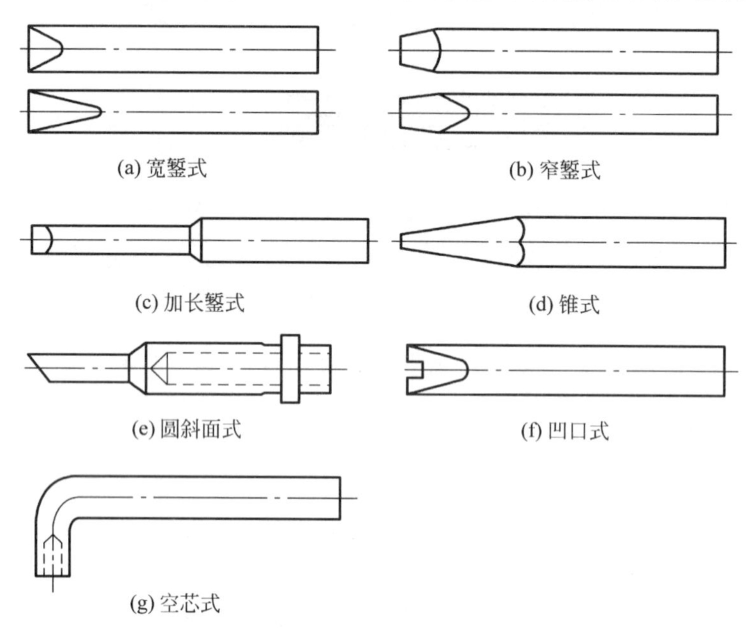

图2-1-4　各种烙铁外形

(2) 烙铁头顶端温度应能适应焊锡的熔点。通常这个温度应比焊锡熔点高30～80℃，而且不应包括烙铁头接触焊点时下降的温度。

(3) 电烙铁的热容量应能满足被焊件的要求。热容量太小，温度下降快，使焊锡熔化不充分，焊点强度低，表面发暗而无光泽、焊锡颗粒粗糙，甚至成虚焊。热容量过大，会导致元器件和焊锡温度过高，不仅会损坏元器件和导线绝缘层，还可能使印制电路板铜箔起泡，焊锡流动性太大而难于控制。

(4) 烙铁头的温度恢复时间能满足被焊件的热要求。所谓温度恢复时间，是指烙铁头接触焊点温度降低后，重新恢复到原有最高温度所需要的时间。要使这个恢复时间恰当，必须选择功率、热容量、烙铁头形状、长短等适合的电烙铁。

由于被焊件的热要求不同，对电路铁功率的选择应注意以下几个方面：

① 焊接较精密的元器件和小型元器件，宜选用20W内热式电烙铁、25～45W外热式电烙铁或恒温电烙铁。

② 对连续焊接、热敏元件焊接，应选用功率偏大的电烙铁或恒温电烙铁。

③ 对大型焊点及金属底板的接地焊片，宜选用100W及以上的外热式电烙铁。

3. 使用电烙铁的注意事项

(1) 使用前必须检查两股电源线和保护接地线的接头是否接对，否则会导致元器件损伤，严重时还会引起操作人员触电。

(2) 新电烙铁初次使用,应先对烙铁头搪锡。普通紫铜烙铁头则须将烙铁头加热到适当温度后,用砂布(纸)擦去或用锉刀锉去氧化层,蘸上松香,然后浸在焊锡中来回摩擦,即可搪上锡。电烙铁使用一段时间后,应取下烙铁头,去掉烙铁头与传热筒接触部分的氧化层,再装还原,避免以后取不下烙铁头。电烙铁发热器电阻丝由于多次发热,易碎易断,应轻拿轻放,不可敲击。

(3) 焊接时,宜使用松香或中性焊剂,因酸性焊剂易腐蚀元器件、印制电路板、烙铁头及发热器。

(4) 烙铁头应经常保持清洁。使用中若发现烙铁头工作面有氧化层或污物,应在石棉毡等织物上擦去,否则影响焊接质量。烙铁头工作一段时间后,普通紫铜烙铁头还会出现因氧化不能上锡的现象,应用锉刀或刮刀去掉烙铁头工作面黑灰色的氧化层,重新搪锡。烙铁头使用过久,还会出现腐蚀凹坑,影响正常焊接,应用榔头,锉刀对其整形,再重新搪锡。

(5) 电烙铁工作时要放在特制的烙铁架上,烙铁架一般应置于工作台右上方,烙铁头部不能超出工作台,以免烫伤工作人员或其他物品。常用烙铁架底板由木板制成,烙铁架由铁丝弯制,松香、焊锡槽是一个带斜面的矩形槽,槽内盛松香和焊锡,槽的斜面可用来摩擦烙铁头,去除氧化层,以便对烙铁头搪锡。这种烙铁架材料易得,制作简便。

4. 电烙铁的拆装步骤与故障处理

以 20W 内热式电烙铁为例来说明它的拆装步骤。拆卸时,首先拧松手柄上顶紧导线的制动螺钉,旋下手柄,然后从接线桩上取下电源线和电烙铁芯引线,取出烙铁芯,最后拔下烙铁头。安装顺序与拆卸刚好相反,只是在旋紧手柄时,勿使电源线随手柄扭动,以免将电源线接头部位绞坏,造成短路。

电烙铁的电路故障一般有短路和开路两种。如果是短路,一接电源就会熔断保险丝。短路点通常在手柄内的接头处和插头中的接线处。这时如果用万用表电阻挡检查电源插头两插脚之间的电阻,阻值将趋于零。如果接上电源几分钟后,电烙铁还不发热,一定是电路不通。如电源供电正常,通常是电烙铁的发热器、电源线及有关接头部位有开路现象。这时旋开手柄,用万用表 R×100Ω 挡测烙铁芯两接线桩间的电阻值,如果 2kΩ 左右,一定是电源线断或接头脱焊,应更换电源线或重新连接;如果两接线桩间电阻无穷大,当烙铁芯引线与接线桩接触良好时,一定是烙铁芯电阻丝断路,应更换烙铁芯。

三、焊料与焊剂的选用

1. 焊料的选用

电烙铁钎焊的焊料是锡铅焊料,由于其中的锡铅及其他金属所占比例不同而分为多种牌号,其性能和用途是不同的,在焊接中应根据被焊件的不同要求去选用,选用时应考虑如下因素:

(1) 焊料必须适应被焊接金属的性能,即所选焊料应能与被焊金属在一定温度和助焊剂作用下生成合金。也就是说,焊料和被焊金属材料之间应有很强的亲和性。

(2) 焊料的熔点必须与被焊金属的热性能相适应,焊料熔点过高过低都不能保证焊接质量。焊料熔点太高,使被焊元器件、印制电路板焊盘或接点无法承受。焊料熔点过低,助焊剂不能充分活化起助焊作用,被焊件的温升也达不到要求。

(3) 由焊料形成的焊点应能保证良好的导电性能和机械强度。

在具体施焊过程中，遵照上述原则，对焊料可作如下选择：

① 焊接电子元器件、导线、镀锌钢皮等可选用 58-2 锡铅焊料。

② 手工焊接一般焊点、印制电路板上的焊盘及耐热性能差的元件和易熔金属制品，应选用 60 锡铅焊料(含锡量为 60%的锡铅焊料)。

③ 浸焊与波峰焊接印制电路板，一般用锡铅比为 61/39 的共晶焊锡。

2. 焊剂的选用

金属在空气中，特别是在加热的情况下，表面会生成一层薄氧化膜，阻碍焊锡的浸润，影响焊接点合金的形成。采用焊剂(又称助焊剂)能改善焊接性能。因为焊剂有破坏金属氧化层使氧化物漂浮在焊锡表面的作用，有利于焊锡的浸润和焊点合金的生成。它又能覆盖在焊料表面，可防止焊料或金属继续氧化。它还能增强焊料和被焊金属表面的活性，进一步增加浸润能力。

但若对焊剂选择不当，会直接影响焊接质量。选用焊剂除了考虑被焊金属的性能及氧化、污染情况外，还应从焊剂对焊接物面的影响，如焊剂的腐蚀性、导电性及对元器件损坏的可能性等方面全面考虑。

(1) 对铂、金、银、锡及表面镀锡的其他金属，可焊性较强，宜用松香酒精溶液作焊剂。

(2) 由于铅、黄铜、铍青铜及镀镍层的金属焊接性能较差，应选用中性焊剂。

(3) 对板金属，可选用无机系列焊剂，如氯化锌和氯化铁的混合物，这类焊剂有很强的活性，对金属的腐蚀性很强，其挥发的气体对电路元器件和电烙铁有破坏作用，施焊后必须清洗干净。在电子线路的焊接中，除特殊情况外，不得使用这类焊剂。

(4) 焊接半密封器件，必须选用焊后残留物无腐蚀性的焊剂，以防腐蚀性焊剂渗入被焊件内部产生不良影响。

四、电烙铁钎焊要领

1. 手工焊接要点

(1) 焊接时的姿势和手法。一般为坐着焊，工作台和坐椅的高度要适当，挺胸端坐，操作者鼻尖与烙铁尖的距离应在 20cm 以上，选好烙铁头的形状和适当的握法。电烙铁的握法一般有三种，第一种是握笔式，如图 2-1-5(a)所示，这种握法使用的烙铁头一般是直形的，适合于用小功率电烙铁对小型电子电器设备及印制电路板的焊接。第二种是正握式，如图 2-1-5(b)所示，用于弯头烙铁的操作或直烙铁头在机架上焊接。第三种是反握式，如图 2-1-5(c)所示，这种握法动作稳定，适于用大功率电烙铁对热容量大的工件的焊接。

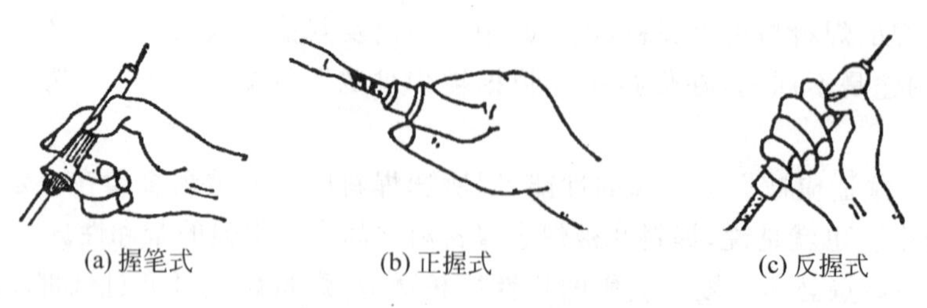

图 2-1-5 电烙铁的三种握法

(2) 焊锡丝的拿法,先将焊锡丝拉直并截成 1/3m 左右的长度,用不拿烙铁的手握住,配合焊接速度和焊锡丝头部熔化的快慢适当向前送进。焊锡丝的拿法有两种,如图 2-1-6(a)、(b)所示,操作者可以根据自己的习惯选用。

(3) 焊接面上焊前的清洁和搪锡。清洁焊接面的工具,可用砂纸(布),也可用废锯条做成刮刀。焊接前应先清除焊接面的绝缘层、氧化层及污物,直到完全露出紫铜表面,其上不留一点脏物为止。有些镀金、镀银或镀锡的母材,由于基材难于上锡,所以不能把镀层刮掉,只能用粗橡皮擦去表面脏物。焊接面清洁处理后,应尽快搪锡,以免表面重新氧化,搪锡前应先在焊接面涂上焊剂。

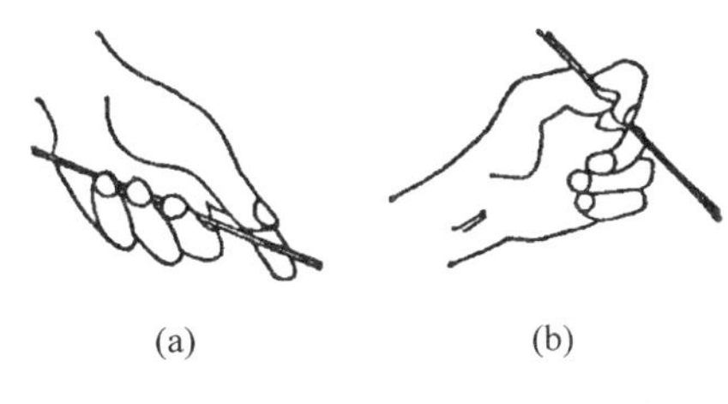

图 2-1-6 焊锡丝的拿法

对扁平集成电路引线,焊前一般不做清洁处理,但焊接前应妥善保存,不要弄脏引线。

焊面的清洁和搪锡是确保焊接质量,避免虚焊、假焊的关键。假焊和虚焊,主要由焊接面上的氧化层和污物造成。假焊使电路完全不通。虚焊使焊点成为有接触电阻的连接状态,从而使电路工作时噪声增加、产生不稳定状态,电路工作时好时坏,给检修工作带来很大困难。还有一部分虚焊点,在电路开始工作的一段时间内,能保持焊点较好的电接触,电路工作正常。但在温度、湿度有变化或发生振动等环境条件下工作一段时间后,接触表面逐步氧化,接触电阻慢慢增大,最后导致电路工作不正常。这一过程有时可长达一、二年。可见虚焊是电路可靠性的一大隐患,必须尽力予以消除。所以在进行焊接面的清洁与搪锡时,切不可粗心大意。

(4) 掌握好焊接温度和时间。不同的焊接对象,要求烙铁头的温度不同。焊接导线接头,工作温度可在 300～480℃之间;焊接印制电路板上的元件,一般以 430～450℃为宜;焊接细线条印制电路板和极细导线,温度应在 290～370℃为宜;在焊接热敏元件时,其温度至少要 480℃,才能保证焊接时间尽可能短。

电源电压 220V,20W 烙铁头工作温度为 290～400℃;45W 烙铁头工作温度为 400～510℃。我们可以选择适当瓦数的烙铁,使其焊接时,在 3～5s 内焊点即可达到要求的温度,而且在焊完时,热量不致大量散失,这样才能保证焊点质量和元器件的安全。

(5) 恰当掌握焊点形成的火候。焊接时不要将烙铁头在焊点上来回磨动,应将烙铁头搪锡面紧贴焊点,等到焊锡全部熔化,并因表面张力收缩而使表面光滑后,迅速将烙铁头从斜面上方约 45°角的方向移开。这时焊锡不会立即凝固,一定不要使被焊件移动,否则焊锡会凝成砂粒状或造成焊接不牢固而形成虚焊。

2. 电烙铁的焊接步骤

对热容量稍大的焊件,可以采用五步焊接法。

(1) 准备:将被焊件、电烙铁、焊锡丝、烙铁架、焊剂等放在工作台上便于操作的地方,加热并清洁烙铁头工作面,搪上少量焊锡,如图 2-1-7(a)所示。

(2) 加热被焊件:将烙铁头放置在焊接点上,对焊点升温;烙铁头工作面搪有焊锡,可加快升温速度,如图 2-1-7(b)所示。如果一个焊点上有两个以上元件,应尽量同时加热所有被焊件的焊接部位。

(3) 熔化焊料:焊点加热到工作温度时,立即将焊锡丝触到被焊件的焊接面上,如图 2-1-7(c)

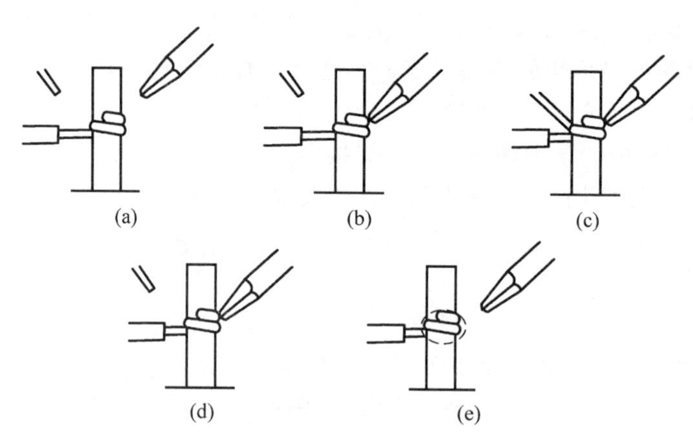

图 2-1-7 五步操作法

所示。焊锡丝应对着烙铁头的方向加入,但不能直接触到烙铁头上。

(4) 移开焊锡丝:当焊锡丝熔化适量后,应迅速移开,如图 2-1-7(d)所示。

(5) 移开电烙铁:在焊点已经形成,但焊剂尚未挥发完之前,迅速将电烙铁移开,如图 2-1-7(e)所示。

对于热容量较小的焊件,可将上述五步操作法简化成三步操作法。

(1) 准备:右手拿经过预热、清洁并搪上锡的电烙铁,左手拿焊锡丝,靠近烙铁头,作待焊姿势,如图 2-1-8(a)所示。

(2) 同时加热被焊件和焊锡丝:将电烙铁和焊锡丝从被焊件的两侧同时接触到焊接点,并使适量焊锡熔化,浸满焊接部位,如图 2-1-8(b)所示。

(3) 同时移开电烙铁和焊锡丝:待焊点形成火候达到时,同时将电烙铁和焊锡丝移开,如图 2-1-8(c)所示。

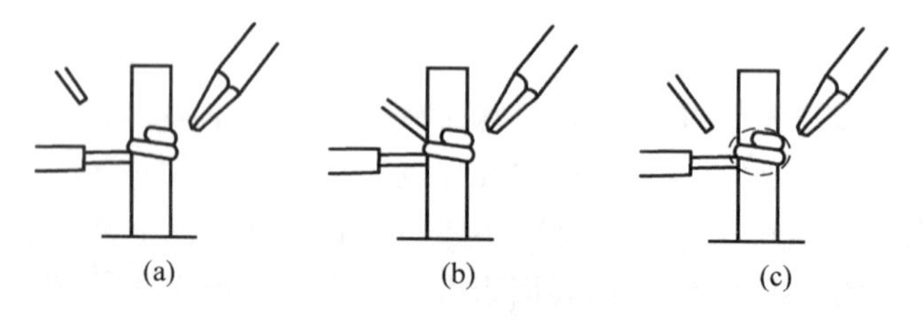

图 2-1-8 三步操作法

五、焊接注意事项

烙铁头的温度要适当,不同温度的烙铁头放在松香块上,会产生不同的现象。一般来说,松香熔化较快又不冒烟时的温度较为适宜。

焊接时间要适当,从加热焊接点到焊料熔化并流满焊接点,一般应在几秒钟内完成。如果焊接时间过长,则焊接点上的焊剂完全挥发,就失去了助焊作用。

焊接时间过短则焊接点的温度达不到焊接温度达不到焊接温度,焊料不能充分熔化,容易造成虚假焊。

焊料与焊剂使用要适量,一般焊接点上的焊料与焊剂使用过多或过少会给焊接质量造成很大的影响。

防止焊接点上的焊锡任意流动，理想的焊接应当是焊锡只焊接在需要焊接的地方。在焊接操作上，开始时焊料要少些，待焊接点达到焊接温度，焊料流入焊接点空隙后再补充焊料，迅速完成焊接。

焊接过程中不要触动焊接点，在焊接点上的焊料尚未完全凝固时，不应移动焊接点上的被焊器件及导线，否则焊接点要变形，出现虚焊现象。

不应烫伤周围的元器件及导线，焊接时要注意不要使电烙铁烫周围导线的塑胶绝缘层及元器件的表面，尤其是焊接结构比较紧凑、形状比较复杂的产品。

及时做好焊接后的清除工作，焊接完毕后，应将剪掉的导线头及焊接时掉下的锡渣等及时清除，防止落入产品内带来隐患。

六、焊接后的处理

当焊接后，需要检查：是否有漏焊、焊点的光泽好不好、焊点的焊料足不足、焊点的周围是否有残留的焊剂、有无连焊、焊盘有无脱落、焊点有无裂纹、焊点是不是凹凸不平、焊点是否有拉尖现象、用镊子将每个元件拉一拉，看有否松动现象。

七、典型焊点的外观

典型焊点的外观，如图 2-1-9 所示。

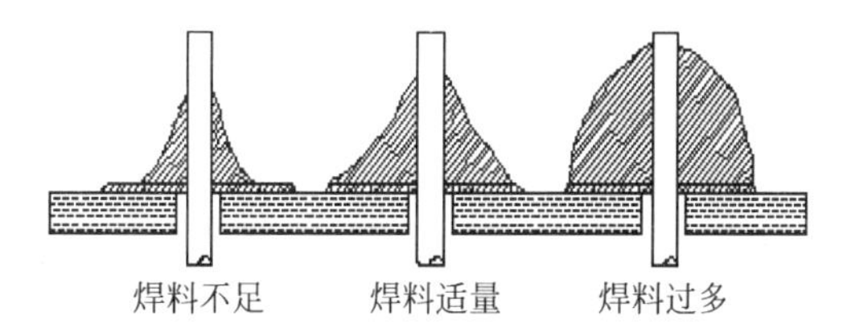

图 2-1-9 焊盘、焊锡量标准示意图

八、手工拆焊

在装配与修理中，有时需要将已经焊接的连线或元器件拆除，这个过程就是拆焊。在实际操作上，拆焊比焊接难度更大，更需要用恰当的方法和必要的工具，才不会损坏元器件或破坏原焊点。

1. 拆焊工具

(1) 吸锡电烙铁和吸锡器。吸锡电烙铁和吸锡器是手工拆焊中最为方便的工具之一，用法如前所述。

(2) 排锡管。排锡管是使印制电路板上元器件引线与焊盘分离的工具。它实际上是一根空心不锈钢管，如图 2-1-10 所示。使用中可根据元器件引线的线径选用型号适合的注射用针头改制。将针尖锉平，针头尾部装上适当长的手柄。操作时，将针孔对准焊点上元器件引线，待烙铁将焊锡熔化后迅速将针头插入印制电路板元件插孔内，同时左右转动，移开电烙铁，使元件引线与焊盘分离。为使用方便，平时应准备几种不同型号的排锡管，以便适应对不同线径的元件引线排锡。

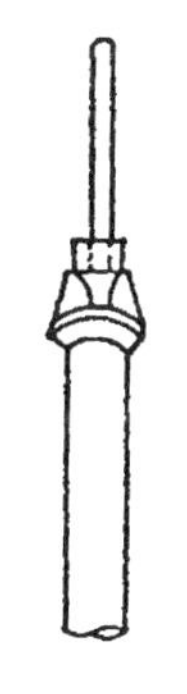

图 2-1-10 排锡管

(3) 镊子。以端头尖细的最为适用。拆焊时可用它夹持元器件引线或用镊夹挑起元器件弯脚或线头。

(4) 捅针。一般用 6～9 号注射用空针改制，样式与排锡管相同。在拆焊后的印制电路板焊盘上，往往有焊锡将元器件引线插孔封住，这就需要用电烙铁加热，并用捅针捅开和清理插孔，以便重新插入元器件。

2. 一般焊接点的拆焊

对于钩焊、搭焊和插焊的一般焊接点，拆焊比较简单，只需用电烙铁对焊点加热，熔化焊锡，然后用镊子或尖嘴钳拆下元器件引线。对于网焊，由于在焊点上连线缠绕牢固，拆卸比较困难，往往容易烫坏元器件或导线绝缘层，在拆除网焊焊点时，一般可在离焊点约 10mm 处将欲拆元器件引线剪断，然后再拆除网焊线头，与新元器件重新焊接。这样至少可保证不会将元器件或引线绝缘层烫坏。

3. 印制电路板上焊接件的拆焊

对印制电路板上焊接元器件的拆焊，与焊接一样，动作要快，对焊盘加热时间要短，否则将烫坏元器件或导致印制电路板铜箔起泡剥离。根据被拆对象的不同，常用的拆焊方法有分点拆焊法、集中拆焊法和间断加热拆焊法三种。

(1) 分点拆焊法。印制电路板的电阻、电容、普通电感、连接导线等，只有两个焊点，可用分点拆焊法，先拆除一端焊接点的引线，再拆除另一端焊接点的引线并将元器件(或导线)取出。

(2) 集中拆焊法。集成电路、中频变压器、多引线接插件等的焊点多而密，转换开关、晶体管及立式装置的元器件等的焊点距离很近。对上述元器件可采用集中拆焊法，先用电烙铁和吸锡工具，逐个将焊接点上的焊锡吸去，再用排锡管将元器件引线逐个与焊盘分离，最后将元器件拔下。

(3) 间断加热拆焊法。对于有塑料骨架的元器件，如中频变压器、线圈、行输出变压器等，它们的骨架不耐高温，且引线多而密集，宜采用间接加热拆焊法。拆焊时，先用烙铁加热，吸去焊接点焊锡，露出元器引线轮廓，再用镊子或捅针挑开焊盘与引线间的残留焊料，最后用烙铁头对引线未挑开的个别焊接点加热，待焊锡熔化时，趁热拔下元器件。

烙铁头加热被拆焊点时，焊料一熔化，就应及时按垂直线路板的方向拔出元器件的引线，不管元器件的安装位置如何，是否容易取出，都不要强拉或扭转元器件，以免损坏线路板和其他元器件。

拆焊时不要用力过猛，用电烙铁去撬和晃动接点的作法很不好，一般接点不允许用拉动、摇动、扭动等办法去拆除焊接点。

当插装新元器件之前，必须把焊盘插线孔内的焊料清除干净，否则在插装新元器件引线时，将造成线路板的焊盘翘起。

【拓展思考】

1. 印制电路板的焊接

(1) 印制电路板上元器件的装置方法。

① 一般焊件的装置方法。一般焊件主要指阻容元件、晶体二极管等，通常有立式和卧式两种装置法。立式装置法如图 2-1-11 所示，它有加套管和不加套管、加衬垫与不加衬垫之分。卧式装置法如图 2-1-12 所示。小功率晶体管的装置。小功率晶体二极管装置方法如图 2-1-13(a)所示，小功率晶体三极管在印制电路板上的装置有正装、倒装、卧装、横装及加衬垫装等方式，如图 2-1-13(b) 所示。

② 集成电路的装置。常见集成电路在印制电路板上的装置如图 2-1-14 所示。

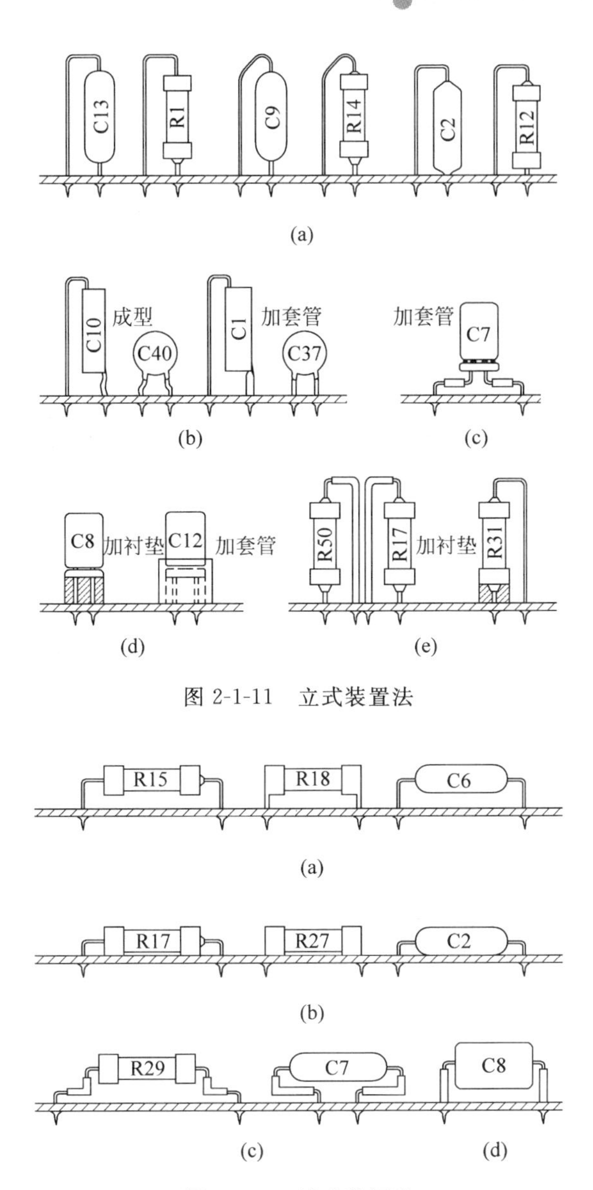

图 2-1-11 立式装置法

图 2-1-12 卧式装置法

③ 导线的安装。印制电路板上的元器件之间，某些元器件与电路之间，常用导线连接，常用导线在印制电路板上的安装方式如图 2-1-15 所示。

(2) 印制电路板上的焊接步骤。在印制电路板上焊接一般元器件，如晶体二极管、二极管、集成电路的步骤与前面所述电烙铁焊接步骤的五步操作法和三步操作法基本相同。只是在焊接集成电路时，由于是密集焊点焊接，烙铁头应选用尖形，焊接温度以 230℃±10℃为宜。焊接时间要短，应严格控制焊料与焊剂的用量，烙铁头上只需粘少量焊锡，在元器件引线与接点之间轻轻点中即可。

另外焊接集成电路时，应将烙铁外壳妥善接地或将外壳与印制电路板公用接地线用导线连接，也可拔下烙铁的电源插头趁热焊接，这样可以避免因烙铁的绝缘不好使外壳带电，或内部发热器对外壳感应出电压而损坏元件。

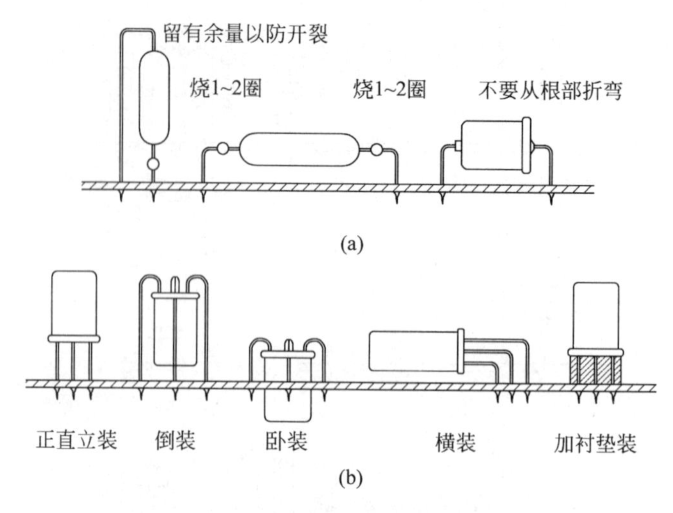

图 2-1-13 小功率晶体管的装置

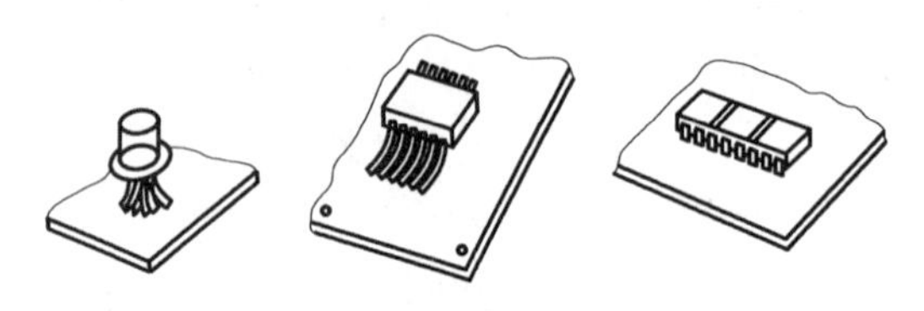

图 2-1-14 集成电路的装置

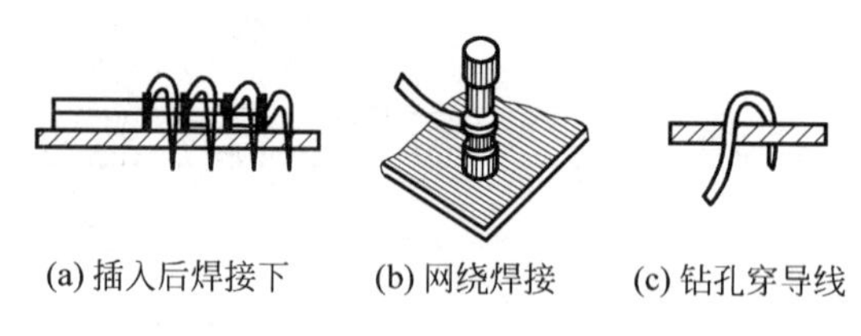

图 2-1-15 集成电路的装置

在工厂，人们常常把电烙铁手工焊接过程归纳成 8 个字："一刮、二镀、三测、四焊"。"刮"指被焊件表面的清洁工作，有氧化层的要刮去，有油污的可擦去。"镀"指对被焊部位的搪锡。"测"指对搪锡受热后的元件重新检测，看它在焊接时高温下是否会变质。"焊"指最后把测试合格的、已完成上述三个步骤的元器件焊接到电路中去。

2. 绕组端头的焊接

变压器等的绕组端头或电磁线的连接。除了按前述工艺要求进行绞接之外，一般应用钎焊加固以保证良好的电接触并增强机械强度。具体操作步骤是：先除去接头部分线端的绝缘层，刮去氧化层，按电磁线连接的工艺要求接好线头，然后按一般结构的焊接要求进行焊接。施焊时，应在被焊处与绕组间垫上纸板，以免锡液滴入绕组间隙造成隐患。焊剂力求选用中性，以免焊后清洁不净而腐蚀绕组及绝缘层。焊接时，应将导线接头置于水平状态，防止锡液流向一端而造成整个接头含锡不均，而且注意使锡液充满接头的导线间隙，接头上含锡要丰满光滑。

任务 2.2 SMT 简介及焊接技术

SMT(Surface Mounted Technology),即表面组装技术,是目前电子组装行业里最流行的一种技术和工艺。电子产品追求小型化,以前使用的穿孔插件元器件已无法缩小,电子产品功能更完整,所采用的集成电路(IC)已无穿孔元器件,特别是大规模、高集成 IC,不得不采用表面贴片元件,产品批量化,生产自动化。

【任务要求】

(1) 了解 SMT 的焊接工艺。

(2) 了解 SMT 的工艺流程。

(3) 掌握常用元器件 SMT 的焊接技术。

【基本知识】

一、SMT 的简介

1. SMT 定义及特点

SMT 是指无须对 PCB 钻插装孔而直接将元器件贴焊到 PCB 表面规定位置上的装联技术。SMT 是从传统的穿孔插装技术(THT)发展起来的,但又区别于传统的 THT。那么,SMT 与 THT 比较,它有什么优点呢?下面就是其最为突出的优点。

(1) 组装密度高、电子产品体积小、重量轻,贴片元器件的体积和重量只有传统插装元器件的 1/10 左右,一般采用 SMT 之后,电子产品体积缩小 40%~60%,重量减轻 60%~80%。

(2) 可靠性高、抗振能力强,焊点缺陷率低。

(3) 高频特性好,减少了电磁和射频干扰。

(4) 易于实现自动化,提高生产效率。

(5) 降低成本达 30%~50%,节省材料、能源、设备、人力、时间等。

2. 采用表面贴装技术(SMT)是电子产品业的趋势

了解了 SMT 的优点,就要利用这些优点来为我们服务,而且随着电子产品的微型化使得 THT 无法适应产品的工艺要求。因此,SMT 是电子装联技术的发展趋势。其表现在以下方面:

(1) 电子产品追求小型化,使得以前使用的穿孔插件元件已无法适应其要求。

(2) 电子产品功能更完整,所采用的集成电路(IC)因功能强大使引脚众多,已无法做成传统的穿孔元件,特别是大规模、高集成 IC,不得不采用表面贴片元件的封装。

(3) 产品批量化,生产自动化,厂方要以低成本高产量,出产优质产品以迎合顾客需求及加强市场竞争力。

(4) 电子元件的发展,集成电路(IC)的开发,半导体材料的多元应用。

(5) 电子产品的高性能及更高装联精度要求。

(6) 电子科技革命势在必行,追逐国际潮流。

3. SMT 有关的技术组成

SMT 从 20 世纪 70 年代发展起来,到 90 年代广泛应用的电子装联技术。由于其涉及多学科领域,使其在发展初期较为缓慢,随着各学科领域的协调发展,SMT 在 20 世纪 90 年代得到迅速发展和普及,在21世纪SMT将成为电子装联技术的主流。SMT相关学科技术有电子元件、集成电路的设计制造技术;电子产品的电路设计技术;印制电路板的制造技术;自动贴装设备的设计制造技术;电路装配制造工艺技术;装配制造中使用的辅助材料的开发生产技术。

二、SMT工艺介绍

1. SMT工艺名词术语

(1) 表面贴装组件(SMA)(surface mount assembly):采用表面贴装技术完成装联的印制电路板组装件。

(2) 回流焊(reflow soldering):通过熔化预先分配到PCB焊盘上的焊膏,实现表面贴装元器件与PCB焊盘的连接。

(3) 波峰焊(wave soldering):将溶化的焊料,经专用设备喷流成设计要求的焊料波峰,使预先装有电子元器件的PCB通过焊料波峰,实现元器件与PCB焊盘间的连接。

(4) 细间距(fine pitch):小于0.5mm引脚间距。

(5) 引脚共面性(lead coplanarity):指表面贴装元器件引脚垂直高度误差,即引脚的最高引脚底与最低引脚底形成的平面之间的垂直距离。其值一般不大于0.1mm。

(6) 焊膏(solder paste):由粉末状焊料合金、焊剂和一些起黏性作用及其他作用的添加剂混合成具有一定黏度和良好触变性的焊料膏。

(7) 固化(curing):在一定的温度、时间条件下,加热贴装了元器件的贴片胶,以使元器件与PCB板暂时固定在一起的工艺过程。

(8) 贴片胶或称红胶(adhesives)(SMA):固化前具有一定的初黏度,固化后具有足够的粘接强度的胶体。

(9) 点胶(dispensing):表面贴装时,往PCB上施加贴片胶的工艺过程。

(10) 点胶机(dispenser):能完成点胶操作的设备。

(11) 贴装(pick and place):将表面贴装元器件从供料器中拾取并贴放到PCB规定位置上的操作。

(12) 贴片机(placement equipment):完成表面贴装元器件的贴装功能的设备。

(13) 热风回流焊(hot air reflow soldering):以强制循环流动的热气流进行加热的回流焊。

(14) 贴片检验(placement inspection):贴片时或完成后,对于有否漏贴、错位、贴错、元器件损坏等情况进行的质量检验。

(15) 钢网印刷(metal stencil printing):使用不锈钢漏板将焊锡膏印到PCB焊盘上的印刷工艺过程。

(16) 印刷机(printer):在SMT中,用于钢网印刷的专用设备。

(17) 炉后检验(inspection after soldering):对贴片完成后经回流炉焊接或固化的PCB的质量检验。

(18) 炉前检验(inspection before soldering):贴片完成后在回流炉焊接或固化前作贴片质量检验。

(19) 返修(reworking):为去除PCB的局部缺陷而进行的修复过程。

(20) 返修工作台(rework station)：能对有质量缺陷的PCB进行返修的专用设备。

2. 表面贴装方法分类

根据SMT的工艺制程不同，把SMT分为点胶制程(波峰焊)和锡膏制程(回流焊)。它们的主要区别为：贴片前的工艺不同，前者使用贴片胶，后者使用焊锡胶；贴片后的工艺不同，前者过回流炉只起固定作用、还须过波峰焊，后者过回流炉起焊接作用。

3. 主要工艺要求与特点

SMT的工艺流程：领PCB、贴片元件→贴片程式录入、道轨调节、炉温调节→上料→上PCB→点胶(印刷)→ 贴片→ 检查→固化→检查→包装→保管，下面介绍主要工艺的要求和特点。

(1) 点胶。点胶工艺主要用于引线元件通孔插装(THT)与表面贴装(SMT)共存的贴插混装工艺。在整个生产工艺流程中，印制电路板(PCB)其中一面元器件从开始进行点胶固化后，到了最后才能进行波峰焊焊接，这期间间隔时间较长，而且进行的其他工艺较多，元器件的固化就显得尤为重要。

(2) 点胶过程中的工艺控制。生产中易出现以下工艺缺陷：胶点大小不合格、拉丝、胶水浸染焊盘、固化强度不好易掉片等。因此进行点胶各项技术工艺参数的控制是解决问题的办法。

(3) 印刷。在表面贴装装配的回流焊接中，锡膏用于表面贴装元器件的引脚或端子与焊盘之间的连接，有许多变量。如锡膏、丝印机、锡膏应用方法和印刷工艺过程。在印刷锡膏的过程中，基板放在工作台上，机械地或真空夹紧定位，用定位销或视觉来对准，用模板进行锡膏印刷。

(4) 贴装进行下列项目的检查。贴装前检查包括元器件的可焊性、引线共面性、包装形式、PCB尺寸、外观、翘曲、可焊性、阻焊膜(绿油)料站的元件规格、核对是否有手补件或临时不贴件。贴件贴装时检查项目包括所贴装元件是否有偏移等缺陷、对偏移元件进行调校、检查贴装率，并对元件与贴片头进行监控。

(5) 固化、回流。在固化、回流工艺里最主要是控制好固化、回流的温度曲线亦即是固化、回流条件，正确的温度曲线将保证高品质的焊接锡点。在回流炉里，其内部对于我们来说是一个黑箱，不清楚其内部发生的事情，这样为制定工艺带来重重困难。为克服这个困难，在SMT行业里普遍采用温度测试仪得出温度曲线，参考温度曲线再进行更改工艺。

(6) 在SMT贴装过程中，难免会遇上某些元器件使用人工贴装的方法，人工贴装时要注意下列事项：

- 避免将不同的元器件混在一起。
- 切勿让元器件受到过度的拉力和压力。
- 转动元件是应夹着主体，不应夹着引脚或焊接端。
- 放置元件是应使用清洁的镊子。
- 不使用丢掉或标识不明的元器件。
- 使用清洁的元器件。
- 小心处理可编程装置，避免导线损坏。

现在列举SMT的一个工艺流程——双面组装工艺。

① 来料检测→PCB的A面丝印焊膏(点贴片胶)→贴片→烘干(固化)→A面回流焊接→

清洗→翻板→PCB的B面丝印焊膏(点贴片胶)→贴片→烘干→回流焊接(最好仅对B面→清洗→检测→返修)。此工艺适用于在PCB两面均贴装有PLCC等较大的SMD时采用。

② 来料检测→PCB的A面丝印焊膏(点贴片胶)→贴片→烘干(固化)→A面回流焊接→清洗→翻板→PCB的B面点贴片胶→贴片→固化→B面波峰焊→清洗→检测→返修。此工艺适用于在PCB的A面回流焊,B面波峰焊。

4. 助焊剂产品的基本知识

(1) 表面贴装用助焊剂的要求。要求助焊剂具有一定的化学活性、良好的热稳定性;具有良好的润湿性;对焊料的扩展具有促进作用;留存于基板的焊剂残渣,对基板无腐蚀性;具有良好的清洗性,氯的含有量在0.2%以下。

(2) 助焊剂的作用焊接工序。预热→焊料开始熔化→焊料合金形成→焊点形成→焊料固化。其作用为:辅助热传导、去除氧化物、降低表面张力、防止再氧化。说明:溶剂蒸发/受热,焊剂覆盖在基材和焊料表面,使传热均匀/放出活化剂与基材表面的离子状态的氧化物反应,去除氧化膜/使熔融焊料表面张力小,润湿良好/覆盖在高温焊料表面,控制氧化改善焊点质量。

(3) 助焊剂的物理特性。助焊剂的物理特性主要是指与焊接性能相关的熔点、沸点、软化点、玻化温度、蒸气压、表面张力、黏度、混合性等。

(4) 助焊剂残渣产生的不良与对策。助焊剂残渣会造成的问题有:对基板有一定的腐蚀性,降低电导性,产生迁移或短路,非导电性的固形物如侵入元器件会引起接合不良,树脂残留过多,粘连灰尘及杂物,影响产品的使用可靠性。因此选用合适的助焊剂,其活化剂活性适中,使用焊后可形成保护膜的助焊剂、焊后无树脂残留的助焊剂以及低固含量免清洗助焊剂,焊接后清洗。

(5) QQ-S-571E规定的焊剂分类代号。焊剂类型:S表示固体适度(无焊剂),R表示松香焊剂,RMA表示弱活性松香焊剂,RA表示活性松香或树脂焊剂,AC表示不含松香或树脂的焊剂。

(6) 助焊剂喷涂方式和工艺因素。喷涂方式有以下三种。一是超声喷涂。将频率大于20kHz的振荡电能通过压电陶瓷换能器转换成机械能,把焊剂雾化,经压力喷嘴到PCB上。二是丝网封方式。由微细、高密度小孔丝网的鼓旋转空气刀将焊剂喷出,将产生的喷雾喷到PCB上。三是压力喷嘴喷涂。直接用压力和空气带焊剂从喷嘴喷出。喷涂工艺因素有:设定喷嘴的孔径、烽量、形状、喷嘴间距、避免重叠影响喷涂的均匀性、设定超声雾化器电压以获取正常的雾化量、喷嘴运动速度的选择、PCB传送带速度的设定、焊剂的固含量要稳定、设定相应的喷涂宽度。

(7) 免清洗助焊剂的主要特性。可焊性好,焊点饱满,无焊珠,不污染环境,操作安全,焊后板面干燥,无腐蚀性,不粘板,焊后具有在线测试能力与SMD和PCB板有相应材料匹配性,焊后有符合规定的表面绝缘电阻值(SIR)适应焊接工艺(浸焊、发泡、喷雾、涂敷等)。

5. 助焊剂常见状况与分析

(1) 焊后PCB板面残留多,板子脏。其原因有焊接前未预热或预热温度过低(浸焊时,时间太短);走板速度太快(FLUX未能充分挥发);锡炉温度不够;锡液中加了防氧化剂或防氧化油造成的;助焊剂涂布太多;元件脚和板孔不成比例(孔太大)使助焊剂上升;FLUX使用过程中,较长时间未添加稀释剂。

(2) 着火：波峰炉本身没有风刀，造成助焊剂涂布量过多，预热时滴到加热管上；风刀的角度不对(使助焊剂在PCB上涂布不均匀)；PCB上胶条太多，把胶条引燃了；走板速度太快(FLUX未完全挥发，FLUX滴下)或太慢(造成板面热温度太高)；工艺问题(PCB板材不好同时发热管与PCB距离太近)。

(3) 腐蚀(元器件发绿，焊点发黑)：预热不充分(预热温度低，走板速度快)造成FLUX残留多，有害物残留太多)；使用需要清洗的助焊剂，焊完后未清洗或未及时清洗。

(4) 连电，漏电(绝缘性不好)：PCB设计不合理，布线太近等。PCB阻焊膜质量不好，容易导电。

(5) 漏焊，虚焊，连焊 ：FLUX涂布的量太少或不均匀；部分焊盘或焊脚氧化严重；PCB布线不合理(元零件分布不合理)；发泡管堵塞，发泡不均匀，造成FLUX在PCB上涂布不均匀；手浸锡时操作方法不当；链条倾角不合理；波峰不平。

(6) 焊点太亮或焊点不亮：可通过选择光亮型或消光型的FLUX来解决此问题)；所用锡不好(如锡含量太低等)。

(7) 短路。可能由以下因素造成：锡液造成短路(发生了连焊但未检出；锡液未达到正常工作温度，焊点间有"锡丝"搭桥；焊点间有细微锡珠搭桥；发生了连焊即架桥)、PCB的问题(如PCB本身阻焊膜脱落造成短路；烟大，味大)、FLUX本身的问题(树脂——如果用普通树脂烟气较大；溶剂——这里指FLUX所用溶剂的气味或刺激性气味可能较大；活化剂——烟雾大且有刺激性气味)、排风系统不完善。

(8) 飞溅、锡珠。可能由以下因素造成：工艺(预热温度低(FLUX溶剂未完全挥发)；走板速度快未达到预热效果；链条倾角不好，锡液与PCB间有气泡，气泡爆裂后产生锡珠；手浸锡时操作方法不当；工作环境潮湿)、PCB板的问题(板面潮湿，未经完全预热，或有水分产生；PCB跑气的孔设计不合理，造成PCB与锡液间窝气；PCB设计不合理，零件脚太密集造成窝气)。

(9) 上锡不好，焊点不饱满：使用的是双波峰工艺，一次过锡时FLUX中的有效分已完全挥发，走板速度过慢，使预热温度过高，FLUX涂布的不均匀焊盘，元器件脚氧化严重，造成吃锡不良，FLUX涂布太少；未能使PCB焊盘及元件脚完全浸润，PCB设计不合理；造成元器件在PCB上的排布不合理，影响了部分元器件的上锡。

(10) FLUX发泡不好，FLUX的选型不对，发泡管孔过大或发泡槽的发泡区域过大，气泵气压太低，发泡管有管孔漏气或堵塞气孔的状况，造成发泡不均匀，稀释剂添加过多。

(11) 发泡太好，气压太高，发泡区域太小，助焊槽中FLUX添加过多，未及时添加稀释剂，造成FLUX浓度过高。

(12) FLUX的颜色：有些无透明的FLUX中添加了少许感光型添加剂，此类添加剂遇光后变色，但不影响FLUX的焊接效果及性能。

(13) PCB阻焊膜脱落、剥离或起泡。可能由以下因素造成：①80%以上的原因是PCB制造过程中出的问题(清洗不干净；劣质阻焊膜；PCB板材与阻焊膜不匹配；钻孔中有脏东西进入阻焊膜；热风整平时过锡次数太多)。②锡液温度或预热温度过高。③焊接时次数过多。④手浸锡操作时，PCB在锡液表面停留时间过锡膏印刷。

三、元器件知识

1. SMT 元器件名词解释

(1) 小外形晶体管(SOT)(small outline transistor)：采用小外形封装结构的表面组装晶体管。

(2) 小外形二极管(SOD)(small outline diode)：采小小外形封装结构的表面组装二极管。

(3) 片状元件(chip)(rectangular chip component)：两端无引线，有焊端，外形为薄片矩形的表面组装元件。

(4) 小外形封装(SOP)(small outline package)：小外形模压着塑料封装，两侧具有翼形或 J 形短引线的一种表面组装元器件封装形式。

(5) 四边扁平封装(QFP)(quad flat package)：四边具有翼形短引线，引线间距为 1.00，0.80，0.65，0.50，0.40，0.30mm 等的塑料封装薄形表面组装集成电路。

(6) 细间距(fine pitch)：不大于 0.5mm 的引脚间距。

(7) 引脚共面性(lead coplanarity)：指表面组装元器件引脚垂直高度误差，即引脚的最高脚底与最低 3 条引脚的脚底形成的平面之间的垂直距离。

2. SMT 元器件种类

在 SMT 生产过程中，会接百种以上的元器件，了解这些元器件对我们在工作时不出错或少出错非常有用。现在，随着 SMT 技术的普及，各种电子元器件几乎都有了 SMT 的封装。而企业中目前使用最多的电子元器件为电阻(R-resistor)、电容(C-capacitor)(电容又包括陶瓷电容—C/C，钽电容—T/C，电解电容—E/C)、二极管(D-diode)、稳压二极管(ZD)、三极管(Q-transistor)、压敏电阻(VR)、电感线圈(L)、变压器(T)、送话器(MIC)、受话器(RX)、集成电路(IC)、喇叭(SPK)、晶体振荡器(XL)等，而在 SMT 中可以把它分成如下种类：电阻—RESISTOR，电容—CAPACITOR，二极管—DIODE，三极管—TRANSISTOR，排插—CONNECTOR，电感—COIL，集成块—IC，按钮—SWITCH 等。

(1) 电阻

① 单位：$1\Omega=1\times10^{-3}\ k\Omega=1\times10^{-6}M\Omega$。

② 规格：以元件的长和宽来定义的，有 1005(0402)、1608(0603)、2012(0805)、3216(1206)等。

③ 表示的方法：2R2＝2.2Ω，1K5＝1.5kΩ，2M5＝2.5MΩ，$103J=10\times10^{3}\Omega=10k\Omega$，$1002F=100\times10^{2}\Omega=10k\Omega$(F、J 指误差，F 指±1%精密电阻，J 为±5%的普通电阻，F 的性能比 J 的性能好)。电阻上面除 1005 外都标有数字，这些数字代表电阻的容量。

(2) 电容：包括陶瓷电容—C/C、钽电容—T/C、电解电容—E/C。

① 单位：$1pF=1\times10^{-3}nF=1\times10^{-6}\mu F=1\times10^{-9}MF=1\times10^{-12}F$。

② 规格：以元件的长和宽来定义的，有 1005(0402)、1608(0603)、2012(0805)、3216(1206)等。

③ 表式方法：$103K=10\times10^{3}pF=10nF$，$104Z=10\times10^{4}pF=100nF$，0R5＝0.5pF。

注意：电解电容和钽电容是有方向的，白色表示"＋"极。

(3) 二极管：有整流二极管、稳压二极管、发光二极管。二极管是有方向的，其正负极可以用万用表来测试。

(4) 集成块：(IC)分为 SOP、SOJ、QFP、PLCC。

(5) 电感：

单位：$1H=10^3 MH=10^6 \mu H=10^9 nH$。

表示形式：R68J=680nH，068J=68nH，101J=100μH，1R0=1μH，150k=15UH。

J、K 指误差，其值同电容。

① 片式元件：主要是电阻、电容。

② 晶体元件：主要有二极管、三极管、IC。

以上 SMT 元器件均是规则的元器件，可以给它们更详细的分类(表 2-2-1)。

表 2-2-1 SMT 元器件分类

Chip	片电阻，电容等，尺寸规格：0201，0402，0603，0805，1206，1210，2010，等钽电容，尺寸规格：TANA，TANB，TANC，TAND
SOT	晶体管，SOT23，SOT143，SOT89，TO-252 等
MELF	圆柱形元件，二极管，电阻等
SOIC	集成电路，尺寸规格：SOIC08，14，16，18，20，24，28，32
QFP	密脚距集成电路
PLCC	集成电路，PLCC20，28，32，44，52，68，84
BGA	球栅列阵包装集成电路，列阵间距规格：1.27，1.00，0.80
CSP	集成电路，元件边长不超过里面芯片边长的 1.2 倍，列阵间距<0.50 的 μBGA

③ 异型电子元件(Odd-form)：指几何形状不规则的元器件。因此必须用手工贴装，其外壳(与其基本功能成对比)形状是不标准的，例如：许多变压器、混合电路结构、风扇、机械开关块等。

3. SMT 元器件常用知识

(1) 元件的标准误差代码如表 2-2-2 所示。

表 2-2-2 元器件的标准误差代码表

符号	误差	应用范围	符号	误差	应用范围
A		10pF 或以下	M	±20%	
B	±0.10pF		N		
C	±0.25pF		O		
D	±0.5pF		P	+100%，-0	
E			Q		
F	±1.0%		R		
G	±2.0%		S	+50%，-20%	
H			T		
I			U		
J	±5%		V		
K	±10%		X		
L			Y		
Z	+80%，-20%		W		

(2) 片式电阻的标识。在片式电阻的本体上，通常都标有一些数值，它们代表电阻器的电阻值。片式电阻的包装标识常见类型示例如下：

①	RR	1206	8/1	561	J	
	种类	尺寸	功耗	标称阻值	允许误差	
②	ERD	10	TL	J	561	U
	种类	额定功耗	形状	允许误差	标称阻值	包装形式

在 SMT 生产过程中，要注意的是电阻阻值、误差、额定功耗这三个值。

(3) 片式电容的标识。在普通的多层陶瓷电容本体上一般是没有标志的，在生产时应尽量避免使用已混装的该类元器件。而在钽电容本体上一般均有标志，其标志如表 2-2-3 所示。

表 2-2-3 钽电容本体上标志示例

标印值	电容值	标印值	电容值
0R2	0.2pF	221	220pF
020	2pF	222	2200pF
220	22pF	223	22000pF

(4) 电感器。电感器电感值表示法示例如表 2-2-4 所示。

表 2-2-4 电感器电感值表示法示例

代码	表示值	代码	表示值
3N3	3.3nH	R10	0.1μH 或 100nH
10N	10nH	R22	0.22μH 或 220nH
330	33μH	5R6	5.6μH 或 5600nH

(5) 二极管。目前常见的二极管是 LL4148 和 IN4148 两种，另外就是一些稳压二极管及发光二极管，在使用稳压二极管时应注意其电压是否与料单相符，另外某些稳压管的外形与三极管外形(SOT)形状一致，在使用时应小心区分。而在使用发光二极管时则要留意其发出光的颜色种类。

(6) 三极管。在三极管中，其 PN 结的极性不同，其功能用途就不一样，在使用时，必须对三极管的型号仔细分清楚，其型号中一个符号的差别可能就是功能完全相反的三极管。

(7) 集成块(IC)。IC 在装贴时最容易出错的是方向不正确，另外就是在装贴 EPROM 时易把 OPT 片(没烧录程式)当作掩膜片(已烧录程式)来装贴，从而造成严重错误。因此，在生产时必须细心核对来料。

四、焊接贴片元器件需要的工具

对于电子制作来说，最关心的是贴片元件的焊接和拆卸。要有效自如地进行贴片元件的焊接拆卸，关键是要有适当的工具。下面介绍一些最基本的工具。

(1) 镊子。这里所用的镊子是比较尖的那种，而且必须是不锈钢的。这是因为其他的镊子可能会带有磁性，而贴片元件比较轻，如果镊子有磁性则会被吸住。

(2) 烙铁。这里使用的烙铁也是比较尖的那一种(尖端的半径在 1mm 以内)。因为在焊接管件密集的贴片芯片的时候，能够准确方便地对某一个或某几个引脚进行焊接。

(3) 热风枪。热风枪是拆多脚的贴片元件用的,也可以用于焊接。它是利用其枪芯吹出的热风来对元器件进行焊接与拆卸的工具。其使用的工艺要求相对较高。从取下或安装小元器件到大片的集成电路,都可以用热风枪。在不同的场合,对热风枪的温度和风量等有特殊要求,温度过低会造成元器件虚焊,温度过高会损坏元器件及线路板;风量过大会吹跑小元器件。对于普通的贴片焊接,可以不用热风枪。

(4) 细焊锡丝。这里所用的焊锡丝直径为0.3～0.5mm的,粗的(0.8mm以上)不能用,因为那样不容易控制给锡量。

(5) 放大镜。放大镜是带有座和带环形灯管的那一种,手持式的不能代替。因为有时需要在放大镜下双手操作。放大镜的放大倍数要5倍以上,最好能达到10倍。

(6) 吸锡带。焊接贴片元器件时,很容易出现上锡过多的情况。特别在焊密集多引脚贴片芯片时,很容易导致芯片相邻芯片的两脚甚至多脚被焊锡短路。此时,传统的吸锡枪是不管用的,这时就需要用到编织的吸锡带,如果没有也可以用电线中的铜丝来代替。

五、热风枪的操作方法

(1) 操作时一般电路板的地线要接地,电烙铁要接地线,仪器仪表要接地线,操作者要戴防静电腕带。

(2) 拆焊与焊接时电路板要处理得一面应向上放平,另一面与桌面最好有一定的距离以利于底面的散热,用专用电路板支架更好。

(3) 热风枪的热气流一般情况下要垂直于电路板。如果要处理的元器件旁边或另一面有耐热差的元器件,对于焊接在板上的,如振铃器、连接器、SIM卡座、涤纶电容和备用电池等,可以用薄金属片、胶带或纸条挡住热气流,还可以使热气流适度倾斜,对于键盘膜片、液晶显示器及塑料支架等可以直接取下的要取下。

(4) 热风枪嘴与电路板的距离一般为1～2cm。

(5) 如果焊点焊锡太少要用烙铁往上带锡,不要将焊锡丝放到焊点上用烙铁加热的方法加锡,以免焊锡过多引起连锡。焊点表面要光亮圆滑,焊锡不要过多也不要过少,一般保证焊锡表面不上凸略下凹即可。如果烙铁头氧化不挂锡则要用专用的湿泡沫塑料或湿的餐巾纸擦净,不要用刀刮或用锉锉,也不要将烙铁头直接放进焊油盒接触焊油。

(6) 焊接可以在显微镜或放大镜下进行,焊完后还要在显微镜或放大镜下检查有无虚焊和连锡,检查有焊片的焊点时可以在显微镜或放大镜下用针小心拨动确认有无虚焊。

(7) 如果焊点(无论是电路板上的还是元器件上的)表面已经腐蚀变黑,要用针或小刀刮出金属光亮面,放上松香小颗粒或涂少量焊油用烙铁加热镀锡,再补焊或焊接。

六、常用元器件贴片的热风机焊接方法

1. 贴片电阻的焊接

(1) 电阻要求选用一般耐高温性能较好的,一般采用热风枪拆焊与焊接。

(2) 温度高低影响不大,但温度不要太高时间也不要太长,以免损坏相邻元器件或使电路板的另一面的元器件脱落。风量不要太大,以免吹跑元器件或使相邻元器件移位。

(3) 拆焊时,调好热风枪的温度和风量,尽量使热气流垂直于电路板并对正要拆的电阻加热,手拿镊子在电阻旁等候。当电阻两端的焊锡融化时,迅速用镊子从电阻的两侧面夹住取

下，注意不要碰到相邻元器件以免使其移位。

(4) 焊接时，要在焊点涂上极少量的焊油，然后用镊子夹住电阻的侧面压在焊点上，用热风枪加热，当焊锡融化后热风枪撤离，焊锡凝固后镊子松开撤离即可。

(5) 如果与焊点对得不正可以在锡融化的状态下拨正。电阻的焊接一般不要用电烙铁，用电烙铁焊接时由于两个焊点的焊锡不能同时融化可能焊斜，另一方面焊第二个焊点时由于第一个焊点已经焊好。如果下压第二个焊点会损坏电阻或第一个焊点。

(6) 补焊时要在两焊点处涂少量焊油(以焊完后能蒸发完为准)，用热风枪加热补焊或用烙铁分别加热两个焊点补焊。对于体积特别小的电阻，用烙铁加热一端时另一端也会融化，因此用针或镊子略下压即可补焊好。

2. 贴片电容器的焊接

(1) 对于普通电容(表面颜色为灰色、棕色、土黄色、淡紫色和白色等)，拆焊、焊接和补焊与电阻相同。

(2) 对于上表面为银灰色侧面为多层深灰色的涤纶电容和其他不耐高温的电容，不要用热风枪处理，以免损坏。

(3) 拆焊这类电容时要用两个电烙铁同时加热两个焊点使焊锡融化，在焊点融化状态下用烙铁尖向侧面拨动使焊点脱离，然后用镊子取下。

(4) 焊接这类电容时先在电路板两个焊点上涂上少量焊油，用烙铁加热焊点，当焊锡融化时迅速移开烙铁，这样可以使焊点光滑。然后用镊子夹住电容放正并下压，再用电烙铁加热一端焊好，然后用烙铁加热另一个焊点焊好，这时不要再下压电容以免损坏第一个焊点。

(5) 分别焊接时可能焊不正，因此可以将电路板上的焊点用吸锡线将锡吸净，再分别焊接，如果焊锡少可以用烙铁尖从焊锡丝上带一点锡补上，体积小的不要把焊锡丝放到焊点上用烙铁加热取锡，以免焊锡过多引起连锡。

(6) 对于黑色和黄色塑封的电解电容处理方法与电阻相同，但温度不要过高，加热时间也不要过长。塑封的电解电容有时边角加热变色，但一般不影响使用。对于鲜红色的两端为焊点的扁形电解电容更要注意不要过热。

3. 贴片电感器的焊接

两端为焊点的电感拆焊、焊接和补焊方法与电阻相同。塑封的电感也要注意不要过热。

4. 二极管、三极管、场效应管和引线较少的集成电路的焊接

对于二极管、三极管、场效应管和引线较少的集成电路这类元器件耐热性较差，加热时要注意温度不要过高，时间不要过长。

拆焊时，用热风枪垂直于电路板均匀加热，焊锡融化时迅速用镊子取下，体积稍大的镊子对热风阻挡作用不大，可以用镊子夹住元器件并略向上提，同时用热风枪加热，当焊点焊锡刚一融化时即可分离。取下前注意记住元器件的方向，必要时要标在图上。

焊接时，在电路板相应焊点上涂少量焊油，用烙铁逐条加热焊点并由内向外移动，使每个焊点光滑，即使有毛刺也在外侧。将元器件放好与焊点对齐，由于焊点有圆滑锡点，元器件容易滑向侧面，所以对引线时要注意。用镊子夹住对正后用热风枪加热焊接。

(1) 贴片二极管、三极管的焊接。

① 可以用烙铁焊接，用烙铁焊接时同样也是先将引线对正，用烙铁尖逐条下压元器件引线焊点正上方加热焊接，注意不要压歪，引线较多的元器件可以先用烙铁把斜对角的两条引线

焊好保证定位再焊其他引线。

② 补焊时，在焊点部位涂少量焊油，用烙铁下压引线焊点部位加热，焊锡融化后移开。

(2) TSOP 封装的集成电路焊接。

① 这类元件耐热较差，加热时要注意温度不要过高，时间不要过长。对于两窄边有引线的 TSOP 封装集成电路，如常见的闪速存储器(FLASH 版本)、电可擦可编程只读存储器(EEPROM 码片)和随机存储器(RAM)等，应当先拆一边的引线，再拆另一边。

② 拆焊时用镊子夹住要拆的一侧的边缘略向上用力，用热风枪来回移动均匀加热引线部位，当焊锡融化时会剥离，再用同样方法拆另一侧。

③ 对于 4 边有引线或只有两宽边有引线的集成电路，要用镊子夹住无引线部位(4 边有引线的要夹对角)或用专用镊子插入引线部位底下，向上略用力，用热风枪沿引线部位移动均匀加热焊接点，当锡融化时会自动剥离。

(3) TSOP 封装的 IC 焊接。

① 焊接时，先在原焊点部位均匀涂少量焊油，用烙铁逐条由内向外移动加热焊点，使焊点光滑无毛刺。

② 检查集成电路引线是否有变形，如果有变形则用薄刀片(刮脸刀片等)插入引线空隙拨动调整引线，使引线间距均匀。对于连锡的，要将集成电路平放，将吸锡线放进焊油盒用电烙铁略加热，吸锡线吸附少量焊油，将吸锡线放在集成电路连锡部位再用电烙铁加热吸除连锡。

③ 对于较大的集成电路，可用手拿住直接把集成电路各边引线与焊点对正压住。对于较小的，可用镊子夹住对正焊点，用烙铁下压对角的两个焊点焊好，然后逐条下压各引线焊接，注意不要压歪引线。

(4) 功率放大器的焊接。

① 补焊时，先在焊点处涂少量焊油，然后用电烙铁下压引线焊点加热焊接。

② 有一类集成电路如体积较小的功率放大器，除了两宽边有引线之外，底部有面积较大的焊点，这是为了通过焊点用电路板的内层铜箔为集成电路散热。这类集成电路在焊接时一定要用热风枪把底部散热用焊点焊透再处理外围引线，否则可能会因温度过高而工作异常。

(5) FQP 封装的集成电路的焊接。

① 这种集成电路有两种，一种为陶瓷硬封装，耐热性较好，另一种为绝缘板黑胶软封装，耐热性较差。处理软封装时更要注意温度不要过高，加热时间不要过长。

② 拆焊时，用热风枪循环移动均匀加热，同时用镊子夹住略向上稍用力向上提，当焊锡融化时即可取下。

③ 焊接时，先在电路板焊点上涂少量焊油，用电烙铁由内向外移动加热焊点，使每个焊点光滑无毛刺。必要时还要整理集成电路上的焊点。将集成电路与电路板焊点对正，用镊子夹住集成电路并略下压，同时用热风枪均匀加热，当锡融化下沉时停止加热，冷却后移开镊子。

④ 还可以用电烙铁焊接。用电烙铁焊接时，将集成电路夹住对正后用电烙铁逐条加热电路板上的焊点使底部焊锡融化，有的焊点原焊锡过少，可在焊点处涂少量焊油再用电烙铁带少量焊锡进入底部焊点。补焊时，在焊点处涂少量焊油再用电烙铁逐条加热焊点外露处使底部焊点焊锡融化焊好。

七、SMT质量术语

1. 理想的焊点

具有良好的表面润湿性，即熔融焊料在被焊金属表面上应铺展，并形成完整、均匀、连续的焊料覆盖层，其接触角应不大于90°。

正确的焊锡量，焊料量足够而不过多也不过少

良好的焊接表面，焊点表面应完整、连续和圆滑，但不要求很光亮的外观。

好的焊点位置，元器件的焊端或引脚在焊盘上的位置误差在规定范围内。

2. 不润湿

焊点上的焊料与被焊金属表面形成的接触角大于90°。

3. 开焊

焊接后焊盘与PCB表面分离。

4. 吊桥(draw、bridging)

元器件的一端离开焊盘面向上方斜立或直立。

5. 桥接

两个或两个以上不应相连的焊点之间的焊料相连，或焊点的焊料与相邻的导线相连。

6. 虚焊

焊接后，焊端或引脚与焊盘之间有时会出现电隔离现象。

7. 拉尖

焊点中出现焊料有突出向外的毛刺，但没有与其他导体或焊点相接触。

8. 焊料球(solder ball)

焊接时黏附在印制电路板、阴焊膜或导体上的焊料小圆球。

9. 孔洞

焊接处出现孔径不一的空洞。

10. 位置偏移(skewing)

焊点在平面内横向、纵向或旋转方向偏离预定位置。

11. 目视检验法(visual inspection)

借助照明的2～5倍的放大镜，用肉眼观察检验PCBA焊点质量。

12. 焊后检验(post-soldering inspection)

PCB完成焊接后的质量检验。

13. 返修(reworking)

为去除表面组装组件的局部缺陷而采用的修复工艺过程。

14. 贴片检验(placement inspection)

表面贴装元器件贴装时或完成后，对于有否漏贴、错位、贴错、损坏等情况进行的质量检验。

八、SMT检验方法

在SMT检验中常采用目测检查与光学设备检查两种方法。只采用目测法，或采用两种混合方法。它们都可对产品做100%的检查，但若采用目测的方法时人总会疲劳，这样就无法

保证员工100%进行认真检查。为了保证SMT设备的正常进行，加强各工序的加工工件质量检查，从而监控其运行状态，在一些关键工序后设立质量控制点。这些控制点通常设立在如下位置。

1. PCB检测

(1) 印制电路板有无变形。

(2) 焊盘有无氧化。

(3) 印制电路板表面有无划伤。

检查方法：依据检测标准目测检验。

2. 丝印检测

(1) 印刷是否完全。

(2) 有无桥接。

(3) 厚度是否均匀。

(4) 有无塌边。

(5) 印刷有无误差。

检查方法：依据检测标准目测检验或借助放大镜检验。

3. 贴片检测

(1) 元件的贴装位置情况。

(2) 有无掉片。

(3) 有无错件。

检查方法：依据检测标准目测检验或借助放大镜检验。

4. 回流焊接检测

(1) 元件的焊接情况，有无桥接、立碑、错位、焊料球、虚焊等不良焊接现象。

(2) 焊点的情况。

检查方法：依据检测标准目测检验或借助放大镜检验。

【技能训练】

测试工作任务书

任务名称	常用元器件SMT焊接的测试
任务要求	1. 掌握贴片元器件手工焊接技术 2. 掌握合格焊点质量评定 3. 了解不良焊点原因 4. 掌握贴片元器件手工拆卸的技术
测试器材	数字万用表；直流稳压电源；各类贴片电阻、电位器若干，电烙铁
电路原理图	

续表

测试步骤	1. 拆装贴片元器件若干个 2. 每个元器件焊接时间不要超过 10 秒 3. 完成一个简单的实例电路
测试结果	
结论	

【拓展思考】

1. 焊接时不允许直接加热 Chip 元器件的焊端和元器件引脚的脚跟以上部位，焊接时间不超过 3s/次，同一焊点不超过 2 次，以免受热冲击损坏元器件。

2. 电烙铁的温度等其他要求：第一，修理 Chip 元器件时应采用 15～20W 小功率电烙铁。烙铁头温度控制在 265℃以下；第二，烙铁头不得接触焊盘，不要反复长时间在一焊点加热，对同一焊点，如第一次未焊妥，要稍许停留，再进行焊接；第三，烙铁头始终保持光滑，无钩、无刺；第四，拆卸 SMD 器件时，应等到全部引脚完全融化时再取下器件，以防破坏器件的共面性。

3. 修板、返修方法。虚焊、桥接、拉尖、不润湿、焊料量少等焊点缺陷的修整方法为：用细毛笔蘸助焊剂涂在元器件焊点上；用扁铲形烙铁头加热焊点，将元器件焊端焊盘之间的焊料融化，消除虚焊、拉尖、不润湿等焊点缺陷，使焊点光滑、完整。桥接的修整方法为：在桥接处涂适量助焊剂，用烙铁头加热桥接处焊点，待焊料融化后缓慢向外或向焊点的一侧拖拉，使桥接的焊点分开。锡量少的焊点的修整方法为：用烙铁头加热融化焊料量少的焊点，同时加少许$\phi 0.5$～$\phi 0.8$mm 的焊锡丝，焊锡丝碰到烙铁头时应迅速离开，否则焊料会加得太多。

元器件吊桥、元器件移位的修整方法为：用细毛笔蘸助焊剂涂在元器件焊点上；用镊子夹持吊桥或移位的元器件；用马蹄形烙铁头加热元器件两端焊点，焊点融化后立即将元器件的两个焊端移到相对应焊盘位置上，烙铁头离开焊点后再松开镊子。

操作不熟练时，先用马蹄形烙铁头加热元器件两端焊点，融化后将元器件取下来，再清除焊盘上残留的焊锡，最后重新焊接元器件；修整时注意烙铁头不要直接碰 Chip 元件的焊端，Chip 元件只能按以上方法修整一次，而且烙铁不能长时间接触两端的焊点，否则容易造成 Chip 元器件脱帽(端头被焊锡蚀掉)。

三焊端的电位器、SOT 以及 SSOP、SOJ 移位的返修方法为(无返修设备时)：用细毛笔蘸助焊剂涂在器件两侧的所有引脚焊点上；用双片扁铲式马蹄形烙铁头同时加热器件两端所有引脚焊点；待焊点完全融化(数秒钟)后，用镊子夹持器件立即离开焊盘；用烙铁将焊盘和器件引脚上残留的焊锡清理干净、平整；用镊子夹持器件，对准极性和方向，使引脚与焊盘对齐，居中贴放在相应的焊盘上，用扁铲形烙铁头先焊牢器件斜对角1～2个引脚；涂助焊剂，从第一条引脚开始顺序向下缓慢匀速拖拉烙铁，同时加少许ϕ0.5～ϕ0.8mm焊锡丝，将器件两侧引脚全部焊牢。

焊接SOJ时，烙铁头与器件应成小于45°角度，在J形引脚弯曲面与焊盘交接处进行焊接。

在没有维修工作站的情况下，GPLCC和QFP表面组装器件移位的返修，可采用以下方法返修：首先检查器件周围有无影响方形烙铁头操作的元件，应先将这些元件拆卸，待返修完毕再焊上将其复位；用细毛笔蘸助焊剂涂在器件四周的所有引脚焊点上；选择与器件尺寸相匹配的四方形烙铁头（小尺寸器件用35W，大尺寸器件用50W）在四方形烙铁头端面上加适量焊锡，扣在需要拆卸器件引脚的焊点处，四方形烙铁头要放平，必须同时加热器件四端所有引脚焊点；待焊点完全融化（数秒钟）后，用镊子夹持器件立即离开焊盘和烙铁头；用烙铁将焊盘和器件引脚上残留的焊锡清理干净、平整；用镊子夹持器件，对准极性和方向，将引脚对齐焊盘，居中贴放在相应的焊盘上，对准后用镊子按住不要移动；用扁铲形烙铁头先焊牢器件斜对角1～2个引脚，以固定器件位置，确认准确后，用细毛笔蘸助焊剂涂在器件四周的所有引脚和焊盘上，沿引脚脚趾与焊盘交接处从第一条引脚开始顺序向下缓慢匀速拖拉，同时加少许ϕ0.5～ϕ0.8mm的焊锡丝，用此方法将器件四侧引脚全部焊牢。

焊接PLCC器件时，烙铁头与器件应成小于45°角度，在J形引脚弯曲面与焊盘交接处进行焊接。

任务2.3 波峰焊简介及工艺流程

波峰焊接时将熔融的液态焊料，借助于泵的的作用，在焊料槽液面形成有特点形状的焊料波，插装了元器件的PCB置于传送链上，经过某一特点的角度以及一定的浸入深度穿过焊料波峰而实现焊点焊接的过程。

【任务要求】

(1) 了解波峰焊的焊接工艺。

(2) 了解波峰焊的工艺流程。

(3) 掌握常用元器件的焊接技术。

【基本知识】

一、波峰焊的定义及特点

波峰焊是指将熔化的软钎焊料（铅锡合金），经电动泵或电磁泵喷流成设计要求的焊料波峰，也可通过向焊料池注入氮气来形成，使预先装有元器件的印制电路板通过焊料波峰，实现元器件焊端或引脚与印制电路板焊盘之间机械与电气连接的软钎焊。波峰焊机实物图如图2-3-1所示。

波峰焊其实是波峰面的表面被一层氧化物覆盖，它在沿焊料波的整个长度方向上几乎都保持静态，在波峰焊接过程中，PCB接触到锡波的前沿表面，氧化物破裂，PCB前面的锡波无皲褶地被推向前进，这说明整个氧化皮与PCB以同样的速度移动波峰焊机焊点成型；当PCB

图 2-3-1 波峰焊机

进入波峰面前端时，基板与引脚被加热，并在未离开波峰之前，整个 PCB 浸在焊料中，即被焊料所桥联，但在离开波峰尾端的瞬间，少量的焊料由于润湿力的作用，黏附在焊盘上，并由于表面张力的原因，会出现以引线为中心收缩至最小状态，此时焊料与焊盘之间的润湿力大于两焊盘之间的焊料的内聚力。因此会形成饱满、圆整的焊点，离开波峰尾部的多余焊料，由于重力的原因，回落到锡锅中。

根据机器所使用不同几何形状的波峰，波峰焊系统可分许多种。波峰焊流程为：将元件插入相应的元件孔中 → 预涂助焊剂 → 预烘（温度 90～100℃，长度 1～1.2m）→ 波峰焊（220～240℃）→ 切除多余插件脚 → 检查。

回流焊工艺是通过重新熔化预先分配到印制电路板焊盘上的膏状软钎焊料，实现表面组装元器件焊端或引脚与印制电路板焊盘之间机械与电气连接的软钎焊。

波峰焊随着人们对环境保护意识的增强有了新的焊接工艺。以前的是采用锡铅合金，但铅是重金属对人体有很大的伤害。于是现在有了无铅工艺的产生。它采用了锡银铜合金和特殊的助焊剂且焊接温度的要求更高的预热温度，还要说一点，在 PCB 板过焊接区后要设立一个冷却区工作站。

在大多数不需要小型化的产品上仍然在使用穿孔（TH）或混合技术线路板，比如电视机、家庭音像设备以及数字机顶盒等，仍然都在用穿孔元件，因此需要用到波峰焊。从工艺角度上看，波峰焊机器只能提供最基本的设备运行参数调整。

二、生产工艺流程

线路板通过传送带进入波峰焊机以后，会经过某个形式的助焊剂涂敷装置，在这里助焊剂利用波峰、发泡或喷射的方法涂敷到线路板上。由于大多数助焊剂在焊接时必须要达到并保持一个活化温度来保证焊点的完全浸润，因此线路板在进入波峰槽前要先经过一个预热区。助焊剂涂敷之后的预热可以逐渐提升 PCB 的温度并使助焊剂活化，这个过程还能减小组装件进入波峰时产生的热冲击。它还可以用来蒸发掉所有可能吸收的潮气或稀释助焊剂的载体溶剂，如果这些东西不被去除的话，它们会在过波峰时沸腾并造成焊锡溅射，或者产生蒸气留在焊锡里面形成中空的焊点或砂眼。波峰焊机预热段的长度由产量和传送带速度来决定，产量越高，为使板子达到所需的浸润温度就需要更长的预热区。另外，由于双面板和多层板的热容量较大，因此它们比单面板需要更高的预热温度。

目前波峰焊机基本上采用热辐射方式进行预热，最常用的波峰焊预热方法有强制热风对流、电热板对流、电热棒加热及红外加热等。在这些方法中，强制热风对流通常被认为是大多数工艺里波峰焊机最有效的热量传递方法。在预热之后，线路板用单波（λ 波）或双波（扰流波和 λ 波）方式进行焊接。对穿孔式元件来讲单波就足够了，线路板进入波峰时，焊锡流动的方向和板子的行进方向相反，可在元器件引脚周围产生涡流。这就像是一种洗刷，将上面所有助焊剂和氧化膜的残余物去除，在焊点到达浸润温度时形成浸润。

对于混合技术组装件，一般在 λ 波前还采用了扰流波。这种波比较窄，扰动时带有较高的垂直压力，可使焊锡很好地渗入到安放紧凑的引脚和表面安装元件（SMD）焊盘之间，然后用 λ 波完成焊点的成形。在对未来的设备和供应商作任何评定之前，需要确定用波峰进行焊接的板子的所有技术规格，因为这些可以决定所需机器的性能。

下面介绍几种典型工艺流程。

1. 单机式波峰焊工艺流程

（1）元器件引线成形→印制电路板贴阻焊胶带（视需要）→插装元器件→印制电路板装入焊机夹具→涂覆助焊剂→预热→波峰焊→冷却→取下印制电路板→撕掉阻焊胶带→检验→补焊→清洗→检验→放入专用运输箱。

（2）印制电路板贴阻焊胶带→装入模板→插装元器件→吸塑→切脚→从模板上取下印制电路板→印制电路板装焊机夹具→涂覆助焊剂→预热→波峰焊→冷却→取下印制电路板→撕掉吸塑薄膜和阻焊胶带→检验→补焊→清洗→检验→放入专用运输箱。

2. 联机式波峰焊工艺流程

将印制电路板装在焊机的夹具上→人工插装元器件→涂覆助焊剂→预热→浸焊→冷却口→切脚→刷切脚屑→喷涂助焊剂→预热→波峰焊→冷却→清洗→印制电路板脱离焊机→检验→补焊→清洗→检验→放入专用运输箱。

3. 波峰焊机基本操作规程

（1）准备工作。

① 检查波峰焊机配用的通风设备是否良好。

② 检查波峰焊机定时开关是否良好。

③ 检查锡槽温度指示器是否正常。

方法：对温度指示器进行上下调节，然后用温度计测量锡槽液面下 10～15 mm 处的温度，判断温度是否随其变化。

④ 检查预热器系统是否正常。

方法：打开预热器开关，检查其是否升温且温度是否正常。

⑤ 检查切脚刀的工作情况。

方法：根据印制电路板的厚度与所留元件引线的长度调整刀片的高低，然后将刀片架拧紧且平稳，开机目测刀片的旋转情况，最后检查保险装置有无失灵。

⑥ 检查助焊剂容器压缩空气的供给是否正常。

方法：倒入助焊剂，调好进气阀，开机后助焊剂发泡，使用试样印制电路板将泡沫调到板厚的 1/2 处，再压紧出压阀，待正式操作时不再动此阀，只开进气开关即可。

⑦ 待以上程序全部正常后，方可将所需的各种工艺参数预置到设备的有关位置上。

（2）操作规则。

① 波峰焊机要选派1～2名经过培训的专职工作人员进行操作管理，并能进行一般性的维修保养。

② 开机前，操作人员需配戴粗纱手套，并拿棉纱将设备擦干净，然后向注油孔内注入适量润滑油。

③ 操作人员需配戴橡胶防腐手套，清除锡槽及焊剂槽周围的废物和污物。

④ 操作间内设备周围不得存放汽油、酒精、棉纱等易燃物品。

⑤ 焊机运行时，操作人员要配戴防毒口罩，同时要配戴耐热耐燃手套进行操作。

⑥ 非工作人员不得随便进入波峰焊操作间。

⑦ 工作场所不允许吸烟吃食物。

⑧ 进行插装工作时要穿戴工作帽、鞋及工作服。

4. 单机式波峰焊的操作过程

（1）打开通风开关。

（2）开机。接通电源，接通焊锡槽加热器，打开发泡喷涂器的进气开关，焊料温度达到规定数据时，检查锡液面，若锡液面太低要及时添加焊料，开启波峰焊气泵开关，用装有印制电路板的专用夹具来调整压锡深度，清除锡面残余氧化物，在锡面干净后添加防氧化剂，检查助焊剂，如果液面过低需加适量助焊剂，检查并调整助焊剂密度使之符合要求，检查助焊剂发泡层是否良好，打开预热器温度开关，调到所需温度位置，调节传动导轨的角度，开通传送机开关并调节速度到需要的数值，开通冷却风扇，将焊接夹具装入导轨，印制电路板装入夹具，板四周贴紧夹具槽，力度应适中，然后把夹具放到传送导轨的始端，焊接运行前，由专人将倾斜的元器件扶正，并验证所扶正的元器件是否正确，高大元器件一定在焊前采取加固措施，将其固定在印制电路板上。

5. 联机式波峰焊机操作过程

（1）按单机式波峰焊的操作过程程序进行操作。

（2）继续本机的操作。

① 插件工人按要求配戴细纱手套（若有静电敏感器件要配戴导电腕带）。插件工应坚持在工位前等设备运行。

② 根据实际情况调整运送速度，使其与焊接速度相匹配。

③ 开通冷却风机。

④ 开通切脚机。

⑤ 将夹具放在导轨上，将其调至所需焊接印制电路板的尺寸。

⑥ 焊接运行前，由专人将倾斜的元器件扶正，并验证所扶正的元器件是否正确，高大元器件一定在焊前采取加固措施，将其固定在印制电路板上。

⑦ 待程序全部完成后，则可打开波峰焊机行程开关和焊接运行开关进行插装和焊接。

6. 焊后操作

（1）关闭气源。

（2）关闭预热器开关。

（3）关闭切脚机开关；关闭清洗机开关。

（4）调整运送速度为零，关闭传送开关。

(5) 关闭总电源开关。

(6) 将冷却后的助焊剂取出,经过滤后达到指标仍可继续使用,将容器及喷涂口擦洗干净。

(7) 将波峰焊机及夹具清洗干净。

7. 焊接过程中的管理

(1) 操作人必须坚守岗位,随时检查设备的运转情况。

(2) 操作人要检查焊板的质量情况,如焊点出现异常情况,如一块板虚焊点超过2%应立即停机检查。

(3) 及时准确做好设备运转的原始记录及焊点质量的具体数据记录。

焊完的印制电路板要分别插入专用运输箱内,不得碰压,更不允许堆放(如有静电敏感元件一定要使用防静电运输箱)。

三、波峰焊各部分的作用

1. 预热的作用

(1) 助焊剂中的溶剂成分在通过预热器时,将会受热挥发。从而避免溶剂成分在经过液面时高温气化造成炸裂的现象发生,最终防止产生锡粒的品质隐患。

(2) 待浸锡产品搭载的元器件在通过预热器时的缓慢升温,可避免过波峰时因骤热产生的物理作用造成部品损伤的情况发生。

(3) 预热后的元器件或端子在经过波峰时不会因自身温度较低的因素大幅度降低焊点的焊接温度,从而确保焊接在规定的时间内达到温度要求。

2. 波峰一与波峰二的作用

(1) 波峰一主要是:针对SMD贴片存在阴影效应,由于焊料的"遮蔽效应"容易出现较严重的质量问题,如漏焊、焊缝不充实等缺陷。

(2) 波峰二主要是:主要是对焊点的质量,起到修复作用,防止像连焊、拉尖、虚焊、毛刺等不良的产生。

3. 冷却的作用

其实加装冷却装置的主要目的是加速焊点的凝固,焊点在凝固时候表面的冷却和焊点内部的冷却速度将会加大,形成锡裂、缩锡,有的还会从PCB板内排出气体形成锡洞、针孔等不良现象。加装了冷却装置后,加速了焊点的冷却速度,使焊点在脱离波峰后迅速凝固,大大降低了类似情况的发生概率。

4. 喷雾系统的作用

(1) 助焊剂系统用于保证焊接质量,其主要作用是均匀地涂覆助焊剂,除去PCB和元器件焊接表面的氧化层和防止焊接过程中再氧化。助焊剂的涂覆一定要均匀,尽量不产生堆积,否则将导致焊接短路或开路。

(2) 助焊剂系统有多种,包括喷雾式、喷流式和发泡式。目前一般使用喷雾式助焊系统,采用免清洗助焊剂,这是因为免清洗助焊剂中固体含量极少。

(3) 喷雾式有两种方式:一是利用超声波击打助焊剂,使其颗粒变小,再喷涂到PCB板上。二是采用微细喷嘴在一定空气压力下喷雾助焊剂。这种喷涂均匀、粒度小、易于控制,喷雾的高度、宽度可自动调节。

【拓展思考】

1. 波峰焊作业要求

(1) 所有元器件不可漏插、错插。

(2) 有极性元器件不可反向，浮高高度不可超过标准。

(3) 所有元器件印刷标志字体清晰。

(4) 所有元器件不可有烫伤、破裂现象。

(5) 焊锡面不可有虚焊、空焊、连焊、不良焊点。

(6) 元器件脚长不可超过 2.5mm。

(7) 后焊元器件不可反向、漏焊、浮高及其他现象。

(8) 芯片底部无锡渣。

(9) 插件流水操作时易震动，小心移动板子，注意板子上小元器件的抖落。

2. 波峰焊焊点的标准

(1) 具有良好的导电性及强度。即焊锡与被焊金属物面相互扩散形成合金层，条件是由足够的焊接时间(1～2s，焊点越大时间越长)及合适的湿度。

(2) 焊锡量要适当，过少则机械强度低，易造成虚焊及脱焊，过多则浪费，易造成推焊或包焊。

(3) 焊点表面应用良好的光泽，表面光滑，清洁、无毛刺及拉尖、无缝隙、无气泡及针眼(引脚有虚焊)、无焦块及污垢。

任务 2.4 焊接安装实例练习

前面介绍了常用元器件识别和检测，又学习了相关的焊接技术，对于电路的实际功能分析，在通电前需要把元器件通过焊接连接到电路板上。

【任务要求】

(1) 掌握焊接时安全预防的重要性。

(2) 培养团队合作精神和交流合作能力。

(3) 通过对焊接安全知识的讲解，实例项目练习，培养学生注意观察，勤于动脑、动手、善于反思，团队合作的良好学习习惯。

【基本知识】

一、串联型晶体管稳压电路

串联型晶体管稳压电路练习实例如图 2-4-1 所示。

焊接注意事项：

(1) 利用卧式焊接法把阻容元器件、晶体二极管等焊接好。电阻焊接的时候以图 2-4-1 方向为准，电阻标号与色环顺序方向一致，即横向焊接电阻时，左边为有效数字，右边为误差环；而竖向焊接电阻时，下边为有效数字，上边为误差环。

(2) 电容 C6～C9 为瓷片电容，无极性电容，焊接时注意不要插到底，留一定的金属脚出来，保持所有瓷片电容在同一高度；而余下的电容都为电解电容，都有极性区别，焊接时注意极性不能弄反。输入、输出电容 C1 和 C5 的极性一定要注意。

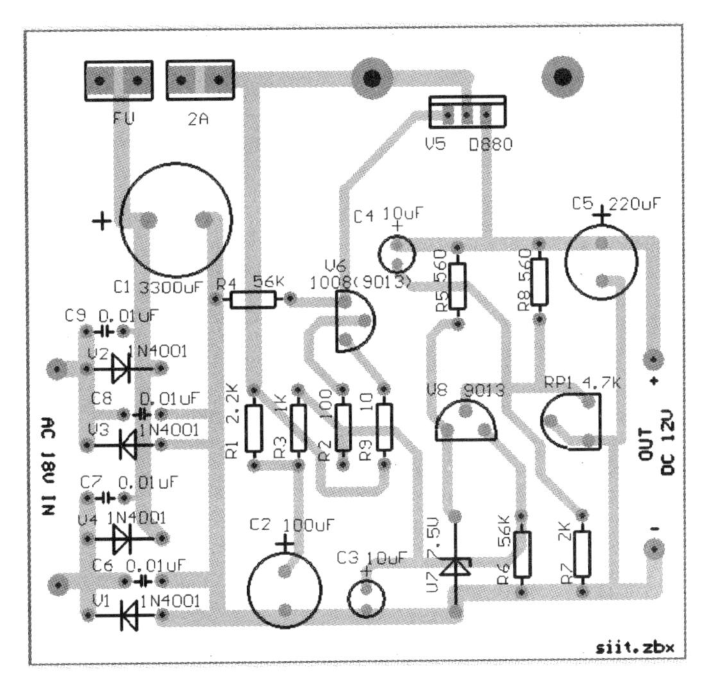

图 2-4-1 串联型晶体管稳压电路

(3) 图 2-4-1 中二极管 V1-V4 为桥式整流二极管，由于导线位置已经确定好，所以方向极性不能焊错，如果焊反一个晶体二极管，接通电源将会整流全波变半波，会烧坏变压器；焊反两个晶体二极管，接通电源会直接损害变压器。

(4) 图 2-4-1 中二极管 V7 为稳压二极管，正常通电时用的是反向击穿区，焊接时极性不能焊反。

(5) 所有能插到底的元器件都要插到底，如电阻、电位器、电解电容、二极管，并且焊接安装时应注意焊接顺序，遵循先低后高的原则。而三极管由于插不到底，所以距离板面应有 3～5mm 的距离，并保持所有三极管高度一致。

二、场扫描电路

场扫描电路焊接实例如图 2-4-2 所示。焊接注意事项如下：

(1) 图 2-4-2 中左上方的线圈 PZXQ 为外接线圈，不需要焊接。

(2) 电阻、电位器焊接时全部插到底，电阻焊接时色环顺序与标号方向一致。此板的电阻很多，测量好阻值并不要放错位置。

(3) 极性电容焊接时全部插到板面底部，注意极性不能接反。

(4) 大功率三极管 V3 和 V4 的位置顺序不能焊错。由于此三极管会有功率热损耗，通电时会产出热量，所以在每个功率三极管的下方各放置一个散热片。

(5) 晶体三极管 V1 和 V2 为小功率管，所以焊接时距离板面应有 3～5mm 的距离，保持所有三极管高度一致。

(6) 焊接的顺序为先低后高。

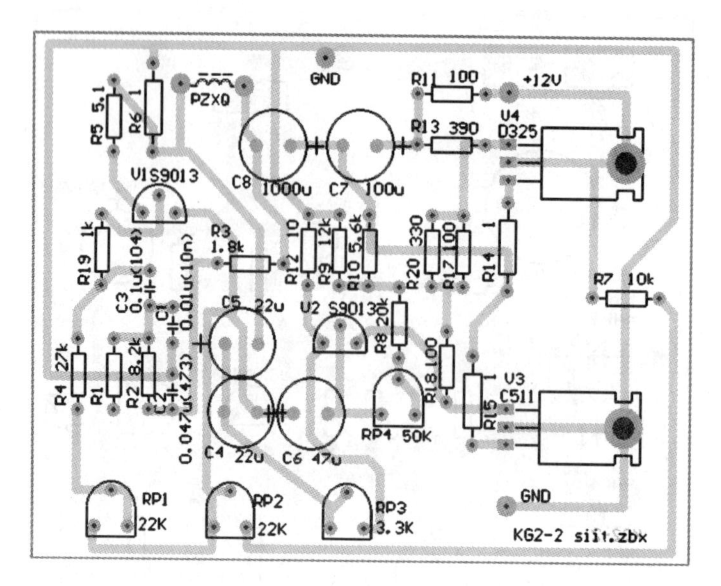

图 2-4-2 场扫描电路

三、OTL 功率放大器

OTL 功率放大器焊接实例如图 2-4-3 所示。焊接注意事项如下：

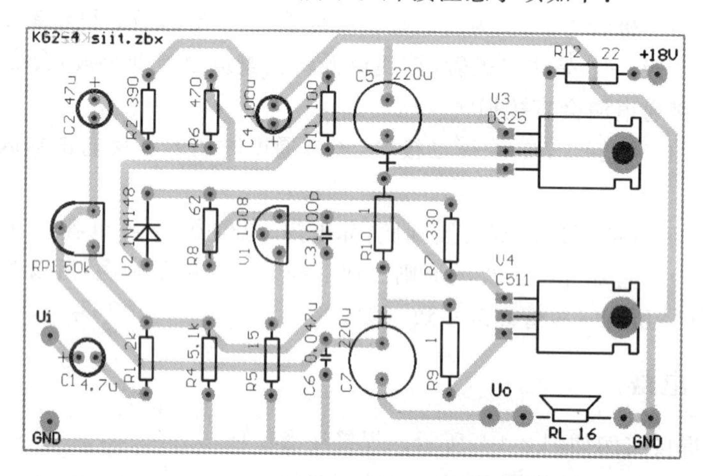

图 2-4-3 OTL 功率放大器

(1) 此电路板上元器件比较少，焊接比较容易。焊接时先低后高地焊接元器件。

(2) 电阻、电位器焊接时应全部插到底，电阻焊接时色环顺序与标号方向一致，竖向焊接电阻，下边为有效数字，上边为误差环。

(3) 晶体三极管 V3 和 V4 的位置要注意不要焊错，焊错会造成通电后的故障。

(4) 电容 C1、C2、C4、C5 和 C7 为极性电容，焊接时不能焊错极性。而 C3 和 C6 为瓷片电容，无极性电容，焊接时注意不要插到底，留一定的金属脚出来，保持所有瓷片电容在同一高度。

(5) 输出负载的喇叭改为电阻负载，由于大功率三极管的热损耗，在负载上会有热量，所以这里选用水泥电阻。

四、平均值电压表转换器电路

平均值电压表转换器电路焊接实例如图 2-4-4 所示。焊接注意事项如下：

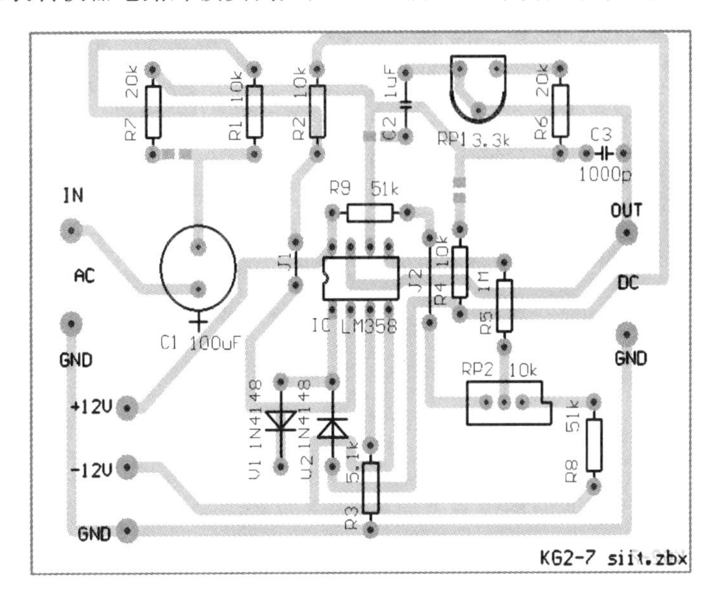

图 2-4-4 平均值电压表转换器电路

(1) 焊接顺序先低后高，所以此电路先焊接跳线 J1 和 J2，跳线用焊锡导线做，注意要直线焊接，整洁美观，不能弯弯曲曲。

(2) 二极管 V1 和 V2 注意晶体二极管的极性不要焊反，焊接时紧贴板面。

(3) 电阻、电位器焊接时应装到底，电阻的色环顺序和标号方向一致。

(4) 电容 C1 为电解电容，焊接时要注意极性，其余电容 C2 和 C3 为瓷片电容，无极性电容，焊接时要注意不要插到底，要留一定的金属脚出来，保持所有瓷片电容在同一高度。

(5) 集成块先焊接集成块底座，注意不要有虚焊和短路，最后把集成块插到底座上即可，注意集成块的方向不要放反，有半圆凹口的地方为顶部，左边开始逆时针顺序引脚排列。

五、脉宽调制控制电路

脉宽调制控制电路焊接实例如图 2-4-5 所示。焊接注意事项如下：

(1) 根据先低后高的原则焊接元器件。电阻、电位器焊接时要插装到底，电阻的色环顺序和标号方向一致。

(2) 集成电路 IC LF347 焊接时，注意 1 脚和 2 脚本来就是连接在一起的，不要焊接完后把它们隔断，画蛇添足。还要注意该集成电路的其他引脚不要焊短路。

(3) 场效应管 V4 在焊接时注意不要短路。

(4) 对于负载 RL，在焊接时注意正负极性不要接错，而且其两边的引脚不要紧贴板面，要留一部分出来，方便以后在通电时便于仪器夹上测量。

(5) 电源线在焊接时，注意焊接距离不要造成短路。

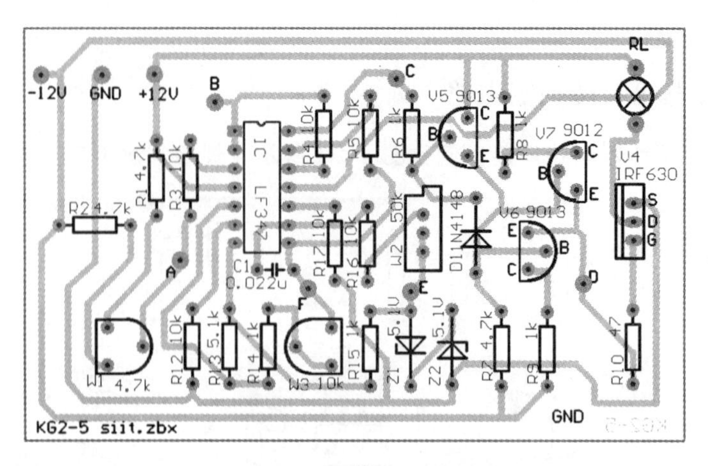

图 2-4-5 脉宽调制控制电路

(6) 另外电路板上还有 6 个测试点,要另外焊接引线。

(7) 面板上一共有 3 个晶体二极管,其中两个是稳压管,要特别注意区分开,不要在焊接时混淆。

(8) 注意变位器焊接安装时的位置方向,不要装反。

六、三位半 A/D 转换器

三位半 A/D 转换器焊接实例如图 2-4-6 所示。焊接注意事项如下:

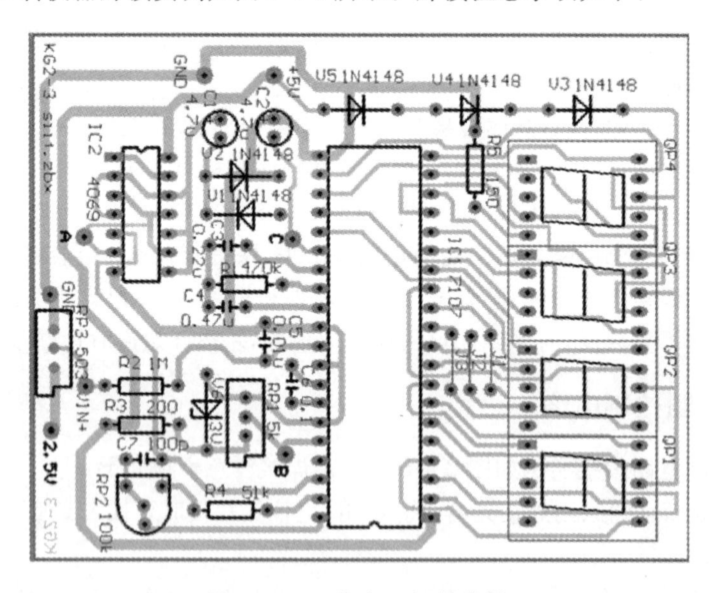

图 2-4-6 三位半 A/D 转换器

(1) 根据先低后高的原则焊接元器件。先焊接 J1~J3 的三条跳线。跳线用焊锡导线做,注意要直线焊接,整洁美观,不能弯弯曲曲。

(2) 电阻、电位器焊接时要插装到底焊接,电阻的色环顺序和标号方向一致。

(3) 注意集成电路 7107 的 40 个引脚不要焊接短路,以及集成电路的方向。

(4) 焊接译码显示器的底座时,也要注意其 40 个引脚不要焊接短路。

(5) 板面上有 6 个晶体二极管,其中 5 个为同一型号的,有一个为稳压二极管,要区分开来,焊接安装时也不要搞错。

(6) 电容 C1、C2 为电解电容,焊接时要注意极性,其余电容为瓷片电容,无极性电容,焊接时注意不要插到底,留一定的金属脚出来,保持所有瓷片电容在同一高度。

(7) 变位器 RP3 的位置方向焊接安装时要注意不要装反。

七、可编程定时器电路

可编程定时器电路焊接实例如图 2-4-7 所示。焊接注意事项如下:

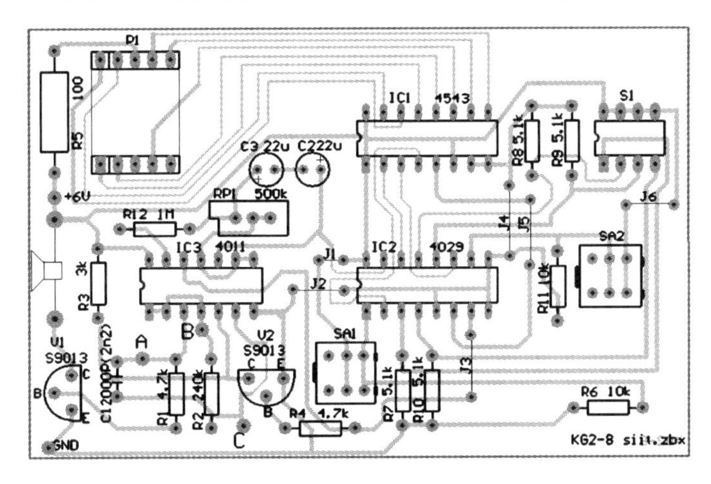

图 2-4-7　可编程定时器电路

(1) 根据先低后高的原则焊接元器件。先焊接 J1～J6 的 6 条跳线。跳线用焊锡导线做,注意要直线焊接,整洁美观,不能弯弯曲曲。

(2) 电阻、电解电容焊接时要插装到底,电阻的色环顺序和标号方向一致。

(3) 瓷片电容为无极性电容,焊接时要注意不要插到底,留一定的金属脚出来,并保持所有瓷片电容在同一高度。

(4) 开关 SA1 和 SA2 的方向不要装反,否则通电后操作过程会反相。

(5) 集成电路焊接时注意不要短路,在安装时注意型号不要装错。其中集成电路 IC3-4011 的 1 脚与 2 脚正常是相连的,不要把它们断开。

(6) 板面最左边的喇叭不需要安装。

(7) 变位器 RP1 焊接安装不要装错。

(8) 另外电路板上还有 3 个测试点,要另外焊接引线。

八、数字频率计电路

数字频率计电路焊接实例如图 2-4-8 所示。焊接注意事项如下:

(1) 根据先低后高的原则焊接元器件。先焊接 J1～J8 的 8 条跳线。跳线用焊锡导线做,注意要直线焊接,整洁美观,不能弯弯曲曲。

(2) 电阻、稳压二极管焊接时要插装到底,电阻的色环顺序和标号方向一致。

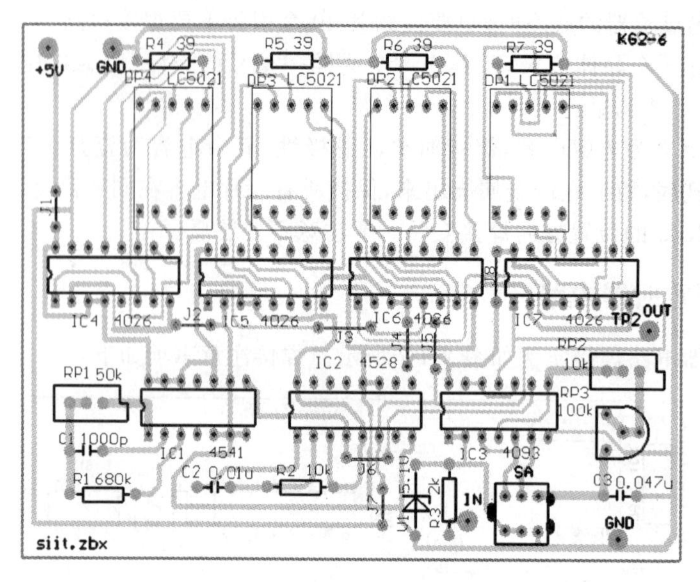

图 2-4-8 数字频率计电路

(3) 集成电路焊接时注意不要短路,这块电路板上的集成电路是最多的,在安装时注意型号不要装错和装反。

(4) 瓷片电容为无极性电容,焊接时注意不要插到底,留一定的金属脚出来,保持所有瓷片电容在同一高度。其中注意 C1 和 C2 的容量不要焊错。

(5) 输入与输出点在板面的右下角部分要另外做焊接点。

【拓展思考】

1. 在焊接过程中,焊接的先后顺序为先低后高,最贴近板面的要先焊接。

2. 电阻的引脚线,要先弯直角,然后插入焊盘焊接。

3. 集成电路的底座如果焊反,可以不用去管,不过集成电路块一定不能插反。

4. 集成电路的引脚有些是短路接在一起的,注意看电路图上的要求,但是绝大多数的集成电路引脚都是分开的,焊接安装时注意不要焊接到一起去。

5. 瓷片电容、晶体三极管在焊接时,由于不能插到底,所以要保持同一板面上的这类元器件在同一平面上。

6. 注意在焊接过程中是否有虚焊、漏焊、短路的情况,可以用镊子将每个元器件拉一拉,看是否有松动现象。焊接的焊点要符合要求,检查是否有凹凸不平、是否有拉尖。

项目小结

1. 导线在安装前要进行处理,尤其是导线的端头要按照工艺要求进行处理。

2. 压接与绕接是安装的一种方法,具有特殊优点。

3. 表面安装工艺是先进的安装技术,与其配套的是表面安装元器件,现在基本上都采用自动化安装工艺,采用再流焊工艺焊接。

4. 手工锡焊的操作技巧，可以总结为5个“对”。

① 对焊件要先进行表面处理。手工焊接中遇到的焊件是各种各样的电子元器件和导线，一般情况下遇到的焊件都需要进行表面清理工作，去除焊接面上的锈迹、油污等影响焊接质量的杂质。手工操作中常采用机械刮磨和用酒精擦洗等简单易行的方法。

② 对元器件引线要进行镀锡。镀锡就是将要进行焊接的元器件引线或导线的焊接部位预先用焊锡润湿，一般也称为上锡。镀锡对手工焊接特别是进行电路维修和调试时可以说是必不可少的。

③ 对助焊剂不要过量使用。适量的焊剂是必不可缺的，但不是越多越好。

④ 对烙铁头要经常进行擦蹭。由于在焊接过程中烙铁头长期处于高温状态，又接触助焊剂等受热分解的物质，其铜表面很容易氧化而形成一层黑色杂质，这些杂质形成了隔热层，使烙铁头失去了加热作用。因此，要随时蹭去烙铁头上的杂质，用一块湿布或湿海绵随时擦蹭烙铁头，也是非常有效的方法。

⑤ 对焊盘和元器件加热要有焊锡桥。在手工焊接时，要提高烙铁头加热的效率，需要形成热量传递的焊锡桥。由于金属液体的导热效率远高于空气，而使元器件很快被加热到适于焊接的温度。

5. 手工焊接对焊点的要求是：电连接性能良好；有一定的机械强度；光滑圆润。

6. 造成焊接质量不高的常见原因是：第一，焊锡用量过多，形成焊点的锡堆积；焊锡过少，不足以包裹焊点。第二，冷焊。焊接时烙铁温度过低或加热时间不足，焊锡未完全熔化、浸润、焊锡表面不光亮（不光滑），有细小裂纹。第三，夹松香焊接，焊锡与元器件或印制电路板之间夹杂着一层松香，造成电连接不良。若夹杂加热不足的松香，则焊点下有一层黄褐色松香膜；若加热温度太高，则焊点下有一层碳化松香的黑色膜。对于有加热不足的松香膜的情况，可以用烙铁进行补焊。对于已形成黑膜的，则要“吃”净焊锡，清洁被焊元器件或印制电路板表面，重新进行焊接才行。第四，焊锡连桥。指焊锡量过多，造成元器件的焊点之间短路。这在对超小元器件及细小印制电路板进行焊接时要尤为注意。第五，焊剂过量，焊点周围松香残渣很多。当少量松香残留时，可以用电烙铁再轻轻加热一下，让松香挥发掉，也可以用蘸有无水酒精的棉球，擦去多余的松香或焊剂。第六，焊点表面的焊锡形成尖锐的突尖。这多是由于加热温度不足或焊剂过少，以及烙铁离开焊点时角度不当造成的。

7. 要注意易损元器件的焊接。易损元器件是指在安装焊接过程中，受热或接触电烙铁时容易造成损坏的元器件。例如，有机铸塑元器件、MOS集成电路等。易损元器件在焊接前要认真做好表面清洁、镀锡等准备工作，焊接时切忌长时间反复烫焊，烙铁头及烙铁温度要选择适当，确保一次焊接成功。此外，要少用焊剂，防止焊剂侵入元器件的电接触点（例如继电器的触点）。焊接MOS集成电路最好使用储能式电烙铁，以防止由于电烙铁的微弱漏电而损坏集成电路。由于集成电路引线间距很小，要选择合适的烙铁头及温度，防止引线间连锡。焊接集成电路最好先焊接地端、输出端、电源端，再焊输入端。对于那些对温度特别敏感的元器件，可以用镊子夹上蘸有无水乙醇（酒精）的棉球保护元器件根部，使热量尽量少传到元器件上。

思考与训练

1. 手工焊接需要进行哪几个步骤？
2. 为什么要对元器件引脚进行镀锡？
3. 为什么要对导线进行挂锡？
4. 导线的焊接有哪几种方法？
5. 导线与铸塑元器件焊接时要注意什么问题？
6. 导线在铝板上焊接时要采取什么方法？
7. 手工拆焊需要有什么工具？
8. 对少引脚元器件拆焊时可用什么方法？
9. 对多引脚元器件拆焊时要用什么方法？
10. 对导线与铸塑元器件拆焊时要注意什么问题？
11. 对屏蔽线进行拆焊时要采取什么顺序？

项目3

常用电子仪器的测量技术

【项目描述】

人们做任何事情之前都要做好知识能力的准备，首先，要知道测量工作的内容；然后，要知道用什么方法、使用哪种类型的设备来进行测量，测量出来的结果要如何处理；最后，作为一名合格的电子技术工作人员应达到哪些能力要求。

【学习目标】

(1) 明确电子测量工作的内容和性质。

(2) 掌握电子测量的基本方法。

(3) 了解万用表、模拟式电子电压表、信号源、示波器的结构特点。

(4) 熟悉万用表、模拟式电子电压表、信号源、示波器的使用方法。

(5) 掌握万用表、模拟式电子电压表、信号源、示波器的相关性能。

【能力目标】

(1) 培养学生对万用表能正确选表、选量程的能力，培养学生检查、校正、正确测量、正确读数的能力。

(2) 培养学生对交流电压参数能正确识读的能力。

(3) 培养学生正确使用信号源和根据需要设置信号源的能力。

(4) 培养学生正确使用示波器和根据被测信号特点调节示波器的能力。

任务 3.1　利用万用表对电子元器件的测量

利用 MF500 模拟万用表、UT39A 型数字万用表，对一些常用电子元器件进行检测训练。

【任务要求】

(1) 熟悉万用表面板结构和各挡位的功能用途。

(2) 掌握用万用表对电阻器、电容、开关、电感器等的检测。

(3) 掌握用万用表对半导体元件的检测。

【基本知识】

万用表又称多用表、复用表，是一种多功能、多量程的测量仪器。它实际上是多量程的电压表、多量程的电流表和多量程的欧姆表组合在一起，共用一只表头而构成的。在此基础上，又增加了电容量、电感量、音频电平、晶体管的 h_{FE} 值等测量项目。

万用表按其读数形式的不同通常可分为模拟式万用表和数字式万用表两类。

一、模拟式万用表

模拟式万用表是通过指针摆动来指示被测量数值的，所以，也称为指针式万用表。它主要由表头、测量线路、转换开关和表盘 4 部分组成。表头是核心部件，其作用是指示被测电量的数值。测量线路是模拟式万用表的中心环节，主要由电阻、电容、二极管等构成，用于满足万用表在实际测量中对各种不同电量和不同量程的需要。转换开关用于切换不同的测量线路，由固定触点和滑动触点两部分组成。表盘上印有多条刻度线，并附有各种符号加以说明。下面以 MF500 型模拟式万用表为例来介绍。

1. 模拟式万用表的刻度面板

模拟式万用表的刻度面板上带有多条刻度尺的标度盘，每一条刻度尺都对应某一被测量的量程刻度，MF500 型模拟万用表中间还有一条带反射镜的刻度尺，以减小读数时的视觉误差。面板上，MF500-B 是万用表的型号，A-V-Ω 表示可测量电流、电压、电阻等，如图 3-1-1 所示。

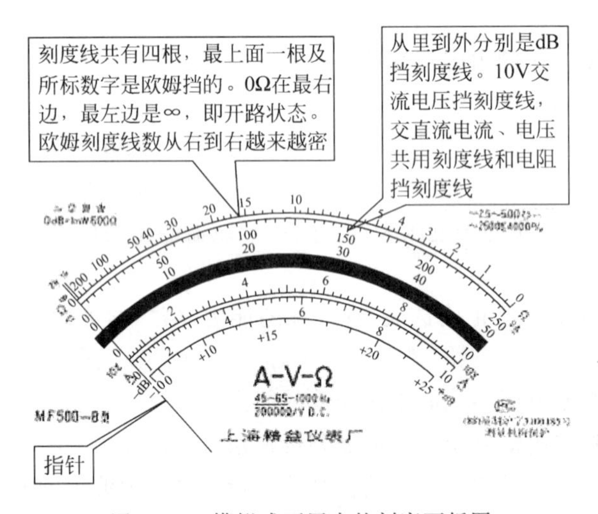

图 3-1-1　模拟式万用表的刻度面板图

2. 模拟式万用表量程转换开关面板

MF500 型模拟式万用表量程转换面板有左转换旋钮、右转换旋钮，红、黑表笔插孔，音频分贝(dB)测量插孔，高电压测量插孔，指针机械调零旋钮，电阻挡调零旋钮等，如图 3-1-2 所示。

3. 模拟式万用表的使用

(1) 万用表在不使用时，左右两个旋钮上的白色点应对正挡位对正点。

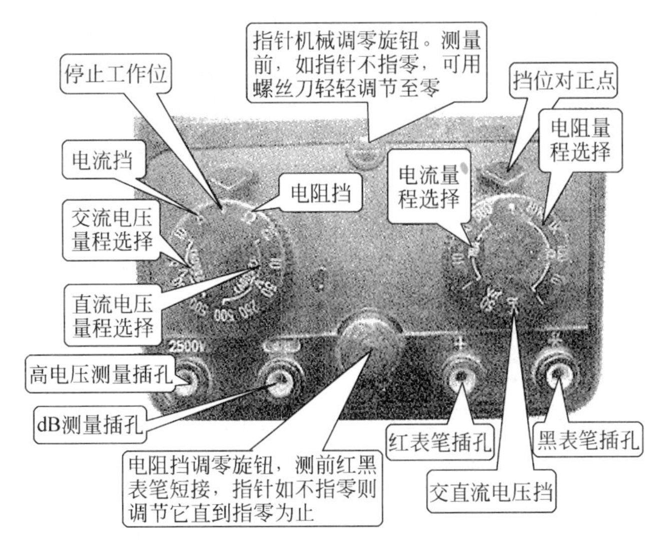

图 3-1-2 MF500 型模拟万用表旋钮面板图

(2) 使用万用表电阻挡时，左边旋钮的 Ω 符号应对正挡位对正点，同时右边旋钮的电阻量程选择位也要与相应对正点对正。

(3) 使用万用表测量直流电流时，左边旋钮△(直流电流挡)应与对正点对正，同时右边旋钮的相应挡位如 mA(直流电流挡量程)或 μA(微安挡)与对正点对正。

(4) 使用万用表测量交、直流电压时，右边的旋钮 V(交、直流电压挡位)应与对正点对正，如测直流电压时左边旋钮的直流电压量程挡位应与对正点对正；若测量交流电压，则应使左边旋钮的交流电压量程挡位与对正点对正。

4. 模拟万用表的主要测量范围

直流电压(DC)/V：5 挡，即 2.5V，10V，50V，250V，500V。

交流电压(AC)/V：5 挡，即 10V，50V，250V，500V，2 500V。

交流电流(AC)/A：5 挡，即 50μA，1mA. 10mA，100mA，500mA。

直流电流(DC)/A：5 挡，即 50μA，1mA，10mA，100mA，500mA。

电阻/Ω：6 挡，即 200Ω，2kΩ，20kΩ，200kΩ，2MΩ，20MΩ。

二、数字式万用表

数字式万用表是在数字电压表的基础上扩展而成的。数字电压表由模拟电路、逻辑控制电路、显示电路三部分组成。A/D 转换器将连续变化的模拟量转换为数字量，并由计数器、寄存显示器在控制器的控制下，对计数器输出的信号进行译码和显示，输入电压的数值就可以通过液晶显示器显示出来，如图 3-1-3 所示。

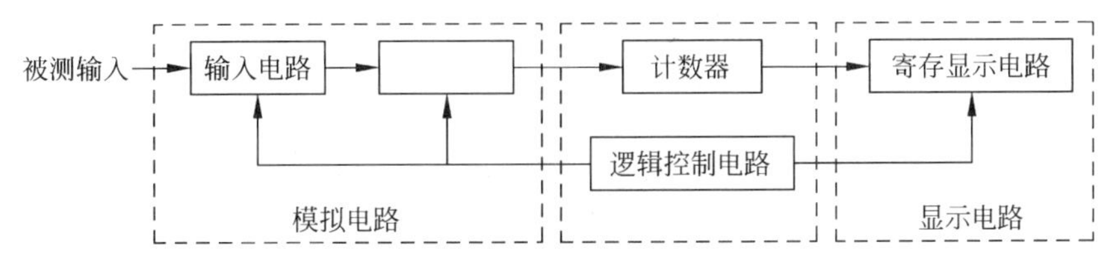

图 3-1-3 数字电压表组成框图

其特点为：测量准确度高、分辨力强、测速快、输入阻抗高、过载能力强、抗干扰能力强。

数字式万用表为了能够测量交流电压、电流、电阻、电容、二极管正向压降、晶体管的 h_{FE} 值等量，需在直流电压表的基础上增加 AC-DC（交流—直流）转换器、I-U（电流—电压）转换器、R-U（电阻—电压）转换器，将被测电量转换成直流电压信号，再由 A/D 转换器转换成数字量，并以数字形式显示出来，如图 3-1-4 所示。

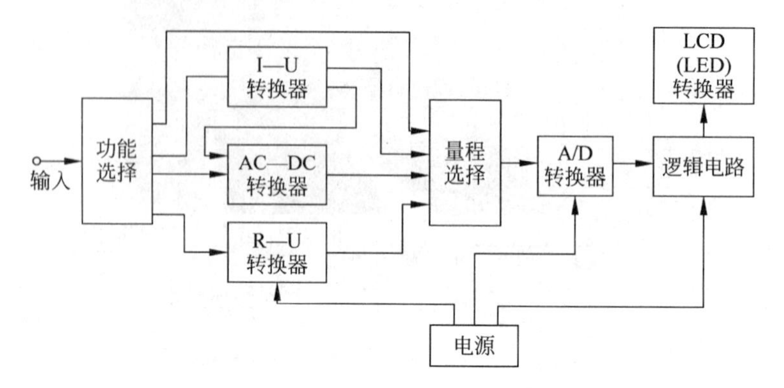

图 3-1-4 数字万用表的原理框图

1. 数字式万用表操作面板

(1) DT890 型数字万用表的面板，如图 3-1-5 所示。

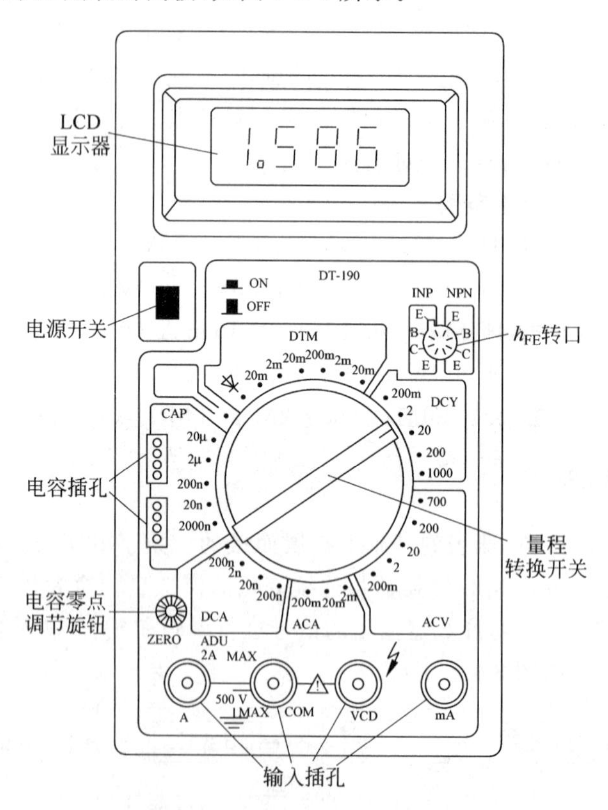

图 3-1-5 数字式万用表操作面板图

① 液晶显示器。采用 LCD 显示器，仪表具有调零和自动显示极性的功能。

② 电源开关。

③ 量程转换开关。

④ h_{FE}插口。上面标有 E、B、C，测量晶体三极管 h_{FE} 值时，应将 3 个电极分别插入 B、E、C 孔。

⑤ 输入插孔。共 4 个，分别标有“A”、“10A”、“COM”、“V/Ω”。

⑥ 电容插孔。有两组插孔，每一组插孔都由 4 个彼此相连的插孔组成，使用时可以根据被测电容引脚的距离来选择适当的插孔。

⑦ 电容零点调节声旋钮。测电容容量时，每换一次挡位都应调零。

(2) 数字万用表的技术性能指标。

- 交流电压(5 挡)：200mV，2V，20V，200V，700V。
- 直流电流(4 挡)：200μA，2mA，20mA，200mA。
- 交流电流(3 挡)：2mA，20mA，200mA。
- 电阻(6 挡)：200Ω，2kΩ，20kΩ，200kΩ，2MΩ，20MΩ。
- 电容(5 挡)：2000pF，20nF，200nF，2μF，20μF。
- 可用于二极管及线路通断(蜂鸣器)。
- 可用于测量晶体三极管 h_{FE} 值。
- DT890 型数字万用表各基本量程均设有保护电路，可承受高达 1.5～3kV 的冲击电压。采用 9V 叠层电池供电。工作温度范围是 0～40℃，保证准确度的温度条件为 (23±5)℃。

2. 数字式万用表的使用

(1) 电压测量。将黑表笔插入 COM 孔，红表笔插入 V/Ω 孔。测量直流电压时，将功能旋钮调至 V_{DC}量程范围。测量交流电压时，将功能旋钮调至 V_{AC}量程范围，如图 3-1-6 所示。

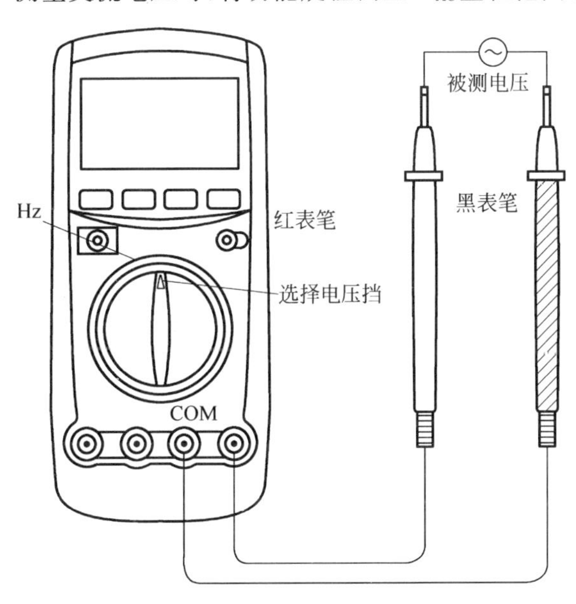

图 3-1-6 电压测量示意图

(2) 电流测量。将黑表笔插入 COM 孔，如果被测电流在 200mA 以下，红表笔插入 μA/mA 孔。如果被测电流大于 200mA，红表笔插入 A 孔(见图 3-1-7)。注意大电流的测量时间要尽可能短。

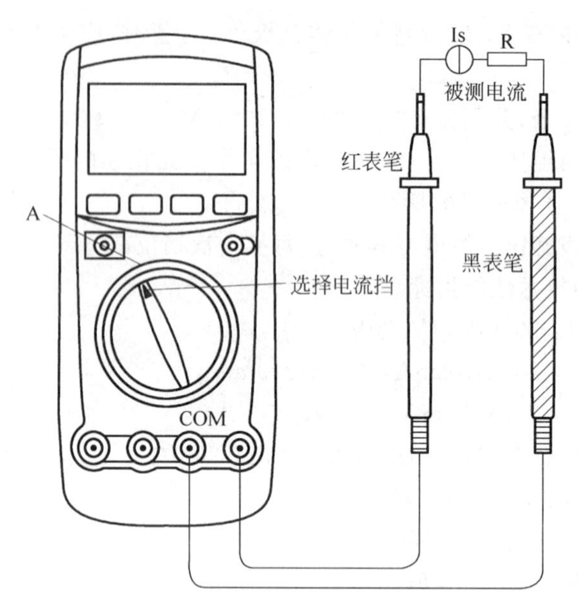

图 3-1-7　电流测量示意图

(3) 电阻测量。将黑表笔插入 COM 孔，红表笔插入 V/Ω 孔(注意红表笔极性为正，见图 3-1-8)。将功能旋钮调至欧姆挡量程上，将表笔跨接在被测电阻上。

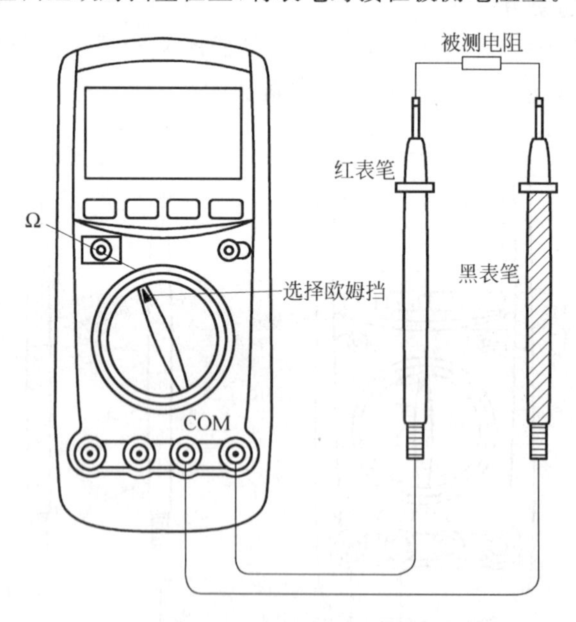

图 3-1-8　电阻测量示意图

(4) 电容测量。数字万用表接入电容器以前，可以缓慢地自动校零，但在 2μF 量程上剩余数字 10 以内无法自动校零是正常的。

把被测电容连到电容输入插孔(不用表笔),有时须注意极性的连接,如图 3-1-9 所示。

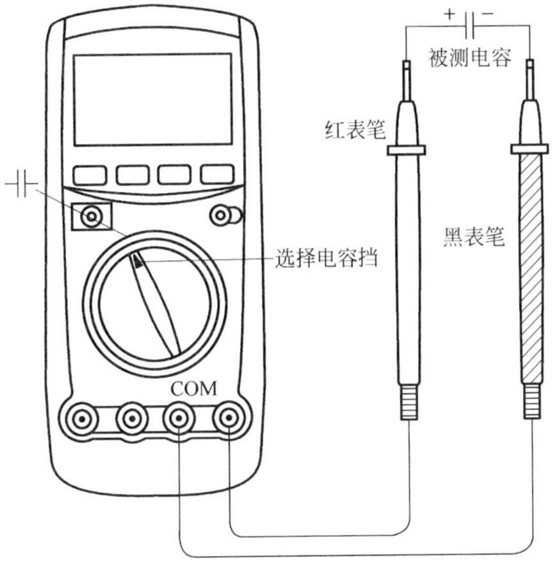

图 3-1-9 电容测量示意图

3. 数字万用表常见故障与检修

(1) 仪表无显示。首先检查电池电压是否正常(一般用的是 9V 电池,新的也要测量)。其次检查熔丝是否正常?若不正常,则予以更换;然后检查稳压块是否正常?若不正常,则予以更换;然后检查限流电阻是否开路?若开路,则予以更换。然后检查线路板上的线路是否有腐蚀或短路、断路现象(特别是主电源电路线)?若有,则应进行清洗电路板,并及时做好干燥和焊接工作。如果一切正常,再测量显示集成块的电源输入的两脚,测试其电压是否正常?若正常,则该集成块损坏,必须更换该集成块;若不正常,则检查其他有没有短路点?若有,则要及时处理好;若没有或处理好后,还不正常,那么该集成块已经内部短路,则必须更换。

(2) 电阻挡无法测量。首先从外观上检查电路板,在电阻挡回路中连接的电阻有没有烧坏?若有,则必须立即更换;若没有,则要对每一个元器件进行测量,有坏的及时更换;若外围都正常,则测量集成块,若损坏,必须更换。

(3) 电压挡在测量高压时示值不准,或测量稍长时间示值不准甚至不稳定。此类故障大多是由于某一个或几个元器件工作功率不足引起的。若在停止测量的几秒内,检查时会发现这些元器件会发烫,这是由于功率不足而产生了热效应所造成的(集成块也是如此),则必须更换该元器件(或集成电路)。

(4) 电流挡无法测量。这多数是由于操作不当引起的,应先检查限流电阻和分压电阻是否烧坏?若烧坏,则应予以更换;再检查放大器的连线是否损坏?若损坏,则应重新连接好;若不正常,则更换放大器。

(5)示值不稳,有跳字现象。检查整体电路板是否受潮或有漏电现象?若有,则必须清洗电路板并做好干燥处理;输入回路中有无接触不良或虚焊现象(包括测试笔),若有,则必须重新焊接;检查有无电阻变质或刚测试后有无元器件发生超正常的烫手现象,这种现象是由于其功率降低引起的，若有此现象，则应更换该元器件。

(6) 示值不准。这种现象主要是测量通路中的电阻值或电容失效引起的，则应更换该电容或电阻。检查该通路中的电阻阻值(包括热反应中的阻值)，若阻值变值或热反应变值，则予以更换该电阻；再检查A/D转换器的基准电压回路中的电阻、电容是否损坏？若损坏，则予以更换。

三、利用万用表对电阻器、电容器、开关、电感器、变压器的测量

电阻器、电容器、开关、电感器、变压器是电子线路中使用频率最高的基本元器件，它们在电路中分别起限流、分流、分压、负载和阻抗匹配作用。

1. 电阻器、电位器的检测

在电子设备的设计与电路分析中，经常需要涉及电阻器的判别与选择问题。常见的电阻器检测方法有伏安法、电桥法等。在电子测量中一般用万用表直接测量(见图3-1-10)。万用表欧姆挡可以测量导体的电阻。欧姆挡用“Ω”表示，分为R×1、R×10、R×100和R×1k四挡。有些万用表还有R×10k挡。使用万用表欧姆挡测量电阻，应遵循以下步骤。

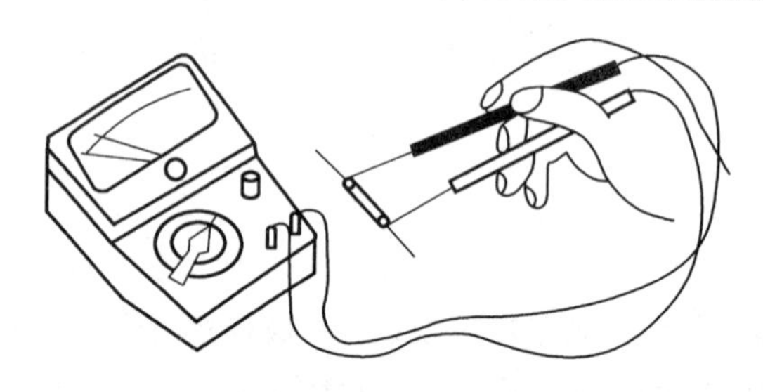

图3-1-10 电阻器测量示意图

(1) 将选择旋钮调置R×100挡，将两表笔短接，调整欧姆挡零位调整旋钮，使表针指向电阻刻度线右端的零位。若指针无法调到零点，则说明表内电池电压不足，应更换电池。

(2) 用两表笔分别接触被测电阻两引脚进行测量。正确读出指针所指电阻的数值，再乘以倍乘率(R×100挡应乘以100，R×1k挡应乘以1000，……)，结果就是被测电阻的阻值。

(3) 为使测量结果较为准确，测量时指针应指在刻度线中心位置附近。若指针偏角较小，应换成R×1k挡；若指针偏角较大，则应换成R×10挡或R×1挡。

(4) 测量结束后，应拔出表笔，将选择旋钮调置“OFF”挡或交流电压最大挡位，收好万用表。

2. 电容器的检测

判别电容器工作状态的方法为：利用万用表表针摆动情况监测电容器的工作状态。

3. 电感器、变压器的检测

(1) 电感器的检测。将万用表调置R×1挡。红、黑表笔各连接电感器的任一引出端，此时指针应向右摆动。根据测出的电阻值大小可分以下两种情况进行判别。

① 被测电感器电阻值为零，其内部有短路性故障。

② 被测电感器直流电阻值的大小，与绕制电感器线圈所用的漆包线直径、绕制圈数有直接关系，只要能测出电阻值就可认为被测电感器是正常的。

(2) 中周变压器的测试。将万用表调置 R×1 挡，按照中周变压器各绕组引脚的排列规律，逐一检查各绕组的通断情况，进而判断其是否正常。

判定绝缘性能，将万用表调置 R×10k 挡，并做如下几种状态测试：

① 一级绕组与二级绕组之间的电阻值。

② 一级绕组与外壳之间的电阻值。

③ 二级绕组与外壳之间的电阻值。

分析测量结果，中周变压器的工作状态有以下三种情况：

① 当一、二级绕组之间的电阻值为无穷大时，正常。

② 当一、二级绕组之间的电阻值为零时，有短路性故障。

③ 当一、二级绕组之间的电阻值小于无穷大但大于零时，有漏电性故障。

(3) 电源变压器的测试。

① 外观判定：通过观察变压器的外观来检查其是否存在明显异常现象。如线圈引线是否断裂、脱焊，绝缘材料是否有烧焦痕迹，铁芯紧固螺杆是否松动，硅钢片有无锈蚀，绕组线圈是否外露等。

② 绝缘性：用万用表 R×10k 挡分别测量铁芯与一级绕组，一级绕组与二级绕组，铁芯与二级绕组，静电屏蔽层与一级绕组、二级绕组间的电阻值，万用表指针均应指在无穷大位置不动；否则，说明变压器绝缘性能不良。

③ 线圈通断的测试：将万用表调置 R×1 挡，测试中，若某个绕组的电阻值为无穷大，则说明此绕组有断路性故障。

④ 判别一、二级绕组：电源变压器一级绕组引脚和二级绕组引脚一般都是分别从两侧引出的，并且一级绕组多标有 220V 字样，二级绕组则标出额定电压值，如 15V、24V、35V 等，再根据这些标志进行判别。

⑤ 通过空载电流值来判定变压器的工作状态。

- 直接测量法判定。将二级绕组所有线圈全部开路，把万用表调置交流电流挡(500mA)，串入一级绕组。当一级绕组的插头插入 220V 交流电时，万用表所指示的便是空载电流值。此值不应超过变压器满载电流的 10%～20%；如果超出太多，则说明变压器有短路性故障。一般常见电子设备电源变压器的正常空载电流应在 100mA 左右。
- 间接测避法判定。在变压器的一级绕组中串联一个 10Ω/5W 的电阻，二级绕组仍全部空载。把万用表调置交流电压挡。通电后，用两表笔测出电阻 R 两端的电压降 U，然后用欧姆定律算出空载电流 I_F，即 $I_F=U/R$；再由 I_F 值判别变压器的工作状态。

⑥ 根据空载电压值来判定变压器的工作状态。将电源变压器的一级绕组接入 220V 交流电，用万用表交流电压挡依次测量各绕组的空载电压值，允许范围一般为高压绕组不大于±5%，带中心抽头的两组对称绕组不大于±2%；如果超出太多，则说明变压器有故障。

⑦ 根据温升来判定变压器的工作状态。一般小功率电源变压器的允许温升为 40～50℃，如果所用绝缘材料质量较好，允许温升还可提高；如果超出太多，则说明变压器有故障。

【技能训练】

测试工作任务书

任务名称	电阻、电容、变压器的测试
任务要求	1. 了解电阻、电容、变压器的主要参数 2. 掌握电阻、电容、变压器的检测方法
测试器材	数字万用表；直流稳压电源；各类电阻、电容、变压器若干
电路原理图	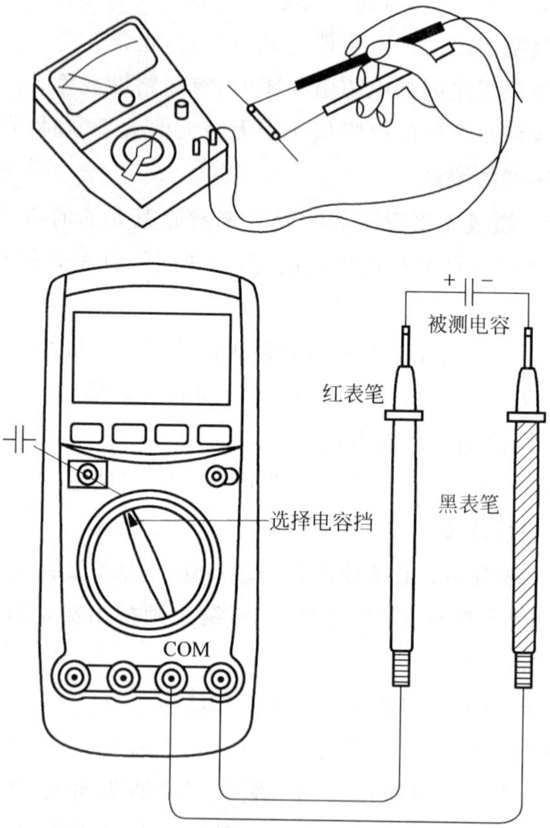 被测电容 红表笔 黑表笔 选择电容挡 COM
测试步骤	• 电阻器的作用，主要性能参数，测量方法 • 电容器的作用，主要性能参数，测量方法 • 用色环标志法标出电阻器和电位器的标称阻值和误差
测试数据	(1) 固定电阻(几十欧)，测量阻值________，与色环读数的误差________ (2) 固定电阻(几千欧)，测量阻值________，与色环读数的误差________ (3) 电容器(十几皮法)，测量值________，误差________ (4) 电容器(十几微法)，测量值________，误差________ (5) 普通电感器，测量值________，误差________ (6) 电源变压器，测量方法____， 测量结果________________
结论	分析电阻器、电容、变压器的测量数据，并说明

四、利用万用表对半导体元器件的测量

1. 二极管的检测

(1) 认识二极管。二极管是由一个 PN 结构成的，在电路中二极管具有单向导电性。二极管的种类很多，常见的有普通二极管、稳压二极管、发光二极管(LED)、变容二极管等。二极管的判别与检测在电子测量中是常见的操作。

(2) 普通小功率二极管的检测。普通小功率二极管正、负电极的判别方法如下。

① 观察外壳上的符号标记。通常在二极管的外壳上标有二极管的符号，带有三角形箭头的一端为正极，另一端是负极。

② 观察外壳上的色点或色环。在二极管的外壳上，通常标有极性色点(白色或红色)；一般标注色点的一端为正极。有的二极管上标有色环，标注色环的一端则为负极。

③ 无标记的二极管可用万用表电阻挡来判别正、负极。根据二极管正向电阻小、反向电阻大的特点，将万用表调置为电阻挡，一般用表笔分别与二极管的两极相连，测出两个阻值。测得阻值较小的一次，与黑表笔相接的一端为二极管的正极；同理，测得较大阻值的一次，与黑表笔相接的一端为二极管的负极，如图 3-1-11 所示。

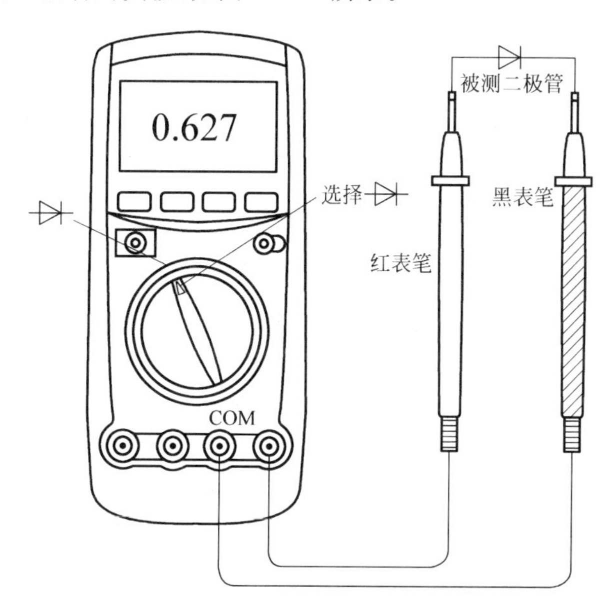

图 3-1-11 二极管极性判别示意图

在用万用表判别二极管的正、负极时，一般使用万用表的 R×100 或 R×1k 挡，不要用 R×1 或 R×10k 挡。因为使用 R×1 挡时电流太大，容易烧坏二极管，而使用 R×10k 挡时电压太高，可能击穿二极管。

如果测得的正、反向电阻均很小，则说明二极管内部短路；如果测得的正、反向电阻都很大，则说明二极管内部可能开路。在这两种情况下，二极管都不能使用了。

(3) 稳压二极管的检测。稳压二极管外形与普通小功率整流二极管的外形基本相似，当其壳体上的型号标记清楚时，可根据稳压二极管型号加以鉴别。当其型号标记脱落时，可使用万用表电阻挡将稳压二极管与普通二极管区分开来。

首先，利用万用表 R×1k 挡，按前述方法判别被测管的正、负极；然后将万用表调置为 R×10k 挡，用黑表笔连接被测管的负极、红表笔连接被测管的正极测得反向电阻值。若此时测得的反向电阻值比用 R×1k 挡测得的反向电阻小很多，说明被测管为稳压管；反之，如果此时测得的反向电阻值仍很大，则说明该管为整流二极管或检波二极管。因为万用表 R×1k 挡内部使用的电源电压为 1.5V，一般不会将被测管反向击穿，测得的反向电阻值比较大；万用表 R×10k 挡内部使用的电源电压一般在 9V 以上，当被测管为稳压管，其稳压值低于电源电压值时即被反向击穿，使测得的电阻值大大减小。但是，如果被测管是一般整流或检波二极管，则无论用 R×1k 挡测量还是用 R×10k 挡测量，所得阻值都不会相差很悬殊。

特别注意：当被测稳压二极管的稳压值高于万用表 R×10k 挡的电压值时，用这种方法无法进行判别。

(4) 发光二极管的检测。用万用表检测发光二极管时，必须使用 R×10k 挡。因为发光二极管的压降为 2V，而万用表处于 R×1k 挡及以下各电阻挡时，表内电源电压仅为 1.5V，此时，无论正、反向接入，发光二极管都不可能导通，因此无法检测。

用万用表 R×10k 挡检测时，表内接有 9V 电源电压，高于管压降，所以可以用来检测发光二极管。检测时，将两表笔分别与发光二极管的两条引线相接，如表针偏转过半，同时发光二极管中有一发亮光点，表示发光二极管是正向接入，这时与黑表笔(与表内电池正极相连)相接的一端是正极，与红表笔(与表内电池负极相连)相接的一端是负极。再将两表笔对调后与发光二极管相接，这时为反向接入，表针应不动。如果不论正向接入还是反向接入，表针都偏转到头或都不动，则说明该发光二极管已损坏。

(5)红外接收二极管的检测。

① 判别管脚极性。

- 从外观上判别。常见的红外接收二极管外观颜色呈黑色。判别极性时，面对红外接收二极管的受光窗口，从左至右分别为正极和负极。另外，在红外接收二极管的管体顶端有一个小斜切平面，通常带有此斜切平面的一端为负极，另一端为正极。
- 将万用表调置为 R×1k 挡，用判别普通二极管正、负极的方法进行检测，即交换红、黑表笔两次测量红外接收二极管间的电阻值，正常时，所得阻值应为一大一小。阻值较小的那次检测中，红表笔所接的一端为负极，黑表笔所接的一端为正极。

② 检测工作状态。用万用表电阻挡测量红外接收二极管正、反向电阻，根据正、反向电阻值的大小，即可初步判定红外接收二极管的工作状态。

(6) 激光二极管的检测。将万用表调置 R×1k 挡，用判别普通二极管正、反向电阻的方法，即可判定激光二极管的正、负极。但检测时要注意，由于激光二极管的正向压降比普通二极管的大，所以检测正向电阻时，万用表指针仅略微向右偏转，而反向电阻则为无穷大。

(7) 双向触发二极管的检测。将万用表调置 R×1k 挡，测量双向触发二极管的正、反向电阻值，都应为无穷大。

若交换表笔进行测量，万用表指针向右摆动，则说明被测管有漏电性故障。

(8) 变容二极管的检测。将万用表调置 R×10k 挡，无论红、黑表笔怎样对调测量，变容二极管的电阻值均应为无穷大。在测量中，如果发现万用表指针向右有轻微摆动或阻值为零，则说明被测变容二极管有漏电故障或已经击穿损坏。变容二极管容量消失或内部的开路性故障，用万用表是无法检测、判别的。必要时，可用替换法进行检查、判定。

2. 三极管的检测

（1）认识三极管。

① 三极管的外形。三极管的外形有塑封和金属封装等形式。常用的三极管一般为塑封的，图 3-1-12 所示为各种型号的塑封三极管外形及引管脚排列图。

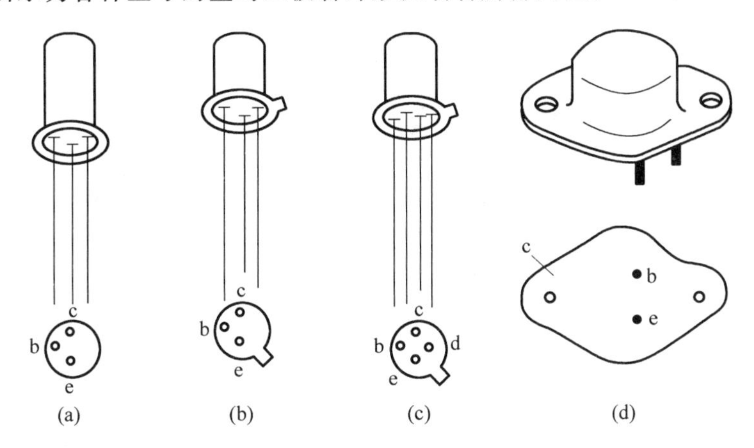

图 3-1-12 三极管的外形及管脚排列图

② 原理结构。三极管按材料分为锗管和硅管两种，每种材料又有 NPN 和 PNP 两种结构形式。不过，使用最多的是硅 NPN 和 PNP 两种三极管，两者除了电源极性不同外，其工作原理都是相同的如图 3-1-13 所示。

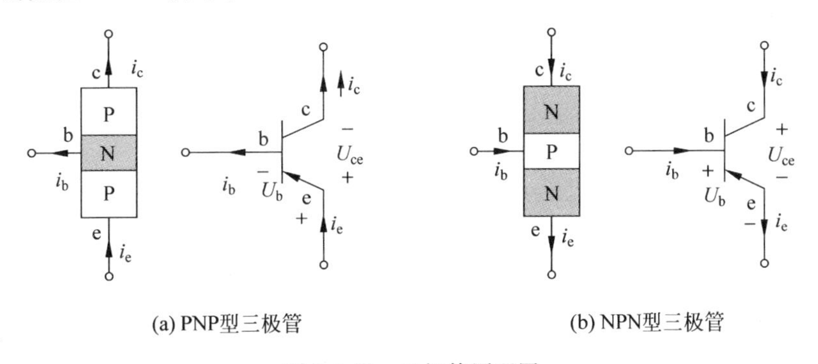

图 3-1-13 三极管原理图

NPN 型三极管是由两块 N 型半导体中间夹着一块 P 型半导体组成的；而 PNP 型三极管是由两块 P 型半导体中间夹着一块 N 型半导体组成的。从图 3-1-13 可见，发射区与基区之间形成的 PN 结称为发射结，而集电区与基区形成的 PN 结称为集电结，三条引线分别称为发射极 e、基极 b 和集电极 c。

三极管正常工作时，要求发射结处于正偏状态，集电结处于反偏状态。所以，对于 NPN 型三极管来说，$U_c > U_b > U_e$，对于 PNP 型三极管来说，$U_c < U_b < U_e$。

（2）三极管直流放大系数 h_{FE} 的测量。先转动开关至三极管调节 ADJ 位置上，将红、黑表笔短接，调节欧姆电位器，使指针对准 $300h_{FE}$ 刻度线上，然后转动开关到 h_{FE} 位置，将要测量的三极管引脚分别插入三极管测试座的 ebc 管座内，指针偏转所示数值约为三极管的直流放大倍数的值。NPN 型三极管应插入 NPN 型管孔内；PNP 型三极管应插入 PNP 型管孔内。

(3) 三极管反向截止电流 I_{ceo}、I_{cbo}的测量。I_{ceo}为集电极与发射极间的反向截止电流(基极开路)，I_{cbo}为集电极与基极间的反向截止电流(发射极开路)。转动开关至 R×1k 挡，将红、黑表笔两端短路.调节指针至零欧姆上(此时满度电流值约 90μA)。分开红、黑表笔，然后将欲测的三极管插入管座内，此时指针的数值约为三极管的反向截止电流值。指针指示的刻度值乘以 1.2 即为实际值。

当 I_{ceo}>90μA 时可换用 R×100 挡进行测量(此时满度电流值约为 900μA)。

(4) 三极管引脚极性的辨别(将万用表置于 R×1k 挡)。

① 判定基极 b。由于 b→c 和 b→e 分别是两个 PN 结，它的反向电阻很大，而正向电阻很小，测试时可任意取三极管一脚假定为基极。将红表笔接“基极”，黑表笔分别去接触另外两个引脚，如果此时测得的都是低阻值，则红表笔所接触的引脚为基极 b，并且是 PNP 型三极管(如果用此法测得的均为高阻值，则为 NPN 型三极管)。如测量时两个引脚的阻值差异很大，可另外选一个引脚为假定基极，直至满足上述条件为止。

② 判定集电极 c。对于 PNP 型三极管，当集电极接负电压，发射极接正电压时，电流放大倍数才比较大；而 NPN 型三极管则相反。测试时假定红表笔接集电极 c，黑表笔接发射极 e，记下其阻值。而后红、黑表笔交换测试，将测得的阻值与第一次阻值相比，阻值小的红表笔接的是集电极 c，黑表笔接的是发射极 e。而且可判定是 PNP 型三极管(NPN 型三极管则相反)。

测试原理图如图 3-1-14 所示。

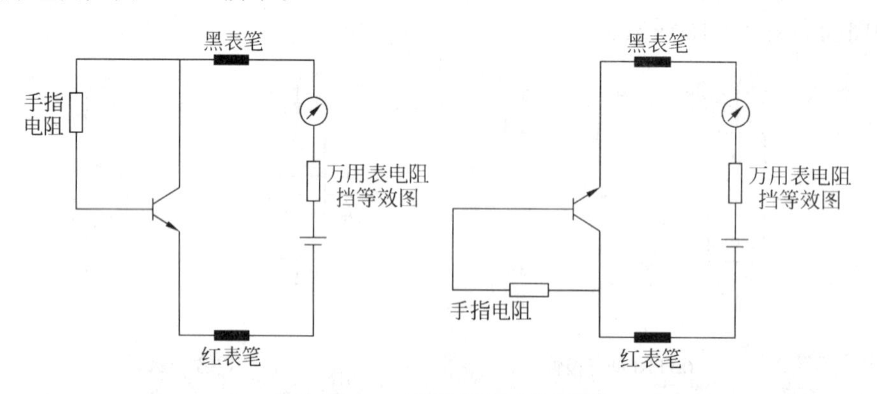

图 3-1-14 三极管各电极的判别

3. 集成电路的检测

(1) 认识集成电路。集成电路是指将晶体管、电阻、电容及连接导线等集中制作在一块很小的硅片上并加以封装，构成具有一定功能的电路，其种类繁多，结构形式也很多。

几种集成电路的图形如图 3-1-15 所示。

(2) 集成电路的判别。要检测集成电路的质量，应先了解它在电路中的作用、各引脚的电气参数及其与其他元器件的相互关系等。下面介绍测试、判别集成电路的几种方法。

① 引脚电阻测量法。集成电路的各引脚与地之间都有一个相对确定的直流电阻值，未接入电路的集成电路，可使用万用表的电阻挡测量各引脚与地之间的直流电阻，然后核对集成电路手册资料来判别。如果是电路中的集成电路，则可测量其在线直流电阻，在不通电的情况

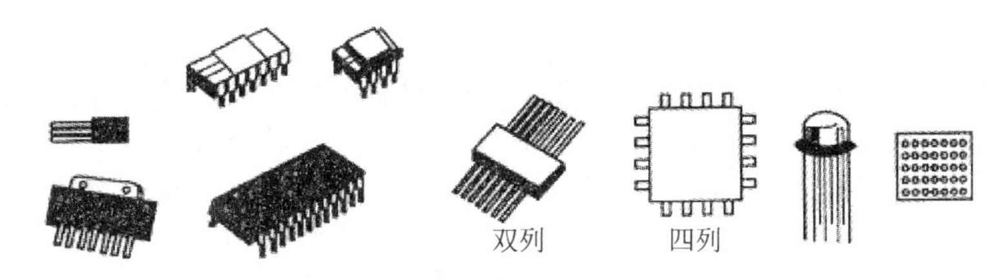

图 3-1-15　常见的集成电路外形

下，用万用表相应的电阻挡测量各引脚对地的在线电阻值，再对照相关技术资料来判别。

② 引脚工作电压测量法。就是测量集成电路在通电状态下各引脚对地的电压，可参考相关技术资料来判别。

③ 示波器波形观察法。很多集成电路在工作时，会产生一定的波形，只要使用示波器观察相应引脚波形是否正常即可判别其工作状态。

【技能训练】

测试工作任务书

任务名称	电子元件的测试
任务要求	1. 了解二极管、三极管的主要参数 2. 掌握二极管、三极管的检测方法
测试器材	模拟式、数字式万用表；各类二极管、三极管若干
电路原理图	见图 3-1-11 和图 3-1-14
测试步骤	1. 普通二极管引脚、工作状态判别 2. 稳压二极管引脚、工作状态判别 3. NPN 型小功率三极管(如 9013 型号)引脚、型号判定、工作状态判别 4. PNP 型小功率三极管(如 9012 型号)引脚、型号判定、工作状态判别
测试数据	1. 普通小功率二极管正、负电极的判别过程 2. 使用万用表电阻挡将稳压二极管与普通二极管区分开来过程 3. 使用模拟式万用表对三极管引脚极性的辨别过程

续表

结论	1. 无标记的二极管可用万用表电阻挡来判别正、负极。根据二极管正向电阻________、反向电阻________的特点，将万用表调置电阻挡，一般用表笔分别与二极管的两极相连，测出两个阻值。测得阻值较小的一次，与黑表笔相接的一端为二极管的________；同理，测得较大阻值的一次，与黑表笔相接的一端为二极管的________ 2. 将万用表调置 R×10k 挡，用黑表笔连接被测管的________、红表笔连接被测管的________。测得反向电阻值。若此时测得的反向电阻值比用 R×1k 挡测得的反向电阻小很多，说明被测管为________；反之，如果此时测得的反向电阻值仍很大，则说明该管为________ 3. 判定基极 b：将红表笔接________，黑表笔分别去接触另外两个引脚，如果此时测得的都是________，则红表笔所接触的引脚为________，并且是________型三极管 4. 判定集电极 c：测试时假定红表笔接集电极 c，黑表笔接发射极 e，记下其阻值。而后红、黑表笔交换测试，将测得的阻值与第一次阻值相比，阻值小的红表笔接的是________，黑表笔接的是________，而且可判定是________型三极管

任务 3.2 电流、电压的测量

利用数字万用表、交流毫伏表对电路中直流电流电压、交流电流电压进行测量训练。

【任务要求】

(1) 根据具体电流、电压测量的情况，能确定使用什么类型的电流表、电压表，能正确使用数字万用表的交、直流电流挡、电压挡。

(2) 能运用基本的误差理论，对电压测量结果做正确记录。

(3) 能正确对数字万用表测量结果进行分析，会处理其测量数据。

【基本知识】

一、直流电流的测量

一般选用电流表或万用表测量电流。测量时，仪表不能并接于被测电路两端，而应将仪表串接入被测电路中。为了扩大表头的电流量程，常采用与表头并联电阻的方法，此并联称为分流电阻或分流器，如图 3-2-1(a)、(b)所示分别为开路式分流器和闭路式环形分流器，改变分流器阻值的大小可以改变电流表的量程。

测量直流电流时，应注意使被测电流经正表笔("+"端)流入仪表，由负表笔("−"端)流出。如果不知被测电流的正负极性可以将万用表量程开关打在最大量程，瞬间测量一下，观察表针偏转方向，如果正偏，说明接法正确，反偏则应调换表笔位置。另外，还应注意选用合适的量程进行测量，不知被测电流范围时，可从最大量程量起，逐渐变小量程，直至量程合适为止。

二、直流电压的测量

磁电式电流表指针偏转角度与被测电流成正比，当它具有一定内阻时，偏转角度与电流表两端的电压也成正比。它可以用来测量直流电压。但因为表头内阻不大，允许通过的电流又小，所以测量电压的范围很小，一般为毫伏级。为了测量大电压，常采用与表头串联电阻的方法，此电阻称为分压电阻，如图 3-2-2 所示，给出了三用表直流电压挡量程扩展的原理电路图。

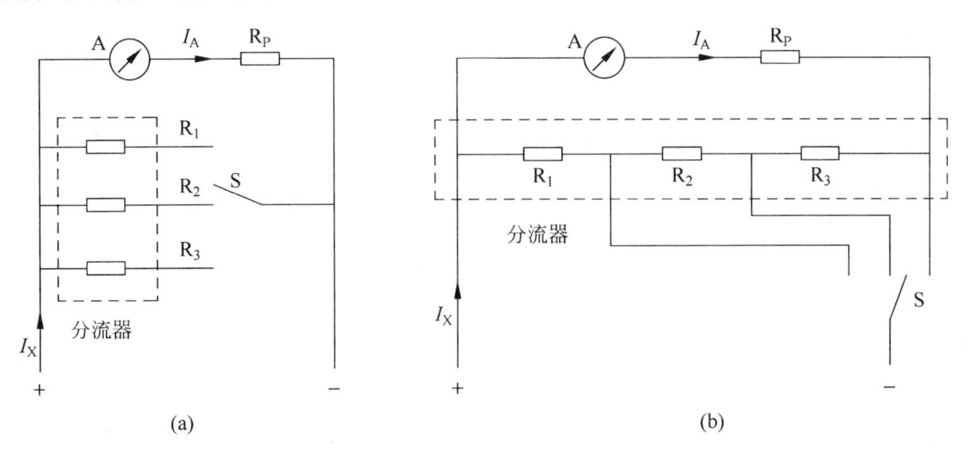

图 3-2-1 开路式分流器和闭路式环形分流器构成的多量程电流表电路连接示意图

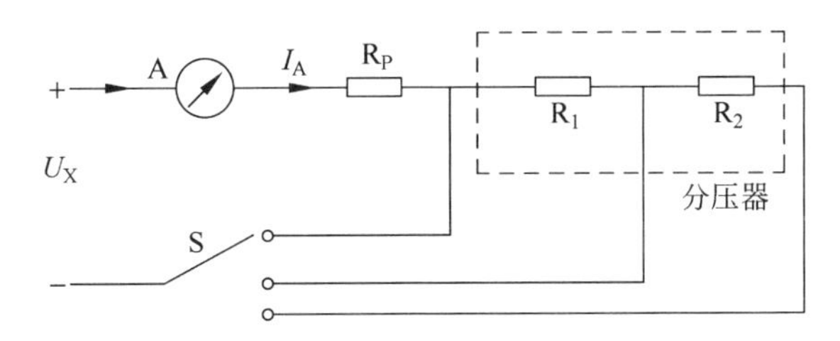

图 3-2-2 多量程电压表电路连接示意图

一般选用直流电压表或万用表测量直流电压。测量电压时，应将仪表并接于被测电路的两端，不能与被测电路串接。测量直流电压时，要注意电压表正表笔（“＋”端）接被测电压的高电位，负表笔（“－”端）接低电位，不能接反。此外，应选用合适的量程。

以数字万用表直流电压挡为例，在测量直流电压时，先将选项开关旋至“＋DC”位置（在“－DC”位置时，极性相反），将选钮开关选至“DCV”段的某一量程处，红表笔插入“＋”插孔，黑表笔插入“＊”插孔，再将两表笔正确地接入待测电路，即可进行直流电压的测量。

三、交流电压的测量

（一）交流电压的表征

1. 平均值（均值）

意义：表示波形中的直流成分。

特别规定：交流电压的平均值特指交流电压经过均值检波后波形的平均值。

分类：半波平均值和全波平均值。

计算式：

$$\overline{U}_{+\frac{1}{2}} = \frac{1}{T}\int_0^T u(t)\mathrm{d}t, \quad u(t) \geqslant 0, 0 \leqslant t < T$$

$$\overline{U}_{-\frac{1}{2}} = \frac{1}{T}\int_0^T u(t)\mathrm{d}t, \quad u(t) \leqslant 0, 0 \leqslant t < T$$

$$\overline{U} = \frac{1}{T}\int_0^T |u(t)| \mathrm{d}t$$

对于纯交流电压,存在如下关系:

$$|\overline{U}_{+\frac{1}{2}}| = |\overline{U}_{-\frac{1}{2}}| = \frac{\overline{U}}{2}$$

2. 峰值

峰值定义为在一个周期内(或一段时间内)以零电平为参考基准的最大瞬时值,记为U_P。分类为正峰值(或U_{P+})和负峰值(或U_{P-})。

以直流成分为参考基准的最大瞬时值,称为振幅U_m。应当注意区分峰值U_P和振幅值U_m。峰值是从零电平开始计算的,而振幅值则以直流分量的电平作参考,它仅仅反映交变部分振动幅度。

3. 有效值*U*(方均根值)

若某一交流电压$u(t)$在一个周期内通过纯阻负载所产生的热量,与一个直流电压U在同样情况下产生的热量相等,则U的数值即为$u(t)$的有效值,U和$u(t)$的数学关系计算式为

$$U = \sqrt{\frac{1}{T}\int_0^T u^2(t)\,\mathrm{d}t}$$

4. 波形因数K_F

交流电压的波形因数的定义为该电压的有效值与其平均值之比,即

$$K_F = \frac{U}{\overline{U}}$$

5. 波峰因数K_P

交流电压的波峰因数的定义为该电压的峰值与其有效值之比,即

$$K_P = \frac{\hat{U}}{U}$$

(二)交流电压的测量

在实际应用中,交流电压大多采用电子电压表来测量,它通过A/D转换器将交流电压转换成直流电压,这里,转换器实际上就是检波器。按检波器的响应特性可分为:均值、峰值和有效值三种。

电子电压表按电路的组成形式又可分为三种类型:放大—检波式、检波—放大式和外差式。

1. 均值电压表

均值电压表组成框图如图3-2-3所示。

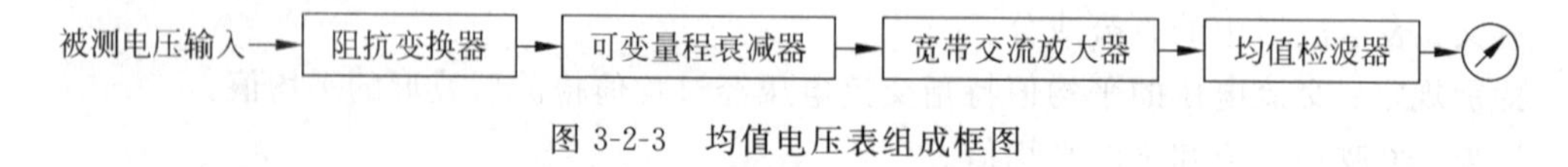

图3-2-3 均值电压表组成框图

检波器类型采用均值检波器。

均值检波器特性为输出直流电压(即检波后波形平均值)与输入交流电压平均值成正比。

(1) 均值电压表的组成及原因。

属于放大—检波式。

全波均值检波器二极管内阻 R_d 和电流表内阻 R_m 大小一般为 100～500Ω、1Ω～2kΩ，则全波均值检波器 $R_i=1\sim3\text{k}\Omega$，不满足电压表高输入阻抗的要求，所以均值电压表的结构不可以是检波一放大式；否则，将严重影响被测电路的工作状态。

阻抗变换器：是均值电压表的输入级，通常利用射极跟随器或源极跟随器来提高均值电压表的输入阻抗。

可变量程衰减器：通常是阻容分压器，用于改变均值电压表的量程。

宽带交流放大器：是决定均值电压表性能的关键，用于信号放大，以提高均值电压表的测量灵敏度。

均值电压表属于低频电压表，它的灵敏度可以达到毫伏数量级，频率范围一般为 20Hz～10MHz，故又称之为视频毫伏表。

(2) 均值检波器，如图 3-2-4 所示。

类型分为桥式、半桥式全波、半波整流式、加隔直电容半波整流式均值检波器。

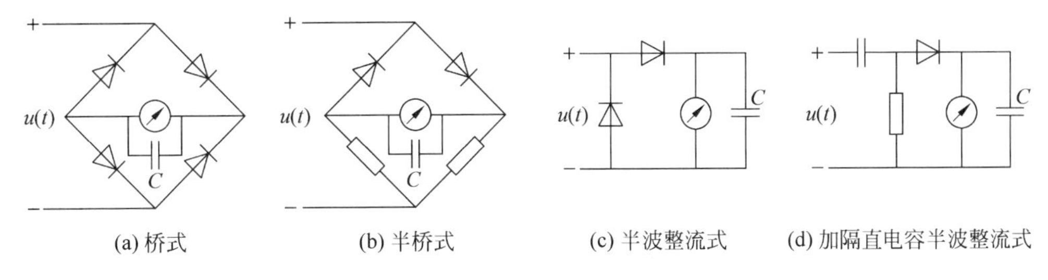

图 3-2-4 常用均值检波器

桥式、半桥式检波器满足关系为 $\overline{U}_C=\overline{U}$；半波整流式检波器满足关系为 $\overline{U}_C=\overline{U}/2$。

(3) 正弦波有效值定度与读数值的修正。

正弦波有效值定度：交流电压表一般以输入正弦波有效值的大小来定度。

结论 1：$U_\sim=U_\alpha$。

结论 2：测量非正弦波电压时，均值电压表的读数值无明确的物理意义，只说明非正弦波电压平均值与读数值相等的正弦波电压的平均值相等。

读数值的修正方法：

$$\overline{U}_N=\overline{U}_\sim=\frac{U_\sim}{K_{F_\sim}}=0.9U_\alpha$$

$$U_N=\overline{U}_N K_{FN}$$

$$\hat{U}_N=U_N K_{PN}$$

$$K_\alpha=\frac{U_\alpha}{\overline{U}_\sim}=1.11$$

注意： 不管选用何种检波器，对均值电压读数值的修正均可用上述方法进行。

(4) 误差分析。这里介绍波形误差和频率误差。

① 波形误差。

波形误差定义为用均值电压表测量非正弦波电压时，将电压表的读数值当成被测电压的有效值产生的误差。

绝对误差：$\Delta U=U_\alpha-0.9K_{FN}U_\alpha=(1-0.9K_{FN})U_\alpha$

示值相对误差：$\gamma_\alpha=\Delta U/U_\alpha=1-0.9K_{FN}$

在使用电压表测量非正弦波电压时，应注意电压表的类型，正确理解读数的含义，并进行修正。

② 频率误差。

频率误差定义为在检波器对高频输入信号检波时，由于二极管结电容容抗减小而使本应处于截止状态的二极管失去单向导电性而带来的高频频响误差。

产生的原因是低频时，C_d 的容抗很大，二极管处于截止状态。高频时，C_d 的容抗变小而产生分流，导致误差的产生，该误差称为频率误差。均值检波器负半周高频等效电路如图 3-2-5 所示。

（三）峰值电压表

检波器类型采用峰值检波器。

峰值检波器特性是输出的直流电压与输入交流电压的峰值成正比。

峰值电压表指针偏转角度与被测交流电压的峰值成正比。

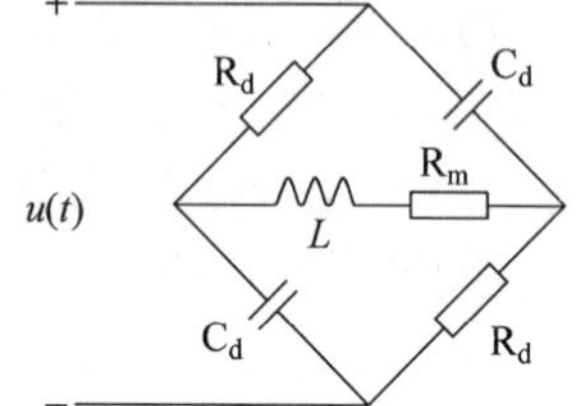

图 3-2-5 均值检波器负半周高频等效电路

1. 峰值电压表的组成

属于放大—检波式或检波—放大式，常采用后者。检波—放大式优点：峰值检波器可做成探头与被测电路直接相接，故测试线很短，分布参数及引入干扰信号较小；采用调制式直流放大器，使得检波—放大式峰值表的频宽及灵敏度都比较理想。

串联式、并联式峰值检波器的输入阻抗为 R 的 1/2、1/3 倍，R 通常取值为数兆欧姆～数百兆欧姆，故峰值检波器的输入阻抗很高，能够与被测电路相接。

注意：检波—放大式中的直流放大器为调制式直流放大器。

2. 峰值检波器

峰值检波器分为串联式(开路式、包络检波器)、并联式峰值检波器(闭路式)、双峰值检波器、倍压式峰值检波器(桥式、并联与串联组合)，如图 3-2-6 所示。

峰值检波条件是充电时，$R_dC \ll T_{min}$；放电时，$RC \gg T_{max}$，T_{min}、T_{max} 为输入信号最小、最大周期。

3. 读数值的修正

测量非正弦波时，U_α 没有明确物理意义，只说明非正弦电压的峰值与读数值相等的正弦波的峰值相等。

计算方法：

$$\hat{U}_N = \hat{U}_\sim = \sqrt{2}U_\alpha$$

$$U_N = \frac{\hat{U}_N}{K_{PN}}$$

$$\overline{U}_N = \frac{U_N}{K_{FN}}$$

$$K_\alpha = \frac{U_\alpha}{\hat{U}_\sim} = \sqrt{2}/2$$

例 1：用峰值电压表测量正弦波、三角波电压，已知 U_α 均为 20V，计算正弦波、三角波的有效值、平均值和峰值各是多少伏？

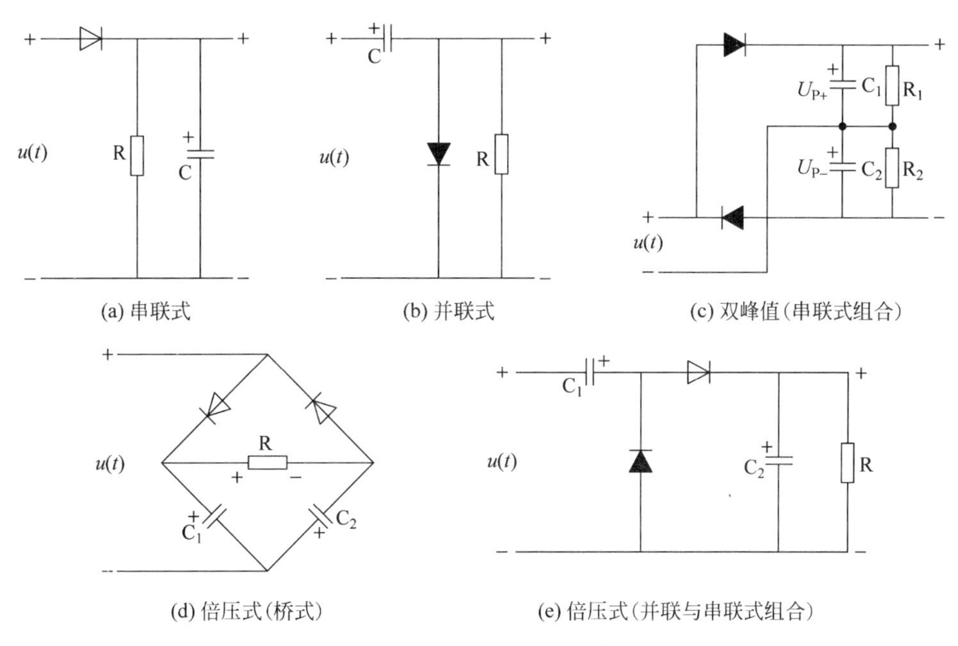

(a) 串联式 (b) 并联式 (c) 双峰值(串联式组合)

(d) 倍压式(桥式) (e) 倍压式(并联与串联式组合)

图 3-2-6 常见峰值检波器

解：测量正弦波时：

$$\widetilde{U} = U_{\alpha} = 20\text{V}$$

$$\overline{U}_{\sim} = 0.9U_{\alpha} = 0.9 \times 20\text{V} = 18\text{V}$$

$$\hat{U}_{\sim} = \sqrt{2}U_{\alpha} = \sqrt{2} \times 20\text{V} \approx 28.3\text{V}$$

测量三角波时：

$$\hat{U}_{\Delta} = \sqrt{2}U_{\alpha} = \sqrt{2} \times 20\text{V} \approx 28.3\text{V}$$

$$U_{\Delta} = \frac{\hat{U}_{\Delta}}{K_{\text{P}\Delta}} = \frac{\hat{U}_{\Delta}}{\sqrt{3}} = \frac{28.3\text{V}}{\sqrt{3}} \approx 16.3\text{V}$$

$$\overline{U}_{\Delta} = \frac{U_{\Delta}}{K_{\text{F}\Delta}} = \frac{16.3\text{V}}{\frac{2}{\sqrt{3}}} \approx 14.1\text{V}$$

4. 误差分析

① 理论误差：因检波器输出电压平均值实际上略小于 U_{P}，因此会产生理论误差。

② 波形误差：峰值电压表测量非正弦波电压时，若将电压表读数值当成它的有效值也会产生波形误差。

③ 频率误差：若被测信号频率过低而不满足 $RC \gg T_{\max}$，由于放电时间过长，而产生低频频率误差。

低频频率误差为

$$\gamma_{\text{L}} = -\frac{1}{2\pi fRC}$$

除低频频率误差外，高频分布参数的影响也会带来高频误差。

频率特性误差(频率影响误差)δ_{fx}：在工作频率范围内各频率点电压值相对于基准频率电

压值的误差。其计算式：

$$\delta_{fx}=\frac{U_{fx}-U_{f0}}{U_{f0}}\times 100\%$$

（四）有效值电压表

有效值电压表分为检波式、热偶式、计算式。检波式有效值电压表通常选用分段逼近式有效值检波器。

一般的，认为有效值表的读数就是被测电压的有效值，即有效值表是响应输入信号有效值的。因此，在有效值表中 $\alpha=U_i$，并称这种表为真有效值表。

如图 3-2-7(a)所示为分段逼近式有效值检波器电路图。

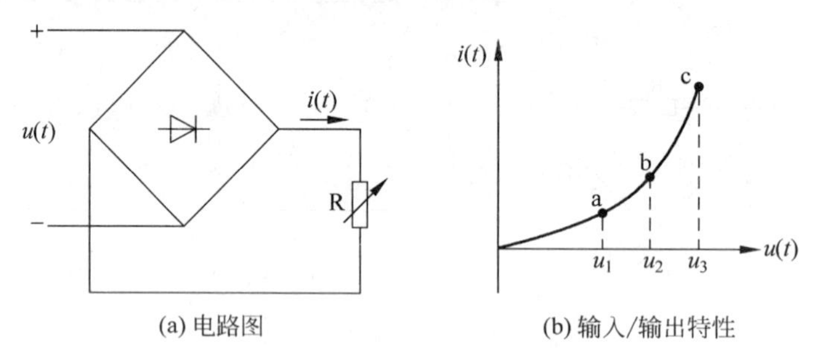

图 3-2-7　段逼近式有效值检波器

只要电路的输出特性曲线具有平方律特性，该电路就可以实现有效值检波。

图 3-2-7(b)所示曲线由众多不同斜率的线段构成。这些线段是因为输入电压的大小不同改变了检波器负载电阻大小得到的。

电压表的刻度是非线性的。

四、模拟式电压表的使用

以 AS2292 型模拟式电压表为例，来介绍相关知识。

1. 主要性能指标

① 电压测量范围：300μV～100V，分 12 挡。

② 电平测量范围：−70～40dB。

③ 频率范围：20Hz～1MHz。

④ 电压测量固有误差(以 1kHz 为基准)：300μV～3mV，各挡±5%；3mV～100V，各挡±3%。

⑤ 电压测量工作误差(在基准频率时)：各挡±7%。

⑥ 输入阻抗：1kHz 时输入电阻约为 500kΩ。

⑦ 输入电容：300μV～1V，各挡约为 45pF；3V～100V，各挡约为 25pF。

2. 工作原理

如图 3-2-8 所示是 AS2292 型交流电压表原理框图。

组成：衰减器、分压器、放大器、检波器、稳压电源、量程控制器等。

S_1：切换“A 输入”或“B 输入”状态。

R_1、R_2：组成高阻衰减器。

放大器Ⅰ：对 10mV 以下量程输入信号进行放大。

分压器Ⅰ：对 30mV 以上量程输入信号进行衰减。

分压器Ⅱ：由 $R_3 \sim R_6$ 组成。

12 挡量程：由放大器Ⅰ、分压器Ⅰ、分压器Ⅱ组成。

仪表量程控制：二刀 12 位波段开关。

高阻衰减器由 S_4 变换；放大器Ⅰ、分压器Ⅰ由 S_5 控制。10mV 以下挡，分压器Ⅰ断开；30mV 以上挡，放大器Ⅰ不工作，信号经衰减进入分压器Ⅱ，分压器Ⅱ由四刀模拟开关(CH4066)变换。

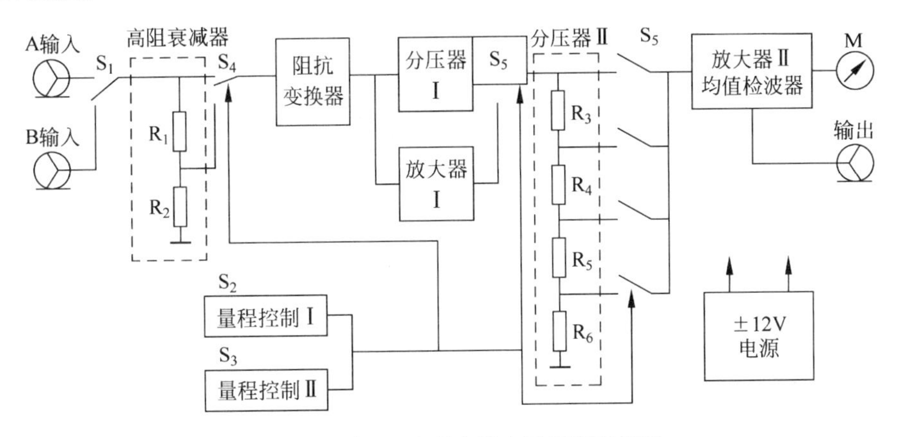

图 3-2-8 AS2292 型交流电压表原理框图

3. 使用方法及注意事项

(1) 调零：机械调零或电气调零。

(2) 量程选择：一般情况下，尽量使指针处在量程满刻度值的 2/3 以上区域。若事先不知道被测电压的大小，先从大量程开始，逐步减小量程，直至合适。

(3) 拆接线顺序：测量时应先接入接地线，然后接另一测试线；测量结束时，按相反顺序取下连接线；测量时，接地点应可靠接地。

(4) 测量非正弦波电压：除选择合适的电压表外，还应对读数进行修正。

(5) 测量音频电压：测量数伏级以上音频电压时，可使用一般导线作为测试线；测量毫伏级音频电压时，须严格调零，并尽量选用短的带金属屏蔽的电缆作为测试线。

(6) 测量电平值(绝对电平)。电平值分功率电平 P_w 和电压电平 P_u 两种。

如果被测点为开路，应并接 600Ω 或 150Ω 无感电阻。

注意：零电平时的基准功率或基准电压，所用基准不同，换算得到的功率或电压值不同。

(7) 注意安全、防止触电。

(8) 校准。

五、数字电压表的性能指标

1. 电压测量范围

(1) 量程。

量程实现：步进衰减器与输入放大器的适当配合。

基本量程：未经衰减器衰减和放大器放大的量程。

量程变换方式：手动变换、自动变换。

(2) 显示位数。

满位：能显示0～9十个数码的数位。

半位：不能显示0～9十个数码的数位。

例2：9.999——4位表；39.999——$4\frac{1}{2}$或$4\frac{3}{4}$位表；11.999——$4\frac{1}{2}$位表

19.999、39.999、11.999的数字电压表统称为4位半数字电压表。

(3) 超量程能力。所能测的最大电压超出量程值的能力，在某些情况下可提高测量精确度。其计算式为

$$超量程能力=\frac{能测量出的最大电压-量程值}{量程值}\times 100\%$$

2. 分辨率(灵敏度)

分辨率是数字电压表能够显示的被测电压的最小变化值，也就是使显示器末位跳一个字所需的输入电压值。显然，在不同的量程上，数字电压表的分辨率是不同的。在最小量程上，数字电压表具有最高的分辨率。

3. 测量误差

测量误差分为固有误差或工作误差。

表示方法：$\Delta U=\pm(\alpha\%U_x+\beta\%U_m)$ 或者 $\Delta U=\pm\alpha\%U_x\pm n$ 字

读数误差：仪器各电路单元引起的误差和不稳定性误差，其中既有随机误差又有系统误差，可按随机误差处理。

满度误差：由放大器、基准电压、积分器等的零点漂移引起的不随被测电压变化的固定成分；数字电压表的量化误差。二者均属于系差。

例3：5位DVM在5V量程测得电压为2V，已知$\Delta U=\pm(0.005\%U_x+0.004\%U_m)$，求固有误差、读数误差和满度误差各是多少？满度误差相当于几个字？

解：经分析得知，电压表分辨力为±0.0001V。

读数误差为：$0.005\%U_x=\pm 0.005\%\times 2V=\pm 0.0001V$

满度误差为：$0.004\%U_m=\pm 0.004\%\times 5V=\pm 0.0002V$

满度误差相当于：$\pm\frac{0.0002V}{0.0001V}=\pm 2$ 字

固有误差为：$\pm(0.0001V+0.0002V)=\pm 0.0003V$

【技能训练】

测试工作任务书

任务名称	电压、电流的测量
任务要求	用万用表直流电压挡、电流挡测试模拟电路中固定偏置共射放大电路的静态工作点
测试器材	数字万用表、直流稳压电源、电路板

续表

<table>
<tr><td>电路原理图</td><td>$+U_{cc}$
R_1 R_4
测点B
C_3
测点A
C_1
R_2 R_3 C_2</td></tr>
<tr><td>测试步骤</td><td>(1) 将12V直流电源正极接________点，负极接________点，并将输入端________两点用导线连接，使输入信号短路
(2) 连接直流电源，即将________两点用导线连接，以形成基极偏置电路，将________两点用导线连接，以形成集电极偏置电路
(3) 检查无误后，接通电源，用万用表的________挡测量________两点间直流电压，即发射结偏置电压 U_{BEQ}。用万用表的________挡测量________两点间直流电压，即集电结偏置电压 U_{CEQ}
(4) 测量基极静态电流 I_{BQ}，操作过程为先断开________两点间的连接导线，将万用表旋至________挡，选择量程为________；将红表笔接________，黑表笔接________，测量并记录读数。测量集电极静态电流 I_{CQ}，操作过程为先断开________两点间的连接导线，将万用表旋至________挡，选择量程为________；将红表笔接________，黑表笔接________，测量并记录读数</td></tr>
<tr><td>测试数据</td><td>
<table>
<tr><td>待测值</td><td>待测量的估计值</td><td>选用的测量仪表的型号</td><td>选用的量程</td><td>电表在量程中该的精确度</td><td>测量值</td><td>最大绝对误差</td><td>相对误差</td><td>测量结果</td></tr>
<tr><td>U_{BEQ}/V</td><td></td><td></td><td></td><td></td><td></td><td></td><td></td><td></td></tr>
<tr><td>U_{CEO}/V</td><td></td><td></td><td></td><td></td><td></td><td></td><td></td><td></td></tr>
<tr><td>$I_{BQ}/\mu A$</td><td></td><td></td><td></td><td></td><td></td><td></td><td></td><td></td></tr>
<tr><td>I_{CQ}/mA</td><td></td><td></td><td></td><td></td><td></td><td></td><td></td><td></td></tr>
</table>
</td></tr>
<tr><td>结论</td><td>(1) 通过学习、训练，进一步掌握使用万用表测量电流、电压的方法
(2) 掌握在实际测量中应注意的要求
(3)掌握误差计算及数据处理</td></tr>
</table>

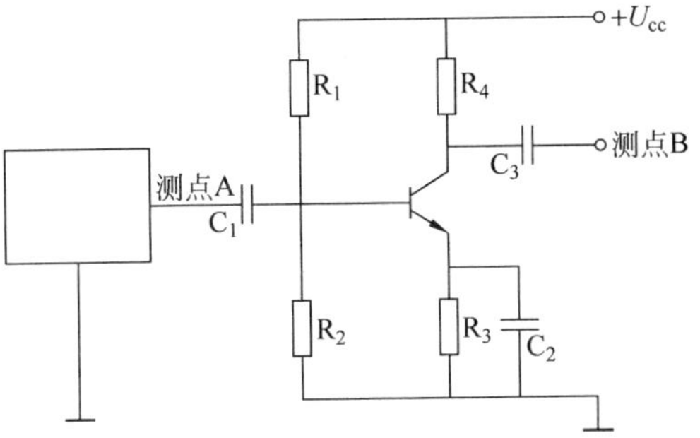

任务 3.3 信号源的使用

利用熟悉低频信号发生器特点与性能，学会使用，并进行测量训练。

【任务要求】

(1) 了解低频信号发生器的特点与性能。

(2) 熟悉低频信号发生器各量程开关的作用。

(3) 能正确设置低频信号发生器，产生各种常用信号。

【基本知识】

一、了解低频信号发生器

1. 用途

信号发生器又称信号源，是电子测量中最基本、使用最广泛的电子仪器，用来产生正弦波信号。对它的基本要求是输出电压波形失真小；输出电压幅度、频率、连续可调和稳定性好；并有相应的读数指示装置和具有一定的输出功率能力。

低频信号发生器用于产生频段在1Hz～1MHz，输出是以正弦波为主的信号。

目前国内最常用的是XD系列低频信号发生器，它被广泛使用在工厂、学校、实验室和电讯维修等部门。

2. 信号发生器的基本组成

信号发生器的基本组成如图3-3-1所示。信号发生器一般包括调制器、振荡器、变换器、指示器、电源及输出电路6部分。

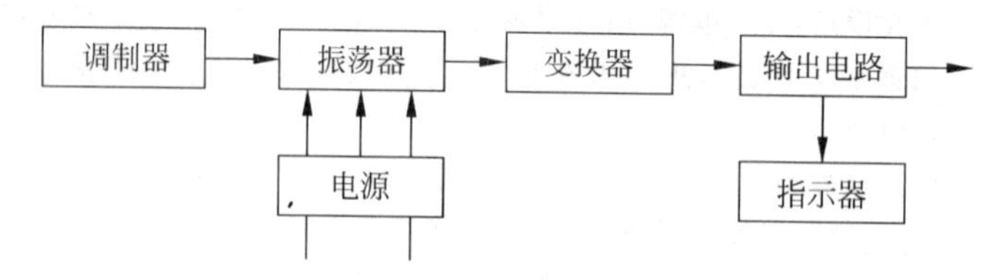

图3-3-1 信号发生器的基本组成

(1) 振荡器。振荡器是信号发生器的核心部分，由它产生各种不同频率的信号，通常是正弦波振荡器或自激脉冲发生器。它决定了信号发生器的一些重要工作特性，如工作频率范围、频率的稳定度等。

(2) 变换器。变换器可以是电压放大器、功率放大器或调制器、脉冲形成器等，它将振荡器的输出信号进行放大或变换，进一步提高信号的电平，并给出所要求的波形。

(3) 输出电路。输出电路为被测设备提供所要求的输出信号电平或信号功率，包括调整信号输出电平和输出阻抗的装置，如衰减器、匹配用阻抗变换器、射极跟随器等电路。

3. 模拟信号发生器的工作原理

模拟信号发生器能输出多种波形，一般由集成电路与晶体管构成；通常采用恒流充、放电的原理来产生三角波，同时产生方波；改变充、放电的电流值，就可以得到不同频率信号。

当充电与放电的电流值不相等时，原来的三角波就变成各种斜率的锯齿波，同时方波 变成矩形波。另外，通过波形变换电路，可以用三角波产生正弦波。产生的波形经过函数信号转换，由功率放大器放大后输出。

模拟信号发生器的电路构成有多种形式，一般有以下几个环节。

① 基本波形发生电路。波形发生可以由RC振荡器、压控振荡器等电路产生。

② 波形转换电路。基本波形通过矩形波整形电路、正弦波整形电路、三角波整形电路进行方波、正弦波、三角波间的波形转换。

③ 放大电路。将波形转换电路输出的波形进行信号放大。

④ 可调衰减电路。可将输出信号进行20dB、40dB、60dB衰减处理，输出各种幅度的信号。

信号发生器的工作原理框图如图 3-3-2 所示，图中方波由三角波通过方波变换电路变换而成。实际电路中，三角波和方波的产生是难以分开的，方波形成电路通常是三角波发生器的组成部分，正弦波是三角波通过正弦波形成电路变换而来的。所需的波形经过选取、放大后，经衰减器输出。直流偏置电路提供一个直流补偿，向信号发生器输出的交流信号加进直流成分，而且直流成分的大小可以调节。

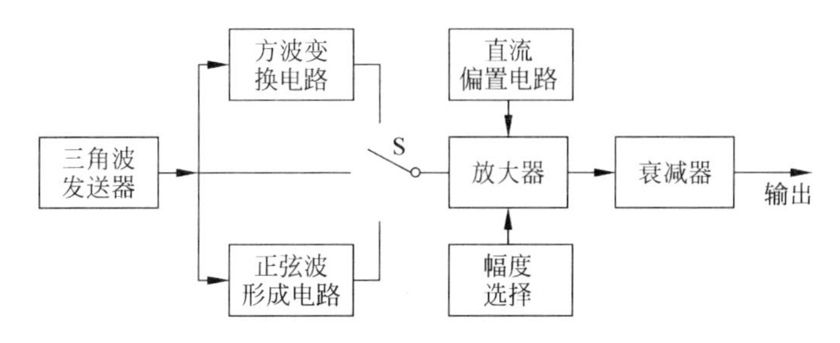

图 3-3-2 信号发生器的工作原理框图

4. XD2 型低频信号发生器仪器面板及使用方法

XD2 低频信号发生器仪器面板如图 3-3-3 所示。

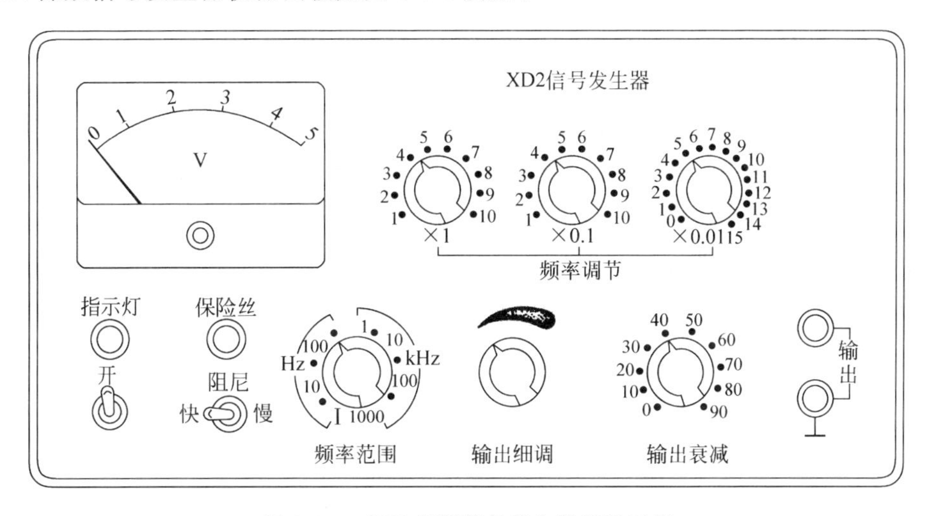

图 3-3-3 XD2 低频信号发生器仪器面板

(1) 将仪器面板上的“输出细调”旋钮逆时针方向旋到底，然后接通电源，预热 3～5min(最好 20min 以上)。

(2) 将被测量电路接到仪器输出端。必须注意仪器的接地端是接机壳的，一定要和被测量电路的机壳或地端相接通，以免输出信号中感应上 50Hz 的干扰信号。

(3) 选择频率：根据所使用的频率范围，把“频率范围”开关拨在所需频率范围挡。然后再用面板上边的 3 个“频率调节”旋钮“×1”、“×0.1”和“×0.01”，按照十进制原则细调到所需的频率。例如：“频率范围”开关位于“100～1000kHz”位置，“频率调节”的“×1”指向“4”，“×0.1”指向“6”，“×0.01”指向“5”，则信号发生器输出的频率为 465kHz。

(4) 电压输出：调节面板“输出衰减”波段开关和“输出细调”电位器，即可在“输出端”得到所需的输出电压。

① 当“输出衰减”开关拨至“0”dB时，输出电压在1～5V范围，可从电压表中直接读出。调节“输出细调”旋钮，便可得到所需的电压值。

② 当“输出衰减”开关位于除“0”以外的其他衰减位置时，输出电压小于1V。实际输出的电压为电压表指示值再缩小所选“输出衰减”分贝值的倍数。分贝值与衰减倍数间的关系如表3-3-1所示。

表3-3-1 分贝值与衰减倍数间的关系

分贝/dB	0	1	2	3	4	5	6
电压比	1	0.8913	0.7943	0.7079	0.6310	0.5623	0.5012
分贝/dB	7	8	9	10	20		30
电压比	0.4467	0.3981	0.3548	0.3163	0.1		3.163×10^{-2}
分贝(dB)	40	50	60	70	80		90
电压比	10^{-2}	3.163×10^{-3}	10^{-3}	3.163×10^{-4}	10^{-4}		3.163×10^{-5}

③ 仪器用完后，将“输出调节”旋到最小位置，然后关掉电源。

二、函数发生器简介

函数发生器是一种多波形信号源，能够输出正弦波、方波、三角波、锯齿波等多种波形。有些函数发生器还具有调制功能，可以进行调幅、调频、调相、脉冲调制等。其工作频率范围很宽，从几赫到几十兆赫，因而使用范围非常广泛。在生产、测试、仪器维修和实验中是一种被经常使用的信号源。由于函数发生器能够输出很低频率的信号，同时有多种波形可以输出，所以也称为低频信号发生器或波形发生器。

1. 函数发生器信号的产生

函数发生器产生信号的方法有3种：一种是用施密特电路产生方波然后经过变换得到三角波和正弦波；第二种是先产生正弦波，再得到方波和三角波；第三种是先产生三角波再转换为方波和正弦波。

(1) 由方波产生三角波和正弦波的电路。由施密特触发器产生方波，它既可由外触发脉冲触发，也可由内触发脉冲触发，触发脉冲决定输出信号的频率。方波信号经积分器输出线性变化的电压，可得到三角波信号。若将三角波信号反馈回施密特触发器的输入端，就会形成正反馈环路，从而组成振荡电路，此时的工作频率由反馈决定。由于施密特触发器的触发电平是固定的，当施密特触发器接收三角波信号作为反馈信号时，调节电阻和电容值就可改变到达触发电平所需的时间，从而改变方波和三角波信号的频率。

(2) 由正弦波产生方波和三角波的电路。采用文氏桥振荡器输出频率为1Hz～1MHz的低频正弦信号，在20Hz～20kHz范围内谐波失真度可小于0.1%。正弦信号经放大，送至整形电路限幅，再经微分、单稳态调宽放大后得到幅度可调的正负矩形脉冲，其宽度在(0.1～10 000)μs内可连续调节，脉冲前沿小于40ns。

负矩形脉冲送至锯齿波产生电路后，得到扫描时间可连续调节的锯齿波信号，扫描时间为(0.1～10 000)μs。负矩形脉冲再经微分、放大后，可输出宽度小于0.1μs的正负尖脉冲。

(3) 由三角波产生方波和正弦波的电路。在一些新型的晶体管化和集成化的函数发生器中，采用正负电流源对电容进行积分，先产生三角波，再转换为方波和正弦波。

该仪器利用正、负电流源对积分电容充、放电，可以产生线性很好的三角波。改变正负电流源的激励电压，可以改变电流源的输出电流，从而改变电容器的充放电速度，使三角波的重复频率得到改变，实现频率调谐。正负电流源的工作转换受到电平检测器的控制，它可用来交替切换送往积分器的充电电流的正负极性，在缓冲放大器的输出端得到一定幅度的三角波信号，三角波经电平检测器输出一定幅度的方波，经正弦波整形网络后输出正弦波。

方波、正弦波、三角波信号经开关选择送往输出放大器放大后输出，输出端接有衰减器，可调整输出电压的大小。

2. XJ1630 型函数发生器

XJ1630 型函数发生器是由集成电路与晶体管构成的便携式通用函数发生器，能产生方波、三角波、正弦波、脉冲和锯齿波 5 种不同波形，各种信号都可加±10V 的直流偏置电压，同时还有压控输入、输出信号幅度衰减等多种功能。

(1) 主要技术特性。

① 频率范围：0.1Hz～2MHz，分 7 个挡级。

② 正弦波失真度：10～30Hz，失真＜3%；30Hz 以上，失真≤1%。

③ 方波响应：前沿/后沿≤100ns(开路)。

④ 同步输出(TTL)信号：幅度≥3V(峰峰值)，前沿≤25ns。

⑤ 最大输出幅度(开路)：f＜1MHz 时，最大输出幅度≥20V(峰峰值)，1MHz≤f≤2MHz 时，最大输出幅度≥20V(峰峰值)。

⑥ 直流偏置(开路)：最大直流偏置电压，−10～＋10V。

⑦ 输出阻抗：$Z=(50\pm5)\Omega$。

⑧ 方波占空系数：10%～90%内连续可调。

(2) 使用方法。XI1630 型函数发生器面板结构如图 3-3-6 所示。

① 使用前检查仪器后面板上的电源选择器，看是否与当地的电源电压一致，验证一致后方可将仪器与电源相连。

② 按下电源开关(POWER ON)，指示灯亮，预热半小时后，仪器稳定工作。

③ 按下函数开方(FUNCTION)中某按键，选择所需要的波形。若需输出锯齿波或脉冲，应置占空系数、锯齿波/脉冲(DUTY RAMP/PULSE)旋钮于非校准位置，并调节该控制器到所需要的脉冲占空系数。

④ 置频率范围(RANGE)于合适挡级，调节度盘数值，直到信号频率符合要求，信号频率计算式为

$$\text{信号频率} = \text{度盘数值} \times \text{频率挡级}$$

⑤ 调节幅度控制器(AMPLITUDE)，使输出信号幅度符合要求，需要小信号时按衰减器 ATT 按键。

⑥ 置直流偏置控制器(DC OFFSET)于所需要的直流电平。

⑦ 若需要 TTL 电平的兼容信号，则可使用同步输出端(SYNC OUTPUT)得到与输出信号频率相同的同步输出信号。

⑧ 按下反相(INVERT)按键，可得到相移为 180°的反相脉冲。

【技能训练】

测试工作任务书

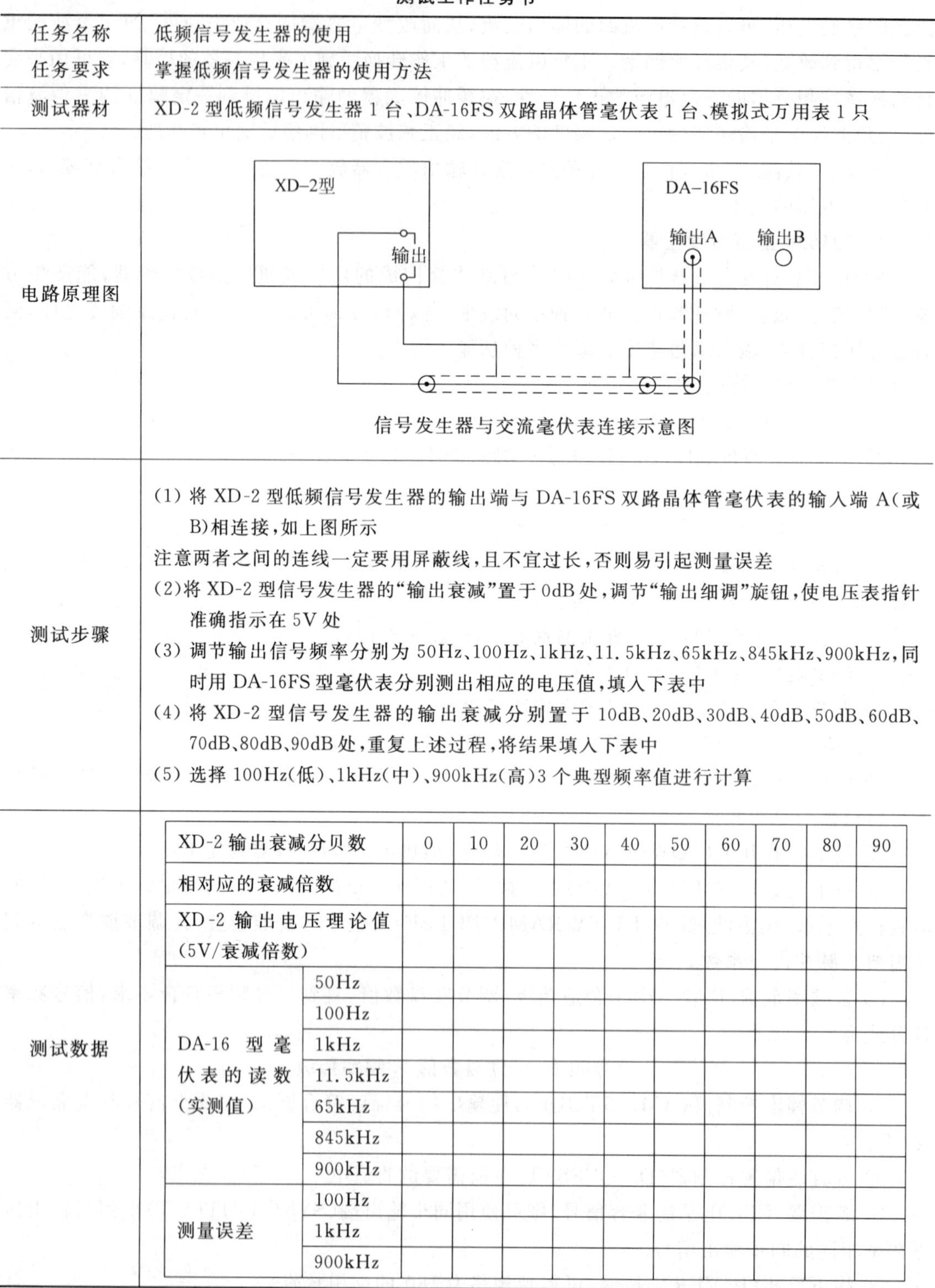

任务名称	低频信号发生器的使用
任务要求	掌握低频信号发生器的使用方法
测试器材	XD-2 型低频信号发生器 1 台、DA-16FS 双路晶体管毫伏表 1 台、模拟式万用表 1 只
电路原理图	信号发生器与交流毫伏表连接示意图
测试步骤	(1) 将 XD-2 型低频信号发生器的输出端与 DA-16FS 双路晶体管毫伏表的输入端 A(或B)相连接,如上图所示 注意两者之间的连线一定要用屏蔽线,且不宜过长,否则易引起测量误差 (2)将 XD-2 型信号发生器的“输出衰减”置于 0dB 处,调节“输出细调”旋钮,使电压表指针准确指示在 5V 处 (3) 调节输出信号频率分别为 50Hz、100Hz、1kHz、11.5kHz、65kHz、845kHz、900kHz,同时用 DA-16FS 型毫伏表分别测出相应的电压值,填入下表中 (4) 将 XD-2 型信号发生器的输出衰减分别置于 10dB、20dB、30dB、40dB、50dB、60dB、70dB、80dB、90dB 处,重复上述过程,将结果填入下表中 (5) 选择 100Hz(低)、1kHz(中)、900kHz(高)3 个典型频率值进行计算
测试数据	(见下表)

测试数据:

XD-2 输出衰减分贝数		0	10	20	30	40	50	60	70	80	90
相对应的衰减倍数											
XD-2 输出电压理论值(5V/衰减倍数)											
DA-16 型毫伏表的读数(实测值)	50Hz										
	100Hz										
	1kHz										
	11.5kHz										
	65kHz										
	845kHz										
	900kHz										
测量误差	100Hz										
	1kHz										
	900kHz										

续表

结论	(1) 选择频率：根据所使用的频率范围，把________开关拨在所需频率范围挡。然后用面板上边的三个________旋钮“×1”、“×0.1”和“×0.01”，按照________原则细调到所需的频率 (2) 电压输出：调节面板________波段开关和________电位器，即可在“输出端”得到所需的输出电压 ① 当________开关拨至“0”dB时，输出电压在1～5V之间，可从电压表中直接读出。调节________旋钮，便可得到所需的电压值 ② 当________开关位于除“0”以外的其他衰减位置时，输出电压小于1V。实际输出的电压为电压表指示值再缩小所选________分贝值的倍数

任务3.4 波形与频率的测量

熟悉示波器的特点与性能，学会使用示波器，并对电路关键点的信号波形及信号的最大值、频率等参数进行测量。

【任务要求】

(1) 了解示波器的功能结构特点。

(2) 熟悉示波器开关的作用及使用方法。

(3) 能正确使用示波器测量信号波形及波形参数。

【基本知识】

一、了解示波器

1. 示波器的功能

示波器是电子示波器的简称，是一种基本的、应用最广泛的时域测量仪器，能让人们观察到信号波形的全貌，能测量信号的幅度、频率、周期等基本参数，能测量脉冲信号的脉宽、占空比、上升(下降)时间、上冲、振铃等参数，还能测量两个信号的时间和相位关系。

由于电子技术的进步，示波器从早期的定性观测，已发展到可以进行精确测量，其他非电物理量也可以转换成电量，使用示波器进行观测。因此，示波器除了用来对电信号进行分析、测量外，还广泛应用于国防、科研及农业等各领域。

2. 示波器的分类

当前常用的示波器按技术原理不同可分为：

① 模拟式——通用示波器(采用单束示波管实现显示)。

② 数字式——数字存储示波器(采用A/D、DSP等技术实现的数字化示波器)。

从性能上，按示波器的带宽不同可分为：

① 中、低档示波器，带宽在60MHz以下。

② 高档示波器，带宽在60MHz以上，大多在300MHz以下，更高档的带宽已达1～2GHz。

3. 示波器的组成

示波器主要由Y(垂直)通道、X(水平)通道和显示屏三大部分组成。

Y(垂直)通道：由探头、衰减器、前置放大器、延迟线和输出放大器组成，实质上是一个多级宽频带、高增益放大器，主要对被测信号进行不失真的线性放大，以保证示波器的测量灵敏度。

X(水平)通道：由触发电路、时基发生器和水平输出放大器组成，主要产生与被测信号相适应的扫描锯齿波。

显示屏：主要由阴极射线管组成，常以CRT(Cathode Ray Tube)表示，通常称为示波管。当前，以光点和光栅方式构成的显示屏主要采用示波管。另外，平板显示屏发展很快，尤其是液晶显示屏(LCD)已经应用于示波器。

二、显示屏

1. 示波管

示波管属于电真空器件，又称为阴极射线管(CRT)。示波管由电子枪、偏转系统和荧光屏三部分组成，置于真空密封的玻璃瓶内，如图3-4-1所示。

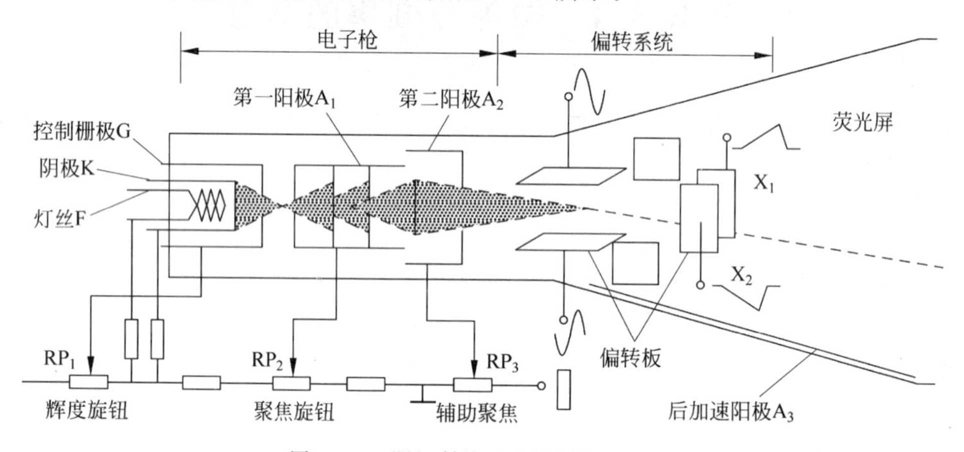

图3-4-1 阴极射线示波管结构示意图

(1) 电子枪。电子枪作用是发射电子并形成很细的高速电子束。它由灯丝F、阴极K、控制栅极G、第一阳极A_1、第二阳极A_2和后加速阳极A_3组成。

阴极K：表面涂有金属氧化物，加热时，产生大量游离电子。

控制栅极G：顶端有孔，电位比阴极电位低，用于控制射向荧光屏的电子数量，改变电子束打在荧光屏上亮点的亮度。

后加速阳极A_3：加速电子束提高偏转灵敏度。

(2) 偏转系统。偏转系统的作用是扫描电压、被测信号加到X、Y板上形成偏转电场，使电子束产生位移，确定亮点位置，它由两对相互垂直的X、Y偏转板组成。亮点偏转距离与加在偏转板上的电压大小成正比。扫描电压和被测信号电压分别加在X、Y板上。

测时间的依据：扫描电压是锯齿波，故亮点水平偏转距离与时间成正比。

测电压的依据：被测信号加在Y板上，故亮点垂直偏转距离与电压成正比。

移位旋钮的作用是在Y板上叠加直流电压时，波形会整体移位。在X板上叠加直流电压时，会整体移位。

(3) 荧光屏。

示波管正面内壁涂的一层荧光物质，将高速电子的轰击动能转变为光能，产生亮点。当电子束从荧光屏上移去后，光点仍能在荧光屏上保持一定的时间才消失。从电子束移去到光点亮度下降为原始值的 10%，所延续的时间称为余辉时间。不同荧光材料，余辉时间不一样。小于 10μs 的为极短余辉，10μs～1ms 为短余辉(通常为蓝色，便于摄影感光)，1ms～0.1s 为中余辉(通常为绿色，眼睛不易疲劳)，0.1～1s 为长余辉，大于 1s 为极长余辉(通常为黄色)。由于荧光物质有一定的余辉，同时人眼对观察到的图像有一定的残留效应，尽管电子束每一瞬间只能击中荧光屏上一个点，但我们却能看到光点在荧光屏上移动的轨迹。

要根据示波器用途不同，选用不同余辉的示波管，频率越高要求余辉时间越短。同时，在使用示波器时，要避免过密的光束长期停在一点上。因为电子的动能在转换成光能的同时还产生大量热能，这会减弱荧光物质的发光效率，严重时还可能把屏上烧成一个黑点。即使示波器只是短时间不用，也应将“辉度”调暗。

2. 波形显示原理

(1) 波形显示。波形可看作是由很多亮点构成的，因示波管具线性偏转特性，故亮点坐标与被测信号在该点时间和瞬时电压成正比。当被测电压、扫描电压加至垂直、水平板上时，电子束受到垂直、水平偏转板共同作用，使电子束每一时刻产生的亮点的垂直位移与被测电压瞬时电压成正比，在时间上则一一对应，这样得到留存时间很短的波形。只要被测信号是周期性信号，每次得到的波形又能完全重复，且每次重复的间隔时间又很短，即可得到稳定的波形。要求同一个亮点熄灭的时间应少于人眼视觉暂留时间，否则，波形会闪烁，不便于观测。

(2) 扫描及同步。扫描电压实际波形如图 3-4-2 所示。

T_s 为扫描正程时间。

T_b 为扫描逆程时间。

T_w 为扫描休止时间。

扫描正程：电子束自左至右移动。

扫描逆程(扫描回程)：电子束自右至左移动，保证下次从起始点向右扫描。

扫描休止(扫描等待)：保证下次扫描的起始点能够与本次扫描的起始点重合。

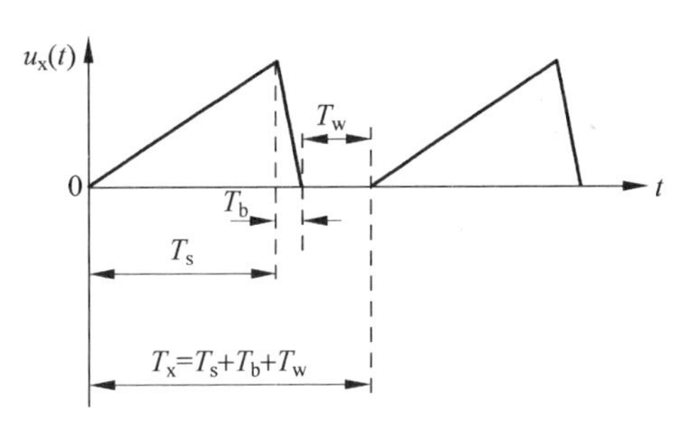

图 3-4-2 扫描电压实际波形

当扫描逆程时间和扫描休止时间均为零时，扫描电压为理想扫描电压。

增辉的作用是扫描正程时显示被测信号的波形，要求在此期间增强波形的亮度。可在栅极上叠加正极性脉冲或在阴极上叠加负极性脉冲实现。

回扫线：扫描逆程时，电子束向左移动过程中出现的亮线。

休止线：假如在 Y 偏转板上加正弦电压，在扫描休止时，在起始点位置出现的一条垂直亮线。

消隐：对回扫线和休止线消隐。可以在栅极上叠加负极性脉冲或在阴极上叠加正极性脉冲实现。

同步条件：$T_x=T_s+T_b+T_w=nT_y$(n 为正整数)。

结论：因被测信号、扫描电压的作用时间相等，故正程、逆程时间等于被测信号的几个周期，就得到被测信号几个周期波形；扫描逆程波形以扫描正程结束点所在纵轴为轴线将正程之后波形向起始方向对折，且使扫描逆程结束点与扫描起始点重合。

显示波形的取得如图 3-4-3 所示。

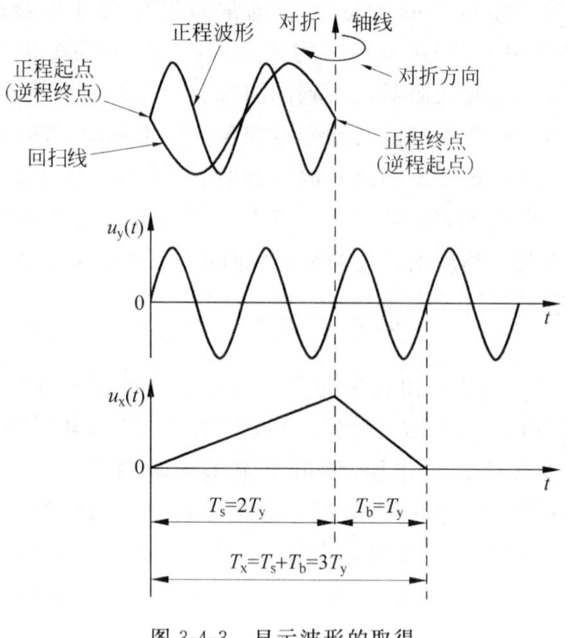

图 3-4-3 显示波形的取得

触发同步：采用电平触发方法获取被测信号的周期信息以实现扫描电压与被测信号同步的过程。

触发扫描：在触发状态下产生扫描电压，是示波器优先采用的扫描方式。

连续扫描：在自激状态下产生扫描电压。

单次扫描：在手动控制下产生扫描电压，适于观测非周期性信号。

自动扫描：在自动电路控制下，连续扫描和触发扫描可以实现自动变换。

三、通用示波器的基本组成及性能指标

1. 通用示波器的组成

通用示波器是示波器中应用最广泛的一种，它通常泛指采用单束示波管，主要由示波管、Y(垂直)通道、X(水平)通道三部分组成。此外，还包括电源电路以及由它产生示波管和仪器电路中需要的各种电源。

通用示波器中还常附有校准信号发生器，产生幅度或周期非常稳定的校准信号，用它直接或间接与被测信号进行比较，可以确定被观测信号中任意两点间的电压或时间关系，通用示波器的主要组成框图如图 3-4-4 所示。

(1) Y 通道(垂直系统)。Y 通道由输入电路、前置放大器、延迟级、输出放大器组成，其输入电路如图 3-4-5 所示。它的作用是处理变换被测信号得到大小合适、极性相反的对称信号。

① 输入电路。输入电路由探极、耦合方式选择开关、衰减器、阻抗变换及倒相放大器等组成。

- 探极。探极作用为提高输入阻抗，增强抗干扰能力，扩展电压量程。探极分有源探极和无源探极，如图 3-4-6 所示。

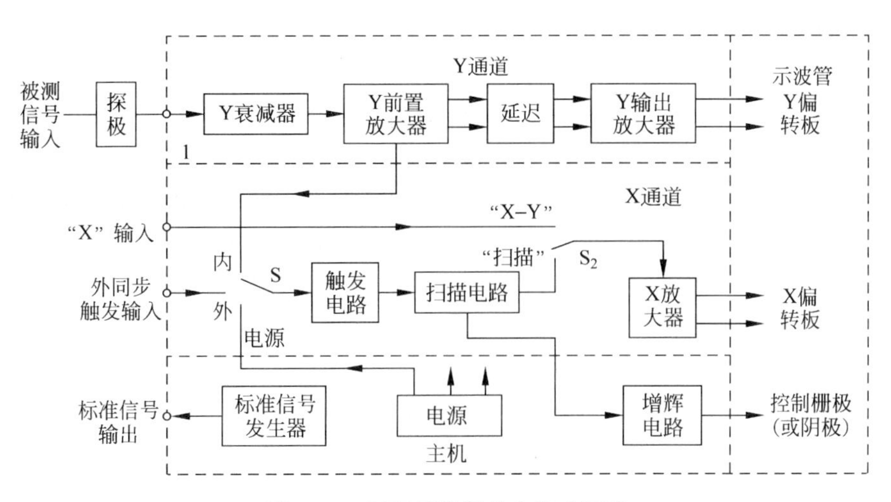

图 3-4-4 通用示波器基本组成框图

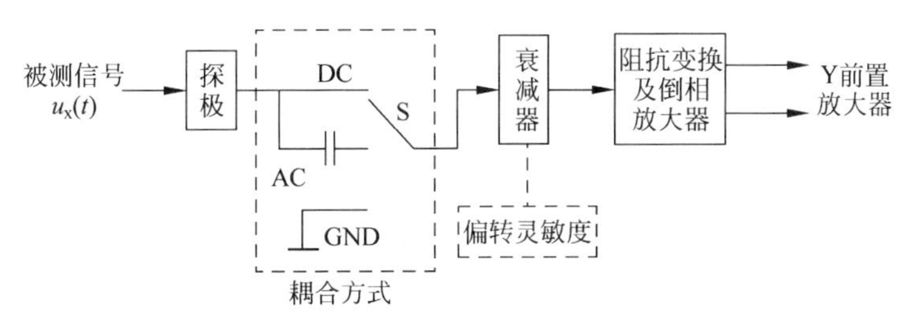

图 3-4-5 Y 通道输入电路

有源探极：具有良好的高频特性，衰减比为 1∶1，适于测试高频小信号，需要提供专用电源。

无源探极：衰减比(输入/输出)有 1∶1、10∶1 和 100∶1 三种。

如图 3-4-6 所示补偿电容位置在探针处、探极末端、校准盒内。补偿电容的调整作用是将标准方波加到探极上，用螺丝刀左右旋转补偿电容 C，直到调出不失真方波为止。

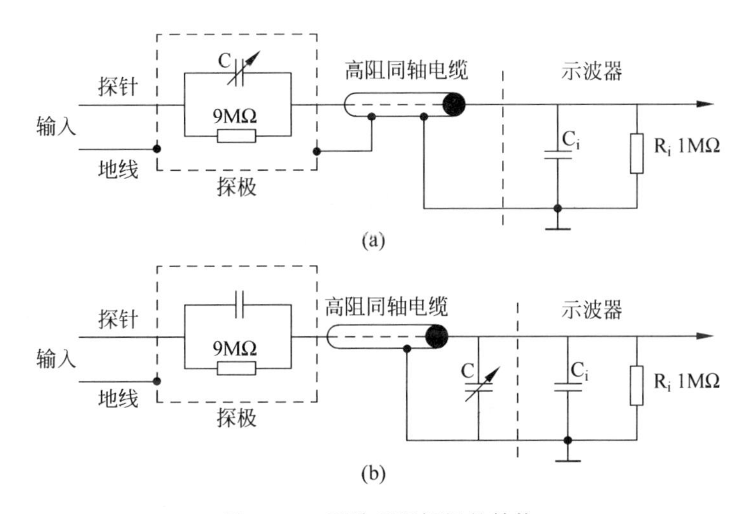

图 3-4-6 两种无源探极的结构

- 耦合方式选择开关。其分为DC、AC、GND。GND用途为在不断开输入连接情况下，提供测量直流电压的参考零电平。
- 衰减器。电路结构形式采用阻容步进衰减器。改变衰减器衰减比即改变偏转灵敏度，每个衰减器与偏转灵敏度一一对应。
- 阻抗变换及倒相放大器。阻抗变换及倒相放大器作用是将单端输入变换为双端输出，以克服零点漂移的影响；提高放大器输入阻抗；隔离前后级影响；提供Y板所需的对称信号。偏转灵敏度"微调"可连续调节波形幅度；调节"平衡"可避免因改变偏转灵敏度而使波形产生位移。

② 前置放大器。对前级输出信号进行放大，补偿延迟级对信号的损耗；为触发电路提供内触发信号，以得到稳定可靠的内触发脉冲。

"倒相"开关通过改变加在前置放大器的双端输入信号的极性使显示波形倒置；"移位"旋钮通过调节同轴双联互调电位器反向对称地改变前置放大器双端输出信号中的直流成分而使波形垂直移位。

③ 延迟级。为了显示完整的被测信号波形，在Y通道中设置延迟级对被测信号进行延迟使扫描电压超前被测信号，延迟时间一般为60～200ms，常取100ms左右。延迟级原理示意图如图3-4-7所示。

在观测正弦波等缓慢变化的信号时，延迟级的作用并不明显，故简易示波器一般不设置延迟级。

④ 输出放大器。电路采用差分放大器，其作用是对来自前级的信号进行放大。与该电路有关的开关旋钮有："倍率"、偏转灵敏度"微调"、"寻迹"等开关旋钮。"倍率"开关通过成倍增大放大器增益而使显示波形幅度成倍增大；"微调"旋钮通过连续改变放大器增益而实现偏转灵敏度的调节；"寻迹"则是将Y放大器输入端接地来实现垂直方向寻迹。

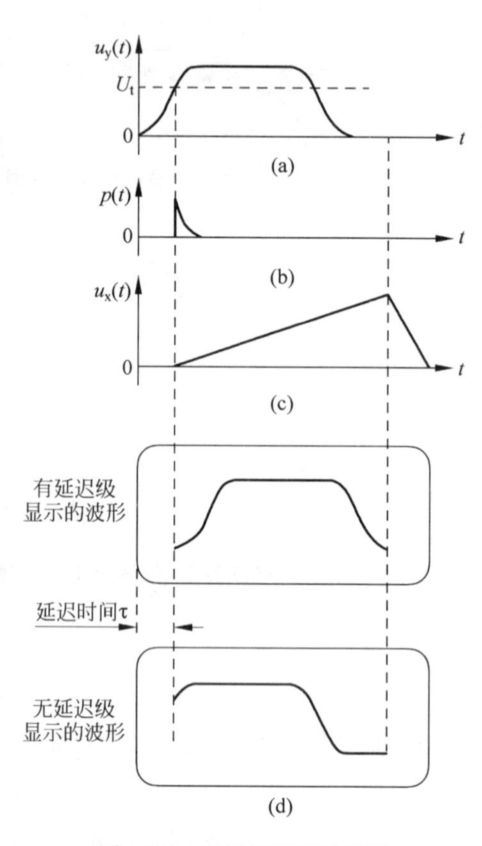

图3-4-7 延迟级原理示意图

(2) X通道(水平系统)。X通道由触发电路、扫描电路和X放大器组成，如图3-4-8所示。它的作用是在触发信号作用下，输出大小合适、极性相反的对称扫描电压。

① 触发电路。触发电路作用是选择触发源并产生稳定可靠的触发信号。它由触发源选择开关、触发耦合方式选择开关、触发电平与斜率选择器、放大整形电路等组成。

- 触发源。其分为内触发、外触发、电源触发。双踪示波器内触发源又分为CH1、CH2。
- 触发耦合方式。其分为DC、AC、AC(H)和HF耦合等。其中，DC耦合即直接耦合。AC耦合为交流耦合，是一种常用的方式。AC(H)为低频抑制耦合。HF为高频耦合，适于5MHz以上信号的观测。
- 触发方式。扫描方式分为触发、连续、高频、单次等方式。

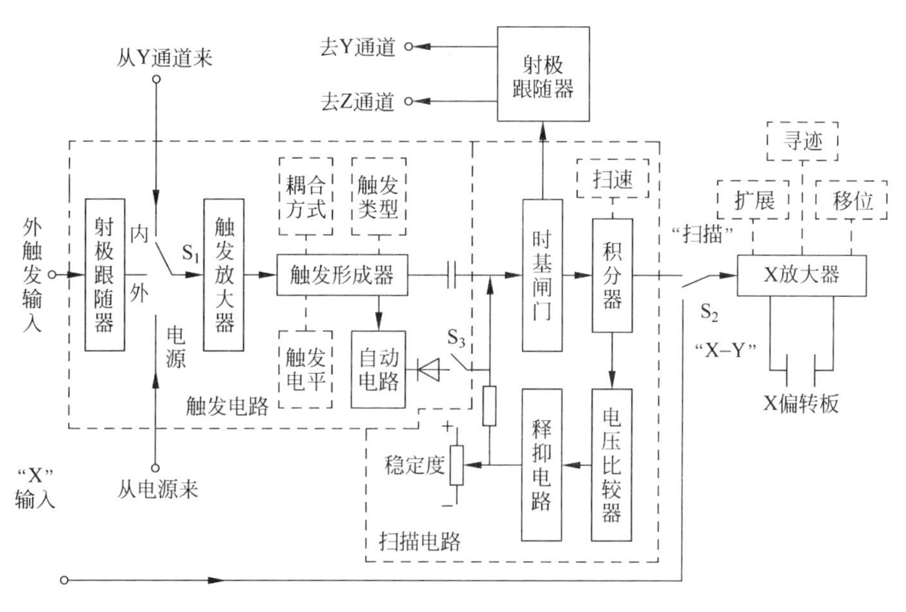

图 3-4-8 X 通道组成框图

触发扫描：示波器优先采用。有触发信号时，产生扫描信号；无触发信号时，不产生，示波器黑屏，如图 3-4-9 所示。

连续扫描：扫描电路在自激状态下产生扫描电压，如图 3-4-10 所示。

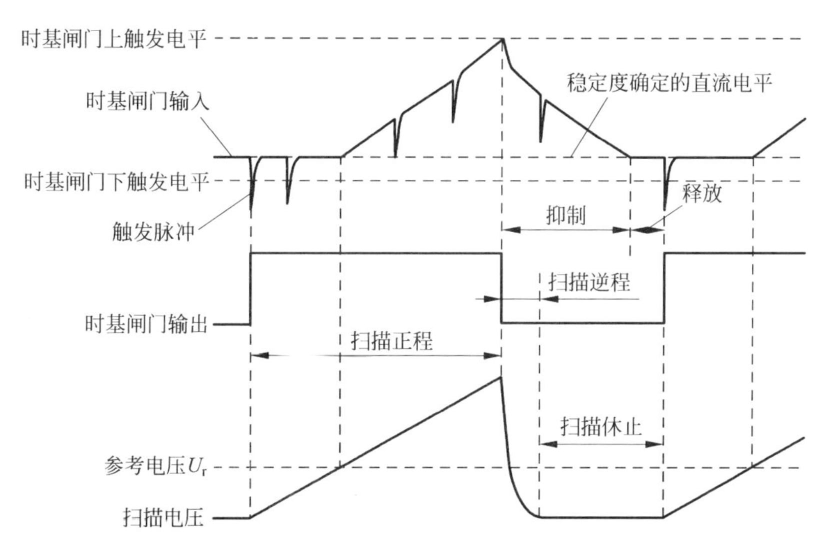

图 3-4-9 扫描电路工作波形图(触发扫描)

自动扫描：连续扫描与触发扫描的结合，二者自动变换。无触发信号时，采用连续扫描；有触发信号时采用触发扫描，适于观测低频信号。

高频扫描：触发电路变为自激多谐振荡器，产生高频自激信号，适于观测高频信号。

单次扫描：特殊的触发扫描方式。在触发信号作用下产生一次触发扫描后，不再受触发信号作用；如果需要第二次扫描，须人工恢复，适于观测非周期信号。

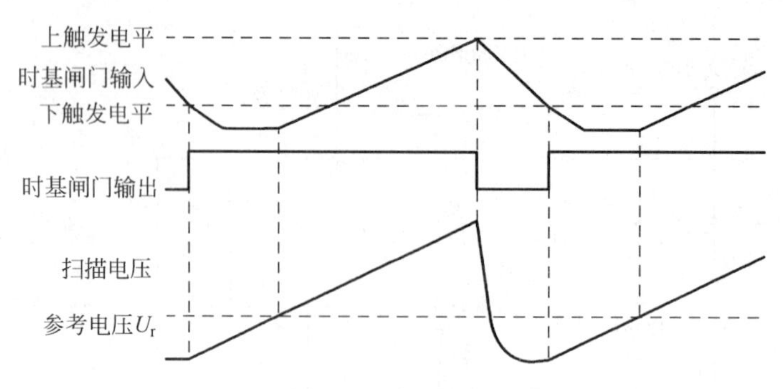

图 3-4-10 扫描电路工作波形图(连续扫描)

- 触发电平及斜率选择器。触发电平及斜率选择器作用是选择合适稳定的触发点,以控制扫描起始时刻。

  触发电平(LEVEL):触发点位于波形处置位置。有正电平、负电平和零电平。

  触发斜率(SLOPE):触发点位于触发信号的上升沿还是下降沿,有正极性触发、负极性触发。

- 触发放大及触发形成电路。触发放大及触发形成电路的作用是对前级输出信号进行放大整形,以产生稳定可靠、前沿陡峭的触发脉冲。

② 扫描电路。扫描电路作用是产生符合要求的扫描电压;为 Z 通道提供增辉、消隐脉冲;为双踪示波器电子开关提供交替显示的控制信号。它由时基闸门电路、积分器、电压比较器和释抑电路组成。

- 时基闸门。一般采用施密特触发器。它的作用是产生闸门脉冲。闸门脉冲控制积分器工作、增辉消隐、双踪示波器交替显示。

- 积分器(扫描电压发生器)。电路一般采用密勒积分器,如图 3-4-11 所示。S 断开时,积分器开始积分,产生扫描正程电压。S 闭合时,积分电容放电,产生扫描逆程电压。扫描正程电压为

$$u_s(t)=-\frac{1}{RC}\int_0^t(-E)\mathrm{d}t=\frac{E}{RC}t$$

  "时基因数(s/DIV)"旋钮作用是改变积分电阻、积分电容。

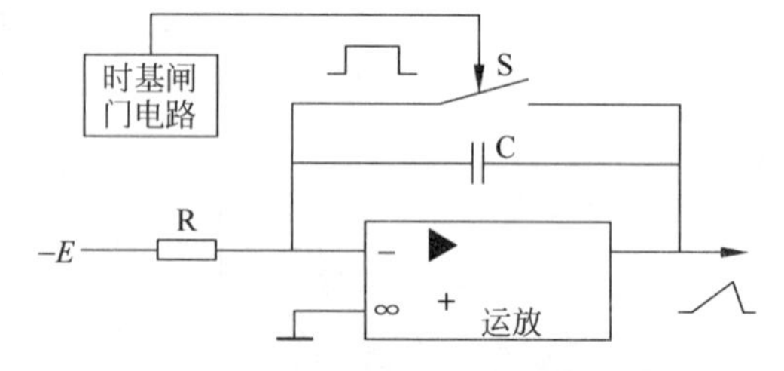

图 3-4-11 扫描电压发生器电路原理图

- 电压比较器。工作原理为:扫描电压高于参考电压 U_r 时,二极管导通,输出信号经释抑电路送给时基闸门,以结束时基闸门脉冲,从而闭合扫描电压发生器开关 S,进入扫描逆程。调节参考电压 U_r 的大小可以改变二极管导通时间,从而调节扫描电压的幅度,即改变扫描长度。

- 释抑电路。释抑电路作用为:使每次扫描水平方向起始点的位置都相同以保证每次扫描得到的波形能够重合。其工作原理为:二极管导通时,扫描电压对释抑电容 C_h 充电。二极管截止时,C_h 放电,C_h 的放电速度很慢,这样可以使时基闸门输入信号的电平被长时间抬升,使得时基闸门脉冲为低电平,保证积分电容有足够的时间进行放

电。在积分电容放完电或放电至很小的基础上，积分器才能产生扫描正程电压，从而保证每次扫描水平方向起始点的位置都相同。

“稳定度”旋钮用于调节时基闸门输入信号的直流电平，改变触发灵敏度。一般调至使时基闸门电路输入信号的直流电平位于时基闸门电路上下触发电平之间接近下触发电平处，调整好后，一般不再对其进行调整。

扫描电路工作过程：当时基闸门接收到触发电路输出的负极性触发尖脉冲时，闸门脉冲由低电平变为高电平，控制积分器开关S断开，积分器开始输出正向电压。积分器输出电压除送至X放大器外，还要送给电压比较器。当积分器输出电压超过电压比较器参考电压U_r时，电压比较器导通，积分器输出电压经释抑电路反馈至时基闸门输入端，使时基闸门输入电平线性增大。当时基闸门输入电平增大到上触发电平时，闸门脉冲状态翻转，积分器开关S闭合，积分器输出电压迅速减小，电压比较器断开，释抑电容开始慢慢放去在电压比较器导通时充上的电荷，并反馈至时基闸门输入端，使时基闸门输入电平开始缓慢减小，直至释抑电容放电至很小或放完电，从而保证积分电容放完电之前，时基闸门不被触发脉冲触发，即第二次扫描必须是在前次扫描进行完毕的情况下才开始。

扫描实际过程分为扫描正程、扫描逆程和扫描等待三个过程。手动“单次扫描(SGL)”开关切断释抑电容C_h的放电回路，可实现单次扫描，如果要进行下次扫描，只需通过开关接通释抑电容放电回路即可；通过控制开关改变时基闸门输入信号直流电平可以实现连续扫描。

③ X放大器。X放大器作用为放大变换单端输入信号成为大小合适、极性相反的对称信号。

“X-Y”方式：X、Y板外加的“X”信号、“Y”信号在X、Y板间建立偏转电场对电子束共同作用而产生新图形。

有关开关旋钮：水平移位、扫描扩展、寻迹等。

水平移位：改变X板叠加对称直流电压大小实现波形水平移位。

扫描扩展：成倍增大X放大器增益实现波形扩展。

寻迹：将X放大器输入端接地实现水平寻迹。

(3) 主机部分。其由标准信号源、增辉电路、电源、示波管等部分。

2. YB4320型双踪示波器主要技术性能

(1) 垂直系统

① CH1、CH2的偏转因数：5mV/div～5V/div，共10挡。

② 大输入电压：400V(DC＋ $AC_{峰峰值}$)。

③ 上升时间：≤17.5ns；上冲：≤5%。

④ 输入阻抗：＜a＞1MΩ±2%，25pF±3pF；＜b＞经探头10MΩ±5，约17pF。

⑤ 垂直系统工作方式：CHI，CH2，CH1＋CH2，双踪。

(2) 水平系统

① 扫描方式：×1，×5；×1，×5交替扫描。

② 扫描时间因数：0.1μs/div～0.2s/div(±5%)，按1-2-5步进，共20挡。

③ 扫描扩展：20ns/div－40ms/div。

(3) 触发系统

① 触发方式：自动、常态、交替、TV-H和TV-V。

② 触发源：内触发、CH2 触发、电源触发、外触发。

③ 触发极性：+、-。

(4) X-Y 工作方式

① CH1 为 X 轴，CH2 为 Y 轴。

② X 轴带宽：DC～500kHz。

(5) 电源

50(1±5%)Hz，220(1±10%)V。

(6) 校准信号

提供频率 1kHz(±2%)，电平 0.5V(±2%)的方波信号。

(7) CH1 输出

① 输出电压最小 20mV/div。

② 输出阻抗约 50Ω。

③ 带宽 50(1±5%)Hz，220(1±10%)V。

四、面板结构

图 3-4-12 所示为 YB4320 型双踪示波器前面板示意图。下面按各功能区域做简单介绍。

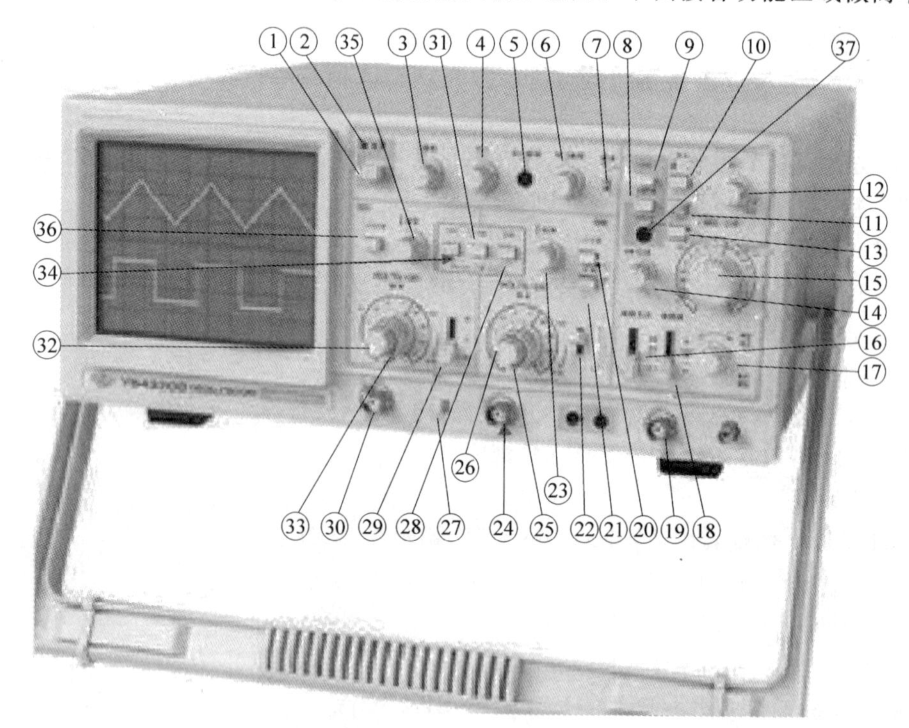

图 3-4-12 YB4320 型双踪示波器前面板示意图

1. 电源及示波管控制系统

交流电源插座，该插座下端装有保险丝管(熔断器)。

① 电源开关(POWER)：按键弹出即为“关”位置，按下为“开”位置。

② 电源指示灯：电源接通时，指示灯亮。

③ 亮度旋钮(INTENSITY)：顺时针方向旋转,亮度增强。

④ 聚焦旋钮(FOSUS)：用来调节光迹及波形的清晰度。

⑤ 光迹旋转旋钮(TRACE ROTATION)：用于调节光迹与水平刻度线平行。

⑥ 刻度照明旋钮(SCALE HLUM)：用于调节屏幕刻度亮度。

2. 垂直系统

㉚通道1输入：[CH1 INPUT(X)]用于垂直方向 Y_1 的输入。在X-Y方式时输入端的信号成为X信号。

㉔ 通道2输入端[CH2 INPUT(Y)]：用于垂直方向 Y_2 的输入。在X-Y方式时输入端的信号成为Y信号。

㉒ ㉙交流-接地-直流：耦合选择开关(AC-GND-DC),用于选择垂直放大器的耦合方式。

交流(AC)：垂直输入端由电容器来耦合,用于观测交流信号。

拨地(GND)：放大器的输入端接地。

直流(DC)：垂直放大器输入端与信号直接耦合,用于观测直流或观察频率变化极慢的信号。

㉖㉝：衰减开关(VOLTS/DIV),用于选择垂直偏转灵敏度的调节。如果使用的是10∶1的探头,计算时将幅度×10。

㉕㉜：垂直微调旋钮(VARIBLE),用于连续改变电压偏转灵敏度。此旋钮在正常情况下,应位于顺时针方向旋到底的位置；若将旋钮逆时针方向旋到底,垂直方向的灵敏度下降到2.5倍以上。

⑳㊱：CH1×5扩展(CH1×5MAG,CH2×5MAG),按下×5扩展键,垂直方向信号扩大5倍,最高灵敏度为1mV/div。

㉓㉟：垂直位移(POSITION)调节光迹在屏幕中的垂直位置。垂直方式工作按钮(VERTICAL MODE)用于垂直方向的工作方式选择。

㉞：通道1选择(CH1)：屏幕上仅显示CH1的信号 Y_1。

㉘：通道2选择(CH2)：屏幕上仅显示CH2的信号 Y_2。

㉞㉘：双踪选择(DVAL)：同时按下CH1和CH2按钮,屏幕上会出现双踪并自动以断续或交替方式同时显示CH1和CH2的信号。

㉛：叠加(ADD),显示CH1和CH2输入电压的代数和。

㉑：CH2极性开关(INVERT),按此开关时CH2显示反相电压值。

3. 水平系统

⑮：扫描时间因数选择开关(TIME/DIV),共20挡,在0.1μs/div～0.2s/div范围扫描速率。

⑪：X-Y控制键,选择X-Y的工作方式时,Y信号由CH2输入,X信号由CH1输入。

㉓：通道2垂直位移键(POSITION),控制通道2信号在屏幕中的垂直位置。当工作在X-Y方式时,该键用于Y方向的移位。

⑫：扫描微稠控制键(VARIBLE)。正常工作时,此旋钮以顺时针旋转到底时处于校准位置,扫描由TIME/DIV开关指示。该旋钮逆时针方向旋转到底,扫描减慢2.5倍以上。

⑭：水平位移(POSITION),用于调节轨迹在水平方向移动,顺时针方向旋转,光迹右移,逆时针方向旋转,光迹左移。

⑨：扩展控镧键(MAG×5)、(MAG×10，仅 YB4360)。按下去时，扫描因数×5 扩展或×10 扩展。扫描时间是 TIME/DIV 开关指示数值的 1/5 或 1/10。例如，用×5 扩展时，100μs/div 实值为 20μs/div。部分波形的扩展，将波形的尖端移到水平尺寸的中心，按下×5。或×10 扩展按钮，波形将扩展 5 倍或 10 倍。

⑧：ALT 扩展按钮(ALT-MAG)。按下此键，扫描因数×1、×5 或×10 同时显示。此时要把放大部分移到屏幕中心，按下 ALT-MAG 键。扩展以后的光迹可由光迹分离控制键⑬移位距×1 光迹 1.5div 或更远的地方，同时使用垂直双踪方式和水平 ALT-MAG 可在屏幕上同时显示 4 条光迹。

4. 触发(ARIG)

⑱：触发源选择开关(SOVRCE)。选择触发信号源。

内触发(INT)：CH1 或 CH2 上的输入信号是触发信号。

通道 2 触发(CH2)：CH2 上的输入信号是触发信号。

电源触发(LINE)：电源频率成为触发信号，用于观测与电源频率有时间关系的信号。

外触发(EXT)：触发输入上的触发信号为外部信号，当被测信号不适于作触发信号等的特殊情况时，可用外触发。

㊲：交替触发(ALT TRIG)。在双踪交替显示时，触发信号交替来自于 CH1、CH2 两个通道，此方式可用于同时观测两路不相关的信号。

⑲：外触发输入插座(EX′T INPVT)。用于外部触发信号的输入。

⑰：触发电平旋钮(TRIG LEVEL)。用于调节被测信号在某一电平触发同步。

⑩：触发极性按钮(SDOPE)。用于触发极性选择。用于选择信号的上升沿和下降沿触发。

⑯：触发方式选择(TRIG MODE)。有自动、常态等选项。

自动(AUTO)：在自动扫描方式时，扫描电路自动进行扫描。在没有信号输入或输入信号没有被触发同步时，屏幕上仍然可以显示扫描基线。

常态(NORM)：有触发信号才能扫描，否则屏幕上无扫描线显示。当输入信号频率低于 20Hz 时，用常态触发方式。

TV-H：用于观测电视信号中行信号波形。

TV-V′：用于观测电视信号中场信号波形。

⑦：校准信号(CAL)。电压幅度为 0.5V(峰峰值)频率为 1kHz 的方波信号。

㉗：接地柱⊥，接地端。

五、测量使用方法

1. 示波器的基本操作方法

(1) 电源和扫描。

① 确认所用市电电压在 198～242V。确保所用保险丝为指定的型号。

② 断开“电源”开关，把电源开关(POWER)弹出即为“关”位置。将电源线接入。

③ 设定各个控制键在下列相应位置。

亮度(INTENSITY)：逆时针方向旋转到底；聚焦(FOCUS)：中间；垂直移位(POSITION)：中间(×5)键弹出；垂直方式：CH1；触发方式(TRIG MODE)：自动(AUTO)；触发源(SOVRCE)：内(INT)；触发电平(TRIG LEVEL)：中间；时间/格(TIME/DIV)：0.5μs/

div；水平位置：X1(×5MAG)(×10MAG)均弹出。

④ 接通“电源”开关，大约15s后，出现扫描光迹。

(2) 聚焦。

① 调节“垂直位移”旋钮，使光迹移至荧光屏区域的中央。

② 调节“辉度(INTENSITY)”旋钮，将光迹的亮度调至所需要的程度。

③ 调节“聚焦(FOCUS)”旋钮，使光迹清晰。

(3) 加入触发信号。

① 将下列控制开关或旋钮置于相应的位置。

垂直方式：CH1；AC—GND—DC(CH1)；DC；V/div(CH1)；5mV/div；

微调(CH1)：(CAL)校准；耦合方式：AC；触发源：CH1。

② 用探头将“校准信号源”送到CH1输入端。

③ 用探头将“衰减比”旋钮置于“×10”挡位置，调节“电平”旋钮使仪器触发。

2. 示波器的测量操作方法

(1) 测量交流电压。

① 直接测量法。测量时，将偏转灵敏度“微调”置于“校准”位置后，选用合适的输入耦合方式，调节有关旋钮，使波形幅度合适、宽度适宜。设示波器偏转灵敏度、波形峰-峰点间距离分别为S(单位为V/DIV)、H_{p-p}(单位为DIV)，则有

$$U_{p-p} = SH_{p-p}$$

$$U = U_{p-p}/2k_p \qquad (3-4-1)$$

如果探极衰减比不为1∶1或选用了“倍率”，上式计算结果应乘以探极衰减比或除以倍率值。

② 比较测量法(属于间接测量法)。测量电压时，首先调出合适的波形，记录下波形峰-峰点距离H_{p-p}，H_{p-p}的单位为DIV，然后保持偏转灵敏度及其微调旋钮不变，加入大小(设峰峰值单位为“V”)已知的标准信号，记录下标准信号波形的峰-峰点距离H'_{p-p}，则有

$$U_{p-p} = \frac{U'_{p-p}}{H'_{p-p}} H_{p-p} \qquad (3-4-2)$$

计算出U_{p-p}后，利用式(3-4-1)计算被测电压大小。

(2) 测量直流电压。采用直接测量法测量直流电压与交流电压测量方法的区别为：选用GND耦合方式确定出时基线(自动扫描或连续扫描)在垂直方向上的位置后，选用DC耦合方式将直流电压加到示波器上以确定出时基线产生垂直跳变的距离H，直流电压的大小等于H与S的乘积。

根据时基线跳变的方向可以确定出直流电压的极性，如果被测电压未被倒相，则向上跳变时为正；反之，为负。

(3) 测量含有直流成分的交流信号的大小。

① 测量交流电压振幅值。按照交流电压的上述测量方法进行测量，振幅值$U_m = U_{p-p}/2$。

② 测量直流成分的大小。首先选用AC耦合方式，调整有关旋钮得到正弦电压的稳定波形，选正弦波形的正峰点(或负峰点)作为零电平的假定位置；然后保持偏转灵敏度S及其微调旋钮不变，选用DC耦合方式得到发生跳变的波形，由此确定出正峰点(或负峰点)的跳变距离(设为H)，直流成分的大小等于H与S的乘积。

(4) 测量时间。

① 直接测量法。测量时,将扫速微调旋钮置于“校准”位置,选用合适的输入耦合方式,调节有关旋钮,使显示波形的幅度、宽度合适,记下“时基因数(t/DIV)”的大小和波形。某两点(根据被测量的定义来确定)之间的水平距离设为 L(单位为 DIV),则有

$$t = D_x \cdot L \tag{3-4-3}$$

如果扫速扩展为 K'时,被测时间量等于式(3-4-3)计算值的 $1/K'$。

一般情况下,在测量脉冲上升过程中,若不满足示波器上升时间 $t_r \leqslant 2/3t_r$,按式(3-4-3)加以修正。

② 时标法。时标法测量时间时,将高频信号加至 Z 轴输入端以对由 Y 轴输入端输入的低频信号波形进行亮度调制,得到由虚线段构成的低频信号波形,每一对亮、暗线段的对应时间等于高频信号的周期 T_H。为了使显示波形的线段不产生移动,要求高低频信号保持恒定的相位关系。为了使线段数量合适并能提高测量精确度,要求二者的频率比要合适。时标法测量原理例图如图 3-4-13 所示。

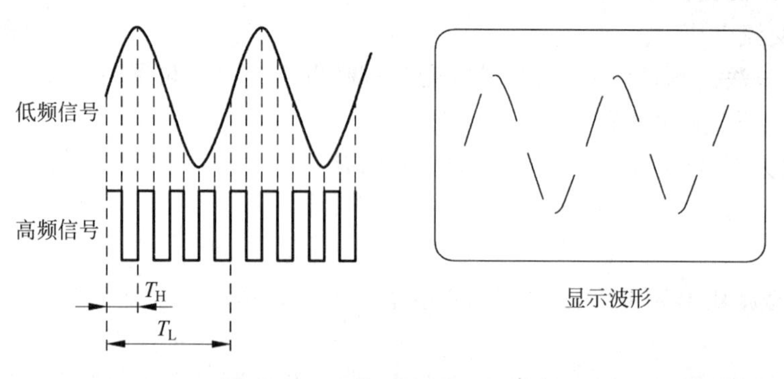

图 3-4-13 时标法测量原理例图

根据被测时间量的定义,确定出被测低频信号时间段内的线段对数 n,被测时间量等于 n 与 T_H 的乘积。

(5) 测量相位差。

① 线性扫描法。测量时,将两个信号分别接入双踪示波器的两个输入端,选择触发信号源,采用交替显示(相位超前的信号作内触发信号源)或断续显示方式,适当调整 Y 轴移位旋钮,使两个信号的水平中心轴重合,如图 3-4-14 所示,测出 AB、AC 长度计算相位差

$$\Delta\varphi = \frac{AB}{AC} \times 360° \tag{3-4-4}$$

当示波器为单踪示波器时,选其中的一个被测信号作为外触发源,然后保持扫速不变,分两次将两个信号加到示波器上各得到图 3-4-14 中的一个波形,依据式(3-4-4)计算即可。

② 椭圆法。两个正弦信号分别加到示波器“X”、“Y”输入端时,两个信号在示波器 X、Y 偏转板间产生的电场对电子束共同作用而在荧光屏上得到图 3-4-15 所示的椭圆,图中 O 点为椭圆中心。椭圆形状与两信号的幅度和相位差有关。相位差等于

$$\Delta\varphi = \arcsin\frac{A_y}{B_y} = \arcsin\frac{A_x}{B_x} \tag{3-4-5}$$

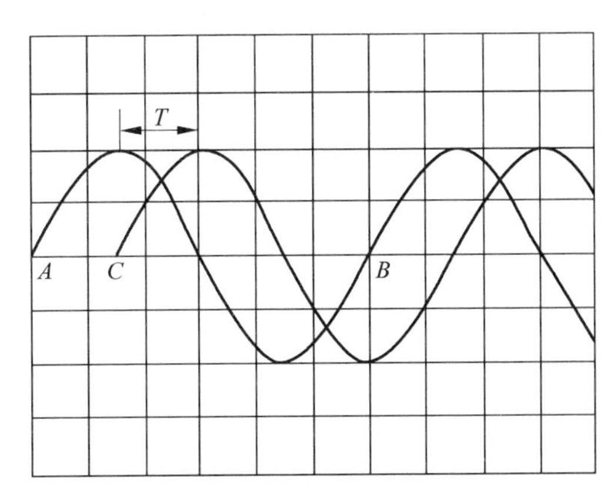

图 3-4-14 相位测量

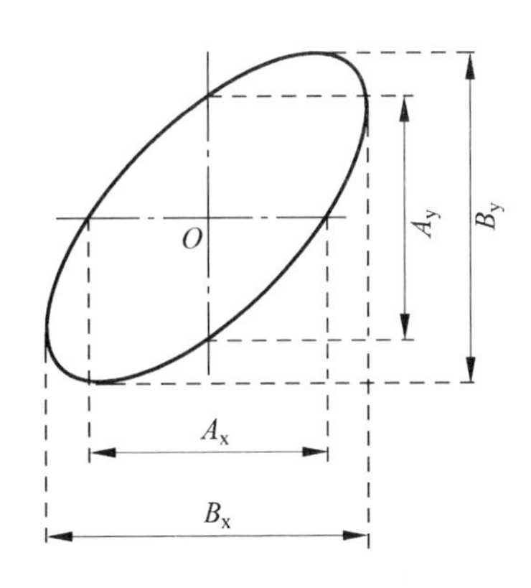

图 3-4-15 椭圆法测量相位差

(6) 测量频率。

① 周期法。根据周期、频率之间的关系，首先测量出周期，然后换算出被测信号的频率。

②李沙育图形法。示波器工作于 X-Y 方式下，频率已知的信号与频率未知的信号加到示波器的两个输入端，调节已知信号的频率，使荧光屏上得到李沙育图形。

X、Y 两信号对电子束作用时间总相等，所以信号频率越高，经过垂直线、水平线的次数越多，即垂直线、水平线与图形交点数分别与 X、Y 信号频率成正比。它们之间存在如下关系：

$$\frac{f_y}{f_x}=\frac{N_H}{N_V} \tag{3-4-6}$$

(7) 测量调幅系数。

① 直线扫描法。直线扫描法测量调幅系数时，将被测信号加到示波器 Y 轴输入端，调整示波器有关开关旋钮，得到如图 3-4-16 所示的调幅波波形，测出 A、B 长度，代入式(3-4-7)计算得出调幅系数。

$$m_a=\frac{A-B}{A+B}\times 100\% \tag{3-4-7}$$

② 梯形图法。示波器工作于 X-Y 方式，将调制信号、调幅波分别加至示波器 X、Y 轴输入端，得到如图 3-4-17 所示的梯形图，测出 A、B 长度，利用式(3-4-7)计算即可。

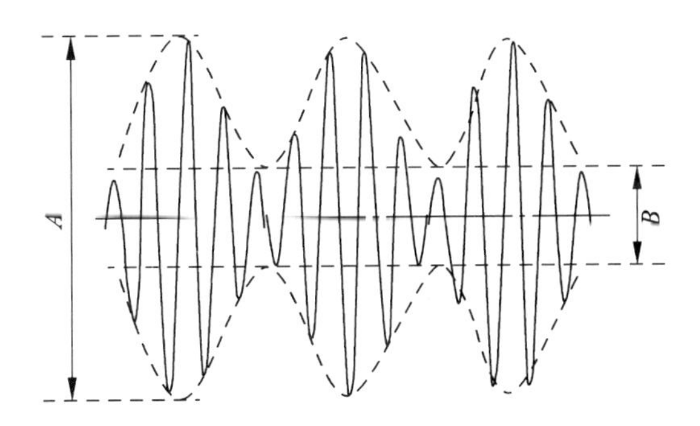

图 3-4-16 直线扫描法测量调幅系数

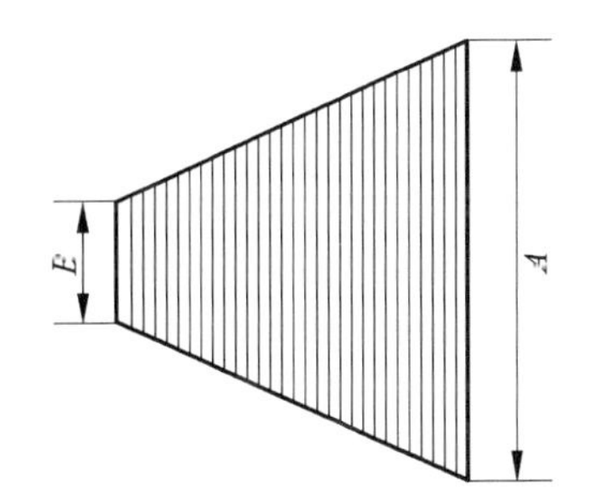

图 3-4-17 梯形图法测量调幅系数

④ 椭圆法。将被测已调波电压用 RC 移相电路移相后加至示波器 X-Y 方式下的 X、Y 输入端，得到如图 3-4-18 所示的图形，测出 A、B 长度，利用式(3-4-7)计算即可。

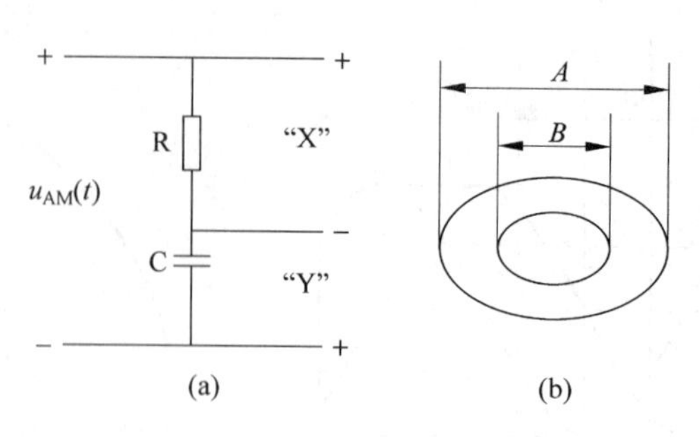

图 3-4-18 椭圆法测量调幅系数

六、示波器的选择使用

1. 根据被测信号特性选择合适的示波器

① 定性观察频率不高的一般周期性信号,选用普通示波器或简易示波器。

② 观察占空比很小的脉冲信号或非周期性信号,选用具有触发扫描或单次扫描宽带示波器。

③ 观察快速变化的非周期性信号,选用高速示波器。

④ 观察频率很高的周期性信号,选用取样示波器。

⑤ 观察低频缓慢变化的信号,选用低频示波器或长余辉慢扫描示波器。

⑥ 要对两个信号进行比较时,选用双踪示波器。

⑦ 要比较两个以上信号时,选用多踪示波器或多束示波器。

⑧ 若要将波形存储起来,选用存储示波器。

2. 根据示波器性能选择合适的示波器

① 频带宽度和上升时间。一般要求 $BW \geqslant 3f_{\max}$;示波器上升时间 $t_r \leqslant 2/3t_r$,或加以修正。

② 垂直偏转灵敏度。若要观测微弱信号,选择较高偏转灵敏度;反之,选择 V/DIV 值较大的示波器。

③ 输入阻抗。尽量选用高输入阻抗的示波器。

④ 扫描速度。被测信号频率越高,所需示波器扫描速度越快;反之,扫描速度越慢。

3. 使用注意事项

① 选择合适的电源,并注意机壳接地,用前应预热。

② 经探极衰减后的输入信号不能超过示波器输入电压的允许范围,并注意防止触电。

③ 根据需要,选择合适的输入耦合方式。

④ 辉度要适中,不宜过亮,亮点不能长时间停留在同一点上。尽量避免在阳光直射或明亮环境下使用。

⑤ 聚焦要合适,不宜太散或过细。

⑥ 测量前要注意调节"轴线校正",使水平刻度线与波形水平轴线平行。

⑦ 尽量在荧光屏有效尺寸内测量。

⑧ 探极要专用,用前要校正。正确使用探极衰减器。

⑨ 连接示波器与被测电路时,如果被测信号为几百 kHz 以下的连续信号,可用一般导线

连接；若信号幅度较小，可以使用屏蔽线连接；测量脉冲信号或高频信号时，必须用高频同轴电缆连接。尽管如此，应尽量使用探极连接。

⑩ 波形不稳定时，按“触发源”、“触发电平”、“触发耦合方式”、“触发方式”、“扫描速度”顺序调节。

⑪ 直接测量电压（或时间量）时，偏转灵敏度（V/DIV）“细调”（或时基因数（t/DIV）“细调”）旋钮务必置于“校准”位置；否则，将产生误差。

【技能训练】

测试工作任务书

<table>
<tr><td>任务名称</td><td>示波器的使用</td></tr>
<tr><td>任务要求</td><td>掌握 YB4320 型双踪示波器的使用方法，学会用示波器测量信号参数的方法</td></tr>
<tr><td>测试器材</td><td>YB4320 型双踪示波器一台、XD-2 型低频信号发生器一台</td></tr>
<tr><td>测试步骤</td><td>
(1) 用前的准备
① 将各控制键置于相应的位置，如表 3-4-1 所示
表 3-4-1　各控制键放置位置
<table>
<tr><th>控制键</th><th>作用位置</th><th>控制键</th><th>作用位置</th></tr>
<tr><td>亮度钮</td><td>居中</td><td>拉 Y2(x)</td><td>按下</td></tr>
<tr><td>聚焦钮</td><td>居中</td><td>水平位移</td><td>居中</td></tr>
<tr><td>辅助聚焦钮</td><td>居中</td><td>触发方式</td><td>高频</td></tr>
<tr><td>显示方式</td><td>Y1</td><td>触发源</td><td>内</td></tr>
<tr><td>垂直位移</td><td>居中</td><td>触发极性</td><td>+</td></tr>
<tr><td>DC－⊥－AC</td><td>⊥</td><td>t/cm</td><td>0.5ms</td></tr>
<tr><td>V/cm</td><td>50mV</td><td>微调</td><td>校准</td></tr>
</table>
② 通电源，调出清晰的水平基线
③ 用本机右侧面板上的 0.2V、1kHz 的校准方波信号，调出本机正常时的波形
(2) 测波形，熟悉各旋钮的使用方法（连接方法见上表）调节 Y_1 的灵敏度选择开关 V/cm，改变显示正弦波的幅度；调节扫描速率选择开关 t/cm，改变扫描电压周期 T_C，扫描电压周期 T_C 为正弦波信号的周期 T_S 的整数倍时，屏幕上就能显示稳定的正弦波形
① 观测峰峰为 4V，频率分别为 100Hz、200 Hz、1kHz、5kHz、1MHz 的正弦信号波形，并要求屏幕上有 3 个完整周期的稳定的正弦波
② 观测右侧面板输出的频率为 1kHz，幅度分别为 0.02V、0.2V、2V 的本机校准方波信号的波形
(3) 测量信号电压。使信号发生器输出信号的频率固定为 1kHz，并保持电压表指示为 5V，若示波器设有幅度微调旋钮，应置于“校准”位置，然后调节 V/cm 旋钮，使波形在屏幕上有足够的高度（以保证测量精度），再根据 V/cm 的示值 D_X，波形高度 H，探头衰减系数 k，由 $U_{p-p}=H(\mathrm{cm})\times D_y(\mathrm{V/cm})\times k$ 计算电压值，记入表 3-4-2 中
(4) 测量信号周期。使信号发生器输出的信号固定为 3V。将示波器的 t/cm 开关的微调旋钮置于“校准”位置，调节 t/cm 旋钮，使所显示的波形的一个周期在 X 轴上占有足够的格数（一般 3 格～4 格为宜），以便保证测量精度，将测量结果记入表 3-4-3 中
</td></tr>
</table>

续表

测试数据

(1) 画出峰峰值为4V，频率分别为200Hz、5kHz、1MHz的正弦信号波形，并标明V/cm，t/cm开关所处位置

(2) 画出频率为1kHz，幅度分别为0.2V、2V的本机校准方波信号的波形，并标明V/cm，t/cm开关所处位置

表 3-4-2 信号电源

信号发生器输出衰减/dB	0	10	20	30	40
信号发生器电压表指示5V时的输出电压/V					
示波器V/cm开关所在挡 D_x					
波形的高度 H/cm					
实测信号电压的峰峰值/V					
实测信号电压的最大值/V					
实测信号电压的有效值/V					

注：每个大格为1cm

表 3-4-3 信号周期

输入信号的频率/kHz	1	5	25	50	100	1000
t/cm开关的位置/(μs/cm)						
波形一个周期占X轴距离/cm						
被测信号的周期/μs						

结论

(1) 了解示波器的功能结构特点

(2) 熟悉示波器开关的作用及使用方法

(3) 能正确使用示波器测量信号波形及波形参数

项目小结

1. 本项目主要学习万用表的几个主要挡位的结构及使用方法，掌握使用万用表测量常用电子元件的方法。重点掌握电阻元件、二极管元件、三极管元件的引脚判别、好坏判别的方法。拓展了电容器、变压器等其他元件的测量方法。

2. 主要学习电压测量、电流测量的方法和原理，进一步掌握使用万用表测量电流、电压的方法。

3. 测量直流电压与测量直流电流的相同点、不同点。交流电压表是以何值来标定刻度读数的，真假有效值的含义。

4. 学习信号发生器的种类、结构和原理，使用信号发生器产生信号。

5. 学习掌握示波器工作原理、组成结构，示波器可以测量信号的幅值、周期，可利用双通道测量，比较两个相关信号的相位，电压幅值，可测量电路中信号波形，判断电路工作状态。

思考与训练

1. 万用表刻度面板上电阻挡与电流挡、电压挡刻度线有何区别？

2. 调节各功能挡位，MF500 型模拟万用表左右旋钮应如何配合？

3. 数字万用表与模拟万用表在操作上有何区别？

4. 练习快速识读色环电阻。

5. 分别用数字万用表和模拟万用表测量各种电阻、电容。分析、处理测得的数据，并指出实测误差范围。

6. 练习各种变压器的测量。

7. 电位器的检测方法有哪些？如何判别电位器的工作状态？

8. 电解电容器的检测方法有哪些？

9. 常用二极管的检测方法有哪些？如何判别二极管的工作状态？

10. 集成电路的检测方法有哪些？

11. 测量直流电压与测量直流电流的相同点是什么？不同点是什么？

12. 交流电压表是以何值来标定刻度读数的？真假有效值的含义是什么？

13. 在示波器上分别观察峰值相等的正弦波、方波、三角波，得 $U_P=5V$，现在分别采用 3 种不同检波方式并以正弦波有效值为刻度的电压表进行测量，试求其读数分别为多少？

14. 用峰值表和均值表分别测量同一波形，读数相等，这可能吗？

15. 已知某电压表采用正弦波有效值为刻度，以何实验方法判别它的检波类型？

16. 用函数信号发生器输出频率为 5kHz 的正弦波信号，该怎样操作？若在“0dB”衰减情况下输出 100mV 的正弦波信号，当按下“10dB”和“20dB”衰减键，输出电压将变为多少？

17. 试述函数信号发生器由方波转变为三角波的工作过程。

18. 通用示波器由哪些主要电路单元组成？它们各起什么作用？它们之间有什么联系？

19. 通用示波器垂直(Y)通道包括哪些主要电路？它们的主要作用和主要工作特性是什么？

20. 什么是扫描时间因数和垂直偏转因数？

21. 延迟线的作用是什么？内触发信号可否在延迟级以后电路引出？

22. 什么是交替显示和断续显示？各适用于什么场合？

23. 水平系统中触发源选择方式有哪几种？分别使用什么信号作为触发信号？

24. 在示波器的水平和垂直偏转板上都加上正弦信号所显示的图形叫李萨如图形。如果都加上同频、同相、等幅的正弦信号，请逐点画出屏幕上应显示的图形；如果是两个相位相差为 90°的正弦波，用同样的方法画出显示的图形。

项目4

电子调试技术

【项目描述】

本项目所进行的主要训练内容是综合前面多个项目的8个训练任务，通过实践来完成具体的有代表性的电子测量任务，主要任务有了解被测对象的特点，明确要获得的测量数据，根据任务要求选择适当的仪器、仪表，采取正确的测量方法。

【学习目标】

(1) 明确8个训练任务的电子测量与调试工作的内容和性质。

(2) 掌握电子测量的基本方法。

(3) 熟悉万用表、模拟式电子电压表、信号源、示波器的综合使用方法。

(4) 通过测量，学会处理测量参数、技术指标等数据。

【能力目标】

(1) 培养学生能根据测量任务正确选择仪器、仪表的能力。

(2) 培养学生能正确地制定测量计划，运用合适的测量方法。

(3) 培养和训练实施计划的能力，能及时处理综合测量中的问题。

(4) 能准确获得测量收据，并正确分析测量结果。

任务4.1　串联型晶体管稳压电路的调试与测量

串联型晶体管稳压电路在直流电源中，有着广泛的应用，它的作用是将220V交流电转换成12V直流电源，现以此电路为例，进行调试与测量训练。

【任务要求】

(1) 熟悉串联型晶体管稳压电路结构和原理。

(2) 学会串联型晶体管稳压电路主要参数的调试方法。

(3) 掌握正确的测量方法,及处理数据的能力。

【基本知识】

一、串联型晶体管稳压电路的组成及原理

1. 串联型晶体管稳压电路的组成

串联型晶体管稳压电路由 9 个电阻、1 个电位器、4 个无极性电容、5 个电解电容、4 个整流二极管、1 个稳压二极管、3 个三极管、2 个熔断器、1 个变压器组成,如图 4-1-1 所示。

降压环节:AC220V 降为 AC15V,由变压器 T_1 完成。

整流环节:由 V_1、V_2、V_3、V_4 四只整流二极管组成电桥电路进行全波整流。

滤波环节:由 C_1 电解电容将整流后的脉动电压变成比较平稳的直流电压。

短路保护:由熔断器当输出或稳压电路发生短路故障造成电流过大时,自行熔断,使故障短路脱离电源,避免了整流二极管、电源变压器等元件的烧坏。

采样电路:由 R_8、RP_1 组成,采样输出电压变化的信号。

基准电压:由 R_5、V_7 组成,为比较电路提供稳定的基准电压

比较电路:由 R_7、V_8 组成,将输出电压信号同基准电压比较后,自动产生稳定输出电压的控制信号。

调整电路:由 V_5、V_6 组成(复合管可以增大放大系数 β)。

2. 串联型晶体管稳压电路的工作原理

稳压电路是利用负反馈的原理,以输出电压的变化量 ΔU_L,经取样管 V_8 与基准电压 7.5V(由 V_7 稳压管提供)比较放大后,去控制调整管 V_6 的基极电流 I_b,当 I_b 增大,调整管 U_{ce} 将减小;当 I_b 减小,调整管 U_{ce}将增大:使输出电压 U_L基本保持不变。

当电网电压升高或输出电流减小时:

$U_o\uparrow\rightarrow U_b(V_8)\uparrow\rightarrow U_{be}(V_8)\uparrow\rightarrow I_c(V_8)\uparrow\rightarrow U_c(V_8)\downarrow\rightarrow U_b(V_5)\downarrow\rightarrow I_c(V_5)\downarrow\rightarrow I_c(V_6)\downarrow\rightarrow U_{ce}(V_6)\uparrow\rightarrow U_o\downarrow$。

当电网电压下降时:

$U_o\downarrow\rightarrow U_b(V_8)\downarrow\rightarrow U_{be}(V_8)\downarrow\rightarrow I_c(V_8)\downarrow\rightarrow U_c(V_8)\uparrow\rightarrow U_b(V_5)\uparrow\rightarrow I_c(V_5)\uparrow\rightarrow I_c(V_6)\uparrow\rightarrow U_{ce}(V_6)\downarrow — U_o\uparrow$。

3. 串联型晶体管稳压电路的主要技术指标

① 输出电压:DC12V ±0.01V。

② 电压调整率:在输入 AC220V 变化±10%时,输出电压变化≤1.6%。

③ 电流调整率:在负载由空载变到 1A 时,输出电压降为≤1.6%。

④ 纹波电压:输入 AC220V,输出 12V、接 1A 负载时,输出纹波电压。

二、串联型晶体管稳压电路的调试

1. 电路调试前的仪器准备

调压器、变压器(220V/18V 30VA)、数字万用表、负载电阻 12Ω/25W、电子电压表。

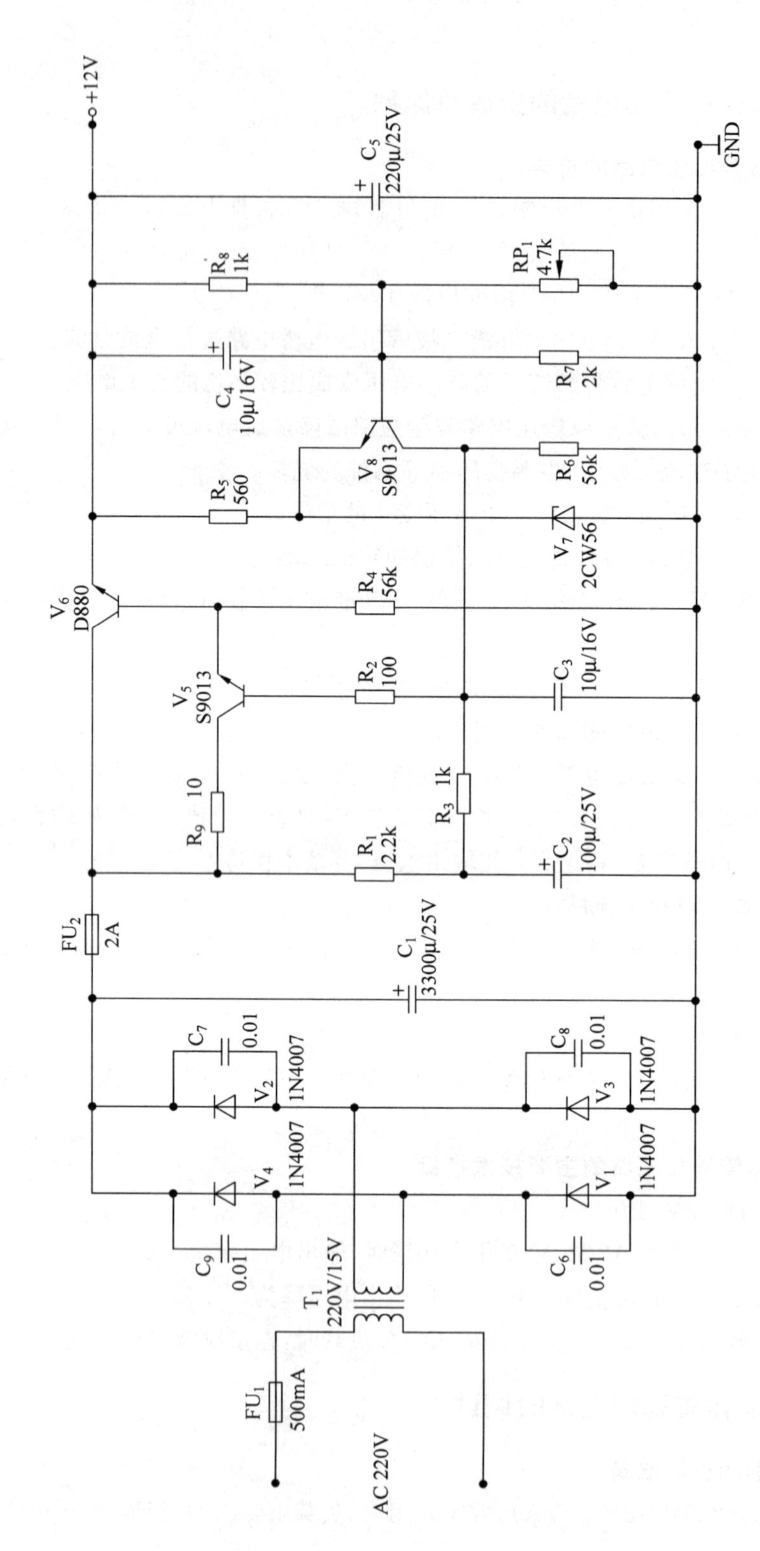

图 4-1-1 串联型晶体管稳压电源电路

2. 电路调试步骤

(1) 调试前准备。阅读评分表上调试要求及指标,阅读调试记录报告的项目及内容,明确调试的条件、方法、步骤及要求,作出测试点的选择。

进一步对照原理图及印制电路板实物,明确测量位置;检查元件的安装质量、位置、方向及参数,排除安装中的差错,为调试打好基础。

(2) 调试过程。

① 测试空载特性。将电源变压器 18V 输出端与电路板 AC 输入端相连。再将电源变压器 220V 输入端与调压器输出端相连,调压器输入端接 220V 端电源,通电后,用 AC 750V 或以上挡位测其输出两端,调节调压器手柄,使其调到 220V。

先测 AC 的电源变压器 U_i、U_o 并记录于 AC 输入与 AC 输出表格内,再由 FU_2 前端对地测 DC 电压并记录于滤波输出表格内。测输出两端直流电压,调节 RP_1 电位器,用数字万用表测 U_N(输入电压),使空载输出电压为 12.00V。

② 测试和计算电流调整率及波纹电压。接负载电阻(12Ω)使输入电流为 1A,读 U_0 值记入电源输入电压 220V 格下方,为 U_1。

测量波纹电压时用晶体管毫伏表(交流毫伏表)接 12Ω 两端,读出交流电压值记入纹波电压格内,本栏中空载电压值应为 12.00V。

③ 测量和计算电压调整率。

测调压器输出端,调手柄为 198V,再测输出 DC 值 U_2 记录。

测调压器输出端,调手柄为 242V,再测输出 DC 值 U_3 记录。

(3) 计算调整率。

①电压调整率计算公式为:

$$S_u = (U_2 - U_1)/U_1 \times 100\%$$

$$S'_u = (U_3 - U_1)/U_1 \times 100\%$$

取大的一组值的绝对值记录为电压调整率。

② 电流调整率计算公式为:

$$S_i = | U_N - U_1 | /U_N \times 100\%$$

3. 常见故障排除方法

接通电源后,无电压输出。

分析思路:可从变压器检查起逐点检查,亦可检查三极管的工作状态,推断出故障点和故障原因。

注释:为了获得好的可操作性,这里计算额定负载下的电压调整率。

【技能训练】

测试工作任务书

任务名称	串联型晶体管稳压电路的调试
任务要求	掌握串联型晶体管稳压电路的调试方法,学会用仪器测量信号参数的方法
测试器材	调压器、变压器(220V/18V 30VA)、数字万用表、负载电阻 12Ω/25W、电子电压表

续表

<table>
<tr><td rowspan="8">测试数据</td><td rowspan="2">空载</td><td>变压器
输入电压</td><td>变压器
输出电压</td><td>整流后电压</td><td>稳压输出电压</td></tr>
<tr><td>V</td><td>V</td><td>V</td><td>V</td></tr>
<tr><td rowspan="3">电压
调整率</td><td>电源输入电压</td><td>198V</td><td>220V</td><td>242V</td></tr>
<tr><td>稳压输出电压</td><td>V</td><td>V</td><td>V</td></tr>
<tr><td colspan="4">电压调整率计算：</td></tr>
<tr><td rowspan="3">电流
调整率</td><td>输出电流</td><td>空载</td><td>1A</td><td>输出纹波电压</td></tr>
<tr><td>输出电压</td><td>V</td><td>V</td><td>mV</td></tr>
<tr><td colspan="4">电流调整率计算：</td></tr>
<tr><td colspan="2">结论</td><td colspan="4">(1) 熟悉串联型晶体管稳压电路结构和原理
(2) 学会串联型晶体管稳压电路主要参数的调试方法
(3) 掌握正确的测量方法，及处理数据的能力</td></tr>
</table>

任务 4.2　场扫描电路的调试与测量

场扫描电路能够产生线性好的频率为 50Hz，能控制黑白电视机场扫描的锯齿波信号，并与接受的电视场信号 U_{in} 同步。现以此电路为任务，进行调试与测量训练。

【任务要求】

(1) 熟悉场扫描电路的结构和原理。

(2) 学会场扫描电路主要参数的调试方法。

(3) 掌握正确的测量方法，及处理数据的能力。

【基本知识】

一、场扫描电路的组成及原理

1. 场扫描电路的组成

场扫描电路由 18 个电阻、1 个热敏电阻，5 个电解电容器、3 个无极性电容、4 个电位器（微调电阻）及 4 个三极管组成。三极管 V_1 与阻容元件构成了锯齿波发生器，再经 OTL 功放和 C_8 隔直后供给场偏转线圈 L。电路如图 4-2-1 所示。

2. 场扫描电路的工作原理

(1) 锯齿波发生电路。

① 电路组成：由 R_7、RP_2 作为 V_1 的集电极负载电阻，当其阻值变大时，使 V_1 输出的锯齿波正半周有效幅值变小。因此 RP_2 是调幅电位器。RP_1、R_4、R_{19} 为 V_1 振荡管基极偏置电阻，

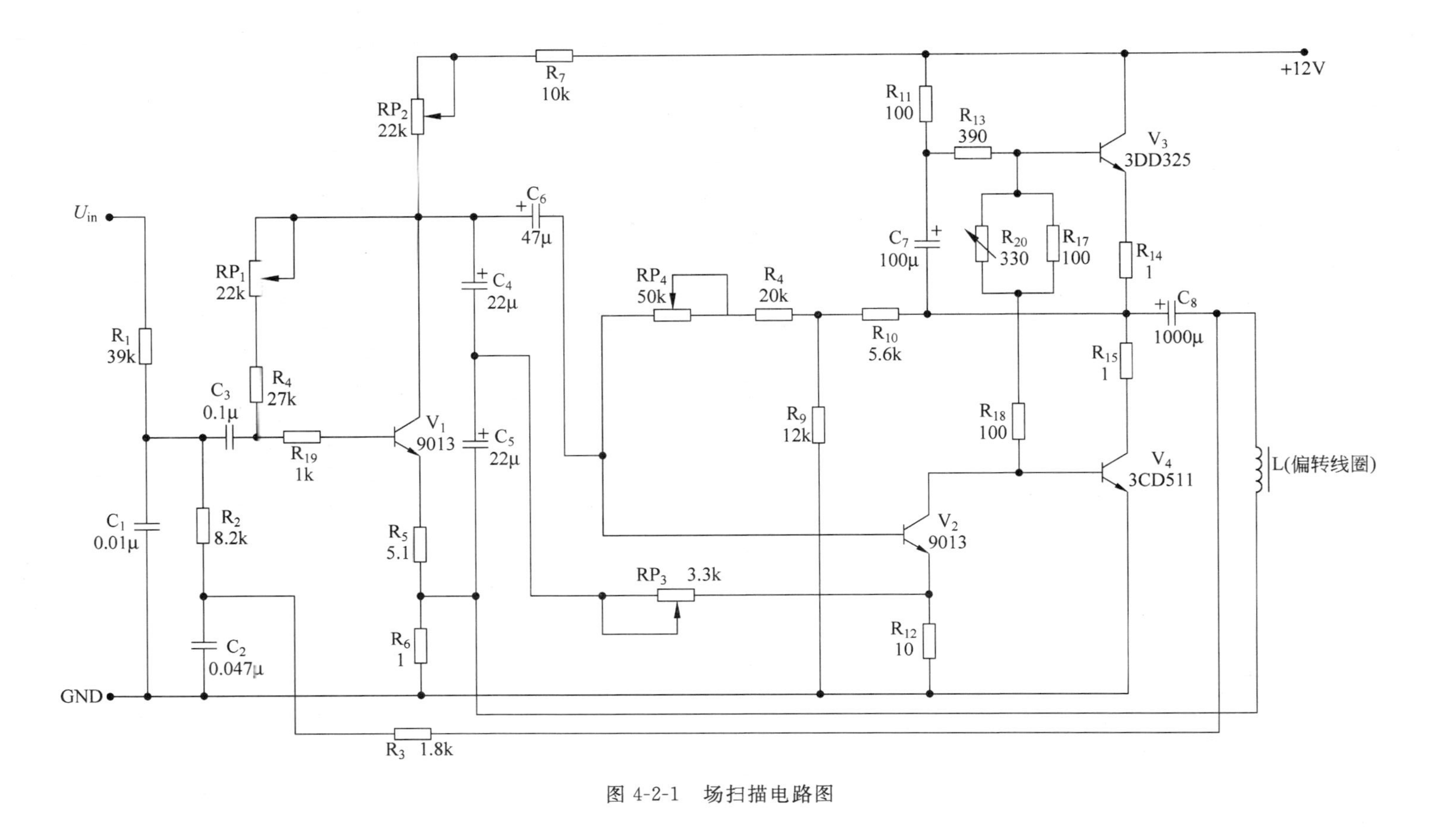

+12V
R7
10k
RP2
22k
R11
100
R13
390
V3
3DD325
Uin
C6
47μ
RP1
22k
C4
22μ
C7
100μ
R20
330
R17
100
R14
1
RP4
50k
R4
20k
C8
1000μ
R1
39k
R10
5.6k
R15
1
R4
27k
C3
0.1μ
V1
9013
R9
12k
R18
100
R19
1k
C5
22μ
V4
3CD511
L(偏转线圈)
C1
0.01μ
R2
8.2k
V2
9013
R5
5.1
RP3
3.3k
C2
0.047μ
R6
1
R12
10
GND
R3
1.8k

图 4-2-1 场扫描电路图

当 RP_1 阻值增大时，锯齿波周期会增大，则振荡频率会下降。因此 RP_1 是场频调节电位器，R_5 及 R_6 是 V_1 的射极电阻，有电压负反馈作用。C_4 及 C_5 为振荡电容，用其充放电产生锯齿波。V_1 是振荡管。R_2、R_3 为反馈电阻，有正反馈作用，以加速 V_1 的导通，使场频率升高。

② 工作原理：当加上 DC＋12V 时，先是 C_4、C_5 短路，电流由＋12V→R_7→RP_2→C_4→C_5→R_6→"－"，较大电流对 C_4、C_5 充电，使 C_4 正极点电位逐步上升，形成指数斜线上升。初始由于 C_4 正极点电位较低，加在 V_1 的 be 间电压还不能使其导通。当 C_4 正极点电位升到一定高度时，流经 RP_1、R_4、R_{19}、R_5、R_6 的基极电流使 V_1 导通，并经后级的正反馈信号加速 V_1 导通到饱和，则 U_{ce1} 间电阻很小，C_4 和 C_5 上的电被很快放掉，C_4 正极点电位又下降，V_1 又截止，再重复上述过程，在 A(C_4 的正极)点产生锯齿波。

当调 RP_2 时会使输出锯齿波的幅值和频率同时发生变化。

当调 RP_1 时会改变 V_1 导通对 A 点电平的要求。在 RP_1 增大时，V_1 导通要求 C_4 正极点电位高，则 C_4 的充电时间就长，振荡频率相应变低，反之，RP_1 电阻减小时，V_1 导通要求 C_4 正极点电位低，则 C_4 的充电时间变短，振荡频率相应变高。

(2) 场输出级电路。

① 电路组成：场输出级采用互补对称推挽 OTL 电路。

② 各元件的作用：由激励级 V_2，输出级 V_3，V_4，输出电容 C_8，自举电容 C_7，负反馈兼中点调整电路 R_8、RP_4 和线性补偿调整 RP_3，正反馈电阻 R_3 等电路组成。

③ 工作原理：振荡波形经过 C_6 至 V_2 基极被放大，在集电极 C_4 正极点上形成负向锯齿波电压，去激励互补对称输出级。V_2 的集电极负载由 R_{11}、R_{13}、R_{20}、R_{17} 及 R_{18} 等组成。在无信号输入时，中点(C_8 正极点)的静态工作电压大致等于 $V_{CC}/2=6V$ 或更低一点。R_{17}、R_{20}、R_{18} 使 V_3、V_4 基极之间有一个电位差，使 V_4 基极电位略低于 V_3 基极，让 V_3、V_4 处于微导通，从而使 V_3、V_4 工作于接近甲乙类状态，以消除小信号交越失真。R_{17} 并联 R_{20} 的作用是温度补偿，由于温度升高，V_3、V_4 静态电流增加，R_{20} 电阻阻值减小，V_3、V_4 的基极电流减小，达到稳定 V_3、V_4 的静态电流的目的。所以 R_{20} 应该尽量靠近 V_3 或 V_4 的集电极，以检测 V_3、V_4 的工作温度。C_7 是自举电容，R_{11} 是自举电容隔离电阻。当锯齿波在峰值时，使 V_3 工作在大电流状态，这就要求 V_3 基极端有足够的激励电压，才能避免锯齿波达到峰值时产生畸变。但是由于 R_{11}、R_{13} 的存在，V_3 基极电位不可能升高到接近于电源电压 V_{CC}，从而限制了 i_{c3} 的增长。C_7 就是为了克服这个缺点而设的。如当 V_3 的基极是正大幅度信号的峰值时，V_3B 点电位升高，C_8 正极(中点)电位也随之升高，C_7 上直流电压不能突变，因而 C_7 正极点电位也随之升高，这相当于增加了 V_3 的集电极电源电压，增加了 V_3 的动态范围，提高了 V_3 的输出电流幅度。R_{11} 是自举隔离电阻，没有这个电阻，C_7 正极点电位就被电源 V_{CC} 钳位，不可能升上去。

V_2 的偏置电压通过 R_8、RP_4 从中点获得，因此具有负反馈性质，能稳定电路的直流工作点。例如，若中点电位因某种原因升高时，V_2 的基极电位也随之升高，于是集电极电流 i_{c2} 增大，迫使 V_3、V_4 基极电位下降，从而使中点电位也随之回降。

(3) 场扫描锯齿波的形成。当 V_1 截止，C_3 上的反偏电压先经 R_2、R_3、地、电源"＋"极，R_7、RP_1、RP_2、R_4 放电，同时电源通过 R_7、RP_2 向 C_4、C_5 充电，电容两端电压线性增大，该电压经 V_2、V_3、V_4 放大后，形成场扫描正程。

V_1"c"极电压上升、V_1"b"极电压上升，直至 V_1 导通，产生一个正反馈(V_1"b"极电压上升→V_1"c"极电压下降→V_2"b"极电压下降→V_2"c"极电压上升→V_3、V_4"e"极电压上升→V_1"c"极电压再次上升)使 V_1 饱和,C_4、C_5 上的电压经 V_1、R_5 放电,使 V_1"c"极下降,经 V_2、V_3、V_4 放大后形成场扫描的逆程。

V_1 饱和时,正反馈电压向 C_3 充电形成反偏电压,使 V_1"b"极下降重新进入放大区,又有一正反馈(反馈电压极性正好和刚才相反)使 V_1 截止,开始下一周期。

二、场扫描电路的调试

1. 仪器准备

稳压电源(输出+12V±0.1V)、双踪示波器、数字万用表 DC 20V、14 吋黑白电视机用偏转线圈。

2. 调试步骤

(1) 静态工作点测试。偏转线圈接 PZXQ,连接电源无误,开启电源,数字万用表的红表棒接 R_{14}、R_{15}公共端,黑表棒接 GND,调节 RP_4 使数字万用表读数为 6±0.2V,记录数值。

(2) 波形测绘。

① 场输出电压波形:示波器(X:5ms/div、Y:2V/div)探头接 C_8"—"极对地,即偏转线圈 PZXQ 端"+"极对地(C511 散热器),开启电源,调节 RP_1(频率)、RP_2(幅度)、RP_3(线性)三个电位器,波形周期为 20ms(4 大格),锯齿波幅度为 9~12$V_{p\text{-}p}$,且波形线性良好(见图 4-2-2),绘制波形(此波形会因电路板不同而有所差别,波形仅供参考)。

② 偏转线圈电流波形:示波器(X:5ms/div;Y:0.5V/div)探头接偏转线圈 PZXQ 端"—"极,接地不变,调节 RP_3(线性)电位器,波形周期为 20ms(4 大格),锯齿波幅度为 1~2$V_{p\text{-}p}$,波形线性良好(见图 4-2-3),绘制波形(波形仅供参考)。

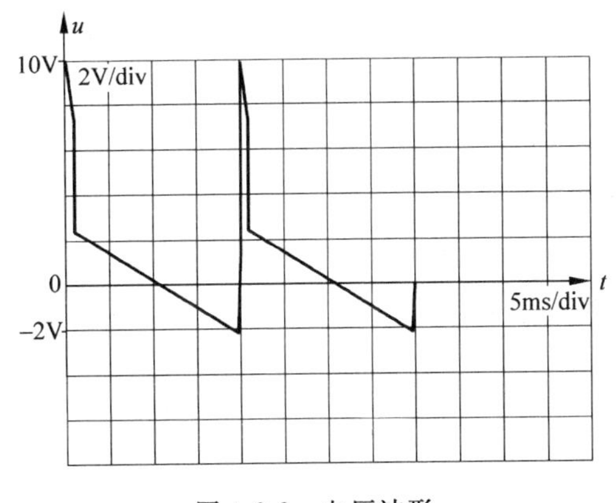

图 4-2-2 电压波形

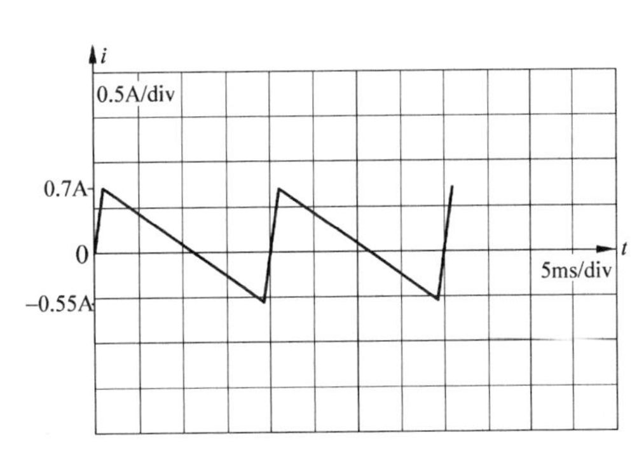

图 4-2-3 电流波形

(3) 频率范围测试。开启电源,调节 RP_1,顺时针旋到底,记录示波器显示的波形周期 $T_{顺}$。调节 RP_1 逆时针旋到底,记录示波器显示的波形周期 $T_{逆}$。计算频率调节范围$\frac{1}{T_{顺}}$~$\frac{1}{T_{逆}}$并记录计算结果。

注意: 频率范围测试后须恢复场输出电压(电流),波形频率为 50Hz,周期为 20ms(4 大格)且波形线性良好。

3. 常见故障排除

① 接通电源后,电路不能正常工作,如无波形,静态工作电流很大,V_3、V_4 温度很高等。

这主要是由于元件装错而造成的。针对这种情况须检查 V_3、V_4 及有关元件是否装错，接线是否有错，V_1、V_2、V_3、V_4 是否装错。

② 接通电源后，电路能工作，后来不知什么原因又不能工作了。这主要由于在调试过程中可能有什么地方短路造成了元件损坏。这时须重点检查接线是否和其他焊接点碰在一起了；如果静态工作电流增大了，就要考虑是否有晶体管损坏了，特别是 V_3、V_4。

【技能训练】

测试工作任务书

任务名称	场扫描电路的调试		
任务要求	掌握场扫描电路的调试方法，学会用仪器测量信号参数的方法		
测试器材	① 稳压电源输出＋12V±0.1V　　② 双踪示波器 ③ 数字万用表 DC 20V　　④ 14 英寸黑白电视机用偏转线圈		
输出中点电位	V	场频调节范围	Hz
测试数据	C_8 负极输出电压波形和偏转线圈电流波形		
结论	(1) 熟悉场扫描电路的结构和原理 (2) 学会场扫描电路主要参数的调试方法 (3) 掌握正确的测量方法，以及培养处理数据的能力		

任务 4.3 三位半 A/D 转换电路的调试与测量

三位半 A/D 转换电路是将模拟的直流电压转换为对应的数字值。并且通过数码管显示 A/D 转换的结果，可测范围为 0.000～1.999V。现以此电路为任务，进行调试与测量训练。

【任务要求】

(1) 熟悉三位半 A/D 转换电路的结构和原理。

(2) 学会三位半 A/D 转换电路主要参数的调试方法。

(3) 掌握正确的测量方法，以及培养处理数据的能力。

【基本知识】

一、三位半 A/D 转换电路的组成及原理

1. 三位半 A/D 转换电路的组成

(1) 认识 7107A/D 转换器。三位半 A/D 转换电路如图 4-3-1 所示，设 A/D 转换器满量程为 1.999，采用双积分工作方式，以 4000 个时钟脉冲时间为一个转换周期。双积分 A/D 转换器可分为采样、积分、休止三个阶段。

7107A/D 转换器引脚功能如表 4-3-1 所示。

表 4-3-1 7107A/D 转换器引脚功能

引脚	功　　能	引脚	功　　能
1	正电源的正极	21	GND 逻辑地
2	D1	22	G3
3	C1	23	A3
4	B1	24	C3
5	A1	25	G2
6	F1	26	负电源负极
7	G1	27	INT 积分电容器输入口
8	E1	28	BUF 缓冲电阻的输入口
9	D2	29	AZ 自动调零电容器接口
10	C2	30	IN_- 为被测 DC 电压信号的负极
11	B2	31	IN_+ 被测信号的正极
12	A2	32	COM 模拟信号的正极
13	F2	33	转换积分电容的负极接口
14	E2	34	基准电容器的正极
15	D3	35	基准电压的负极
16	B3	36	基准电压的正极
17	F3	37	TEST 测试口，悬空不用
18	E3	38	OSC3
19	B4、C4	39	OSC2
20	PO/M	40	OSC1

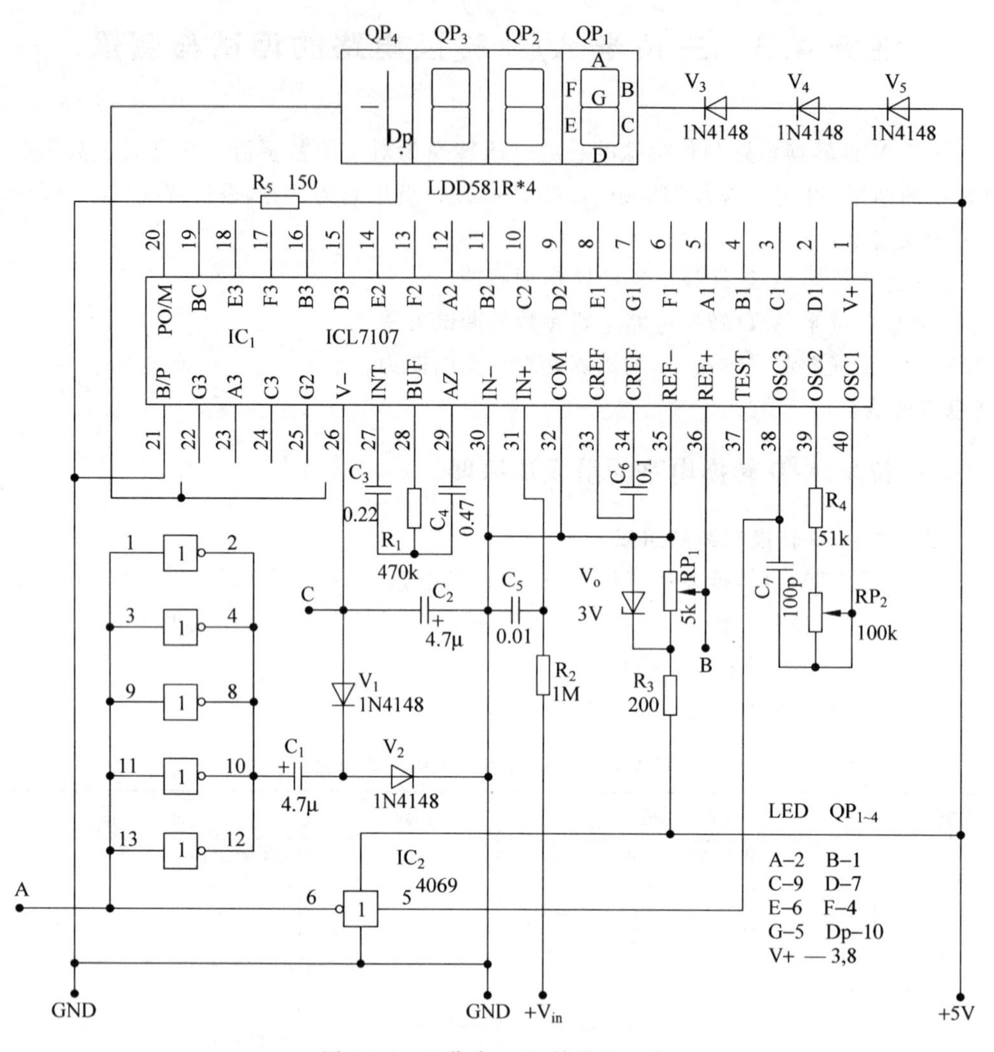

图 4-3-1 三位半 A/D 转换器电路

(2) A/D 转换器外接元件。C_1、C_2、V_1、V_2 组成负电源产生电路,C_3 积分电容,R_1 为积分电阻,C_4 为自校零电容,C_6 为基准电容,C_7 为振荡电容,R_4、RP_2 为振荡电阻。

(3) 负电源产生电路。由 C_1、C_2、V_1、V_2 组成负电源产生电路。C_1、C_2 组成耦合滤波电容,V_1、V_2 组成半波整流电路。

2. 工作原理

由时钟方波脉冲对 1V 基准电压进行积分斜线的量化,DC1V 为 1000 个脉冲,再由计数器进行计数,由方波脉冲对被测的 DC 电压积分后的斜线量化 U_1(输入电压)与积分周期 T 成正比,则量化的数字量就正比于 U_1 模拟量。

双积分 A/D 转换器有以下特点。

① 工作性能稳定：数字量的输出与积分时间常数 RC 无关，时钟脉冲较长时间里发生的缓慢变化不会影响转换的结果。

② 抗干扰能力强：A/D 转换器的输入为积分器，能有效抑制电网的工频干扰。

③ 工作速度低，只适用于对直流电压或缓慢变化的模拟电压进行 A/D 转换。

3. 数码管介绍

数码管如图 4-3-2 所示，其字型及显示码如表 4-3-2 所示。

图 4-3-2　数码管

表 4-3-2　数码管的字型及显示码

DP	G	F	E	D	C	B	A	字型	显示码
0	1	0	0	0	0	0	0	0	40H
0	1	1	1	1	0	0	1	1	79H
0	0	1	0	0	1	0	0	2	24H
0	0	1	1	0	0	0	0	3	30H
0	0	0	1	1	0	0	1	4	19H
0	0	0	1	0	0	1	0	5	12H
0	0	0	0	0	0	1	0	6	02H
0	1	1	1	1	0	0	0	7	78H
0	0	0	0	0	0	0	0	8	0H
0	0	0	1	0	0	0	0	9	10H

二、三位半 A/D 转换电路调试

1. 仪器准备

① 双路稳压电源+5V，+2.5V。

② 示波器。

③ 数字万用表。

2. 调整步骤

① 调整时钟发生器的振荡频率。

示波器：X、Y 均在校准位置(微调旋钮顺时针旋到底)；耦合：DC；X：5μs/div；Y：2V/div。用示波器观察 A 点波形，调整 RP_2 电位器，使 $f_{osc}=40kHz\pm1\%$，并画出 A 点波形图(见图 4-3-3)，将幅值填入表中。此波形电压幅度会因电路板不同而有所差别。

② 调整满度电压。可调分压电阻器接稳压电源(+2.5V 左右)，先调整分压电阻器 RP_3，使输入电压(数字万用表测)为 1.900V，此时再调整 RP_1 多圈电位器使输出电压(LED 显示)为 1.900V±0.001V。

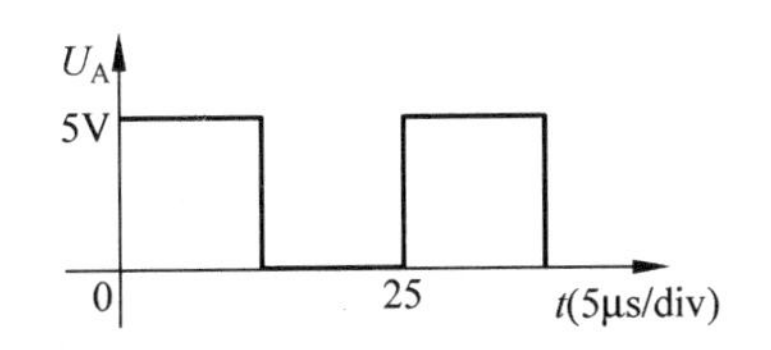

图 4-3-3　测试 A 点波形图(以实图为准)

③ 测量线性误差。调分压电位器 RP_3 使输入电压(数字万用表测)分别为 1.500V、1.000V、0.500V、0.100V 时，输出电压(LED 显示)分别记入对应表中。

调节分压电阻器使输出电压(LED 显示)为 1.999V,此时的输入电压(数字万用表测)即为满度电压 V_{fs}。

$$相对误差 = (实测电压 - 输入电压) \div 输入电压 \times 100\%$$

④ 测量参考电压 V_{ref},即 B 点对地电压,并填入表中。

计算满度电压 V_{fs} 与参考电压 V_{ref} 的比值并填入表中。

⑤ 测量负电压,即 C 点对地电压,并填入表中。

3. 常见故障

① 电路安装好后,接上电源,数码管却不亮。

检查电源有无接错,5V 和 2.5V 是否搞错。

② 测量满度电压时,数码管显示不足 1.999V。

一般情况下,可能是之前的 1.900V 没有调准,若调准后,可以检查调压电阻是否正常。

【技能训练】

测试工作任务书

任务名称	三位半 A/D 转换电路的调试
任务要求	掌握三位半 A/D 转换电路的调试方法,学会用仪器测量信号参数的方法
测试器材	① 双路稳压电源+5V,+2.5V ② 示波器 ③ 数字万用表

测 试 数 据

振荡频率 f_{osc}		幅　值	

波形

0

输入电压	1.900V	1.500V	1.000V	0.500V	0.100V	满度 V_{fs}= V
实测(DMV)读数						1.999V
相对误差						

参考电压 V_{ref}		$V_{fs/ref}$		负电压		
结论	(1) 熟悉三位半 A/D 转换电路的结构和原理 (2) 学会三位半 A/D 转换电路主要参数的调试方法 (3) 掌握正确的测量方法,以及培养处理数据的能力					

任务 4.4 OTL 功率放大电路的调试与测量

OTL 功率放大电路是将小的音频信号进行不失真的功率放大，以推动喇叭发出声音。现以此电路为任务，进行调试与测量训练。

【任务要求】

(1) 熟悉 OTL 功率放大电路的结构和原理。

(2) 学会 OTL 功率放大电路主要参数的调试方法。

(3) 掌握正确的测量方法，以及培养处理数据的能力。

【基本知识】

一、OTL 功率放大电路的组成及原理

1. OTL 功率放大电路的组成

① 本功率放大器由一只三极管 9013(V_1)、一对配对的 PNP 和 NPN 大功率管作为功率放大管(V_3 和 V_4)；电解电容器 C_1、C_2、C_4、C_5、C_7 和无极性电容器 C_3、C_6，电阻 R_1、R_2、R_4、R_5、R_6、R_7、R_8、R_9、R_{10}、R_{11}、R_{12} 和微调电阻 RP；二极管 V_2；扬声器 Y 等组成。电路如图 4-4-1 所示。

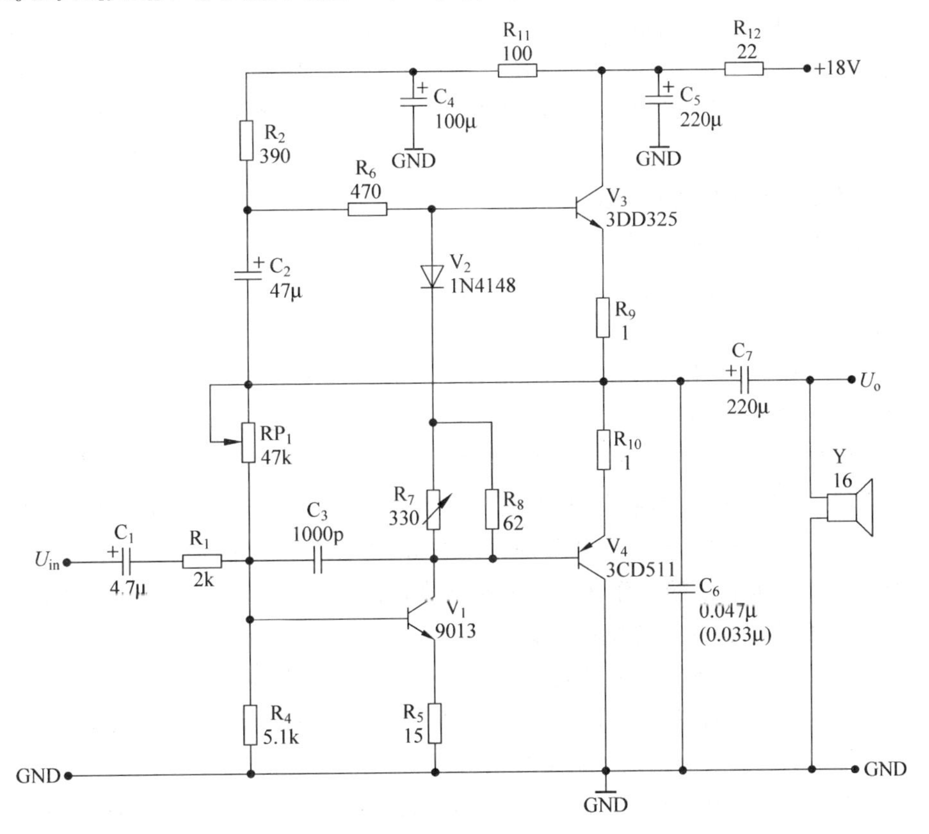

图 4-4-1 OTL 功放电路

② 了解功率放大电路常用的种类。

甲类功率放大：用一只功率管，将静态工作点 Q 定在交流负载线的中间的工作状态，能完整地放大交流信号，其特点是结构简单元件少，但输出功率的效率只有 50%以下。

乙类功放：将工作点 Q 移到横坐标轴上，使管子只在信号的半个周期中工作，这样静态 I_c 很小，效率很高，但对放大的信号波形严重失真。为了改善输出性能，用两个晶体管分别完成两个半波的放大任务，合成一个完整的波形，这就是推挽放大电路。

推挽功放电路：对称的双单管放大电路联合组成，其管型是 NPN 及 PNP 组成射极输出，各放大信号中的半周，两个合成一周，但又会发生在死区中不导通，造成放大后信号的交越失真。

为消除交越失真，用甲、乙类推挽功放方式，在静态有一个消除死区的静态电流，即甲类放大，但 Q 点仍很低，只有放大半周信号，再用 NPN 及 PNP 组合，故为甲、乙类功放级。

不用变压器做输出耦合为 OTL，英文缩写是 Output Transformer Less，意思是无输出变压器。

③ 元器件的作用。R_5 是 V_1 的射极电阻，对信号的放大有电压负反馈作用。R_1 为隔离电阻，RP、R_4 是 V_1 基极偏置电阻，R_{12} 为限流电阻，用于防止在调试时出错而烧坏 V_3、V_4 三极管，该电阻阻值越大，保护效果越好，但电路性能将变坏，故阻值不宜过大。R_9、R_{10} 是负反馈电阻，起稳定功放管静态电流的作用，即均压及稳定电流作用。R_7、R_8 是 V_3、V_4 基极偏置电阻，其中 R_7 是热敏电阻，R_{11} 是退耦电阻。C_1 为输入耦合电容，C_2 为自举升压电容，C_3 为消振电容，C_4 为退耦电容，C_5 为滤波电容，C_6 为交流旁路电容，V_1 是推动（激励）管，V_2 是稳定功放管工作点的基极偏置，提供 V_3、V_4 合适的静态工作点。V_3、V_4 是互补对称功放管，组成 OTL 功率放大输出级，C_7 为输出耦合电容。

2. OTL 功率放大电路工作原理

(1) 静态。U_{in}无信号输入，V_1 的基极由电源＋18V 经滤波和 R_2、R_6、V_3 的 b－e，再经 R_9、RP 和 R_4 接地，V_1 基极由于 47kΩ 和 5.1kΩ 的分压电平，使其正偏微导通，有一个合适的工作电流，使 V_1 工作在放大状态。

V_3 和 V_4 是一对推挽射极输出器。它没有电压放大作用，但能使基极电流得到 β 倍的放大，即有功率放大作用。在静态时，由于 V_1 的集电极电流的存在使 V_3、V_4 两基极之间产生一个正偏电压，V_3 为 NPN 型三极管；V_4 为 PNP 型三极管，在静态有一个较小的正偏，使 V_3、V_4 的集电极、发射极处于微导通，此时 U_{ce} 管压降仍很大，对 C_{14} 充放电很慢，但却能使中点稳定在 9V。当 V_3、V_4 导通时，中点电压可通过调电阻 RP 阻值来调整为 9V，当 $U_{中} < 1/2U_{CC}$ 时要将 RP 增大。这两只管子的工作状态为甲乙类放大。小偏置电流消除了信号到来时的死区电压，消除了正、负半周交接处的交越失真。

(2) 动态。当信号（音频）在正半周时：使 V_1 的 U_{be} 正偏加深导通，U_{ce} 下降，V_4 的 U_b 下降，V_4 的 U_{be} 正偏导通，而使得 V_3 的 U_{be} 反偏造成 V_3 截止，此时由 C_7 作为电源对 V_4 和负载（喇叭）放电，使喇叭得到负半周放大的信号电流，从相位看，V_1 起了倒相作用。

当音频信号在负半周时，V_1 反偏截止，U_{ce} 升高，V_3 的 U_b 升高而正偏导通，电源＋18V 经 V_3、C_7、负载到地。使负载得到正半周信号，把小信号进行了功率放大，使喇叭发出所要求的音量。

二、OTL功率放大电路的调试

1. 仪器准备

① 数字万用表。

② 稳压电源 DC+18V。

③ 电子电压表2台。

④ 低频信号发生器1台。

⑤ 示波器。

2. 静态检测

中点电位的测试：连接电源，数字万用表红表棒接 C_7 正极（R_9，R_{10} 公共端），黑色表棒接 GND（CD511 散热器），开启电源，调节 RP_1 至万用表读数为 9±0.2V，记录万用表读数。

3. 静态电流的测试

输入端 U_i 对地短接，用数字万用表 DC 2V 挡并联于 R_{12}（22Ω）两端（红表棒接电源＋极，黑表棒接电阻另一端），将测得电压除以 R_{12} 电阻 22Ω 即为整机静态电流。

4. 动态检测

(1) 最大不失真功率的测试。

① 低频信号发生器输出 1kHz 正弦波信号，示波器 2V/div、0.5ms/div；耦合方式为 DC，观察波形，调节低频信号输出，幅度调至波形临界削波失真，如图 4-4-2 所示。

② 观察毫伏表 V_o（10V 挡）读数，记录 V_o 读数。

③ 计算最大不失真功率 $P_{max}=V_0^2\div R_L=V_0^2\div 16\Omega$，记录 P_{max} 值。

(2) 电压放大倍数的测试。

① 低频信号发生器输出 1kHz 正弦波信号，调节低频信号输出幅度至毫伏表 V_o（10V 挡）读数为 4V。

② 观察毫伏表 V_i（1V 挡）读数，记录 V_i 读数。

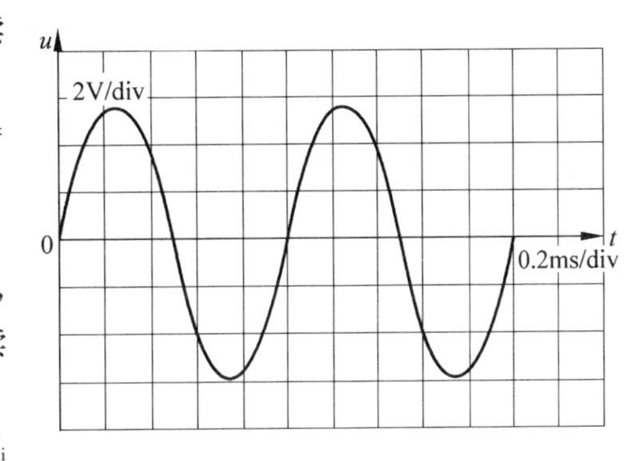

图 4-4-2 临界失真波形图

③ 计算电压放大倍数 $A_v=V_o\div V_i=4V\div V_i$，记录数值。

(3) 测绘放大器幅频曲线。

① 低频信号输出 1kHz 正弦波信号，调节低频信号输出幅度，使 V_o 读数为 2V，记录数值。

保持低频信号输出幅度不变，频率为 200Hz，记录 V_o 读数。

保持低频信号输出幅度不变，频率为 100Hz，记录 V_o 读数。

保持低频信号输出幅度不变，频率为 20Hz，记录 V_o 读数。

保持低频信号输出幅度不变，频率为 5kHz，记录 V_o 读数。

② 根据 V_o 数值，画出幅频曲线，如图 4-4-3 所示（图中曲线仅供参考）。

对坐标的 x 轴常用对数（以 10 为底的对数）标定，再将测定的结果在坐标轴上标好，并连成曲线，纵坐标为 V_o（V）最大 2V。

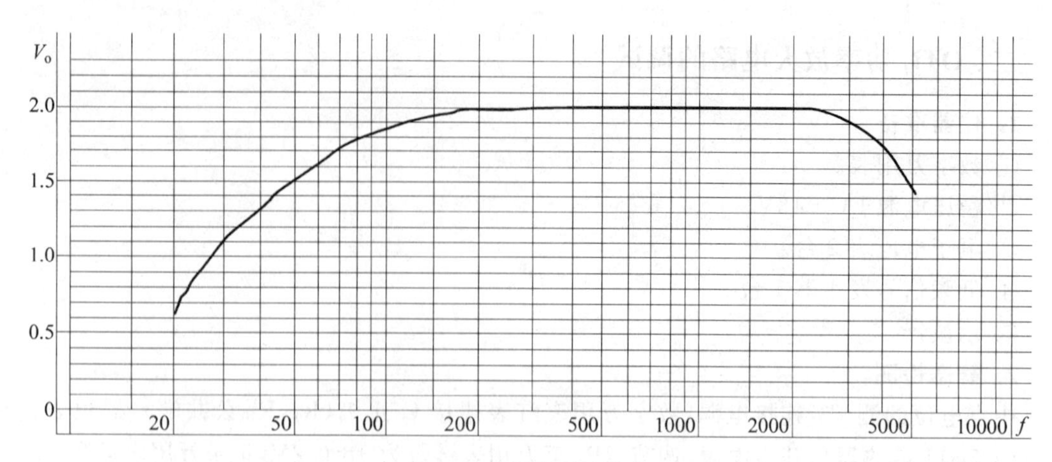

图 4-4-3 幅频特性曲线

三、调试问题解答

在调试过程中会出现各种各样的问题，下面就对初学者在安装调试过程中容易出现的故障介绍一些检查和排除方法。

思路分析：

① 接通电源后，电路不能正常工作，如 R_{12} 电阻冒烟，这表明静态工作电流很大。这主要是由于元件装错而造成的。针对这种情况须检查 V_3、V_4 及 V_2 有关元件是否装错，接线是否有错。

② 接通电源后，电路能工作，后来不知什么原因又不能工作了。这主要由于在调试过程中可能有什么地方短路造成了元件损坏。这时须重点检查接线是否和其他焊接点碰在一起了；如果静态工作电流增大了，就要考虑是否有晶体管损坏了，特别是 V_3、V_4。

③ 中点电压调不到要求数值，须检查 V_1 及相关电阻阻值是否装错。

【技能训练】

测试工作任务书

任务名称	OTL 功率放大电路的调试
任务要求	掌握 OTL 功率放大电路的调试方法，学会用仪器测量信号参数的方法
测试器材	① 数字万用表 ② 稳压电源 DC+18V ③ 电子电压表 2 台 ④ 低频信号发生器 1 台 ⑤ 示波器

测 试 数 据

工作点调试	电源电压	$V_c=$ V	中点	$U_A=$ V	静态电流	$I_c=$ mA
输出调试	输出电压	$V_o=$ V	信号	$f=$ Hz	最大输出功率	$P_o=$ W

续表

放大器输入	输入电压	U_i=　V	信号	f=　Hz	电压放大倍数	A=
频率响应	信号频率	20Hz	100Hz	200Hz	1000Hz	5000Hz
	输出电压					

画频响特性：

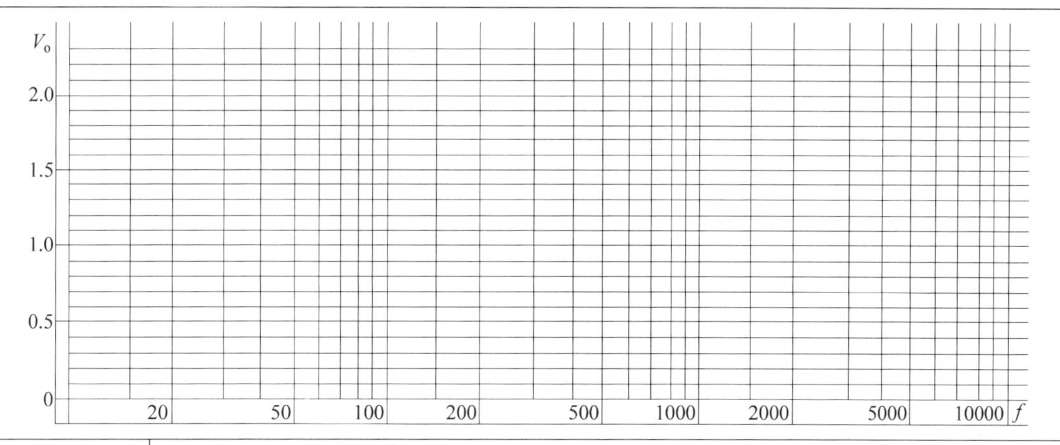

结论	(1) 熟悉 OTL 功率放大电路的结构和原理 (2) 学会 OTL 功率放大电路主要参数的调试方法 (3) 掌握正确的测量方法，以及培养处理数据的能力

任务 4.5　脉宽调制控制电路的调试与测量

脉宽调制控制电路是用对直流电的通/断斩波脉冲进行调制，并改变其导通占每个周期的比例，达到控制输出电压的平均值。即对每个脉冲导通段宽度进行调节，称为脉宽调制，用PWM 表示(M—宽度)。现以此电路为任务，进行调试与测量训练。

【任务要求】

(1) 熟悉脉宽调制控制电路的结构和原理。

(2) 学会脉宽调制控制电路主要参数的调试方法。

(3) 掌握正确的测量方法，以及培养处理数据的能力。

【基本知识】

一、脉宽调制控制电路的组成及原理

1. 脉宽调制控制电路的组成

① 方波——三角波发生电路。由 LF347(TL084)四运放的 D 组及 A 组，电位器 RP_2、RP_3 以及二极管 V_1、V_2，电阻 R_{12}～R_{17}组成。

② 给定信号电路。由 R_1 串 RP_1 以及 R_2，通过 R_3 输入运放的 B 组。

③ PWM 信号发生电路。输入信号通过 R_4 及 R_5 输入运放的 C 组进行波形调制。

④ 整形及功放输出电路。C 点输出波形通过 R_6 输出，到 V_4～V_6 以及 V_3、R_7～R_{11}组成的功放电路至场效应管和小电珠。

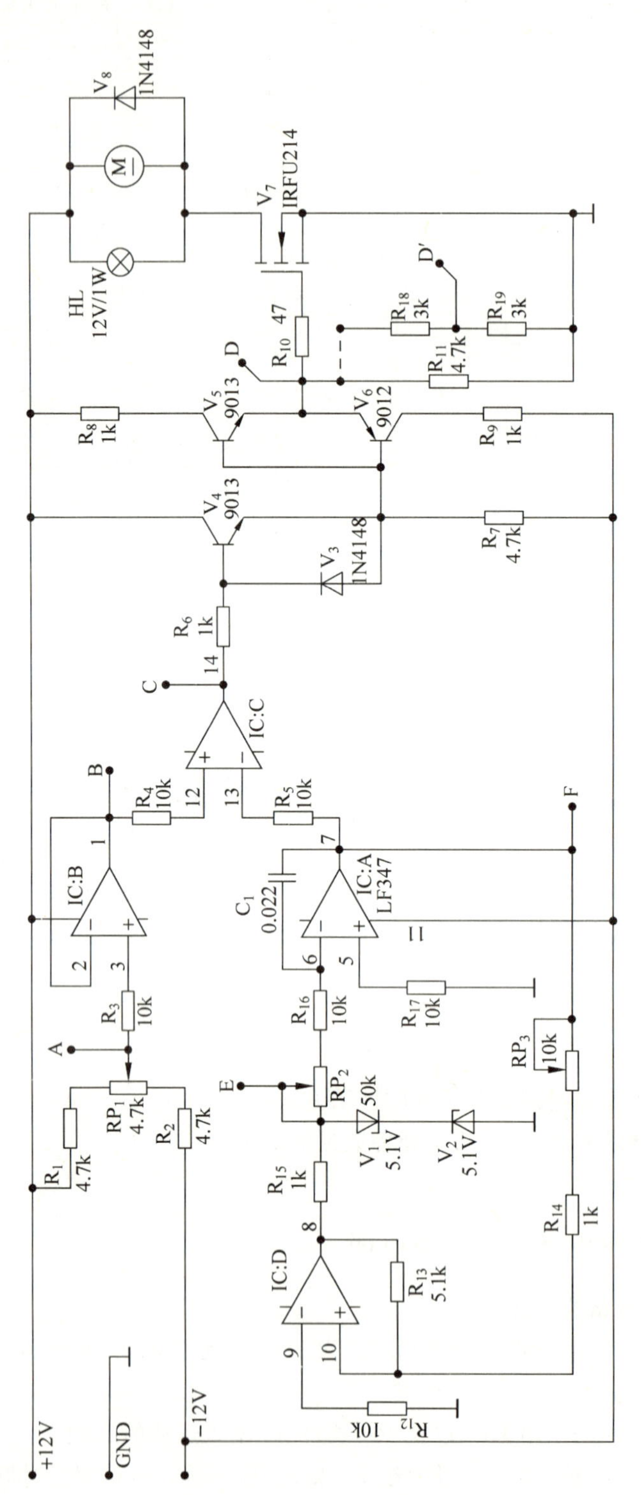

图 4-5-1 脉宽调制控制器图

2. 脉宽调制控制电路的工作原理

电路图如图 4-5-1 所示，其基本原理是一个可调直流电压与一串等腰三角波比较后得到 PWM 信号。

(1) 方波—三角波发生电路。核心元件是运放 LF347(TL084)四运放。共用 14 个引脚，其中，4 脚—+12V，11—−12V。

① IC：B：3—同相输入端，2—反相输入端，1—输出端。

② IC：D：5—同相输入端，6—反相输入端，7—输出端。

构成电压比较器：当⊕>⊖→+12V，⊕<⊖→−12V，⊕=⊖时保持原状态；当⊖=0 时则⊕>0V→+12V，⊕<0V→−12V(⊕为同相输入端电压，⊖为反相输入端电压)。现在由于 7 脚与 8 脚电位差经 R_{13} 及 R_{14} 串 RP_3 分压，将在 IC 的 8 脚产生±12V 方波。

③ IC：A：10—同相输入端，9—反相输入端，8—输出端。

构成积分放大器：其同向端经 R_{17} 接地，反向端接受方波信号。由 V_1/5.1V、V_2/5.1V 及 R_{15} 的限流，使±12V 方波削为±5.8V 方波，为积分做信号源，从 IC：A 的反向端输入，经 (R_{16}+RP_2) * C_1 时在 7 脚得到三角波。当方波为正时，三角波向上积分；反之，在 7 脚得到正、负峰值的等腰三角形，要求为±3V 峰值三角波。由此 RP_3 是三角波幅值调节电位器，RP_2 将改变 C_1 充放电时间常数，可调节三角波的频率，要求 F 点的频率为 1kHz。

(2) 给定信号电路。由+12V 接 R_1/4.7k 串 R_2/4.7k 接−12V，构成给定信号取样电路，可取得−4V 到+4V 的电压，在 RP_1 的活动臂后由 IC：B 组成一个电压跟随器，起变换输入及输出阻抗的作用，因输入阻抗极小，采样电路要提供的信号电流极小，输出很小，但需要能拖动较大的负载，而 A 点与 B 点电位的大小相等。

(3) PWM 信号发生电路。IC：C 构成电压比较器，12—同相输入端，输入给定信号；13—反相输入端，输入等腰三角波信号，14—输出端。

由于比较器的作用，在调节 U_A 时，使 C 点 PWM 波的脉宽发生相应变化。调制脉冲频率由三角波的频率决定。脉宽的大小由 U_A 大小而决定。当 U_A=−3V 时，PWM 为−12V 全截止状态，只有一条水平线而没有方波。当 U_A=+3V 时，PWM 波为+12V 的水平线，处于全导通状态。R_4、R_5 是比较器的输入电阻。

(4) 整形及功放输出电路。由 R_6/1k 限流，V_4/9013 整形，R_7/4.7k 为射极反馈电阻，9013 为 NPN 管型的硅三极管，I_{cm}=500mA、U_{ceo}=50V，工作在开关状态。V_3 反并联在 BE 之间做反向保护，由 V_6/9012 及 V_5/9013 组成推挽预功放驱动电路，两个三极管均工作在开关状态。R_8/1k 及 R_9/1k 为两个三极管的集电极负载电阻。

当 C 点为+12V 时，由 C 点→R_6→V_4 的 B 极→E 极→R_7→−12V，使 V_5 因正偏而导通，就有+12V→V_4 的 C→E→R_7→−12V。在 R_7 上方分支→V_5 的 B→E→R_{11}→地，正偏，使 V_5 导通由+12V→V_5 的 C→E→R_{11}→地，及由 V_5 的 E→R_{10}→V_7 的 G→S 导通，则负载由+12V→HL→V_7 的 D→S→地。

当 C 点为−12V 时，V_4 基极反偏而截止。使 R_7 上方为−12V，则地→R_{11}→V_6 的 E→B→R_7→−12V 正偏导通。又地→R_{11}→V_6 的 E→C→R_9→−12V，使 V_7 的 S→G 反偏而造成 V_7 截止，负载断电(V_7 为增强型 VMOS 场效应管)。

二、脉宽调制控制电路的调试

1. 仪器准备

① 数字万用表。

② 稳压电源 DC±12V。

③ 双踪示波器。

2. 调试步骤

① 三角波频率和波形。

示波器：X、Y 均在校准位置(微调旋钮顺时针旋到底)，耦合：DC，Y：2V/div，X：0.2ms/div，触发 Auto，先确定零电平基线，后接 CH1 于 F 点，CH2 于 E 点。先调整 RP_3(幅度和频率)使 F 点波形电压为±3V±5%、再调整 RP_2(频率)使 f_o=1kHz±5%，记录在测试表格中。

② 在同一张图中画出 F 点、E 点波形。F 点三角波幅值为±1.5 格左右、周期为 5 格，E 点方波幅值为±3 格左右、周期为 5 格。

③ 画出 D 点调制度为 50%的波形图，如图 4-5-2 所示。此波形图会因电路板不同而有所差别。

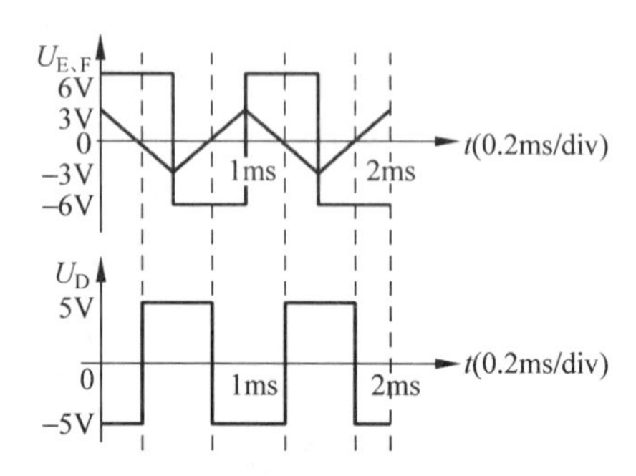

图 4-5-2 F、E 和 D 点波形图

示波器挡位不变，CH1 接 F 点、CH2 改接 D 点，改变 RP_1 电位器使 D 点波形占空比相等，此时以 F 点三角波作为起终电平参照量(与图 4-5-2 F 点三角波对应)时，仅画出 D 点波形图。

④ 观察 D 点调制脉冲，记录调制度分别为 100%、50%、0%时，A 点、D 点、负载两端电压并填入表中。

调制度 100%：改变 RP_1 电位器使 D 点调制脉冲刚好为全高电平(一条线)时(临界状态)，用数字万用表测 A 点、D 点电压及负载两端电压并填入表中。

调制度 50%：改变 RP_1 电位器使 D 点调制脉冲占空比相等时，用数字万用表测 A 点、D 点电压及负载两端电压并填入表中。

调制度 0%：改变 RP_1 电位器使 D 点调制脉冲刚为全低电平(一条线)时(临界状态)，用数字万用表测 A 点、D 点电压及负载两端电压并填入表中。

⑤ 测量给定电压范围和频率可调范围。

给定电压范围：改变 RP_1 电位器阻值从最小到最大，用数字万用表测 A 点对地电压范围并填入表中。

三角波频率可调范围：改变 RP_2 电位器阻值从最小到最大，用示波器测 F 点对应周期范围，再用 $f=1/T$ 换算成频率范围并填入表中。

调试结束应恢复 F 点三角波 f_o=1kHz±5%，U=±3V±5%，以及 E 点方波。

三、问题解答

1. 三角波发生器工作原理、脉宽调制原理及各元件的功能

由双运放 IC:D，IC:A 组成方波—三角波发生器。IC:D 同相电压比较器 5 脚同相输入端电压取决于 E 点电压和 F 点电压的共同作用，7 脚输出方波由稳压管 V_1、V_2 稳定在$\pm U_E$。

IC:A 反相积分器，对输入电压积分，输出电压线性增长，当比较器输出从负突变到正，积分器反向积分，它的输出电压线性下降，当积分器的输入电压到负值，上述过程重复，形成自激振荡。且在E点获得方波输出，F点获得三角波输出，改变 RP_2 可改变三角波频率，改变 RP_3 可改变三角波电压幅值，但频率也会相应发生改变。

IC:B运放组成电压跟随器：具有高输入阻抗，低输出阻抗，输出电压稳定性好的特点。

IC:C运放组成比较器，进行脉冲调制。同相端输入可调直流电压，反相端输入三角波，直流电压大于三角波负电压，比较器工作，输出脉冲电压。输入的直流电压越高，输出脉冲之间间隔越小，当直流电压大于三角波正电压时为100%调制。

由C点输出的调制脉冲电压输入由 V_4 组成的射极跟随器后送到 V_5、V_6 组成的互补射极输出级推动场效应管 V_7 的导通与截止时间来控制负载平均电压的高低(电珠亮度)。

2. 场效应管的特性和应用特点

场效应晶体管是一种与三极管能起相似作用的半导体器件，它与三极管相比具有输入阻抗高，噪声低，热稳定性好的特点，与三极管一样，场效应管也有三个工作区，截止、饱和、放大。场效应管参数中有一个最重要的参数叫开启电压 V_T，漏-源之间刚刚开始形成导电沟道，对于N沟道耗尽型 V_T 是个负电压，对于N沟道增加型 V_T 是正电压，$V_T>0$，一般为3～5V。

反映场效应管控制能力的参数为 G_m 跨导，$G_m=\Delta I_{DS}/\Delta V_{GS}$，是反映输入电压 ΔV_{GS} 引起输出电流 ΔI_{DS} 的能力。

【技能训练】

测试工作任务书

任务名称	脉宽调制控制电路的调试
任务要求	掌握脉宽调制控制电路的调试方法，学会用仪器测量信号参数的方法
测试器材	① 数字万用表；② 稳压电源 DC±12V；③ 双踪示波器

测 试 数 据

三角波频率 f_0	Hz	三角波电压幅值	正 峰	V	负 峰	V
三角波波形图，方波波形图			调制度	100%	50%	0%
0			给定电压A点			
			输出电压D点			
			负载两端电压			

续表

D点调制度为50%的调制波波形图				
	给定电压范围			
0				
	三角波频率范围			

结论	(1) 熟悉三位半A/D转换电路的结构和原理 (2) 学会三位半A/D转换电路主要参数的调试方法 (3) 掌握正确的测量方法,以及培养处理数据的能力

任务4.6　数字频率计电路的调试与测量

数字频率计电路既可以测量外部输入的交流电压信号(此信号的峰值须大于5V)的频率,也可以根据需要对外输出相应频率的交流电压信号(此信号是一个峰值为5V的方波脉冲)。现以此电路为任务,进行调试与测量训练。

【任务要求】

(1) 熟悉数字频率计电路的结构和原理。

(2) 学会数字频率计电路主要参数的调试方法。

(3) 掌握正确的测量方法,以及培养处理数据的能力。

【基本知识】

一、数字频率计电路的组成及原理

1. 数字频率计电路的组成

① 本电路是由显示、输出、内接、外接组成的数字频率计,主要包括三部分:显示、输入输

出、控制电路。

显示电路：由 IC_4～IC_7 四块数字解码、计数、驱动集成电路，DP_1～DP_4 四个七段共阴极数码管和 R_4～R_7 组成。

② 输入输出电路。由 R_3、IC_3A、SA-1、SA-2、V_1、IC_3B、RP_2、RP_3、C_3 组成内接、外接输入输出电路。IC_3-C 构成与非门控制电路，IC_3-D 接成反相器整形输出电路。

③ 控制电路。由 IC_1/4541 及 IC_2/4528 及外围元件组成，IC_1 为振荡控制电路，IC_2 为秒脉冲输出电路。

2. 工作原理

（1）显示电路。电路如图 4-6-1 所示。R_4～R_7 分别为四只七段数码管的限流电阻。

（2）解码计数电路。由 IC_4～IC_7/4026 组成 1～9999 数字解码、计数、输出驱动信号。集成电路 4026 为十进制计数电路，对 CP 脉冲的上升沿计数，当计到 9＋1 时，本身为 0，并从 CO 进位位输出高电平进位。在计数结束后，自动将计数译成七段数码管的共阴显示码。

（3）控制电路。由 IC_1/4541 及 RP_1、C_1、R_1 和 IC_2/4528 及 C_2、R_2 组成控制门的控制脉冲及秒脉冲，从 IC_2 的 6 脚输出，复位清零 IC_4～IC_7 里的数字。RP_1 调节振荡频率：校对控制门的时间为 1s。C_1 为充放电电容，R_1 为放电回路电阻，C_2 和 R_2 组成 RC 振荡电路（1 秒时钟振荡）。IC_1 的 8 脚输出 1 秒钟的低电平，给 IC_2 的 4 脚输入，使 IC_2 的 6 脚输出低电平。1 秒到后，使 IC_2 的 6 脚输出复位清零信号（为尖峰脉冲），关闭 IC_3 的 C 脚控制门。

（4）输入电路。其由 RP_2、RP_3、C_3、IC_3B、SA-1、SA-2、IC_3A、V_1、R_3 及外接信号输入端 IN 组成。

内接：

将转换开关 SA-1、SA-2 拨到内接位置时，此时外接信号输入端 IN、R_3、V_1 短接到电源 GND。IC_3A 接成反相器，3 脚始终输出高电平，送到 IC_3B 的 5 脚。IC_3B、SA-1、RP_2、RP_3、C_3 组成典型的施密特振荡器。其频率计算公式为：$f=1/T=1/(t\omega H+t\omega L)$。$IC_3B$ 的 4 脚输出加到控制门的 8 脚，当 IC_3B 的开门脉冲为低电平时，IC_3B 4 脚的频率信号从 IC_3B 的 10 脚输出。经 IC_3D 反相器整形反相后，一路输出到 IC_7/4026 的 1 脚 CP 口，进行解码、计数、驱动输出。另一路由 OUT 接口输出控制信号。其中 RP_3 为粗调电位器，RP_2 为细调电位器。

外接：

将转换开关 SA-1、SA-2 拨到外接位置时，此时外接信号输入端 RP_2、RP_3、C_3 从 IC_3B 断开，将 IC_3 接成反相器，并将 V_1、R_3 接入 IC_3A 反相器中。当外接信号由 IN 接入时，经 R_3 电阻限流，V_1 削波整形后，从 IC_3A 的 1、2 脚输入。经 IC_3A 反相整形后，由 IC_3A 的 3 脚，经 SA-1 加到 IC_3B 的 5、6 脚，再经 IC_3B 整形反相还原成输入信号，从 IC_3B 的 4 脚输出，加到 IC_3C 控制门的 8 脚。当 IC_3C 控制门 9 脚的开门信号到来时，从 IC_3C 的 10 脚输出，加到 IC_3D 的 12、13 脚，经 IC_3D 整形反相后一路输出送到 IC_7 的 1 脚 CP 口，进行解码、计数、驱动输出，由显示电路显示，另一路由 OUT 输出接口输出。

二、数字频率计电路的检测

1. 仪器准备

① 示波器。

② 稳压电源 DC＋5V。

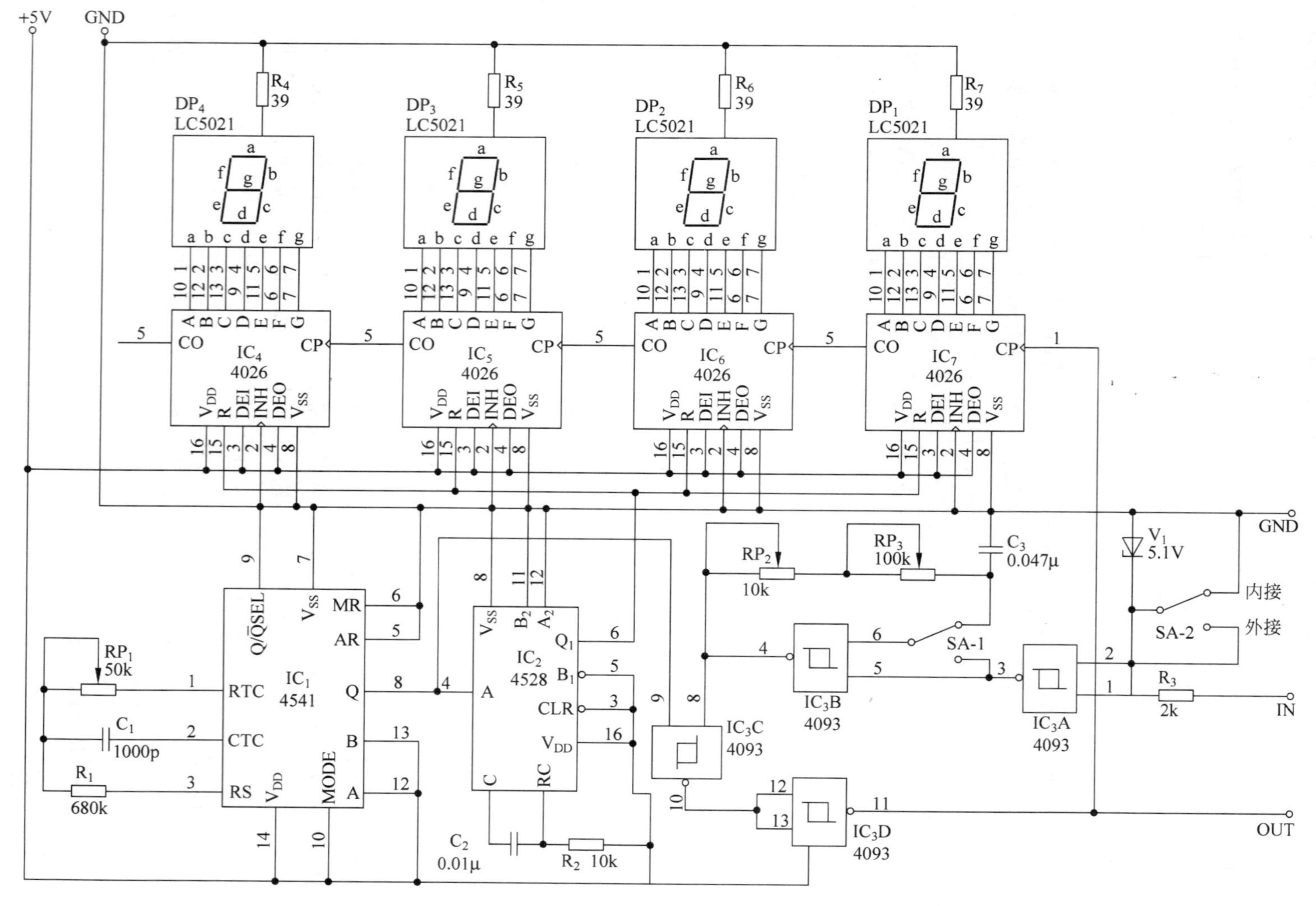

图 4-6-1 数字频率计电原理图

③ 低频信号发生器1台。

2. 检测

① 闸门时间的调整。

频率计输入端接1024Hz、10V_{P-P}基准信号，SA置“外接”（上弹），调整RP_1，使频率计正确读数为1024Hz，记录实测频率值。

② 频率计测量误差的测定。

输入端接4000Hz信号，读频率计显示值并记入表中，计算相对误差。

相对误差：（实测值－标称值）÷标称值×100%

③ 内部振荡器频率覆盖的调整测试。

将SA置“内接”（下按）、RP_3调到阻值为零（顺时针旋到底），调RP_2使频率计读数尽量接近±6kHz，并记入表中，再将RP_3调到阻值最大位置（逆时针旋到底），读出最低频率值，即为频率覆盖。

④ 用示波器接TP_2测试点，观测低频率的波形，并按示波管显示画出电压-时间波形图，记下周期和电压幅值，如图4-6-2所示。此波形图会因电路板不同而有所差别。

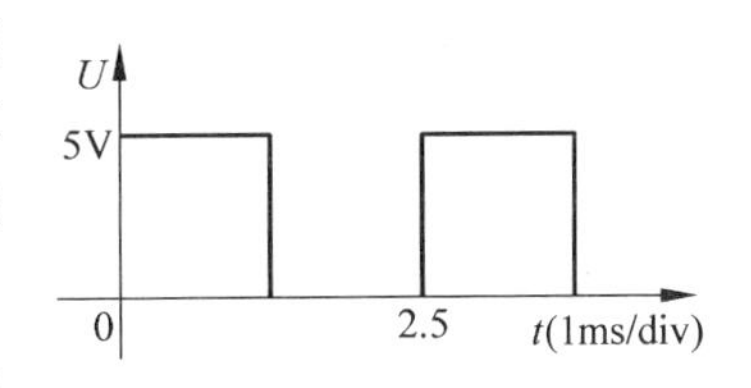

图4-6-2　TP_2测试点波形图

三、问题解答

1. 数字频率计的基本工作原理

IC_1/4541为振荡一定时器，输出经IC_2/4528单稳态触发器控制IC_4～IC_7计数器清零，同时输出经IC_3/4093控制计数闸门。

IC_4～IC_7为十进制计数器，串接成四位计数器，七段译码输出到LED/DP_1～DP_4。IC_3A、IC_3B组成内接RC振荡器。

当IC_1/4541输出Q为正跳变时IC_2/4528输出IC_4～IC_7清零，同时IC_1/4541输出Q使IC_3计数闸门开，IC_7～IC_4计数。

当IC_1/4541输出Q为负跳变时使IC_3计数闸门关，IC_7～IC_4计数停止，数值保持。

当IC_1/4541输出Q为可调对称方波，上述清零、计数、保持过程重复。

输入端接基准信号频率信号，调整RP_1即控制计数闸门时间，本电路可作为频率计使用。

2. 集成电路引脚功能

(1) 4026各引脚功能

1—CP：计数脉冲信号输入口。

2—INH：R口为低电平时，其为高电平，禁止计数；反之为允许计数。

3—DEI：显示允许口，为高电平时禁止显示，为低电平时输出显示码。

4—DEO：显示控制信号输出口。

5—CO：进位位信号输出口，其作用是CP/10计数由CP脉冲上升沿触发输出一个正脉冲。

6—F：七段数码管f笔在高电平点亮输出口。

7—G：七段数码管g笔在高电平点亮输出口。

8—V_{SS}：电源负极。

9—D：七段数码管 d 笔在高电平点亮输出口。

10—A：七段数码管 a 笔在高电平点亮输出口。

11—E：七段数码管 e 笔在高电平点亮输出口。

12—B：七段数码管 b 笔在高电平点亮输出口。

13—C：七段数码管 c 笔在高电平点亮输出口。

14—$\overline{C}$：在片内为 2 时，c 笔为低电平，用该信号做除 60 或 12 用。

15—R：复位信号输入口。

16—V_{DD}：电源正极。

(2) 4528 各引脚功能

1—V_{SS}：电源负极。

2—CX_1/RX_1：1 组振荡脉冲输入口。

3—$\overline{RESET1}$：1 组复位信号输入口。

4—A_1：1 组信号输入口 A。

5—B_1：1 组信号输入口 B。

6—Q_1：1 组输出口。

7—$\overline{Q}_1$：1 组反相输出口。

8—V_{SS}：电源负极。

9—$\overline{Q}_2$：2 组反相输出口。

10—Q_2：2 组信号输出口。

11—B_2：2 组信号输入口 B。

12—A_2：2 组信号输入口 A。

13—$\overline{RESET2}$：2 组复位信号输入口。

14—CX_2/RX_2：2 组振荡脉冲输入口。

15—V_{SS}：电源负极。

16—V_{DD}：电源正极。

(3) 4541 各引脚功能

1—RTC：时钟振荡电路充电电阻接入口。

2—CTC：时钟振荡电路电容接口。

3—RS：时钟振荡电路放电电阻接入口。

4—NC：空脚(无功能)。

5—AR：上电复位口。

6—MR：清零信号输入口。

7—V_{SS}：电源负极。

8—Q：信号输出口。

9—Q/$\overline{Q}$SET：信号输出/反相信号输出选择口。

10—MODE：模态输出口。

11—NC：空脚(无功能)。

12—A：信号输出口 A。

13—B：信号输出口 B。

14—V_{DD}：电源正极。

【技能训练】

测试工作任务书

<table>
<tr><td>任务名称</td><td colspan="3">数字频率计电路的调试</td></tr>
<tr><td>任务要求</td><td colspan="3">掌握数字频率计电路的调试方法，学会用仪器测量信号参数的方法</td></tr>
<tr><td>测试器材</td><td colspan="3">① 示波器
② 稳压电源 DC+5V
③ 低频信号发生器 1 台</td></tr>
<tr><td>测 试 数 据</td><td colspan="3"></td></tr>
<tr><td>闸门时间 1s</td><td>基准频率 1024Hz</td><td colspan="2">实测频率值 Hz</td></tr>
<tr><td>频率测量误差</td><td>被测频率 4000Hz</td><td>实测频率 Hz</td><td>相对误差</td></tr>
<tr><td>内接振荡频率覆盖</td><td>最高频率调整 6000Hz±1</td><td colspan="2">最低频率 Hz</td></tr>
<tr><td>画最低频率电压时间波形图</td><td>周期 ms</td><td colspan="2">电压幅值 V</td></tr>
<tr><td colspan="4">波形图：
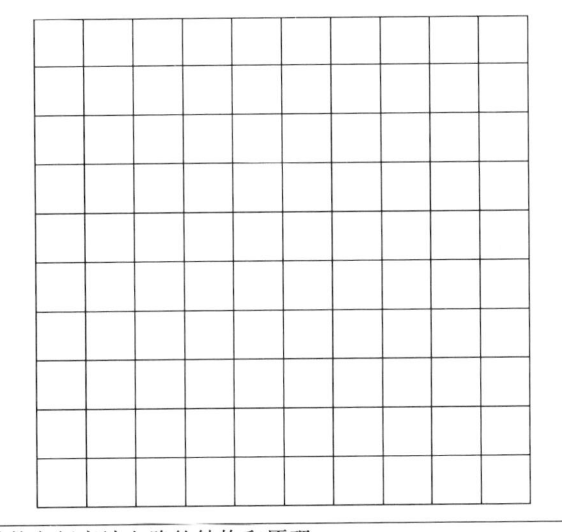</td></tr>
<tr><td>结论</td><td colspan="3">(1) 熟悉数字频率计电路的结构和原理
(2) 学会数字频率计电路主要参数的调试方法
(3) 掌握正确的测量方法，以及培养处理数据的能力</td></tr>
</table>

任务 4.7 交流电压平均值转换电路的调试与测量

交流电压平均值转换电路是将交流电压转变为与有效值等效的平滑直流电压，现以此电路为任务，进行调试与测量训练。

【任务要求】

(1) 熟悉交流电压平均值转换电路的结构和原理。

(2) 学会交流电压平均值转换电路主要参数的调试方法。

(3) 掌握正确的测量方法,以及培养处理数据的能力。

【基本知识】

一、交流电压平均值转换电路的组成及原理

1. 对电路的要求

① 输入信号只能是交流电压,不能包含直流成分。

② 对交流信号电压要采用精密整流电路整流,即二极管死区电压下的部分也能整流。

③ 对整流后的信号要滤波。

④ 要将整流后的平均值修正为有效值。

⑤ 当 $U_i=0$ 时,电路的输出 U_o 也为 0,允许误差在 ±1% 以下。

2. 电路的组成(见图 4-7-1)

① 电源电路:±12V 直流电源。

② 信号输入电路:从 AC-IN 及 GND 输入交流电压。由 C_1/100μF 16V 电解电容对 U_i 进行隔直通交。

③ 精密整流电路:由集成运放 LM358 的 A 组、输入电阻 R_1/10k、接地电阻 R_3/5.1k、反馈电阻 R_2/10k、整流二极管 V_1 和 V_2/IN4148 组成。

④ 有源滤波、反相加法、放大电路:由集成运放 LM358 的 B 组,输入电阻 R_4/10k、R_7/20k,反馈电阻 R_6/20k、RP_1/3.3k,滤波电容 C_2/1μF、C_3/1000P 组成。

⑤ 调零电路:由同相端输入电阻 R_5/1M、R_8/51k、R_9/51k、RP_2/10k 组成。

⑥ 输出电路:从 GND 及 DC-OUT 两端输出整流并处理过的直流信号。

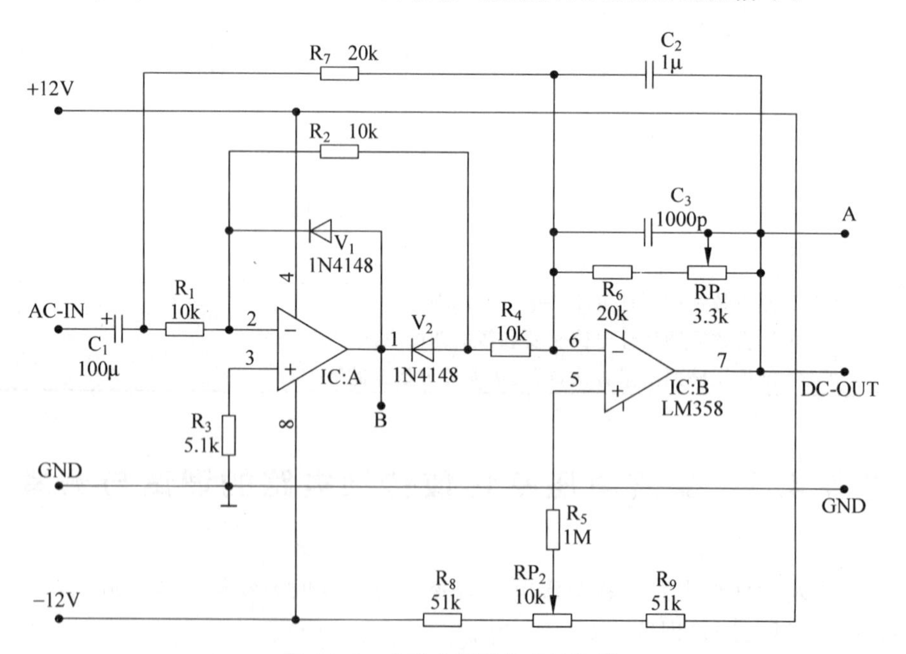

图 4-7-1 交流电压平均值转换器

二、工作原理

1. 集成运放 LM358 简介

其共有 8 只引脚，其中 8 脚为正电源（＋12V），4 脚为负电源（－12V），A 组，2 脚为反相输入端，3 脚为同相输入端，1 脚为输出端；B 组，6 脚为反相输入端，5 脚为同相输入端，7 脚为输出端。

同相输入端指当 U_i 输入信号为正时，输出 U_o 也为正，且当 U_i 增大时，U_o 也增大，即变化的相位相同。

反相输入端指当 U_i 输入信号为正时，输出 U_o 为负，且当 U_i 增大时，U_o 下降，即变化的相位相反。

2. 半波精密整流原理

整流管 V_2 的死区电压 U_F 为 0.5V，则当被测信号 $U_i<0.5V$ 时，V_2 仍截止，信号没有被整流，造成了误差。因此应用运放的极大的开环增益 G 的性能，使死区电压 U_F 缩得很小，到可以忽略不计的程度。当放大倍数 $A=10^5$ 时，$U_F=U_F/V=0.5/10^5=6\mu V$，可以不计，达到精密整流的目的。

② 当 U_i 在正半周时，从反相端输入，则输出 U_{o1} 为负半周，对 V_2 是正偏导通，使 B 点为负半周，而 V_1 反偏截止。

③ 当 U_i 在负半周时，V_1 正偏，使 U_{o1} 引到 2′的虚地为 0V，V_2 反偏截止，此时为半波精密整流电路，并有一次倒相。

3. 反相比例加法器原理

调零电路原理：当 2 无信号输入时，如输出 U_o 不为 0V 时，则对同相端加一个与误差同相位的小信号，来校正输出 $U_o=0V$。

半波整流后电压平均值/有效值比例放大原理：

① 平均值 $\overline{U}$ 与最大值 U_m 关系：

$$\overline{U}=\frac{1}{\pi}U_m=0.318U_m$$

② 有效值 U 与最大值 U_m 关系：

$$U=\frac{\sqrt{2}}{2}U_m=0.707U_m$$

③ 有效值与平均值相差倍数：

$$\frac{0.707}{0.318}=2.22\text{ 倍}$$

④ 半波整流后电压 U_{o1} 经比例放大，波形为再次倒相并放大了 2.22 倍 U_{im} 的半波。

⑤ 比例放大的反馈电阻 R_F：

$$2.22=\frac{R_F}{R_4},\quad R_F=10k\Omega\times2.22=22.2k\Omega$$

⑥ U_i 经 R_7 和 IC：B 放大波形，为倒相的 $\frac{2.22k}{20k}\times U_i$ 的全波。

⑦ $U_{O7}+U_{O4}$ 的输出 U_O：为精密全波整流的有效值。

有源滤波原理：当信号上升时，对电容充电，当信号下降时电容放电补充，极大地减少了输出电压中的纹波。

三、调试方法和步骤

1. 仪器准备

① 稳压电源 DC±12V。

② 函数信号发生器。

③ 双踪示波器。

④ 毫伏表。

⑤ 数字万用表。

2. 调试步骤

(1) 调零

焊接线路板三处开口，短路 AC 输入端，数字万用表接 DC 输出端，开启电源，调节 RP_2，使数字万用表显示为 0.000V，记录数值，保留三位小数。

(2) 满量程调整

低频信号发生器连接 AC 输入端，调节低频信号发生器输出 100Hz、1V 信号，调节 RP_1 使 DC 端的数字万用表显示为 1.000V，记录数值，保留三位小数。

(3) 线性测量

调节低频信号发生器使输出为 100Hz，使 AC 数字电压表读数分别为 20mV、200mV、0.5V，同时，分别记录 DC 端数字万用表显示的电压值。

$$相对误差 = (X - A) \div A \times 100\%$$

其中，X 为 DC 端数字万用表显示值，A 为 AC 端的输入电压值。

记录计算结果。

(4) 频响测量

调节低频信号发生器使其输出电压为 1V，频率分别为 20Hz、5kHz，分别记录 DC 端的数字万用表显示值，计算示值误差。

$$示值误差 = (X - A) \div X \times 100\%$$

记录计算结果。

(5) 波形测绘

调节低频信号发生器使其输出 100Hz、1V(有效值)信号，示波器 CH1：1V/div，1ms/div；CH2：1V/div，1ms/div，CH2 始终接输入信号端，但不显示波形，"触发源"接 CH2，观测下列四种情况中 DC 输出端的波形，如图 4-7-2 所示。

① 断开 R_7、C_2 两处开口，记录波形(CH1 输入方式：DC)。

② 连接 R_7，断开 R_4、C_2 两处开口(CH1 输入方式：DC)。

③ 连接 R_4、R_7，断开 C_2(CH1 输入方式：DC)。

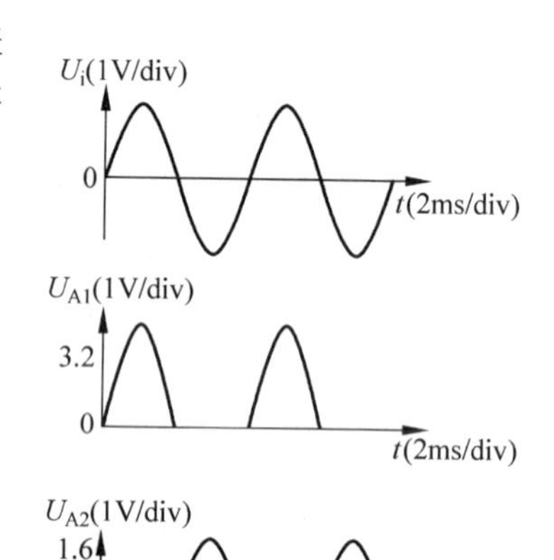

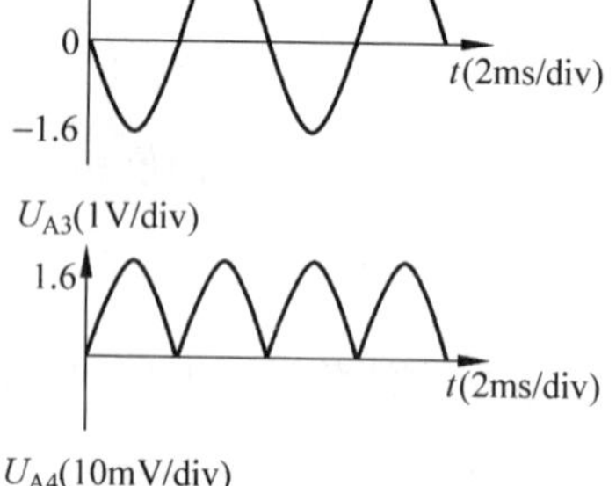

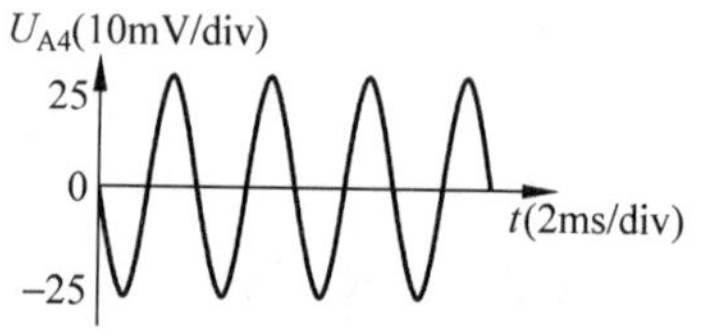

图 4-7-2 输出波形图

④ 把各开口全部连接好(CH1 输入方式：AC,20mV/div)。

此波形图会因电路板不同而有所差别。

四、元器件作用及常见故障分析

1. 各元器件作用

LM358：高输入阻抗二运放，作为开环放大及比例放大器。

C_1：对输入交流电压起隔直流的作用。

R_1，R_3：是 IC∶A 比例放大器的输入电阻。

R_2：是 ICA 的反馈电阻。

R_7：是 ICB 反相端输入 U_i 正弦信号的输入电阻。

R_4：是 ICB 反相端输入精密整流负半周信号的输入电阻。

V_1，V_2：整流二极管。

RP_1，R_6：是 IC∶B 比例放大器的反馈电阻。

RP_2，R_5，R_8，R_9：为比例放大器同相端调零电阻，保证在无信号输入时输出为 0V。

C_3，C_2：对转换后直流电压中的纹波电压起滤除作用。

2. 常见故障

① 不能调零。先查调零电路与±12V 电源连接是否正常、RP_2 电位器有无短路断路现象；如调零电路正常，当输入为 0 时，输出的电压接近±12V 电源电压，且不可调零，可认为运放 LM358 损坏。

② 如果电路中+12V-12V-GND 线接错直接会导致运放 LM358 损坏。

③ 不能调 1V。如电路既不能调零又不能调 1V，基本认为 LM358 损坏；如能调零不能调 1V，可能输入电压不是 1V，或者电位器 RP_1 有问题，也有可能半波精密整流电路中 V_1、V_2 有问题或 ICA 运放电路损坏。

【技能训练】

测试工作任务书

<table>
<tr><td>任务名称</td><td colspan="5">交流电压平均值转换电路的调试</td></tr>
<tr><td>任务要求</td><td colspan="5">掌握交流电压平均值转换电路的调试方法，学会用仪器测量信号参数的方法</td></tr>
<tr><td>测试器材</td><td colspan="5">① 稳压电源 DC±12V
② 函数信号发生器
③ 双踪示波器
④ 毫伏表
⑤ 数字万用表</td></tr>
<tr><td colspan="6">测 试 数 据</td></tr>
<tr><td>输入电压</td><td>20mVrms</td><td>200mVrms</td><td>0.5Vrms</td><td>1Vrms</td><td>0Vrms</td></tr>
<tr><td>读　　数</td><td></td><td></td><td></td><td></td><td></td></tr>
<tr><td>相对误差</td><td></td><td></td><td></td><td></td><td></td></tr>
<tr><td rowspan="2">测量频带两端的示值误差</td><td>输入频率</td><td>示值误差</td><td>输入频率</td><td colspan="2">示值误差</td></tr>
<tr><td>20Hz</td><td>%</td><td>5kHz</td><td colspan="2">%</td></tr>
</table>

续表

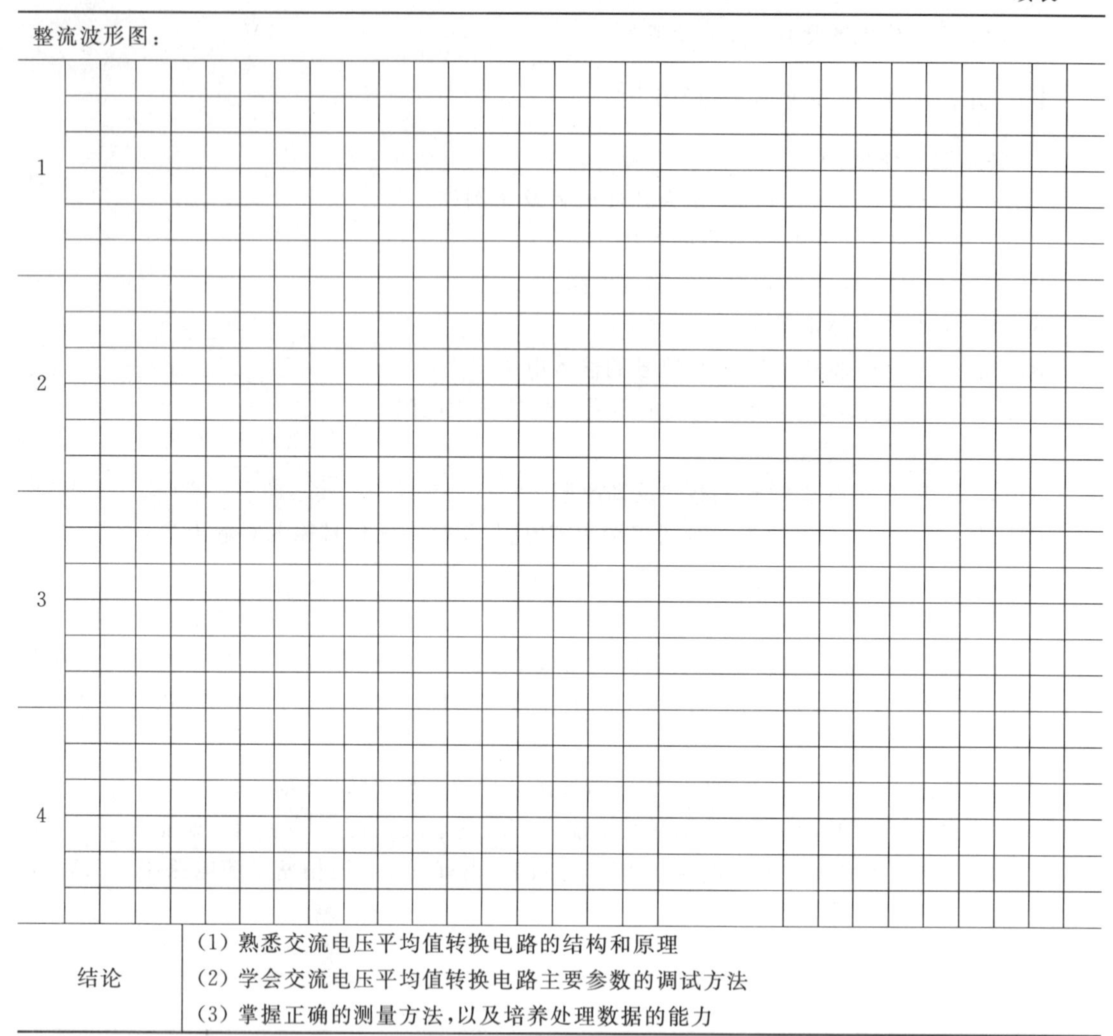

整流波形图：	
1	
2	
3	
4	
结论	(1) 熟悉交流电压平均值转换电路的结构和原理 (2) 学会交流电压平均值转换电路主要参数的调试方法 (3) 掌握正确的测量方法，以及培养处理数据的能力

任务 4.8　可编程定时电路的调试与测量

可编程定时电路是一种可按预定数自动定时、发出报警信号的可调定时器，是可以从 6 秒到 54 秒可调的数字式定时器，又可用四位编码器输入一位十进制的预置数，以定时时钟脉冲为单位进行加减自动计数，当加到 9 或减到 0，自动发出信号。现以此电路为任务，进行调试与测量训练。

【任务要求】

(1) 熟悉可编程定时电路的结构和原理。

(2) 学会可编程定时电路主要参数的调试方法。

(3) 掌握正确的测量方法，以及培养处理数据的能力。

【基本知识】

一、可编程定时电路的组成及原理

1. 对电路的要求

① 要一片可逆可预置数码的一位 BCD 码输入的计数器集成电路 4029。

② 要一片可将 BCD 码进行译码/驱动/锁存的集成电路 4543。

③ 要一位七段共阳极的 LED 数码管。

④ 要一组四挡小型预置拨动开关 S_1。

⑤ 要二只小型按钮作为计数、预置和开始、加或减计数的选择开关。

⑥ 要一个作为计数脉冲源的方波发生器,周期为 6 秒,频率为 1/6Hz。

⑦ 要一个报警用脉冲源的多谐振荡器,频率为 1~2kHz。

⑧ 要一个作为报警用的扬声器(蜂鸣器)。

2. 电路的组成及主要元件作用

图 4-8-1 为电路原理图。

① IC_1:CD4543 是一片可把输入的四位二进制数翻译成一位十进制共阳极显示码的译码、锁存、驱动集成电路,可直接带一只由 LED 组成的七段数码管。

② IC_2:CD4029 是可预置可逆的输出一位十进制 BCD 码或四位二进制数的计数器集成电路。有 16 只脚,R_6、R_7、R_8、R_9、R_{10}、R_{11}为输入信号下拉电阻。

③ QP:为共阳极七段 LED 发光二极管组成的上、下 10 引脚数码管(共阳极)。R_5/100Ω/1W 为数码管限流降压电阻。

④ IC_3:CD4011 是四组双输入的与非门集成电路。

- 由 IC_3A 及 IC_3C,与 R_2/200k、C_1/2000p 组成蜂鸣器脉冲源的脉冲发生电路。
- 报警输出电路由功放基极电阻 R_1/4.7k、三极管 V_1/9013 及扬声器(蜂鸣器)组成。
- 由 IC_3B 及 IC_3D,RP_1/500k、C_2、C_3/47μF(电解电容反串联)和 R_{12}/1M 组成计数器计数时钟脉冲发生电路。多圈电位器 RP_1/500k 起调节计数时钟脉冲周期的作用。

⑤ 编码器 S_1:由四只小开关组成(四个开关表示四位二进制数)。

⑥ 4029 的外围电路:R_7~R_{10}/5.1k 是四个预置数口的下拉电阻,使该口接地。R_6、R_{10}/10k 是读数/计数和加/减计数切换控制口的下拉电阻。

⑦ SA_1 为预置数/计数控制开关:常开时使 4029 的 1 脚接地,开启计数功能;常闭时使 4029 的 1 脚接正电源,开启预置数功能。

⑧ SA_2 为加/减计数的切换开关:常开时使 4029 的 10 脚接地,开启减计数功能;常闭时使 4029 的 10 脚接正电源,丌启加计数功能。

3. 工作原理

(1) 计数器 4029 各引脚功能。

1 脚 $P/\overline{E}$:P 高电平为预置,$\overline{E}$ 低电平为计数。

5 脚$\overline{CI}$:输入低电平为允许计数(即低电平有效)。此电路中 5 脚已接地,即低电平已选通。

9 脚 $B/\overline{D}$:B 高电平为二进制计数,$\overline{D}$ 低电平为十进制计数。此引脚在本电路中接地,即已设定为十进制计数。

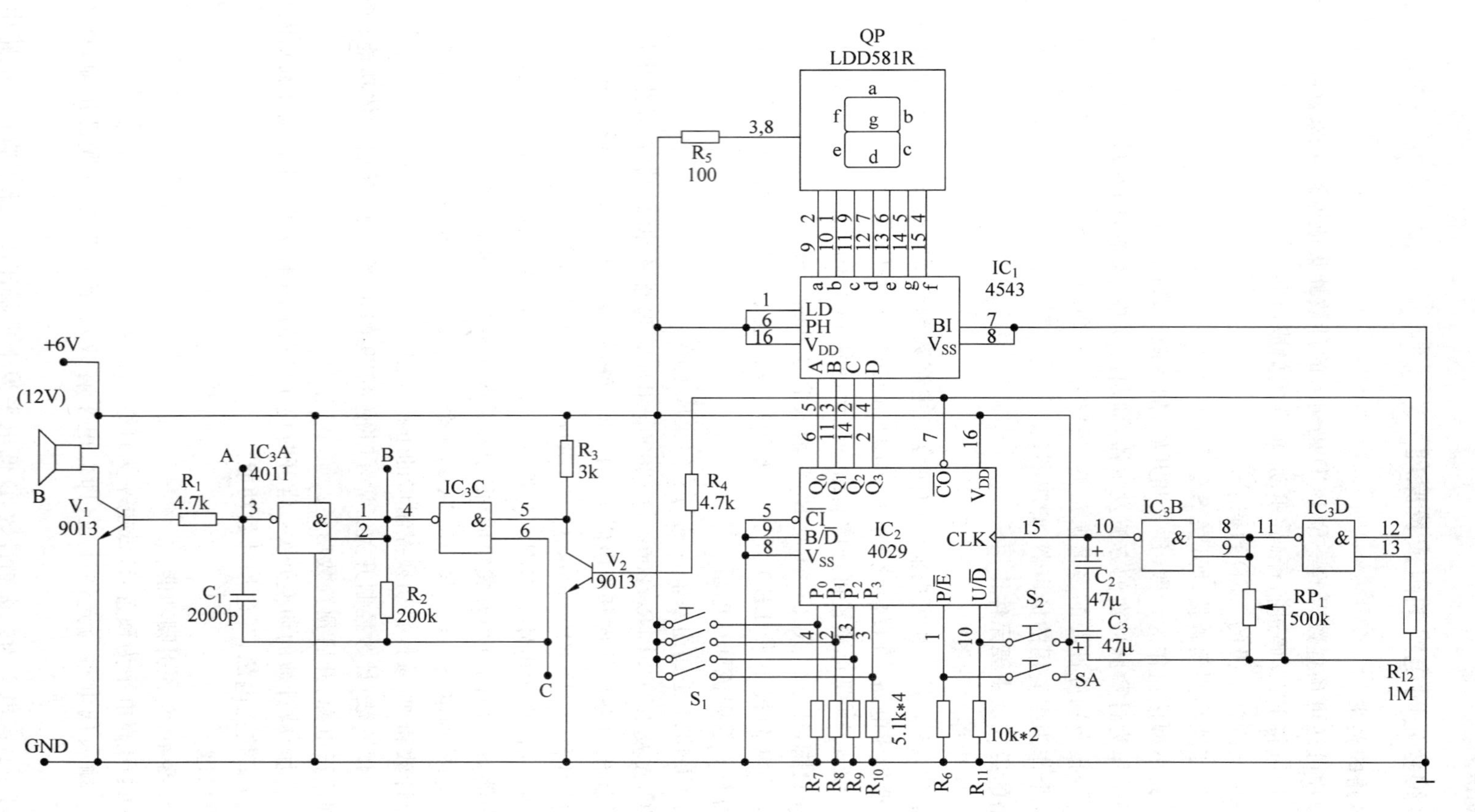
QP
LDD581R
IC1
4543
IC2
4029
IC3A
4011
IC3B
IC3C
IC3D
R1
4.7k
R2
200k
R3
3k
R4
4.7k
R5
100
RP1
500k
R12
1M
C1
2000p
C2
47μ
C3
47μ
5.1k*4
10k*2
V1
9013
V2
9013
S1
S2
SA
+6V
(12V)
GND
A
B
C

图 4-8-1 可编程定时器

10 脚 $U/\overline{D}$：U 高电平为加计数，$\overline{D}$ 低电平为减法计数。

15 脚 CLK：计数脉冲信号输入口。

7 脚$\overline{CO}$：进借位端，进借位有溢出输出低电平，进借位不溢出则输出高电平。此引脚在本电路中作为两个脉冲发生电路起振和停振的控制信号，加至 9 及减至 0 时 7 脚$\overline{CO}$输出低电平。

2、14、11、6 脚分别为 BCD 码 Q_3、Q_2、Q_1、Q_0 四个输出端，当以十进制计数器进行预置或计数时，由这一组输出相应 BCD 码信号。

3、13、12、4 脚(P_3、P_2、P_1、P_0)为 BCD 码四位预置数输入端。

16 脚 V_{DD}：电源 6V 的正极。

8 脚 V_{SS}：电源 6V 的负极。

(2) 预置工作原理。按下 SA_1(常闭)使 1 脚为高电平，电路为预置状态，由编码器 S_1 的通断状态所设定的四位二进制数(BCD 码)进入 P_3、P_2、P_1、P_0 四位预置数输入端，4029 读数并送到 Q_3、Q_2、Q_1、Q_0 四个输出端。例如，S_1 的小开关 1、4 接＋6V，2、3 不接，则四位二进制数为 1001，即为十进制数 9。当 S_1 中某小开关不通＋6V 时，该输入端经 5.1k 电阻接地，保护输入口不会悬空而状态不定。在操作时先预置好小开关的位置，再按一下 SA_1，读入预置值。

放开 SA_1 则 1 脚为低电平，4029 为计数状态。

(3) 定时、计数工作原理。

① 定时原理是对同等周期脉冲的计数，总定时时间 T 等于一个脉冲的周期时间 T_1 乘以所计的脉冲数 N，即

$$T = T_1 \times N。$$

② 计数工作原理：当 4029 的 1 脚($P/\overline{E}$)端输入高电平，且 7 脚$\overline{CO}$没有进位为高电平，使时钟脉冲发生电路开始振荡产生周期为 6 秒的脉冲，输入 15 脚 CLK，4029 开始计数；如 10 脚低电平作减法计数，高电平作加法计数；每从 CLK 端输入一个 6 秒脉冲，4029 加/减计数一次。

当加至 9 或减至 0 时，7 脚$\overline{CO}$由高电平变为低电平，使时钟振荡电路停振，并使报警振荡电路起振发出报警蜂鸣器。

定时前先由 S_1 按 8421BCD 码预置好定时值，加法预数 $N=9-T/T_1$，减法预置数 $N=T/T_1$。

(4) 锁存/译码/驱动集成电路 4543 工作原理。8 脚为电源负极，16 脚为电源正极，电源电压 DC 为 6～12V，现用 6V。

1 脚 LD 接高电平时输出为七段的 0～9 显示码。

6 脚 PH 对共阳极 LED 数码管时接高电平，对共阴极 LED 数码管时接低电平，如用液晶显示要接 50～100Hz 方波信号。

7 脚 BI 低电平时为工作输出，高电平时无输出，为消隐状态。

5、3、2、4 脚为一组 A、B、C、D 显示 BCD 码输入端，A 为最低位，D 为最高位。

9、10、11、12、13、15、14 脚为一组七段显示码输出端，驱动接正的共阳极数码管时，此七脚输出为低电平有效，并分别对应七段数码管的 a、b、c、d、e、f、g 七只引脚。

4543 将新输入的 BCD 码锁存在片内 RAM 中，再经译码电路翻译成七段显示码，再对每个输出信号进行放大，增大了驱动显示数码管的能力，再由 9～15 的七个端口输出(见表 4-8-1)。

表 4-8-1 输入 BCD 码与显示码的对应关系

输入 BCD				数码管的输入								显示码
D	C	B	A	DP	a	b	c	d	e	f	g	
0	0	0	0	1	0	0	0	0	0	0	1	0
0	0	0	1	1	1	0	0	1	1	1	1	1
0	0	1	0	1	0	0	1	0	0	1	0	2
0	0	1	1	1	0	0	0	0	1	1	0	3
0	1	0	0	1	1	0	0	1	1	0	0	4
0	1	0	1	1	0	1	0	0	1	0	0	5
0	1	1	0	1	0	1	0	0	0	0	0	6
0	1	1	1	1	0	0	0	1	1	1	1	7
1	0	0	0	1	0	0	0	0	0	0	0	8
1	0	0	1	1	0	0	0	0	1	0	0	9

(5) 计数时钟脉冲发生电路原理。该电路是由反相器、与非门(IC_3B 与 IC_3D)组成的多谐振荡器。

当 4029 的 7 脚输出 0 时,IC_3D 11 脚输出为 1,8 与 9 脚也为 1,10 脚输出 0 电平,电路停振(不产生脉冲)。由于 8 与 9 为高电平,10 为低电平,因此开始 8 与 9 经 RP_1 对 C_3、C_2 到 10 脚充电,C_3 正极电位升高至 13 脚为 1 输入。

当 4029 开始计数时 7 脚为 1,使 4011D 组的门控位 12 脚打开(12 脚为高电平输入),由于 12、13 脚都为 1,11 脚输出为 0,即 8、9 脚输入,10 脚输出 1。此时 10 脚对 C_2、C_3 经 RP_1 至 8、9 脚反相充电使 13 脚电位按指数规律下降。当小于与非门的阈值电压时,即 13 脚为 0,11 脚输出为 1,8 与 9 脚也为 1,10 脚为 0,8 与 9 脚经 RP_1 对 C_3、C_2 到 10 脚充电,13 脚电位按指数规律上升,当大于与非门的阈值电压时,13 脚为 1,11 脚输出又为 0,10 脚输出为低电平 0,又重复以上充电过程。

如此反复,10 脚输出为方波脉冲,即为计数时钟脉冲,通过调节 RP_1 可调整周期为 6 秒。

(6) 报警振荡脉冲发生电路原理。该电路是由反相器、与非门(IC_3A 与 IC_3C)组成的多谐振荡器。

工作过程与计数时钟脉冲发生电路相似。A 点输出方波脉冲,C 点输出锯齿波,B 点输出与 A 相位相反的方波。该电路的周期为固定值,由 R_2、C_1 决定。

二、调试方法和步骤

① 计时、定时、报警功能调试正常。

稳压电源调至 6V,然后关闭电源,连接电源线、喇叭线。

开启电源,电路功能检查:SA_1 断开(上弹)计数、接通(按下)置数。SA_2 断开,(上弹)减法、接通(按下)加法。S_1 四位 BCD 码(8421)预置数开关,往上置“1”、往下置“0”。

测试:计数,加法 0~9、减法 9~0,置数 0~9。加法至 9、减法至 0 喇叭报警,计数停止。测试结果填入表中。

② 调整时基振荡器频率(周期)1/6Hz(6 秒),记入表中。

方法:减法计数至数字显示“0”,看准手表秒针按下 SA_2 转为加法,数码从“1”开始计数至

"9",该时间通过调整 RP_1 为 48 秒。RP_1 多圈电位器顺时针旋转电阻增大,频率降低,周期增加;逆时针旋转电阻减小,频率上升,周期减小。

③ 测绘 a、b、c 三点电压波形图,计算报警时的振荡器振荡频率。

示波器:X、Y 均在校准位置(微调旋钮顺时针旋到底),耦合:DC,Y:2V/div;X:0.1ms/div,触发 AUTO,确定 CH1、CH2 零电平基线。

先置 CH1 探头测 a 点,CH2 探头测 c 点。后改变 CH1 探头测 b 点,CH2 探头继续测 c 点。画出波形图,如图 4-8-2 所示(此波形周期会因电路板不同而有所差别,图中波形仅供参考)。注意 b 点波形与 a、c 点波形相反。根据波形图 a、b、c 任意一周期计算报警振荡器的振荡频率:

$$T=\frac{X}{\text{div}}\times 0.2\text{ms/div},\quad f=1/T$$

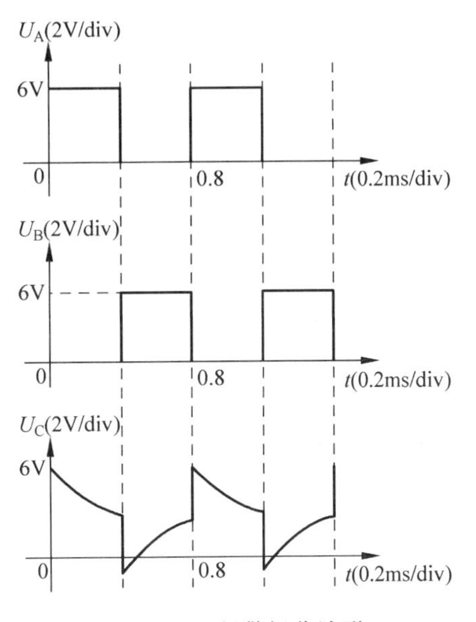

图 4-8-2 报警振荡波形

三、常见故障分析

1. 不能预置数或预置数不正确

先查拨码开关 S_1 有无短路现象,与+6V 电源及 4029 的 3、4、12、13 脚是否连接好。再查预置数开关是否损坏,如以上都正常则可判定集成电路 4029 损坏。

2. 不能加/减计数

先查计数时钟脉冲发生电路是否起振,主要是查 RP_1 及 4011,且两者连接是否良好;如电路能起振,4029 的 15 脚有计数脉冲,且 SA_1 计数功能开关正常,可判定 4029 已损坏,不能计数。

3. 数码管无显示或显示不正常

在确定 4029 工作正常后,先查数码管型号,再查 3、8 脚与正极电源的连接,查数码管各脚与 4543 连接是否正常,如以上情况都好,则可判定集成电路 4543 或其周围连线有问题。

4. 预置、加/减计数及显示正常,但无报警振荡波形

当加计数至 9 或减计数至 0 时,查 4029 的 7 脚是否为低电平输出;如是,查三极管 V_2(9013)基极与集电极电平,判断三极管是否损坏;如三极管良好,一般可认为 4011 的 A 组与 B 组损坏或报警振荡电路的阻容电路有问题。

5. 有报警振荡波形,但扬声器(蜂鸣器)没声音

主要查三极管 V_1(9013)是否错装或已损坏。

【技能训练】

测试工作任务书

任务名称	可编程定时电路的调试
任务要求	掌握可编程定时电路的调试方法,学会用仪器测量信号参数的方法
测试器材	① 示波器 ② 稳压电源 DC+6V

续表

测试数据			
项　　目	计时：0.1～0.9 分	定时预置 0.1～0.9 分	报警
功能检查			
时基振荡频率(周期)	Hz　　s	报警振荡频率	kHz
	RC 振荡器波形图：		
A 点			
B 点			
C 点			
结论	(1) 熟悉可编程定时电路的结构和原理 (2) 学会可编程定时电路主要参数的调试方法 (3) 掌握正确的测量方法，以及培养处理数据的能力		

项目小结

本项目进行的主要训练内容是综合前面多个任务的单个训练，采取实战的方式来完成一个个具体的有代表性的电子测量任务，具体任务有串联型晶体管稳压电路的调试与测量、场扫描电路的调试与测量、三位半 A/D 转换电路的调试与测量、OTL 功率放大电路的调试与测量、脉宽调制控制电路的调试与测量、数字频率计电路的调试与测量、交流电压平均值转换电路的调试与测量、可编程定时电路的调试与测量。

明确要获得的测量数据，根据任务的要求选择适当的测量仪器、仪表，采用正确、合适的测量方法。

思考与训练

1. 场扫描电路中调节 RP_1、RP_2、RP_3 起什么作用？
2. 说明场扫描电路中的补偿原理。
3. 说明场扫描电路中各元器件在电路中的作用。
4. 简述7107A/D转换器工作原理。
5. 简述A/D转换器外接元件的功能。
6. 简述A/D转换器中负电源产生电路的工作原理。

项目5

电子电路检修技术

【项目描述】

电子电路、电子设备在调试或使用中，经常会出现一些故障，如何快速而准确地查找并排除故障，使电路正常工作，不但要具备电路的理论知识，还需要掌握一定的检修方法、技巧与经验。在通过常见单元电路、整机、实用小电路的故障检修分析实例以及电子电路的检修训练后，逐渐积累检修经验，掌握维修技能。

【学习目标】

(1) 掌握电子电路故障诊断的几种常用方法。

(2) 掌握排除电子电路故障的方法。

(3) 掌握常见单元电路故障检修分析方法。

(4) 掌握常用电子整机(信号发生器、毫伏表、示波器)故障检修方法，并能分析排除常见整机故障。

(5) 掌握无线电中级工八个功能电路的检修方法，并能分析排除出现的故障。

【能力目标】

(1) 能掌握电子电路故障诊断与排除的基本方法。

(2) 培养正确诊断、分析、排除电子电路常见故障的能力。

(3) 具有一定的电子整机故障分析、检修能力。

任务 5.1 电子电路故障诊断与排除

【任务要求】

(1) 了解电子电路故障产生的原因。

(2) 掌握诊断电子电路故障的 13 种方法。

(3) 掌握排除电子电路故障的步骤与方法。

(4) 能应用各种仪器仪表测量、调试电路，分析数据。

【基本知识】

一、电子电路故障诊断

电子电路在调试过程中，通常会遇到元件的缺陷和安装错误所引起的故障；在使用过程中，由于种种原因，电子设备通常也会出现故障。诊断这些故障产生的具体部位，分析这些故障产生的原因，排除这些故障，使电子设备或电子电路正常工作，这些就是电子技术的主要技能。

1. 引起故障的原因

(1) 故障产生的原因。电路故障按其产生的原因大体上可以分为三类：内部故障、人为故障和外部故障。

外部故障：是指外界强电(磁)波的干扰、电源电压过低或过高等所引起的电路失效。

人为故障：是指用户使用不当，操作失误，错误调整等所造成的故障。例如，220V 和 110V 电源误插；由于用力过猛或方法不正确，造成各种旋钮的破碎、波段开关的损坏；电子设备中的可调部件(如可调电感和可调电阻等)调整不当、使用不当、保养不当等。

内部故障：是指电子电路的元器件自然失效而引起的故障。例如，偶发性失效、磨损失效、衰老性失效。

(2) 常见电子电路故障的类型。开路故障：因为焊点的漏焊、虚焊，元件错位或方向错误，印制线与焊盘断裂，元件过流、烧断等，使应该接通的没有接通。

短路故障：由于焊点的搭锡，印制电路板上工艺线的残留，元件引脚相碰，元件过压而击穿，电源线路短路造成整流、稳压元件的短路等，使不该接通的接通了。

接触不良：由于接点不紧密、虚焊，器件引脚的氧化等，使线路似通非通，造成接地电阻过大而发热。

漏电：原因是板面油污、受潮，绝缘过热而碳化或破损等。

过热：原因是接触不良，电流过大(过载)，电压过高或过低。

干扰：由电源线中或空中串入的非正常杂波造成电子设备工作失常。

元件性能变坏：由于使用或误操作，元件本身的质量不良，寿命已到等。

2. 故障诊断的一般程序

(1) 了解电路运行情况，初步判断故障产生的原因。了解电子电路损坏前有何现象，例如杂音多、无声、无图像、发热冒烟、显像管荧屏上仅有一条亮线等。

在通电前观察电子电路有无明显的故障处。例如元器件的短路、烧坏以及损坏、脱落等明显痕迹。

(2) 分析工作原理，缩小诊断范围。要设法查到相关电路图及印制电路接线图。了解电路结构，用单元电路模块化和功能块流程图分析整个电器包含几个单元电路，进而分析故障出在哪一个或哪几个单元电路中。这样，就有可能缩小搜索范围。

(3) 利用电子仪器和仪表查明故障原因。通过试听、试看、试用等方式加深对电子电路故障的了解，设法接通电源，拨动各有关开关、插头插座，转动各种旋钮，仔细倾听输出的声音，观察显示出来的图像等。同时对照电路图，分析判断出可能引起故障的地方。试用电子设备过程中要特别注意是否有各种严重损坏的现象，如设备冒烟、发火、爆裂声和显像管上仅有一个极亮的光斑、光点等。如产生这些就应立即切断电源，进一步查明原因。

(4) 故障的排除。故障原因及故障元器件查明后，应立即对故障做出相应的处理：该拆的拆，该修的修。但应注意，对于损坏不严重的元器件，应尽量修复，少换或不换元器件，以降低维修费用。对于勉强修复且大不如前者，应当机立断换上新的元器件。

(5) 电路的调试。故障排除、设备修复后，应对整机进行调试，观察其运行情况，校验其性能参数，基本符合正常运行要求后方可投入使用。

3. 故障诊断的方法

故障诊断是检修电子电路的关键，其任务是查出故障的根本原因。故障诊断的方法很多，但各种方法是相辅相成、互相补充的。下面介绍常用的几种方法。

(1) 直观法。直观法是指用目视、手摸、耳听、鼻闻等办法直接查出已损坏的元器件，从而排除故障的方法。

①目视：先观察被修电器设备面板上的开关、旋钮、度盘、插口、接线柱、指示电表和显示装置、电源插线、熔丝管、插塞、散热器等有无松脱、滑位、卡阻、断线；电池夹、电池弹簧是否被电池中溢出的液体锈蚀；电容爆裂、电解电容有否溢出电解液的痕迹；电阻烧焦；微调电阻金属部件锈蚀、冒烟；各种线头脱落、霉断；电阻、三极管等有无开裂或断脚；熔断器的熔体是否熔断及熔断的情况；印制电路板上的铜箔是否翘起，元器件及集成电路各脚之间是否短路或脱焊；电视机行输出变压器塑料外壳有裂痕；有放电火花、冒烟；扬声器纸盆破损及异物落入扬声器内；插头松落等。

② 手摸：用手触摸变压器及通过大电流的电阻、三极管、二极管等元器件，可能发现某些元器件异常发烫，这些元器件本身很可能就是坏的，或相关电路有故障。

③ 耳听：电路故障时的声音与正常时是有区别的，所以通过听它们发出的声音情况(强还是弱，有无噪声等)，可以大致地推断故障的类型、性质和部位。

④ 鼻闻：闻故障电路是否因电流过大而产生异常气味。如果有，应及时切断电源检查。

(2) 替代法。替代法是在确定故障范围后，将故障范围内所怀疑的元器件用同规格、同型号的合格元器件代替。如果某元器件一经替换，故障排除，则替换下来的就是故障元器件。所以替代法是确切判断某个元器件是否失效或不合适的最为有效的方法之一。替代法适用于以下两种情况：第一种情况是，用观察法发现有发热、损坏、破损等现象，在排除元器件损坏的原因后，拆下测量确定已损坏的元器件，用同型号或性能类似的元器件换入。另一种情况是，电路用单元电路模块化和功能块流程图分析后，对怀疑范围内的电阻、电容电感、晶体管元器件逐一拆下检测，发现性能不良或已明显损坏的，可用性能好的元器件换入。如故障现象消失，说明被替代部分存在问题，然后进一步检查故障产生的原因。这对于缩小检测范围和确定元器件的好坏很有帮助，特别是对结构复杂的电器故障检查最为有效。当代换的元器件接入电路再次损坏或者电路出现工作性能不良，如波形失真等，应考虑代用件型号是否正确或代用件是否满足电路要求，还要考虑所在的电路是否存在其他故障。应用替代法时应遵循三个原则：一要避免盲目性，尽可能缩小拆卸范围；二要保持原样，最先做好记录，先记下元器件原来的接法，再动手拆卸，最后按原位焊入；三要小心保护元器件，不要把原本无毛病的元器件及电路板拆坏。

特别注意在替代前和替代过程中，都应切断电器或电路的电源。严禁带电操作，否则会损坏元器件和单元部件，甚至会发生人身伤害事故。

【经典实例】 如图 5-1-1 所示整流、滤波电路，通电即出现熔断器熔断，怀疑滤波电容器 C 故障。但此电容器从外观看并无损坏，焊下测量它也有充放电现象，可是再开电源熔丝就不熔断了，说明电容器 C 存在软击穿，替换后故障排除。

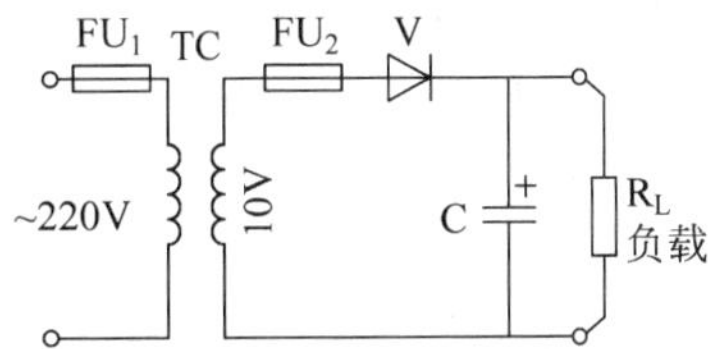

图 5-1-1 整流、滤波电路

(3) 调整法。通过调整电子电路内部的微调电阻、微调电容、电感磁芯等可调部件，也能排除电路的多种故障。

① 调整微调电阻。对于可能失调的微调电阻，一般都先用少许无水酒精等溶剂拭洗(禁止用香蕉水)。清洗时要转动微调电阻，最后转回原位或效果最佳处。必要时在微调电阻的触点及转轴处点少许润滑油。

② 调整电感磁芯及微调电容器。检修中常将电感元件与微调电容一起调整，最好借助仪器进行。

(4) 测量法。测量法是使用万用表等测量电路的电压、电流、电阻值，从而判断故障出在什么地方。可在通电前测试检查元件的好坏和节点的通断，在通电后测试各工作点及参数是否正常。

① 电压测量。正常工作时，电路中各点电压是一定的。当电路故障时，电路中各点的电压也会随之改变，所以可以用万用表电压挡测量电路中关键测试点的电压，将测得的电压值与电路原理图上标注的正常电压值进行比较，来缩小故障范围或确定故障部位。关键测试点最主要是电源引脚和放大电路的输入、输出引脚等。采用电压测量法的一般规律是：先测供电电源电压，再测量其他各点电压；先测关键点电压，再测一般点电压。关键点电压不对，说明电路有大故障，要首先予以排除。

【经典实例】 如图 5-1-2 所示的由桥式整流和三端稳压器 CW7805 构成的稳压电路中，输出电压偏低，这时可以用电压测量法判断故障。

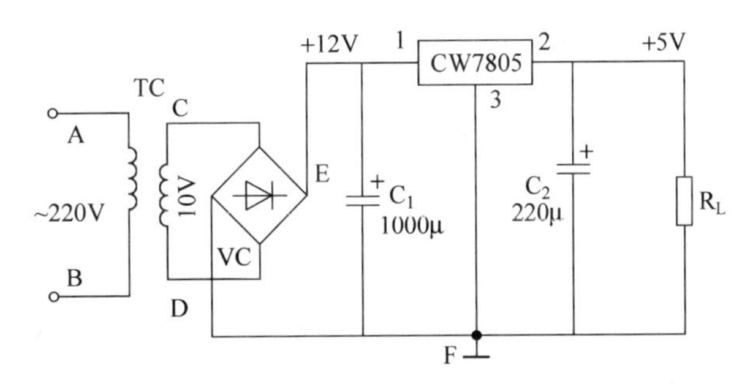

图 5-1-2 稳压电路

先测量变压器 C、D 两点间有无 10V 电压，如果没有电压，可以测量变压器 TC 输入端 A、B 两点间有无～220V 电压，如 A、B 两点间有～220V 电压，则可以断定变压器损坏。

如果 C、D 两点间有～10V 电压，测量整流桥输出端，若 E、F 两点间无 12V 直流电压，一般是整流滤波电路故障。

如果三端稳压器 CW7805 的 1、2 脚间有电压，而测量其 2、3 脚间无电压或电压低，则可以判断可能是 CW7805 损坏或负载 R_L 短路。

② 电流测量。电流测量法是测量电路中某测试点的工作电流的大小、电流的有或无来判

断故障的方法。电流测量法主要用于测试电子电路的交、直流工作电流，或某晶体管的静态直流工作电流等。

适合用电流测量方法寻找故障的电子电路主要有以下两大类：一是以直流电阻值较低的电感元件作为集电极负载的电路，二是各种功率输出电路。测量电流时一般采用断开法，即焊下某个零件的一只引脚，串接上万用表电流挡测量。电路的电流值过大，常造成功率器件发烫，甚至损坏。

特别注意测量口应选择在合适的位置，以便于测试和测试后修复为原则；注意电流表的极性，应连接可靠后，再接通电源。

③ 电阻测量。电路在正常状态和故障状态下的电阻是不同的。例如，由铜箔或导线连接的线路段的电阻为零，出现断路故障时，断路点两端的电阻为无穷大。负载两端的电阻为某一定值，负载短路时，电阻为零或减小。所以可以通过测量电路的电阻值来查找故障点。测量中一般要求断开电源，用万用表的 R×lk 挡直接测量印制电路板上的元器件(在线测量)。电子设备中常被忽视的故障是各种引线的开路和接触不良，常见的故障有印制电路板铜箔断裂、缠绕式接线头因氧化而接触不良、接插件接触不良、电池夹铆钉接触不良、电源开关内簧片接触不良等。

(5) 信号法。信号法包括信号注入法和信号寻迹法。

信号注入法适合于检修各种不带有开关电路性质或自激振荡性质的放大电路，例如各种收音机、录音机、电视机公共通道及视放电路、电视伴音电路等。

用信号注入法检修故障一般分为以下两种。

① 顺向寻找法。顺向寻找法即把电信号加在电路的输入端，然后利用示波器或电压表测量各级电路的波形和电压等，从而判断故障部位。若从基极注入信号，可以检查本级放大器的三极管是否良好，本级发射极反馈电路是否正常，集电极负载电路是否正常。检修多级放大器时，信号从前级逐级向后级检查；也可以从后级逐级向前级检查，就是把示波器、电压表接在输出端上，然后从后向前逐级加电信号，从而查出故障部位。

② 信号寻迹法。信号寻迹法可以说是信号注入法的逆方法。原理是检查外来信号是否能一级一级地往后传送并放大。使用信号寻迹法检修收音机、录音机，首先要保证收音机、录音机有信号输入；将可变电容器调谐到有电台的位置上，或放送录音带；接着用探针逐级从前级向后级，或从后级向前级检查。这样就能很快探测到输入信号在哪一级通不过，从而迅速缩小故障存在的范围。

(6) 推理法。推理法就是根据症状分析故障可能所在的部位或范围，即根据电路的工作原理和故障现象，分析故障的所在。推理时，可以从控制线路到负载，也可以从负载到控制线路。

【经典实例】 图 5-1-3 所示半波整流、电容滤波电路中，正常时输出电压应在 10V 左右，但整流、滤波后的电源电压比正常值的一半还低，仅为 4.5V 左右。

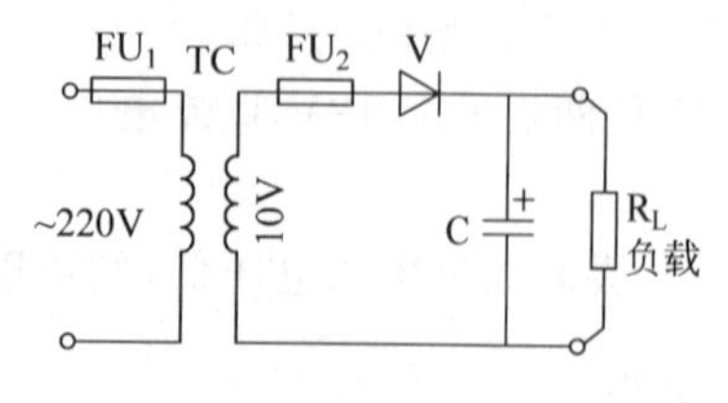

图 5-1-3 半波整流、电容滤波电路

测量变压器二次输出电压 $U_2=10\text{V}$，说明变压器正常。由此可以推断故障可能在负载 R_L 或滤波电容器 C 上。

检查时可以先将负载去掉或接上相同的新负载，重新测量，如电源恢复正常，说明故障在负载，否则说明故障在电源。实际检查时更换新负载时电压还不正常。那么我们知道，半波整流输出电压 $U_o=0.45U_2=4.5V$，加电容滤波后，输出电压 $U_o=(1.0\sim1.2)U_2=10\sim12V$，提高了一倍还多。结合所测电压值考虑可能是滤波电容器开路，将滤波电容器去掉后测量其电阻为"∞"，推断正确。

(7) 分割测试法。分割测试法也叫断路法，就是把可疑部分从整机电路或单元电路中断开，使之不影响其他部分的正常工作，看故障现象是否消失。如消失，则一般来说故障原因就在被断开的电路中。

对于有多路负载的电源故障都可采用"断路法"来分离有疑问的元器件、单元电路、供电电路，以判断其对故障现象的反应或单独检测其功能是否正常。这样就能迅速地确定故障的部位和原因。

分割测试法可通过分离插入式器件、印制电路板、插入式部件，观察其对故障现象的反应；也可通过脱焊有疑问的元器件，以观测其对故障现象的反应；通过脱焊有疑问的单元电路的前后关联，单独检测其功能好坏。

特别注意在进行部分电路分割操作、检测复位前均应切断电源，以防其损坏而引发新事故。

(8) 部分重焊法。将所怀疑的部分元器件或看似不合格的部分焊点重新用电烙铁焊接，这种方法对消除因虚焊、接触不良等引起的间断性故障非常实用，对其他一些故障，也可以作为辅助检修方法。重焊时要切断电源，不必使用过多焊锡和松香，必要时应将元器件引脚处理(如用刀片除去氧化层)后，再重新焊接并确认焊牢。

(9) 加热法或降温法。当电气故障与开机时间或环境温度有一定的对应关系时，可以采用加热法，加速电路温度的上升，促使故障再现。加热操作可以在通电或断电时进行，但应注意加热温度。

降温法是用棉花蘸酒精，在所怀疑温升过高的元器件上擦拭来降低其工作温度，如果故障现象消失，说明此元器件性能不好。

【经典实例】 有一台电视机开机一段时间后，出现无声音故障，怀疑是伴音电路某元器件的热稳定性不好。后用电吹风对怀疑部位的元器件加热，当加热到某电容器周围时，故障重现，然后拆下该电容器，检查发现该电容器严重漏电，更换后故障排除。

(10) 波形观察法。通过示波器观察被检修电路工作在交流状态时各测量点波形的形状、幅度、周期等来判断交流电路中各元器件是否损坏变质的方法称为波形观察法，简称波形法。

如采用本节以上所述方法均未能确定故障部位，通常采用波形法来解决问题。波形法能检查电路动态功能是否正常，检测结果较以上方法更为可靠，且在较多电器产品说明书或维修资料中，常给出了各点的波形图。所以，波形法是常用的故障检查方法之一。

用波形法检查振荡电路和信号产生电路时，不用外加任何信号，而其他被测电路如放大整形、变频、检波、整流等电路及数字电路则要把信号源的标准信号馈至输入端。波形法在检查多级放大器增益下降、波形失真、振荡电路、变频、检波及数字电路时应用很广。

检修时使用示波器，应从被检修电器的第一级开始，依次向后边的单元电路推移，观察其信号波形是否正常；如哪一级单元电路没有输出波形或波形畸变，则可确定故障在这一级。对于复杂的多级电路，可采用"二分法"分段检测，以缩小测试范围，加快检查速度。

使用示波器观察有疑问电路的输入和输出信号波形时，如有输入信号而无输出信号或信号波形畸变，则问题存在于被测电路中。

(11) 干扰法。干扰法是用人体感应的信号作为输入信号来检查。方法是用手握住镊子、螺钉旋具等工具的金属部分去碰触要检查的放大电路，将人体感应产生的信号(作为信号源)注入后级电路，然后通过观察后级电路有无信号输出来判断电路是否正常。干扰法特别适用于检查音频电路的无声、声轻故障。

干扰法检查电路故障，从后级电路往前级电路干扰最为方便。如果注入的干扰信号使扬声器发声，说明后级电路能通过注入的信号，后级电路基本正常，故障在前级电路。否则说明故障在注入点之前。

下面以图 5-1-4 所示的音频放大电路为例说明干扰法的应用。

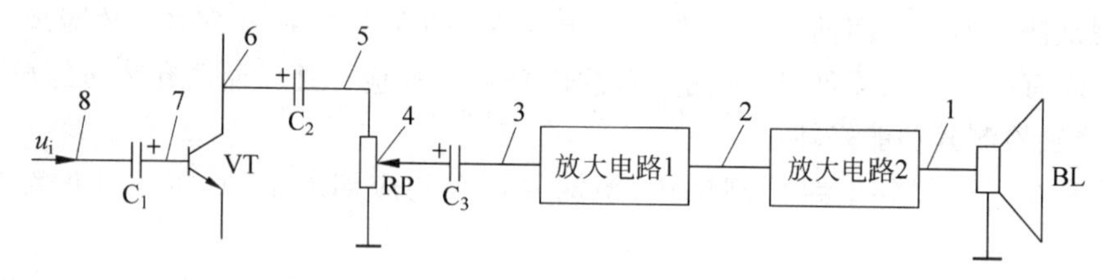

图 5-1-4 音频放大电路

① 接通电源，用镊子碰触电路中的 1 点，如果干扰 1 点时扬声器 BL 无声，说明扬声器损坏了。如果干扰 1 点时，扬声器有干扰反应(发出“喀喀”声)，说明扬声器正常，可以向前干扰检查。

② 用镊子碰触电路中的 2 点，正常时干扰 2 点比干扰 1 点时声音大得多。若声音大小不变，说明放大电路 2 无放大能力。若无声，说明放大电路 1 不能传输信号。若“喀喀”声比干扰 1 点时大，说明放大电路 2 正常。

③ 接着干扰 3 点，若有干扰反应说明放大电路 1 正常。若干扰 3 点时扬声器中无反应或声轻，说明放大电路 1 或其外围元器件损坏。

④ 干扰电路中的 4 点(RP 不能调到最小，否则干扰 4 点相当于碰触地线，扬声器也无声)，若扬声器无声，说明故障在 3～4 之间的传输线路，应检查 3～4 之间的电容器 C_3 和铜箔是否开路。接着干扰 5 点。干扰 5 点时，调节音量电位器 RP 可以改变扬声器发出的“喀喀”声大小。

⑤ 干扰电路中的 6 点，由于 3～6 之间无放大元器件，当音量电位器 RP 置最大时，干扰 3、4、5、6 点时声音一样。

⑥ 干扰电路中的 7 点，正常时，由于共发射极电路基极 7 点是信号的输入端，集电极 6 点是信号的输出端，7 点比 6 点多了一级放大电路，所以干扰 7 点应比干扰 6 点时响，否则，说明晶体管开路或无放大能力。接着干扰 8 点，正常时，干扰 7、8 两点时扬声器发出的干扰声一样。

以上检查故障的基本方法，是人们检查故障的部分经验总结。当然，检查故障的方法还有很多，如对症下手法、改变现状法、查表法和逻辑分析法等。参考不同的文献资料，检查故障方法的叫法也不同。如上述检查方法中的测量电压法、电流法、波形法，有的文献中统称为测试法。对于检修人员来说，重点不在于检查方法的名称，而在于掌握各种方法的要领、注意事项、适用场合，以求灵活运用，尽快查找出故障部位和原因，给予修复。

故障诊断通常先用直观法，对于损坏不太严重、又没有人为故障的电器，往往用观察法检修就能奏效。对于很明显由于电阻、电容、电感等元器件失调造成的故障，应采用调整法。如果已有把握将故障缩小在一个很小的范围内，那么最好使用替代法，并辅之以测量法。对于较隐蔽的故障，则可以采用测量法、信号法或波形法。其中信号法较适合检修收音机、录音机扩音机和电视机的伴音部分。波形法比较适合检修电视机扫描电路等故障。测量法则是各种检修方法中最基本、最重要的方法，它同时又为其他检修方法提供故障存在的准确依据。

在检查故障的过程中，有时不可能用某一种方法就解决问题。至于采用何种方法，还得具体情况具体分析。总之应根据电器工作原理、电路特点、故障现象及维修条件，交叉而灵活地采用。但查找故障一般应遵循以下顺序(原则)：先外后内，先粗后细，先易后难，先常见后少见。

4. 维修工作的注意事项

故障诊断后，就可进行维修。维修有三种情况：第一种维修是更换整个模块，此方法速度最快，停机时间短，但维修费用最大。第二种维修是更换电路板等组件，比第一种稍慢，但更换电路板等组件的费用比更换整个模块的费用低得多。第三种是更换元器件，此修理方法最经济，但要检测出故障元器件，予以更换并进行电路调整，往往要用较长的时间。

可以说，没有修理不好的电子设备，而要达到快速和质量高，则是一种较高的境界。要达到这一境界，不仅要有扎实的理论实践功底，而且要在实践中勇于探索，善于总结经验，不断提高。

维修过程中还须注意元器件替换和代用时应使规格型号完全一致。没有同型号元器件替换时，可用性能相同或相近的代替。维修人员应熟悉国内外元器件代用情况，备好备用件。

维修过程中应尽可能按照原工艺要求进行，因为生产厂家在生产过程中从元器件筛选、老化到部件整机装配、调试，都是严格按照工艺要求进行的。要严防虚焊，严禁用焊油助焊，不准将线头、焊渣落入机内，以防带来不必要的麻烦或损失。

修理过程中还要考虑经济效益，注意性价比，要全面衡量得失。在修理中应在花费材料、工时与使用价值间权衡，坚持物有所值原则。若修理中消耗过大，而修复后价值不大时，建议报废。

二、故障的排除

1. 故障排除的步骤

(1) 故障排除的准备。

硬件：工具、仪表、易损元件。

软件：图纸、资料、了解电路工作原理及具体工作情况。

在电子设备的故障诊断和排除中，通用的维修工具如电烙铁、吸锡器、剪线钳、剥线钳、螺丝刀、镊子、剪刀、小扳手等是必备的，其中电烙铁是最应熟练掌握使用的。直流稳压电源是常用到的设备，通常用的测试仪器还有示波器、万用表、信号发生器等。尤其是示波器和万用表，常常能解决许多问题。

在有些情况下，需要使用一些专用的检测设备，例如用于高频（如通信设备）的有综合测试仪、场强仪、驻波比表、射频功率计、频谱分析仪、频偏仪等仪器，用于图像设备（如电视机）的有矢量示波器、扫描仪、图示仪、彩色发生器等仪器，用于数字设备的有逻辑脉冲发生器、逻辑探笔、IC 测试仪等。这些专用设备往往起到了不可替代的作用。

另外，最好备有一些待换用的常用易损元器件以便在使用替代法诊断故障时使用。这些元器件一般包括各种阻值的电阻器、常用容量的电容器以及二极管、三极管和 IC 芯片等。

（2）观察-试运行。全面对设备进行试运行，仔细观察、记录各故障现象。

（3）分析。根据现象及原理并结合图纸分析故障的电路及原因，以及具体的故障点。

（4）寻查。借助工具和仪器，按分析后得出的步骤、方法逐步进行故障点的寻查。边查边分析，并做出下一步的寻查方案。

（5）处理。对找到的故障点，用正确的方法进行处理，防止故障扩大。

（6）再试运行。要全面进行，并对电路板的性能进行检查。

2. 故障排除的方法

当故障产生的原因找到后，接着就是排除故障。

（1）焊接法。常见的故障是由于电路中的节点接触不良造成的，如插接点接触不牢，焊接点虚焊、开关等节点接触不良等。根据这些现象，利用万用表就可找到故障点，用焊接法排除故障。

（2）替代法。由于电子设备中元器件本身原因引起的故障，如电阻、电感、电容、晶体管和集成器件等性能不良或损坏变质以及电容、变压器绝缘击穿等，常使电子电路表现为有输入而无输出或输出异常的现象，比较容易判断和排除。查找出损坏的元器件后，用替换元件进行更换，电子电路即可正常工作。

（3）调整法。在有些情况下，故障的排除需要通过对电子电路中的可调元件进行调整，使得信号恢复正常，如微调电阻、微调电容、电感磁芯等。应用调整法要注意做到以下三点：第一，如有多个可调元器件，要一个一个地调整，切忌多个一起调，以免调乱而比调前性能更坏；第二，最好在调整之前在可调元器件上作一个记号，标出原来的位置，以便需要时复原；第三，调节的“步伐”要小些，每次的调整量要小点，在判断出整机性能确有改善后再向前调整。

（4）权宜法。在手头一时没有替换元件的情况下，为了应急，常使用权宜之计，以保障电路的主要功能可以实现，常用旁路直通法、暂时代换法、丢卒保帅法等，统称权宜法。

3. 故障排除后的检测和调整

在故障诊断和故障排除后，必须对检修后的电子设备或电路进行性能复测和参数复调。

首先进行操作检验，以检验所有功能都无问题。

其次是性能测试和校准。当排除故障、恢复正常工作后，要检查测试其性能指标有没有达到原来的水平，如果有差距，要看它们是否在许可的范围内，如果相差太大则需要进行调整、校准或重新检修。如果发现维修造成了其他故障或出现故障的症状与先前有所不同，就需要从头开始重复故障诊断和检修的全过程。

操作检验和性能检查最好是反复几次和多人进行，这样有助于发现容易忽略的问题。

检测和调整时，应仔细做好记录，包括故障症状、故障原因、查找方法、维修措施和调整方式、检测结果和校准精度等。这些记录有助于再检修和检验总结。

【技能训练】

测试工作任务书

任务名称	光控路灯电路故障的检修
任务要求	1. 了解电路功能、各元器件的作用 2. 正确应用电路故障检修方法进行故障诊断与排除
实训器材	1. 数字万用表 2. 镊子或导线 3. 实验线路板
实训电路原理图	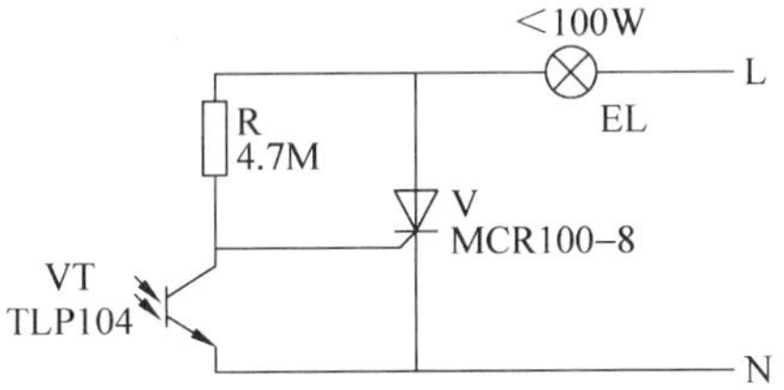 <100W L EL R 4.7M V MCR100-8 VT TLP104 N 如图所示为光控路灯电路。该电路用一只电阻器、一只光敏晶体管和一只晶闸管共三个元器件来控制路灯的开关，电路简单，运行稳定。该电路适用于路灯，特别对单个路灯的自动控制更为方便。在白天，光敏晶体管 VT 受光照呈低阻状态，晶闸管 V 的门极电压很低，处于正向关断状态，照明灯 EL 不亮。夜暮降临时，VT 无光照而呈高阻状态，晶闸管 V 由关断状态转为导通状态，照明灯 EL 点亮
检修步骤	1. 接通～220V 电源 2. 观察灯泡 EL 照明情况 (1) 灯泡一直不亮 ① 检查灯泡是否损坏 ② 若灯泡无损坏，则用导线将晶闸管的阳极和阴极短接，根据短接后灯泡的亮与不亮，分析故障现象，确定故障范围，检测出损坏元件 (2) 灯泡白天也不熄灭 检测相关元器件是否损坏，若损坏应检查后更换损坏器件
检修情况	1. 故障(1)中，你如何检测灯泡的好坏？经检测，灯泡 EL 是否损坏？ 2. 灯泡若无损坏，用导线将晶闸管的阳极和阴极短接时，若灯泡仍不亮，表明故障不在自动控制部分，那我们应该检查哪一部分电路？哪些元器件？若短接时灯泡点亮，则表明故障在自动控制部分，这时我们应该检查哪些元器件？如何检查这些元器件？ 3. 故障(2)中，灯泡白天也不熄灭，一般是什么元器件损坏？如何测试这些元器件？
结论	通过以上的检修，给出检修结果

【拓展思考】

在检修过程中，应当切实注意安全问题。有许多安全注意事项是普遍适用的。有的是针对人身安全的，以保护操作人员的安全；有的是针对电子设备的，以避免测试仪器和被检设备损坏。对于有些专用的精密设备，还有特别的注意事项是需要在使用前引起注意的。

① 检修带有高压危险的电子设备（如电视机显像管）时，打开其后盖板时应特别留神，要将高压电放掉，并小心避开高压电源线。

② 许多电子设备的机壳与内部电路的地线是相连的，测试仪器的地线也应与被检修设备地线相连。

③ 在将测试线连接到高压端子之前,应切断电源。如果做不到这一点,应特别注意避开电路和接地物体。用一只手操作并站在有适当绝缘的地方,可减小电击的危险。

④ 滤波电容可能存有足以伤人的电荷。在检修电路前,应将滤波电容放电。

⑤ 绝缘层破损可以引起高压危险。在用这种导线进行测试前,应检查测试线是否被划破。

⑥ 注意仪表使用规则,以免损坏表头。

⑦ 应该使用带屏蔽的探头。当用探头触及高压电路时,绝不要用手去碰探头的金属端。

⑧ 测试前应研究待测电路,尽可能使电路与仪器的输入电容相匹配。

⑨ 防止振动和机械冲击。

⑩ 大多数测试仪器对允许输入的电压和电流的最大值都有明确规定,不要超过这一最大值。

任务 5.2　常用单元电路故障检修分析

【任务要求】

(1) 了解常用单元电路的工作原理。

(2) 掌握元器件故障特征。

(3) 能综合运用各种检查方法和手段对常用单元电路进行故障分析与检修。

(4) 能应用各种仪器仪表测量、调试电路,分析数据,判断元器件好坏。

【基本知识】

在检修电子设备的过程中,关键是对某一单元电路进行故障的检查,在这一步检查中要找出具体的故障部位,即找出损坏的元器件或线路,并做相应的处理。而单元电路的故障检修主要是根据电路工作原理,对照故障现象,综合运用各种检查方法和手段,一步步缩小故障范围,最后查出故障的具体部位。下面主要介绍使用维修工具和仪器来进行常见单元电路的检修。

一、单级放大器的故障分析与查找

如图 5-2-1 所示的共发射极放大器,图中,1—1′是放大器信号输入端,2—2′是放大器信号输出端,R_{b1}、R_{b2} 是基极分压式偏置电阻,R_c 是集电极电阻,R_e 是发射极电阻,C_1是直流电源去耦电容,C_2、C_3是耦合电容,C_4是发射极旁路电容,U_{CC}是放大管直流电源。

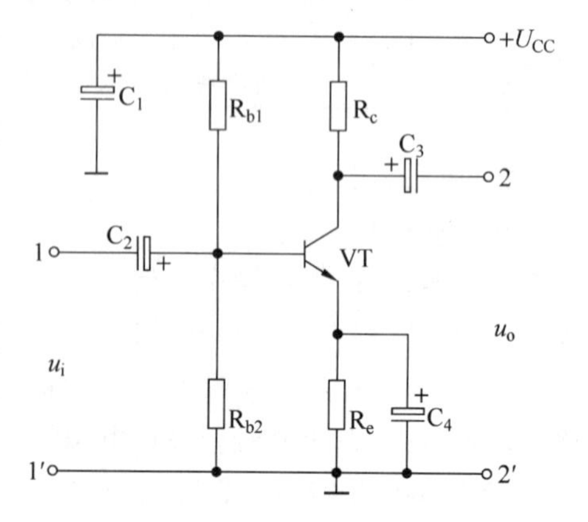

图 5-2-1　共发射极放大器

1. 故障分析

对于放大器的电路故障分析,要分直流电路和交流电路两部分,直流电路故障分析针对放大器直流电路中的元器件,交流电路故障分析针对放大器交流电路中的元器件。直流电路是交流电路的保证,而且故障检修就是要检查直流电压工作状态,所以直流电路故障分析更为重要。

该共发射级放大器中当电阻 R_{b1}、R_{b2}、R_c、R_e 中有一个开路、短路、阻值变化时，都会直接影响 VT 管直流工作状态。

当 R_{b1} 开路时，VT 集电极电压等于 $+U_{CC}$；当 R_{b2} 开路时，VT 管集电极电压大幅下降。

当电路中的电容出现开路故障时，对放大器直流电路无影响，电路中的直流电压不发生变化；当电路中的电容出现漏电或短路故障时，会影响放大器直流电路正常工作，电路中的直流电压将发生变化。

当 C_2 或 C_3 漏电时，电路中的直流工作电压发生改变；当 C_4 漏电时，VT 管发射极电压下降。

2. 常见故障查找

(1) 无信号输出故障。

① 首先检查信号源 U_i、连接线和示波器探头是否良好，如有故障，应先排除。

② 测量放大器直流供电电压。

$+U_{CC}$ 电压是 12V，测量时应选用万用表直流电压挡并选择合适的挡位，应选择 50V 挡。万用表红表笔接 $+U_{CC}$ 的正极，黑表笔接地(公共端)。如测得的电压为 0 或很低，说明放大器供电电压不正常，应当查供电电源和电容 C_1。

③ 直流供电电压正常后，测量晶体管各电极的工作点电压。

首先测量集电极电压，若测得集电极电压近似等于电源电压、近似等于 0 或小于 1V，则晶体管工作不正常。

如果晶体管正常，应检查偏置电阻是否变值或开路，如 R_{b1} 开路，晶体管没有偏置电压，晶体管不工作。若 R_c 或 R_e 损坏，也会使放大器不能工作，无信号输出。

(2) 输出信号幅度小。在信号输入正常时，放大器输出信号幅度小，主要是放大器的电压放大倍数过小引起的。先检查晶体管的性能是否良好，确认晶体管正常后，再检查晶体管的工作点是否合适。

如工作点正常，着重检查 C_4 是否开路。C_4 开路会使放大器的交流负反馈量增大，导致放大器倍数下降，信号输出幅度下降。

二、多级放大器的故障分析与查找

多级放大器一般由输入级、中间级和输出级组成，常见故障有无信号输出、输出信号幅度小和输出信号失真。下面以图 5-2-2 所示的多级放大器电路为例，讨论常见故障的查找。

1. 故障分析

图 5-2-2 中，VT_1 是输入级，作为射级跟随器起到信号缓冲和阻抗变换作用；VT_2 作为中间级进行电压放大作用；VT_3 是输出级，为功率放大器；T 是输出变压器，用来与负载的阻抗匹配，R_1～R_8 为偏置元件，C_1～C_5 分别为去耦、耦合电容。

输入信号 U_i 经 C_1 耦合加到 VT_1 管基极，经过 VT_1 管缓冲后，从发射极输出，直接加到 VT_2 管基极上，经 VT_2 管放大，由 VT_2 管集电极输出，经 C_3 耦合到 VT_3 管基极，经 VT_3 功率放大，最后通过变压器耦合到负载。

由于 VT_1 和 VT_2 级放大器之间采用直接耦合形式，VT_2 和 VT_3 之间采用阻容耦合，只要有一级放大器出现问题，整个多级放大器均不能输出正常的信号。

当 R_2 开路时，VT_1 和 VT_2 均处于截止状态。当 VT_2 放大级中的直流电路出现故障时，

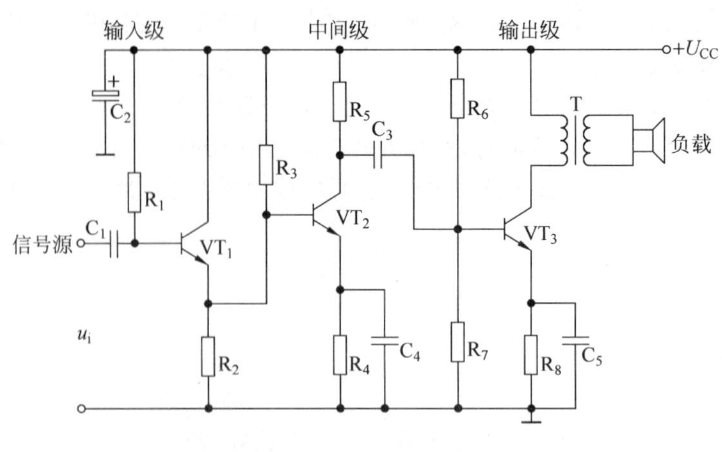

图 5-2-2 多级放大器

将直接影响 VT_1 的直流电路工作，由于 C_3 的隔直作用，不会影响 VT_3 放大级直流电路工作，由于前两级放大器已经不能正常工作，它没有正常的输出信号加到第三级输出级放大器中，输出级虽然能够正常工作，但整个多级放大器也没有信号输出。

2. 常见故障查找

① VT_1 和 VT_2 级放大器之间采用直接耦合电路，两级放大器中有一级出现故障后将会影响两级电路的直流工作状态，所以在检查这种直接耦合电路故障时，要把两级电路作为一个整体综合进行检查。

② VT_2 和 VT_3 之间采用阻容耦合，它们的工作点彼此独立，可分级查找故障。即分别检测它们工作点电压，哪一级工作点电压不正常，故障就在这一级。

③ 如果多级放大器中含有频率补偿电路或分频电路，可采用电路分割法，将这一部分电路割开后再进行检查。

④ 由集成电路组成的多级放大器，应先找到集成电路的信号输入引脚和输出引脚。然后将信号加到集成电路的信号输入端，观察输出端是否有信号。若无信号输出，则不能立即判定集成电路损坏，此时应测量集成电路各引脚的工作电压是否正常。如测得某一个引脚工作电压不正常时，同样不能判定集成电路是坏的，还要检测这个引脚端的外围元件，如果外围元件是好的，则说明集成块已损坏，应更换。如果外围元件是坏的，则应更换外围元件后再测量。

三、反馈放大电路的故障分析与查找

在模拟电路中反馈放大电路主要有负反馈和正反馈放大电路两种。

1. 故障分析

图 5-2-3(a)是一个交流电压串联负反馈电路。由两级阻容耦合放大电路和反馈电路组成，电路中 R_8 具有直流负反馈作用，用来稳定放大器的工作点。R_{10} 跨接在两级放大器之间构成交流电压串联负反馈。其他元器件的作用与图 5-2-2 中的元件作用类同。

图 5-2-3(b)是一个 RC 移相式正弦波振荡器电路，基本放大电路由 R_1、R_2、R_3、R_4、VT_1、C_1 组成，反馈电路由 C_2、C_3、C_4、R_5、R_6、RP 及输入电阻组成。利用 RC 移相电路具有的选频作用，构成一个 RC 移相式正弦波振荡器。

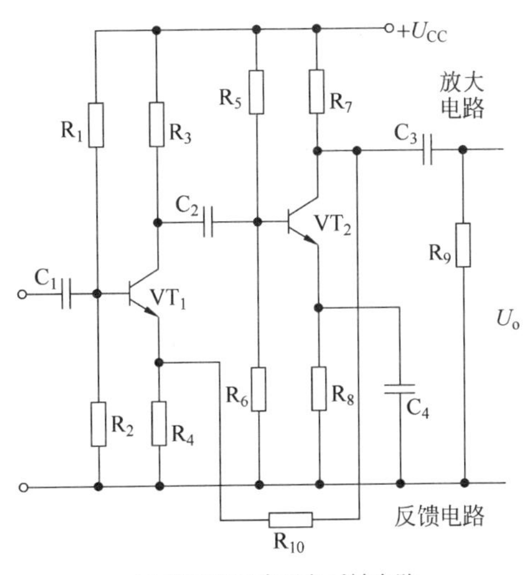

(a) 交流电压串联负反馈电路

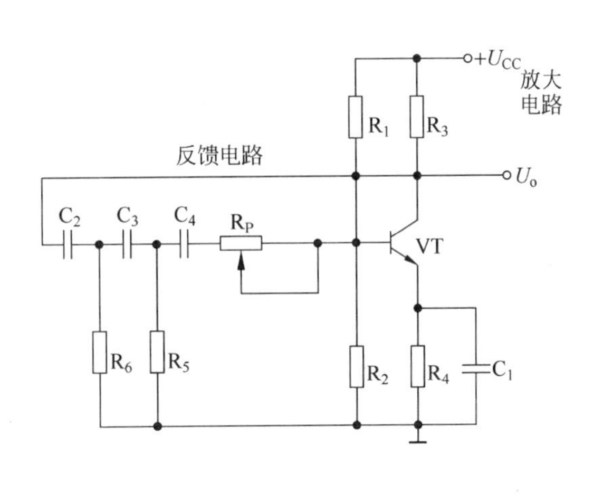

(b) 移相式正弦波振荡器电路

图 5-2-3 实例电路

偏置电路中 R_1 开路或虚焊，振荡管基极没有工作电压，电路就无法振荡。同样，R_3、R_4 开路或虚焊，电路也无法工作。又如正反馈电路电容 C_2、R_6、RP 损坏，电路正反馈相位条件不满足，也不会起振。

若负反馈电路损坏或负反馈作用消失，使放大器的增益变大，导致输出信号幅度增大，输出信号失真，严重时还会产生自激振荡现象。

负反馈作用加强，或放大电路中元器件的参数发生变化，都会引起放大器增益下降，使输出信号幅度减小。

当正反馈电路元件损坏或振荡电路的起振元件损坏都会使正弦振荡器停振，输出信号幅度将增大。

当选频回路中的元件参数发生变化时振荡器的输出信号频率也将发生变化。

2. 常见故障查找

(1) 输出信号幅度小。放大电路中负反馈作用强，或放大电路中元器件的参数发生变化，都会引起放大器增益下降，导致输出信号幅度减小。

在工作点正常情况下，检查发射极旁路电容是否开路、失效、容量变小。在图 5-2-3(a)中，如果 C_4 开路或失效，对交流信号就失去了旁路作用，使放大器反馈由直流负反馈变为交直流负反馈，第二级放大器的放大倍数下降，输出信号幅度减小。

若交流旁路电容正常，则说明电路中其他元器件参数发生了变化。

(2) 交流电压串联负反馈电路输出信号幅度增大和失真。其主要原因是放大电路中负反馈元件损坏或负反馈作用消失，使放大器的增益变大，则输出信号幅度增大。此时应重点检查电路中的负反馈元件是否出现开路、虚焊、电阻变值等现象。

在图 5-2-3(a)中的 R_{10} 开路或虚焊就会出现这种现象。可以测量 VT_2 的集电极电压和 VT_1 的发射极电压，如果发射极电压下降。则说明负反馈电路不正常或负反馈作用已经消失。

如果输出信号出现失真. 说明放大器已工作在非线性区(饱和或截止状态)，应重点测量放大器的工作点电压，查找电路中的电阻是否正常、放大管的参数是否发生变化。

(3) 振荡器停振。先测量振荡器的晶体管的直流工作点是否正常，它是振荡器工作的必要条件。工作点电压不正常，振荡器就不起振，且无信号输出；在工作点电压正常情况下，再查找正反馈电路中的元件是否损坏、断路等。如果正反馈电路中的某个元件损坏，正反馈条件就不满足，振荡器同样会停振。

检测方法用直流电压测量法测量工作点，用电阻测量法判断元器件好坏。

(4) 振荡器输出信号频率发生变化。图 5-2-3(b)中要重点检查 R_5～R_7、RP、C_2～C_4 是否良好或开路，这些元件中只要有一个元件的参数发生变化，其振荡频率就会变化。

四、LC 调谐放大器的故障分析与查找

LC 调谐放大器有单调谐放大器和双调谐放大器两种形式。

如图 5-2-4(a)所示为单调谐放大器，选频回路是单调谐结构，C_3 和 T_2 的次线圈组成一个单调谐回路。双调谐放大器的选频回路是双调谐回路结构，如图 5-2-4(b)所示，C_4、C_5、T_2 组成双调谐回路，R_4 是阻尼电阻，用来展宽频带，C_6 是耦合电容。

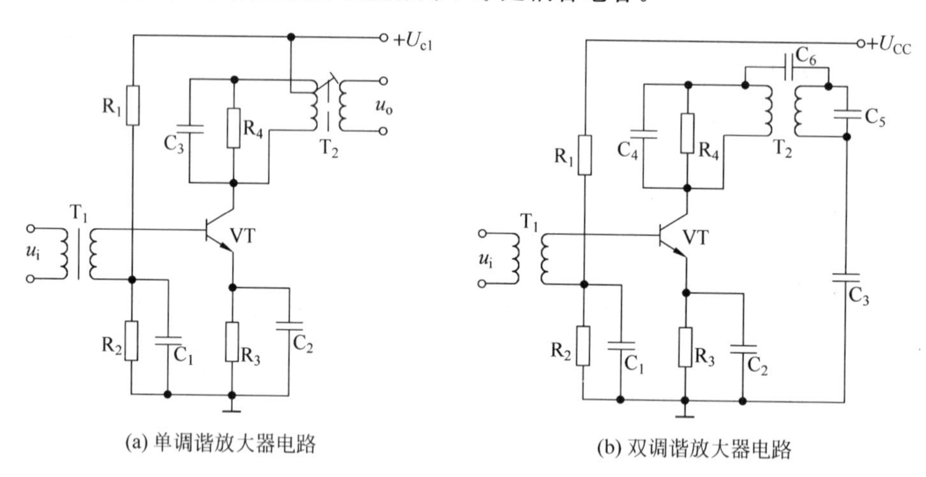

(a) 单调谐放大器电路　　(b) 双调谐放大器电路

图 5-2-4　LC 调谐放大器

1. 故障分析

LC 调谐放大器的增益，由 LC 回路的谐振频率决定。当 LC 回路的谐振频率等于信号的频率时，放大器的增益最大；偏离信号的频率时，增益变小。调谐放大器的选择性、通频带与 LC 回路的 Q 值有关，Q 值越大，选择性好，通频带窄；Q 值越小，选择性差、通频带宽。

LC 调谐放大器常见故障有无信号输出和输出信号幅度小两种。下面以单调谐放大器和双调谐放大器为例讨论故障查找方法。

2. 故障查找

(1) 无信号输出。在直流工作电压正常情况下，要重点检查回路电容和变压器 T_2 的磁芯是否良好。可以用扫频仪测试调谐放大器的幅频特性曲线，如曲线不好或曲线偏离中心谐振点，使用无感起子调节 T_2，使谐振回路在所设的频点上谐振。

对于双调谐回路，因为回路中容量变化，磁芯松动、破碎都会引起谐振频率的偏移，还要检查耦合电容以及回路中的元件接触是否良好，元件故障确认后应更换，修复后还要重

新调试。

(2) 信号输出幅度小。放大器的增益下降可造成信号输出幅度变小，主要查找与增益有关的元件。

五、功率放大器的故障分析与查找

如图 5-2-5 所示的变压器耦合推挽功率放大器电路中，Q_1、Q_2 管为推挽输出级放大器，T_1 是输入耦合变压器，T_2 是输出耦合变压器，LS_1 是扬声器，R_1 和 R_2 为两只放大管提供静态偏置电流，C_1 是旁路电容，R_3 是两管公用的发射极负反馈电阻，C_2 是电源电路中的滤波电容。

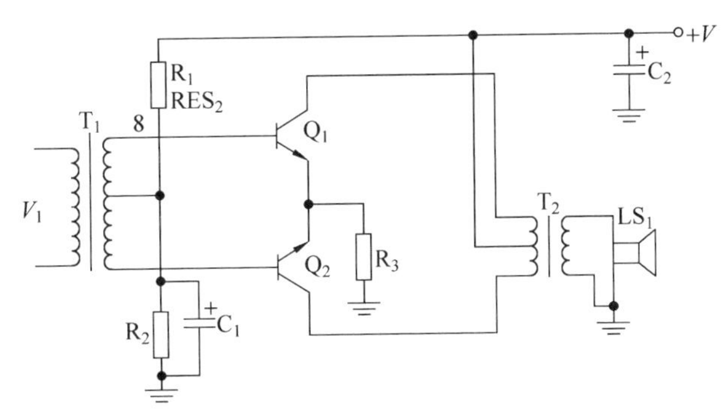

图 5-2-5　变压器耦合推挽功率放大器电路

1. 故障分析

功率放大器电路常见故障有无声音、声音轻、噪声大和失真等。在检查电路故障中要注意电路中 Q_1、Q_2 管各电极直流电路是并联的，即两管基极、集电极、发射极上的直流电压相等，所以在确定这两只三极管中哪一只三极管开路时，只能用测量三极管集电极电流的方法。

由于有输入耦合变压器，所以功放输出级与前面的推动级电路在直流上分开，这样可以将故障压缩到功放输出级电路中。

当出现冒烟故障时，应找到功放输出管发射极回路中的发射极电阻，看它是否烧坏。

2. 故障查找

(1) 完全无声故障。首先测量直流工作电压 $+V$，若为 0V，断开 C_2 后再次测量，仍然为 0V 可确定功率放大器电路没问题，需要检查电源电路。若断开 C_2 后恢复正常，则 C_2 可能击穿，更换 C_2。

测量 T_2 初级线圈中心抽头上的直流电压，若为 0V，则说明这一抽头至 $+V$ 端的铜箔线路存在开路故障，断电后用万用表电阻挡检测铜箔开路处。

若测量 T_2 初级线圈的中心抽头上直流电压等于 $+V$，断电后用万用表电阻挡检测 LS_1 是否开路，检查 LS_1 的地端与 T_2 次级线圈的地端之间是否开路，检测 T_2 的次级线圈是否开路。

若上述检查均正常时，再检测 R_3 是否开路，重新熔焊 R_3 的两根引脚焊点，以消除可能出现的虚焊现象。

(2) 声音轻故障。当干扰 T_1 初级线圈热端时，若扬声器中的干扰响声很小，说明声音轻故障出在这一功率放大器电路中，若扬声器中有很大的响声，说明声音轻故障与这一功放电路无关。我们可以先测量直流工作电压 $+V$，若太低，主要检查电源电路直流输出电压低的原因。

可分别测量 V_1 和 V_2 管的集电极静态工作电流，若有某只三极管的静态工作电流为零，更换这只三极管，若无效，用万用表检测初级线圈是否开路。

(3) 噪声大故障。噪声大，但在断开 T_1 初级线圈后噪声消失，说明此故障出在这一功率放大器电路中。可以先把电容 C_1 替换掉，看看噪声是否还存在。若以上都排除，可以分别测量 Q_1、Q_2 管集电极静态工作电流，一般在 8mA 左右，若比较大，分别替换 Q_1、Q_2 管，无效后适当加大 R_1 的阻值，使两管的静态工作电流减小一些。

(4) 半波失真故障。在输出端若通过示波器观察到只有半波信号时，可分别测量 Q_1、Q_2 管的集电极电流，一只三极管的集电极为零时更换这只三极管。两只三极管均正常时，再用电阻挡检测 T_2 初级线圈是否开路。

六、电源电路的故障分析与查找

电源电路主要是将 220V 交流市电转换成所需要大小的直流工作电压，并将直流工作电压加到各部分有源的单元电路中。电源电路一般由电源变压器降压电路、整流电路、滤波电路等构成。

1. 故障分析

当电源电路出现没有直流工作电压输出的故障时，将导致整机电路不能工作，电源指示灯也不亮。

当出现电源过流故障时，流过电源电路的电流太大，表现为屡烧保险丝，或损坏电路中的其他元器件。

当出现直流输出电压中交流成分多时，将会导致交流声大，在电路中会导致图像垂直方向扭动。

当直流输出电压升高时，将导致烧坏元器件、声音很响、噪声大等故障现象。

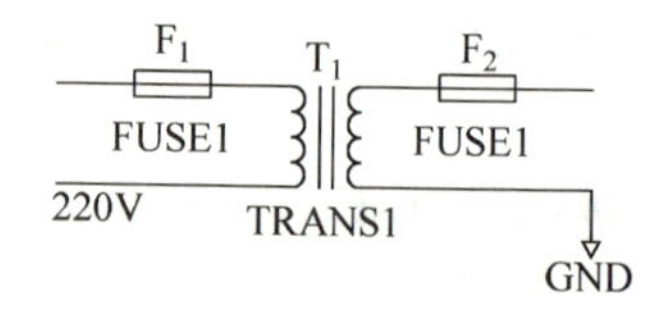

图 5-2-6　电源变压器降压电路

2. 故障查找

(1) 电源变压器降压电路。如图 5-2-6 所示。电路中 T_1 是电源变压器，F_1 是初级线圈回路中的保险丝，F_2 是次级回路中的保险丝，这一电路中的 T_1 只有一组次级线圈，次级线圈的一端接地。

电源变压器一般都是降压变压器，所以次级的交流电压低于 220V，具体多大各种情况下是不同的，方法是：设已知电源电路的直流输出电压(平均值)为 $+V$，次级交流输出电压(有效值值)为 V_o，采用不同整流电路时的计算公式如下。

半滤整流电路：

$$+V = 0.45V_o,\quad V_o = 2.2(+V)$$

全波整流电路：

$$+V = 0.9V_o,\quad V_o = 1.1(+V)$$

桥式整流电路：与全波整流电路计算公式相同。

当电源电路出现故障之后，从变压器次级测得的电压就会发生改变，通过这一现象可以追查电路的故障部位。在检查电源电路时，首先要保证 220V 交流市电正常。故障检查方法主要如下。

① 屡烧保险丝故障。

屡烧保险丝 F_1：对于这一故障，如果将保险丝 F_2 断开后不烧 F_1，说明变压器电路没有问题，问题出在次级线圈的负载电路中，即整流电路及之后的电路中。如若仍然烧 F_1，再将次级线圈的地端断开；此时不烧 F_1，说明次级线圈上端引线碰变压器铁芯、金属外壳或地端。若仍然烧 F_1，用电阻检查法测量 T_1 的初级线圈是否存在匝间短路、初级线圈是否与变压器外壳相碰。

屡烧保险丝 F_2：可将 F_2 右端的电路断开，此时不再烧 F_2，说明次级负载回路过流，存在短路故障。另外，检查一下 F_1、F_2 的保险丝熔断电流大小，若 F_1 太大，在次级回路出现过流故障时屡烧 F_2，F_1 不能起到过流保护作用。

② 次级没有交流电压输出故障。这一故障的检查首先直观检查保险丝 F_1 和 F_2 是否熔断。若有熔断可更换一只调试，更换又熔断说明是屡烧保险丝故障，那么我们用电阻检查法测量 T_1 初级线圈是否开路，检查初级线圈回路是否开路。

直观检查次级线圈的接地是否正常，用电阻检查法测量 T_1 的次级线圈是否开路。

③ 次级交流输出电压升高故障。当测得电源变压器次级输出电压升高时，有可能这是正常现象。因为有些质量较差的电源变压器在空载时的交流输出电压比负载状态下高出许多，当加上负载之后电源变压器的次级交流输出电压会下降。

另外，也有可能电源变压器的初级线圈存在局部匝间短路时，会使次级输出电压升高，对于初级线圈的局部匝间短路故障不易通过测量发现，要采用代替电源变压器的方法来确定。

(2) 整流和滤波电路。检查整流、滤波电路方法是以电源变压器降压电路工作正常为前提的，当整流、滤波电路出现故障时，也会造成电源变压器降压电路表现为工作不正常，但故障部位出现在整流或滤波电路中。整流电路和滤波电路的故障主要表现为以下几种。

无直流输出电压故障：当整机电路出现没有直流输出电压故障时，整机电路不能工作，并且电源指示灯也不亮。这是常见故障之一。

直流输出电压低故障：当整机电路出现直流输出电压低故障时，整机电路的工作可能不正常，当直流输出电压太低时整机电路不能工作，根据直流输出电压低多少，其具体故障现象有所不同。

屡烧保险丝故障：当出现屡烧保险丝故障时，使整机电路也不能工作，根据电源电路的具体情况和熔断保险丝的情况不同，整机电路的具体故障表现也不同。

下面以图 5-2-7 所示的全波整流、电容滤波电路为例，介绍这种整流、滤波电路故障的检修方法。电路中，T_1 是电源变压器，VD_1、VD_2 是整流二极管，C_1 是滤波电容，$+V$ 是直流输出电压。

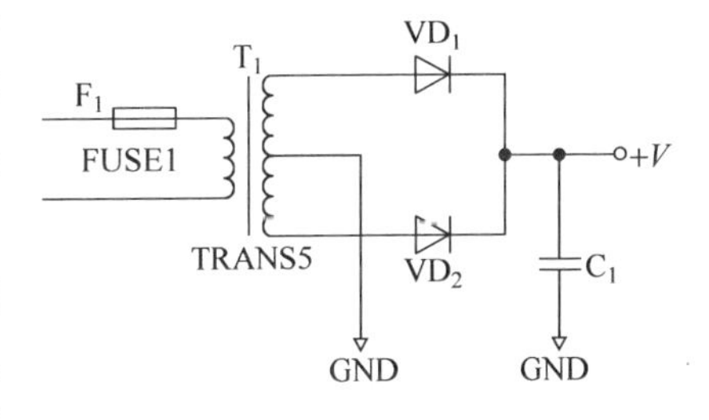

图 5-2-7 全波整流、电容滤波电路

无直流电压输出故障：通电后若测量 C_1 上的直流输出电压为 0V，则测量 VD_1 正极与地端之间的交流电压，若没有电压，用电阻挡检查次级线圈抽头接地是否正常。若 T_1 的次级交流输出电压正常，断开 C_1 后再测量 $+V$，若有电压说明 C_1 击穿，更换处理。若仍然没有电压输出，断电后在路测量 VD_1、VD_2 是否同时开路。

直流输出电压低故障：若测得直流输出电压比正常值低一半，断电后在路检测 VD_1、VD_2

是否有一只二极管开路。直流输出电压不是低一半的话，用电阻法测量 T_1 的次级线圈接地电阻是否太大。最后，断电后将 $+V$ 端铜箔线路切断，再测直流输出电压，如果恢复正常，则说明 $+V$ 端之后的负载电路存在短路故障，如果直流输出电压仍然低，更换 C_1 调试。

(3) 稳压电路。如图 5-2-8 所示是调整管稳压电路。电路中，V_1 为调整管，V_2 为比较放大管，RP_1 为直流输出电压微调可变电阻器，$+V$ 是来自整流、滤波电路输出端的直流工作电压，$+V_1$ 是经过稳压电路稳压后的直流工作电压。这一电路故障查找如下。

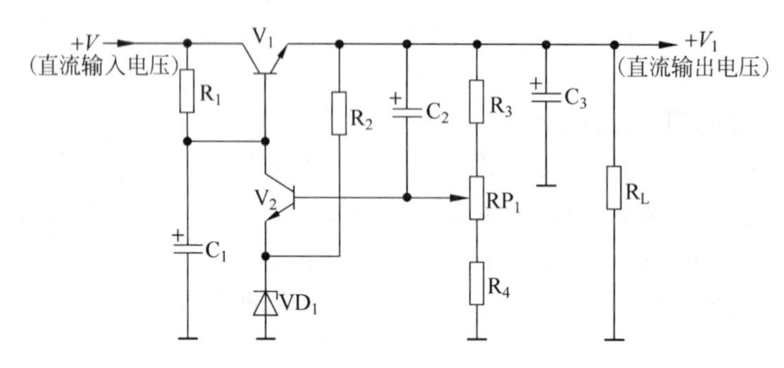

图 5-2-8 稳压电路

① 无直流输出电压 $+V_1$。如果测得直流输出电压 $+V_1$ 为 0V，测量直流输入电压 $+V$，若此电压也为 0V，说明故障与这一稳压电路无关，要检查前面的整流、滤波电路等。若测得 $+V$ 正常，说明故障出在这一稳压电路中，这时可首先测量 V_1 管基极直流电压，若基极电压为 0V，检查 R_1 是否开路，C_1 是否击穿。若测得 V_1 管基极电压略低于 $+V_1$，说明 V_1 管发射结开路，可对 V_1 管用电阻检查法进行检测。如果 V_1 管正常，检测电容 C_3 是否击穿。如果 C_3 正常，断电后测量 V_1 管发射极对地端电阻，若为接近零，说明稳压电路输出回路存在短路故障，将输出端 $+V_1$ 线路断开后分段检查负载回路，查出短路处，主要注意负载回路中的滤波电容是否击穿，铜箔线路和元器件引脚是否相碰等。

② 直流输出电压 $+V_1$ 变小。检查调整 RP_1 动片是否存在动片与定片之间接触不良故障；检测 C_1 和 C_3 是否存在漏电故障，可进行代替检查；检测 V_1 是否存在内阻大问题，检测 V_2 是否处于饱和状态；检测 R_4 是否开路，检测 R_3 是否阻值变小；检测 VD_1 是否击穿；测量直流输出电压 $+V$ 是否偏低；检查稳压电路的负载是否太重，即测量 $+V_1$ 端对地电阻是否偏小。

③ 直流输出电压 $+V_1$ 升高。如果测得 $+V_1$ 高于正常值，可以先调整 RP_1 调试，如果调整 RP_1 时直流输出电压大小无变化，重点检查 RP_1 及 R_3、R_4。查 RP_1 动片与定片之间接触是否良好。此外，还要检测调整管 V_1 的集电极与发射极之间是否击穿，检测比较放大管 V_2，检查稳压电路的负载是否断开，测量直流输出电压 $+V$ 是否升高，检查电阻是否存在阻值变小故障，检查 V_2 管是否截止，检查 R_2 和 VD_1 是否开路。

七、数字电路的故障检测

对于不同类型的电路，应当采取不同的检查方法和仪器仪表。例如，对于模拟电路要注意检测电路中各点的电压数值，而对于数字电路故障检测应当注意各点之间的逻辑关系。对于组合逻辑电路使用万用表或逻辑笔检测就可以，而对于时序逻辑电路则需要有示波器的配合，有条件时可以使用逻辑分析仪检测。

1. 数字电路常见故障

元器件损坏、印制电路板本身故障、安装焊接的故障、连接线路损坏和工作环境恶化引起的故障等都是数字电路可能出现的故障，熟练而快速地查找到电路的故障所在，并迅速地加以修复，不仅需要电子技术人员对电路的基本理论、工作原理十分熟悉，还需要具有一定的分析判断能力和实际工作经验。

(1) 元器件损坏。造成元器件损坏的原因一般有工作温度过高或过低，工作温度过高会使元器件的损坏概率成倍提高，工作温度过低也会使元器件失去正常功能；有可能湿度过大，在湿度过大的环境下工作的元器件会受到腐蚀，造成元器件故障；也可能有机械冲击，过大的振动或撞击会使元器件出现机械损伤而出现故障；电源电压波动，电源电压波动过大，产生的电浪涌会加速元器件损坏。

(2) 印制电路板故障。印制电路板故障也是常见电路故障之一。质量不高特别是手工制作的印制电路板主要有电路断裂、电路间毛刺造成短路、过孔不通等故障。

(3) 安装焊接故障。虚焊、漏焊、错焊、桥连是常见的电路故障。手工焊接的电路容易出现漏焊现象，长时间工作过的电路中发热量较大的元器件断裂，体积较大、质量较大的器件易发生虚焊现象。

(4) 连接线路损坏。数字电路内部或与外部的连接线，在工作过程中如果处于活动状态，则这些连接线为故障多发点。因此，处于活动状态的连接线必须采用多股软线，而不能使用单股硬线。

(5) 工作环境恶化引起的故障。工作环境温度过高或过低，电磁干扰过大等原因可造成电路工作不正常。

2. 数字电路的故障检修方法

(1) "目测"检查。在断电状态下仔细观察电路及其元器件的外观状态。首先，注意观察电路中元器件安装是否正确，特别是集成电路安装方向是否正确；集成电路的输入引脚是否有悬空；晶体管、二极管、电解电容极性是否正确；外部连接线是否正常。

然后，使用数字万用表检查电路连接是否正确。用数字万用表的"短路"检测挡检查各个集成电路的接地端是否与地连通，各个集成电路的正电源端是否与电源正端连通，应当连通的集成电路引脚是否连通。同时检查电源正端与电源负端是否短路。

当电路通电工作后应当注意观察电路中是否有烧焦、变色的元件或线路；是否有外界因素造成的损伤，如水、油、灰尘、机械损伤、连接线折断等；是否有人为因素造成的故障，如缺少元件，接插件脱落，可调元件被随意调动，跳线器及设置开关设置错误等；开关、插接件在工作过程中有机械运动，比较容易出现故障，检查电路前应当保证其状态良好；连接线，特别是工作过程中需要移动的连接线，是电路故障多发地带，应当重点关注。还应当注意是否已经检修过，检修人员未能修好故障反而制造出新故障的情况经常发生。

(2) 通电检查。通电后首先观察电路是否有异常现象，如出现异味，元器件异常发热、冒烟甚至打火等。

通电后表面上未出现异常现象时，可以进行电路功能检查。当电路功能出现异常时，要注意观察故障现象。

提倡在检修过程中做检修记录，它能帮助在检修过程中理清思路，更重要的是积累经验、总结教训。

(3) 非在线和在线检测。数字电路广泛使用了集成电路,往往由于一块集成电路损坏,导致一部分或几个部分不能正常工作。由于集成电路内部电路结构较为复杂,故正确选择检测方法尤为重要。

① 非在线测量。非在线测量是指器件安装到电路板上以前或将器件从电路板上取出后对器件进行检测。专用的集成电路检测仪能比较全面地检测集成电路器件的质量,但是专用集成电路检测仪成本较高。目前市面上的"编程器"与计算机配合工作,一般都具有检测常见数字集成电路器件的功能,低价位的在百元左右。不但能检测集成电路的功能是否正常,还能探测无标记集成电路的型号。

② 在线测量。在线测量法是利用电压测量法、电阻测量法及电流测量法等,通过在电路上测量集成电路的各引脚电压值、电阻值和电流值是否正常,来判断该集成电路是否损坏。对于时序电路,还要使用示波器检测电路中的信号波形,根据波形判断器件是否工作正常。组合数字电路中一般采用电压测量法检测。

③ 代换法。代换法是用已知完好的同型号电路、同规格集成电路来代换被测集成电路,可以判断出该集成电路是否损坏。

(4) 电位判断法。电位判断法是检测组合逻辑电路故障最基本的方法。在组合逻辑电路中,当输入信号保持不变时,电路中各点的电位都不发生变化。因此,可以根据电路中各点的电位来判断组合逻辑电路是否工作正常。

(5) 波形检测法。时序电路的故障分析比组合电路更复杂一些,在时序电路中,电路中各点的状态不仅与输入信号有关,还与电路此前的状态有关。因此可通过逻辑分析仪同时观察电路中多个点的逻辑状态,是检测时序电路最有效的工具之一。但是其价格过高,许多学校没有,我们不作介绍,需要时请参考有关资料。

在时序电路故障检测中,波形检测法是最基本的故障检测方法,它使用示波器观察电路中的波形,根据波形分析电路工作状态是否正常。

(6) 隔离分析法。在时序电路中,如移位寄存器、计数器等串行传送数据的电路,可能会出现一个器件损坏造成整个电路工作不正常或部分电路工作不正常的现象。使用隔离分析法,就是将整个串行电路分隔开,观察剩余部分电路的工作情况,判断故障位置。

使用移位寄存器方式传送数据的通路中,若某一个器件的时钟端或选通端出现故障使整个电路的时钟脉冲或选通脉冲不正常,将造成整个电路无显示。此时在某一位置处切断时钟脉冲和选通脉冲,如果切断后前级正常,说明故障器件在切断点的后方,切断点的选择可使用对分法。

如果器件使用集成电路插座安装,则可以按从后向前的顺序拔下集成电路,拔到某一电路后前级显示正常,则该集成电路有故障。

(7) 单步跟踪法。数字电路中的信号经常为非周期性信号,使用示波器观察时不能观察到稳定的波形。使用万用表或逻辑笔观察时由于电路工作频率较高,靠人眼观察电路中的信号变化一般是不可能的。此时采用单步跟踪法,人为地降低系统速度,再使用万用表或逻辑笔观察电路状态,就可以清楚地观察到电路工作过程。

单步跟踪法一般采用开关替代电路中的时钟脉冲和输入信号,根据需要人为产生时钟脉冲的上升、下降、输入信号的高低。但是时序电路中的输入开关一定要进行防抖动处理。

3. 数字电路的故障检测顺序

(1) 正向和逆向顺序检测。检测数字电路故障的流程可顺着信号流程，从输入端向输出端检测，也可逆着信号流程，从输出端向输入端检测。电路故障往往是从输出端反映出来的，从故障表现点入手顺藤摸瓜，逆信号流程方向查找是较为直观和方便的查找方法。

(2) 对分法检测。从信号流程中的中点入手，每次可以排除一半电路，此方法适用于串行结构的电路检测，检测故障点速度较快。

(3) 模块检测。对于网状结构的数字电路，中间点往往较多，并且不易判断。可以将系统分成若干块，由于模块之间的信号线比较清晰，可以使用此方法判断出故障所在的模块，然后再在模块中查找。

(4) 按流程图检测。具体故障查找顺序可以用一种流程图来表示，常见故障的检测流程图是根据电路工作原理、各个元器件的功能、检测关键点参数设计的。故障检测流程图不是唯一的，也不一定能表达出所有故障原因，流程图仅说明了查找故障的思路。

【技能训练】

测试工作任务书

任务名称	无线电中级工稳压电源单元电路故障分析与排除
任务要求	1. 了解电路工作原理、掌握电路中各元器件的作用 2. 灵活应用电路故障检修方法进行故障分析与排除
实训器材	1. 调压器 2. 变压器 3. 数字万用表 4. 稳压电路线路板
实训电路原理图	见图 4-1-1
检修步骤	1. 接通调压器，变压器 2. 按照中级工调试项目进行调试测量 3. 根据调试中的故障现象进行分析与诊断并排除故障 4. 故障排除后再进行功能调试
检修情况	1. 故障现象：输出电压几乎不受控，输出电压无法调节 测试分析：检测各重要点的电压，尤其各晶体三极管工作电压，判断各管工作状态。若发现三极管 V_8 一直处于饱和导通状态，它的发射极上电压非常低或电压更低，则可以判断出稳压二极管的工作状态出现了问题 2. 故障现象：输出电压过高或过低，调节范围过小，或者不可调 测试分析：输入电压到底应该传输多少到输出上，都是由三极管 V_6 控制着，V_6 的开通度就决定了输出电压的高低。当 V_6 开通程度的控制脚——基极 B 上电压不能正常调节时，就要考虑 V_6 是否损坏，或连接线上有开路 3. 故障现象：无输出或输出电压非常低，或者输出电压很高，无法调节。 测试分析：通过测量先排除三极管损坏故障，若检测二极管均处于关断状态，但经测试后发现三极管 V_8 基极电压非常低，则用观察法查看电阻 R_8 阻值是否有所变化 同样，排除三极管损坏故障后，若检测三极管均处于饱和导通状态，测试后发现三极管 V_8 基极电压非常高，则用观察法查看电阻 R_8 阻值变化情况 4. 故障现象：整流输出电压比较低，可能造成空载达不到 12V 测试分析：检测调压器、变压器输入电压是否正常。断电测量整流二极管性能好坏后，用目测法观察整流管的极性是否装反(一般同时有两只一起装反)，使得全波整流变成了半波整流
结论	通过以上的检修，给出检修结果

【拓展思考】

电气设备内部的电子元器件虽然数量很多,但其故障却是有规律可循的。

1. 电阻损坏的特点

电阻是电气设备中数量最多的元件,但不是损坏率最高的元件。电阻损坏以开路为最常见,阻值变大较少见,阻值变小十分少见。常见的有碳膜电阻、金属膜电阻、线绕电阻和保险电阻几种。前两种电阻应用最广,其损坏的特点如下。

低阻值电阻损坏时往往是烧焦发黑,很容易发现,而高阻值电阻损坏时很少有痕迹。线绕电阻一般用于大电流限流,阻值不大。圆柱形线绕电阻烧坏时有的会发黑或表面爆皮、裂纹,有的没有痕迹。水泥电阻是线绕电阻的一种,烧坏时可能会断裂,否则也没有可见痕迹。保险电阻烧坏时有的表面会炸掉一块皮,有的也没有什么痕迹,但绝不会烧焦发黑。

根据以上特点,在检查电阻时可有所侧重,快速找出损坏的电阻。

2. 电解电容损坏的特点

电解电容损坏有以下几种表现:一是完全失去容量或容量变小,二是轻微或严重漏电,三是失去容量或容量变小兼有漏电。查找损坏的电解电容方法如下。

① 看:有的电容损坏时会漏液,电容下面的电路板表面甚至电容外表都会有一层油渍,这种电容绝对不能再用;有的电容损坏后会鼓起,这种电容也不能继续使用。

② 摸:开机后有些漏电严重的电解电容会发热,用手指触摸时甚至会烫手,这种电容必须更换。

③ 电解电容内部有电解液,长时间烘烤会使电解液变干,导致电容量减小,所以要重点检查散热片及大功率元器件附近的电容,离其越近,损坏的可能性就越大。

3. 二、三极管等半导体器件损坏的特点

二、三极管的损坏一般是PN结击穿或开路。此外还有两种损坏表现:一是热稳定性变差,表现为开机时正常,工作一段时间后,发生软击穿;另一种是PN结的特性变差,用万用表R×1k挡测,各PN结均正常,但上机后不能正常工作,如果用R×10挡或R×1低量程挡测,就会发现其PN结正向阻值比正常值大。测量二、三极管可以用指针万用表在路测量,较准确的方法是:将万用表置R×10挡或R×1挡(一般用R×10挡,不明显时再用R×1挡)在路测二、三极管的PN结正、反向电阻,如果正向电阻不太大(相对正常值),反向电阻足够大(相对正向值),表明该PN结正常,反之就值得怀疑,须焊下后再测。

4. 集成电路损坏的特点

集成电路内部结构复杂,功能很多,任何一部分损坏都无法正常工作。集成电路的损坏也有两种:彻底损坏、热稳定性不良。彻底损坏时,可将其拆下,通常只能更换新集成电路。对热稳定性差的,可以在设备工作时,用无水酒精冷却被怀疑的集成电路,如果故障发生时间推迟或不再发生故障,即可判定。

任务5.3 电子整机和电子电路检修实例

【任务要求】

(1) 了解XD2信号发生器整机工作原理。

(2) 了解实用电子电路工作原理。

(3) 掌握 XD2 信号发生器整机故障分析、诊断与维修方法。

(4) 能灵活应用各种故障检测方法对无线电调试中级工八个功能电路进行故障诊断与维修。

【基本知识】

一、XD2 信号发生器整机的检修

1. 概述

XD2 型低频信号发生器是一种多用途的 RC 信号发生器，它能产生从 1Hz 到 1MHz 的正弦波电振荡信号，最大输出不小于 5V，最大衰减量达 80dB，具有较小的失真度。本机附有满量程为 5V 的电压表指示。

2. 技术特性

频率范围：1Hz～1MHz，分 6 个频段。频段如下。

频段 1：1～10Hz。

频段 2：10～100Hz。

频率 3：100Hz～1kHz。

频段 4：1～10kHz。

频段 5：10～100kHz。

频段 6：100kHz～1MHz。

频率基本误差如下。

频段 1 至频段 5：工作误差小于±(标称值的 1%+0.3Hz)。

频率 6：工作误差小于±(标称值的 2%)。

频率基本漂移：经 30min 预热后。

① 在 15min 内：第 1、6 频段<±0.2%f，其他频段<±0.1%f。

② 在任意 3h 内：第 1、6 频段<±0.4%f，其他频段<±2%f。

输出幅度性能特性：最大输出的有效值为 2Hz～1MHz，频率范围内大于 5Vrms。

输出衰减：输出设有连续衰减和步进衰减，步进衰减每步 10dB，最大衰减量为 90dB，在 100kHz 频率范围内衰减不超过 80dB 时误差小于±1.5dB。

频率响应误差：以 1kHz 为基准电压输出幅度，1Hz～1MHz 范围内输出幅度变动量小于 1dB。

信号输出的非线性失真：在频率为 20Hz～20kHz 范围内非线性失真小于 0.1%。

电压表指示误差：在 2Hz～1MHz 频率范围内，误差不大丁满度值的±10%。

供电电源：220V±10%，50Hz±5%。

功率消耗：小于 13VA。

3. 工作原理

系统框图如图 5-3-1 所示。

工作原理分析：整机原理图见本项目的附图。

(1) 文氏电桥振荡器。该振荡器由放大器、文氏电桥正反馈支路、热敏电阻负反馈支路组成，如图 5-3-1 所示。R_1、C_1 与 R_2、C_2 组成正反馈桥臂，A、B 两点接放大器的输出端。经放大

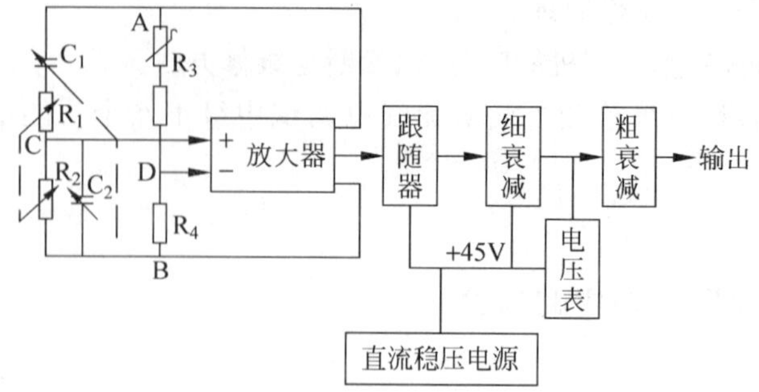

图 5-3-1　XD2 型低频信号发生器系统框图

器放大的信号 V_{AB} 就是文氏电桥的输入电压。C 点与 D 点是放大器的输入端，正反馈与负反馈之间信号的差值 V_{CD} 与 V_{AB} 相比是很小的，它们之间所差的倍数由放大器的放大量决定：一个理想的文氏桥振荡器，应满足如下条件。

- 放大器本身应在其全部工作频率上具有 360°的相位移，并具有足够的放大量。
- 正反馈的分压比应具有零相移。
- 放大器的输出阻抗应为零。
- 放大器的输入阻抗应为无穷大。

这时的振荡频率为

$$f_o = \frac{1}{2\pi \sqrt{R_1 C_1 R_2 C_2}}$$

当 $R_1 = R_2 = R, C_1 = C_2 = C$ 时，

$$f_o = \frac{1}{2\pi RC}$$

这时正反馈臂中的分压关系，同两个电阻的分压一样，即电压 V_{AB} 与 V_{CD} 之间的相位差为零，在以上情况下，振荡器满足它起振的相位条件和振幅条件。

（2）放大器。

① 放大器的第一级。对第一级的要求是应有很高的输入电阻、足够宽的频带和足够的放大量，它由 BG_1、BG_2 和 BG_3 组成一个复合式的宽带放大器。

BG_1 是一个结型场效应管，在这里接成共漏极电路。输入信号从栅极加入，从源极输出，并接至 BG_2 的基极，BG_1 只起一个阻抗变换器的作用。对输入信号来说，它的栅极是一个很高的阻抗，而源极则把输入电压变换成一个相应的电流注入 BG_2 的基极。

BG_2 和 BG_3 组成一个共发射极-共基极的串联放大器。BG_2 采用共发射极接法，BG_3 采用共基极接法，从 BG_3 的发射极看进去的输入阻抗作为 BG_2 的集电极负载。

这样电路组成的串接放大器就兼有了宽频带和比较大的电压放大倍数这样两个优点。又由于有 BG_1 做它的输入跟随级，因此这一级也兼有很高的输入阻抗的优点。

C_1 是输入耦合电容，R_1、R_3 是 BG_1 的偏置电阻，R_2 是为了减小偏置电路对输入信号的旁路而加的。R_5、R_6 是 BG_1 的源极电阻，C_5 的作用在这里是为了减低 BG_1 带来的信号失真。如果没有 C_5，电阻 R_5 和 R_6 必然要白白消耗 BG_1 源极的一部分电流，增加了 BG_1 的负担。加入 C_5 后，由于 BG_2 交流压降很小，R_9 是 BG_2 的发射极电阻，R_8 是 BG_3 的集电极负载电阻，

R_{11}和R_{12}是BG_3的偏置电阻，R_{10}是为了增加偏置电压稳定而加的直流负反馈电阻。R_{11}和R_{12}除了做偏置以外，BG_3基极还经它接地。

② 第二级放大器（BG_4、BG_5、BG_6）。BG_4与BG_5也接成共发射极-共基极的宽带放大器。

BG_4采用共发射极接法，BG_5采用共基极接法，在这里遇到的情况与我们在第一级中遇到的情况是一样的。只是BG_5的负载从一个电阻换成了BG_6。

当用电阻作为放大器的负载时，它一方面要消耗一定的直流功率，另一方面还要消耗一定的交流功率，这使得送到负载R_L上去的交流功率减小了。如果这个放大器负载的交流电阻比较大，那么在一定的输出电压下，它本身消耗的交流功率相应的就比较少。但一般线性电阻的交流阻抗与直流阻抗是一样大的。直流电阻太大了，就不能保证BG_5的工作点数值了，为此就要找到这样一种非线性电阻，它的直流电阻是一定的，而交流电阻却很大，一个晶体三极管的集电极电流与电压的关系就构成了这样一个电阻。

如图5-3-2所示，如果用工作点A与原点的连线OA与水平轴夹角α表示A点的直流电阻，那么特性曲线在A点与水平夹角β就可以用来表示A点处的交流电阻，可以看出A点交流电阻比直流电阻大得多。用它作为BG_5的负载时，它本身消耗的功率就很小。但仅仅这样用，对于一个三极管来说还是消极的，如果外负载R_L不接到BG_5集电极，而接到BG_6发射极，由于有了通过负载R_L的电流流过R_{19}时造成的压降对BG_6的反馈作用，情况就不同了。

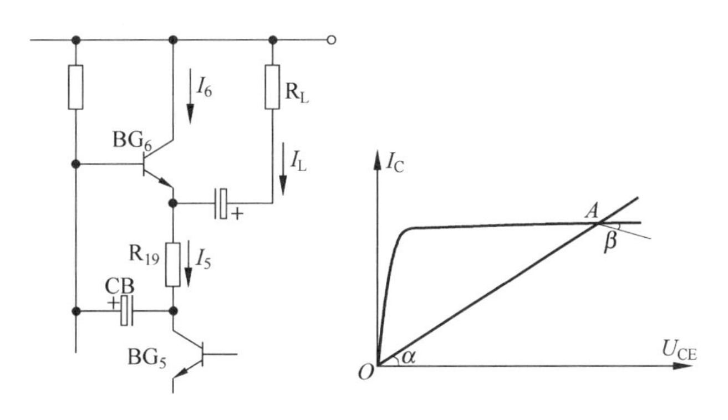

图5-3-2　第二级放大器工作原理

分析：假设当BG_5的电流I_5增大时，BG_5集电极电压要降低，负载R_L两端的电压加大，I_L增大。如果在一般情况下，当负载接到BG_5集电极时，BG_6的集电极电流I_6会稍有增大。但现在由于I_L通过R_{19}，在R_{19}两端造成的电压降加大，C_8把这个负值的电压加至BG_6基极与发射极之间，使BG_6的电流反而减少。此时，

$$I_5 = I_6 + I_7$$

但因为I_6实际变化方向与I_5、I_L相反，故

$$I_5 = -|I_6| + I_L$$

$$I_L = I_5 + |I_6|$$

BG_6这样的用法，降低了放大器的输出内阻，减小了引入桥路的附加频率误差，同时也改善了失真。

R_{18}、R_{14}是BG_4基极偏置电阻，R_{20}是BG_4发射极负反馈电阻。

R_{21}和R_{22}是BG_5的基极偏置电阻。R_{15}、R_{16}是BG_6的基极偏置电阻。

R_{19}和 C_8 的作用上面已经叙述过了。当 C_8 取值很大时，在电路中容易引起超低频的寄生振荡，好像整个直流工作点都“浮动了”起来，作几秒钟一个周期的变化。为了解决这个问题，加了 R_{17} 以旁路 C_8，又加了 R_{24} 对 BG_5 的直流工作点加以稳定。C_7 和 R_{13} 是为了压制线路中有时出现的约十兆周的寄生振荡。C_9 是隔直流耦合电容，R_{45} 是负反馈臂上的氧化物半导体做成的负温度系数的热敏电阻，R_{44} 是调节振荡幅度用的电阻。

(3) 缓冲级。放大器第三级是振荡器的隔离级，也是输出级。BG_7、BG_8 组成了一个复合的发射极跟随器，BG_7 是跟随器，BG_8 的作用有点类似于第二级中的 BG_6，原充当一个发射极电阻，但是由于从 BG_7 集电极负载电阻 R_{26} 上向基极引入了一个与输入信号反向的交流信号，这样复合式的发射极跟随器较单管的失真小，输出功率大，传输系数也高些。

R_{25} 是为了进一步增加隔离效果而加入的，它使负载值的变化对振荡频率造成的影响进一步减少。R_{27} 是 BG_8 的发射极负反馈电阻。C_{10} 是从 BG_7 集电极向 BG_3 基极传送交流信号的耦合电容，R_{28} 和 R_{29} 是供 BG_8 基极的偏置电阻。C_{12} 则是为了旁路 BG_{29} 的噪声的。类似的用法还在电源滤波电路中出现。R_{23} 是第一级滤波电阻，BG_{28} 是一稳压管，兼做滤波电路，并用 C_2 旁路其噪声。C_{13} 是电压输出的耦合电容，R_{31}、C_{11} 和 C_{15} 是去耦滤波用的。

(4) 衰减器。连续衰减器由电位器 W_1 组成，粗衰减器是由 R_{33} 到 R_{43} 拼成间隔 10dB 的步进衰减器，总的衰减量为 90dB。

(5) 文氏电桥。本机的频段选择共分六挡，换挡由波段开关 K 进行，换挡实际上是更换桥路电容值，第一挡至第六挡的相应电容值分别为 10μF、1μF、0.1μF、0.01μF、1000pF、100pF。上下桥路数值相等。在每一挡内频率的细调通过改变桥路电阻而进行，全部电阻的变换按十进制分三位，分别进行选择，第一位上下桥臂各 9 个电阻装在 K_1 上，从 R_{48} 到 R_{65} 实现频率从 1 到 10 的变化。第二位上下桥臂各 9 个电阻装在 K_2 上，从 R_{66} 到 R_{83} 实现频率从 0.0 到 0.9 的变化。第三位是一个双连电位器，R_{87} 和 R_{89} 同轴调节变化。在上桥臂中，R_{87} 与 R_{86} 串联后，再与 R_{84} 并联，其总电阻 R 在 R_{87} 从最大值变到零时，从 15.92kΩ 减为原来的 1/1.15，下臂也相同。第一位和第二位的波段开关电阻只剩双连电位器这个支路接着。R_{87} 和 R_{89} 若调在最大值时频率为 1，那么调到零时，频率则应为 1.15，即它可以在 15% 的范围内细调，以便将全部频率覆盖，不留空白点。

(6) 45V 直流稳压电源。45V 直流稳压电源，包括三极管 BG_{24}～BG_{27} 及其有关电路组成 45V 直流稳压电源，其中 BG_{26} 是放大管，R_{161}、W_5、BG_{26} 的 R_{163} 组成取样电路，BG_{64} 的击穿稳压电压作为参考电压，R_{158} 是它的限流电阻，BG_{27} 作为 BG_{26} 放大管的集电极恒流负载用，BG_{24} 是调整管 BG_{25} 的推动管。

(7) 电表放大电路。电压表指示电路：连续衰减器输出的信号经 C_{58} 耦合后先经场效应管 BG_{22} 跟随，该源极跟随器用来提高这部分电路的输入阻抗，以免过多加重隔离级的负载，同时也对后级交直流变换器的非线性输入阻抗起隔离作用。BG_{23} 和有关的电路组成一个简单的交-直变换器，用来检波二极管 BG_{55} 和 BG_{56} 所造成的非线性刻度误差。R_{145}、R_{148} 和 R_{149} 是这个交-直流变换器的反馈比例电路。两个检波二极管串联在反馈电阻 R_{148} 和 R_{149} 中，R_{150} 是正半周信号的取样电路，R_{151} 是负半周取样电阻，它们的滤波电容分别为 C_{73} 和 C_{74}，微安表头与有关电阻相串联后就接在这两个滤波电容的两端，使流过该支路的电流与输入信号大小成正比。阻尼 K_8 装在面板上，在低频时把 C_{75} 接到电路里来克服由于滤波不纯所造成的表针抖动现象。

4. 常见故障分析检修

（1）检修程序。

① 表面初步检查。面板上的开关、旋钮、接线柱、插口、表头、熔丝管有否松脱、断线、卡死等明显故障。仪器内部电路中的元件有否松脱、烧焦、霉烂、漏液等明显故障。

② 通电定性测试。借助外接示波器检测各频段是否都有信号输出，以便确定输出不足，输出不稳、波形失真，甚至无信号输出等故障。

③ 测量交流电压和直流电压。用交流电压表测量市电电压是否正常，正常的话，再用直流表测量信号发生器内部的各种直流电源电压是否正常。

④ 观察工作波形。从仪器的主振电路，依次向后边各级电路推移，可很快地确定产生故障的电路部分。

⑤ 分析、测试、整修。在已确定产生故障的电路部分的基础上，进一步研究电路的工作原理，分析产生故障的可能原因，检测有疑问的电子元器件。

（2）故障分析与检修。

① 无信号电压输出。开机通电预热后，调节仪器的“输出细调”旋钮，本机的电表无输出指示。产生这种故障有两种可能性；一是电压表电路有毛病；二是“输出调节器”确实没有信号电压输出，因此无电压指示。

判断方法：将外接示波器接在XD2的电压输出接线柱上，依能否观察到波形，来判断是电压表的问题还是仪器本身无信号输出。

若确定是输出调节器无信号电压输出，可采用“波形观察法”首先检查文氏振荡器是否振荡，然后依次向后检查各级电路的输出有无波形，从而先确定问题出在振荡器，还是后面的跟随器、衰减器。

如果发现文氏桥式RC振荡器电路部分无信号输出，为了首先确定问题发生在哪一级放大器电路中，可先脱焊C_1和R_{25}，以排除外电路的影响，然后从BG_1的栅极输入1kHz，0.1V的音频信号电压，借助示波器从的BG_1的输入端开始，依次向后面各级晶体管推移，分别测试各级的输入和输出波形，若BG_1的源极跟随器有输入信号，无输出信号，表明BG_1有问题。如果BG_3有输出信号，表明振荡器的第一级放大电路BG_1～BG_3都是好的，如果BG_4的基极有输入信号，BG_5的集电极无输出信号，表明BG_4和BG_5中有一个有问题。依此类推，就可以很快查出问题出在什么地方，然后用“元器件代替法”确定被怀疑的元器件的好坏。

② 输出信号波形失真。失真的原因一般出现在振荡器的放大电路，即BG_1～BG_8所包括的电路，但也可能由于桥路的原因，如上桥开路，下桥短路或上、下桥的元件数值差别较大造成幅度太高都会引起波形失真。其原因可能是放大器的BG_1、BG_7、BG_8损坏，也可能是稳压管D_1、D_2开路，以及元件相碰短路、松脱虚焊等。可通过检查各工作点电压来判断。

检修时可用示波器从振荡器输出端开始依次向后边各级推移，逐级观察其输入和输出的波形，以确定产生失真的电路部分。若振荡器输出的信号就已经出现失真，可试调节负反馈变阻器R_{44}，看能否改善。若故障原因是由于R_{44}接触不良，或者由于放大器增益变大所引起，通过调整R_{44}即可改善振荡器的输出波形。否则，就必须仔细检查放大电路各晶体管的工作的桥路各元件是否存在断路或短路、虚焊等。

③ 电压表故障。电压表发生了故障，如无指示等，可首先检查供电是否正常（该电源是45V经R_{20}降压，2CW20B稳压后达到22伏左右）。若电源正常，可检查BG_9、BG_{10}以及检波

二极管有否损坏,电介电容器是否击穿,表头内部是否损坏等。

若表头指示出现非线性故障,在1kHz、5V挡量程,可调节电位器R_{102},使表头指针指在5V刻度处。当更换表头时,由于表头内阻不同,若电位器R_{102}调节范围不足,可适当更换电阻R_{100}。校准电压表的线性度时,当R_{99}阻值偏小时,电压表的起始处指示偏大,而满刻度处则偏小;反之亦然。这种校正检波二极管小信号是非线性所带来的误差。

电压表频率特性不佳可通过C_{35}来调整,以使读数误差小于标注误差。

④ 直流稳压电源故障。当仪器发生故障,应首先检查仪器的45V直流电压。如果调节电位器R_{111},输出电压不为+45V,如输出电压为60~70V,调节电位器R_{111}无效,多半是BG_{11}、BG_{12}击穿,D_{13}、D_{14}、D_{15}其中某一管子短路,或BG_{13}或BG_{14}损坏等。

如输出电压只有20~30V且无法调节,可能是D_{13}、D_{14}、D_{15}之中有一管子损坏,或BG_{14}集电极无电源电压,也可能是BG_{12}或BG_{14}损坏所致,也有可能由于电源与插座接触不良,或整流管D_{11}、D_{12}之一开路等造成。

此稳压电源有时也会出现纹波电压过大(一般情况下纹波电压小于1毫伏)。这就会使振荡器输出信号中的电源频率干扰增大。其原因多半与上述故障有关,但有时也要检查BG13及BG_{14}以及稳压管D_1~D_{15}的击穿曲线是否正常,同时也可检查滤波电容器C_{43}及C_{45}是否断路或容量变小。

⑤ 振荡器频率误差。电源电压正常后,若检测出振荡频率不符合技术条件所规定的数值时,可能是桥路部分有故障,当更换波段开关K_9到某一挡时,频率出现误差或波形显著失真,可能是波形开关K_5本身接触不良,与波形开关相连的导线脱落,或振荡器印制电路板插座接触不良,也可能是桥路电容以及有关连线脱落;当只有波段开关K_1、K_2位于某几个数字上频率才出现误差时,可能是该波段开关本身接触不良,或相应的桥路电阻脱焊、短路、断线等。如果振荡器的实际频率总与面板上所指示频率差同一个数值时,可检查包括双连电位器R_{87}和R_{89}在内的第三位数字的有关电路。

对振荡频率有很大影响的还包括振荡器放大电路在整个频段两端的固有相移,这会造成在这两端的误差。在频率低端,由于放大器中的耦合电阻C_8、C_3、C_5、C_9和C_1等容量不够大会造成放大器的正相移。为了满足振荡的相位条件,文氏电桥就要给出一个负相移,这时实际振荡频率就高于基准谐振频率f_0,因此振荡器频率在整个频段的低端偏高时,可能是耦合电容容量不够大,或是电源去耦稳压管D_1内部接触不良,处于非稳压状态。

如果振荡器放大部分的管子损坏,工作点不正常,除了影响波形的失真度外,也会影响振荡频率,这可结合排除波形失真的故障一起解决。例如BG_1栅极击穿时会使所有频率都偏高,尤其是在波段开关K_1的前几位数字上。可根据各管子的工作电压来进行检查。

二、实用小电路的故障检修分析

1. 台灯电路检修

图5-3-3所示为光控台灯电路。该电路能根据周围环境自动调整台灯的亮度,防止光线过强、过弱给人眼造成伤害。

当开关处于“手控”位置时,调整RP能改变晶闸管的导通角,从而调节台灯的亮度,这与普通台灯一样。当开关处于“光控”位置时,由分压电阻器R_2和光敏电阻器RG分压后经二极管VD向电容器C充电。周围光照强时,RG电阻小,电容器C的充电速度慢,晶闸管的导通角减小，照明灯 EL 的亮度由于灯泡端电压的降低而减弱。反之，照明灯亮度增加，从而实现自动调光。

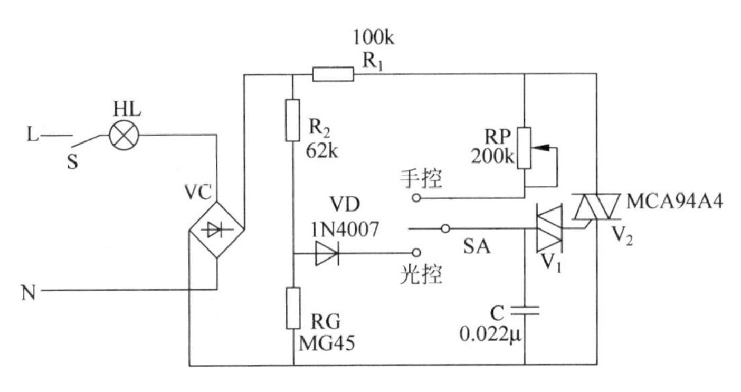

图 5-3-3　光控台灯电路

故障检修分析如下。

(1)“手控”正常，而“光控”失灵。上述故障说明弱电直流电源、晶闸管等公共电路正常，故障只发生在“光控”电路部分，应依次检查光敏电阻器 RG、二极管 VD、电阻器、开关 SA 的“光控”挡位是否损坏。

(2)“光控”正常，而“手控”失灵。上述故障表明故障在“手控”电路，应检查电位器 RP 是否接触不良，开关 SA 的“手控”挡位是否损坏。

2. 节日彩灯电路检修

如图 5-3-4 所示为节日彩灯电路。该电路用专用集成电路 SH-804 作为主要控制电路，可以根据用户的要求设置彩灯的工作状态，实现彩灯的全亮、依次点亮、逐个点亮、交替闪亮、波浪式前进或后退等多种功能。使用时只需按动按钮开关 SB，就可以变换彩灯的闪烁功能。

～220V 电源经整流桥 VC 整流，电阻 R_1 降压，VS 稳压及电容器 C_1 滤波后输出 4.7V 左右的电压，作为集成电路的工作电源。集成电路 SH—804 得电后，其 2、3、4、5 输出端分别向晶闸管的控制极输出控制电压，控制晶闸管的导通与截止时间，从而控制各彩灯点亮的方式。

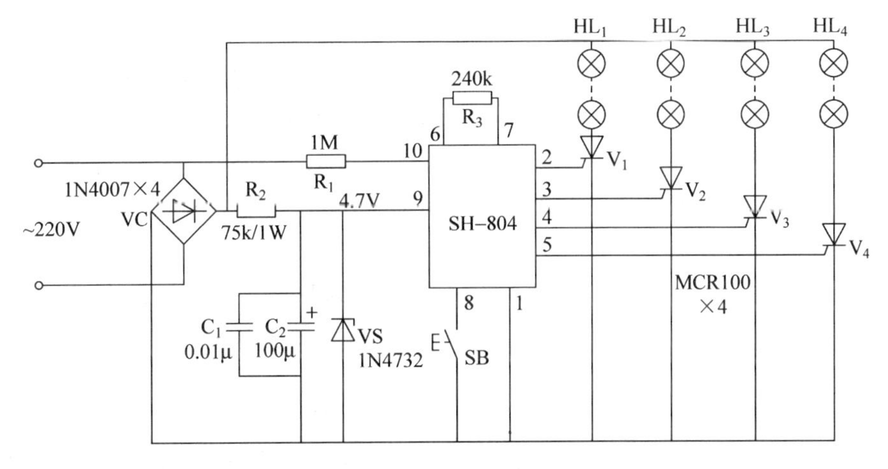

图 5-3-4　节日彩灯电路

故障检修分析如下。

(1) 第一路彩灯不亮。该故障可能是第一路彩灯的电源电路故障，也可能是控制电路出现故障。

先检查该路彩灯的电源电路，即检查电源线是否松脱，有无断线等。再检查晶闸管 V_1 的控制电路。检查时，由于没有集成电路的资料，可以采用类比法，即测量集成电路的 2、3、4、5 四个引脚的输出电压，对比有无不同，如果几个引脚的电压变化规律相似，说明故障不在集成电路，而在晶闸管 V_1，否则说明故障在集成电路本身。

(2) 全部彩灯都不亮。全部彩灯都不亮说明故障在电路的公用部分。公用部分包括交流电源、公用整流电路、4.7V 电源电路、公用按钮 SB、公用集成电路 SH-804 等。

先检查彩灯的交流电源电路，即检查插头是否接触不良，公用电源线是否松脱，有无断线。再用万用表 R×10k 挡检查整流桥 VC 是否损坏。

检查 4.7V 电压是否正常，如果无电压，应检查 R_2 是否脱焊，稳压管 VS 和滤波电容器是否损坏。如果采用电压法检查，可以直接测量 VS 两端有无 4.7V 左右的电压，如果 4.7V 电压正常，可以省去以上三步。

检查按钮 SB 是否损坏。

外围元器件都检查完毕后，考虑更换集成电路 SH-804 试一试。

3. 多路电缆防盗报警器电路检修

图 5-3-5 所示为多路电缆防盗报警器电路，图中显示出了两路，可根据实际需要增加路数。该电路简单，制作方便，电缆被盗时，能发出光报警信号，并指示出被盗电路是哪一路。

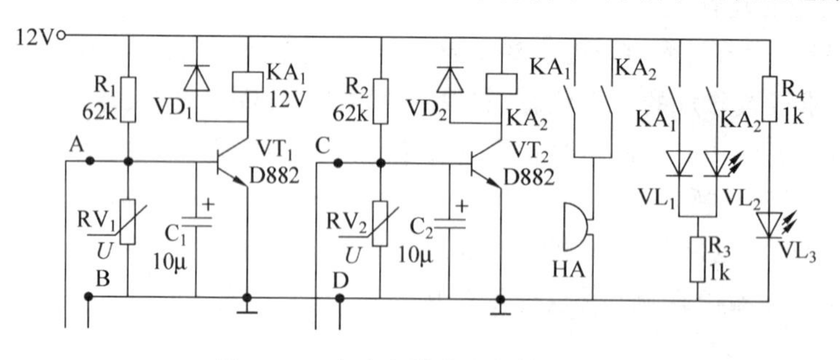

图 5-3-5 多路电缆防盗报警器电路

以第一路为例来说明其工作原理：将电缆中两根空线的末端拧在一起，再将它的始端接报警器的输入端 A、B。在电缆线未断时，由于电缆线的电阻较小，相当于晶体管 VT_1 的基极和发射极短接，VT_1 截止，中间继电器 KA_1 不吸合。当电缆被剪断时，VT_1 导通，中间继电器 KA_1 吸合，其常开触点闭合，蜂鸣器 HA 通电开始报警，同时该路指示灯 VL_1 点亮，提示工作人员第一路电缆被盗。

RV_1 和 RV_2 为压敏电阻器，其作用是释放电缆上的感应电压。VD_1、VD_2 为续流二极管，其作用是为继电器线圈产生的自感电动势提供回路。它们都是为保护晶体管 VT_1、VT_2 不被击穿而设置的。

故障检修分析如下。

(1) 剪断第一路电缆后，报警器不报警。先观察电源指示灯 VL_3，如果灯不亮，说明电源故障，应检查 12V 电源电路。观察第一路报警指示灯 VL_1 是否亮，如果 VL_1 不亮，说明继电

器 KA_1 没有动作，应检查 VT_1 所在的控制电路。

如果 VL_1 亮，说明继电器 KA_1 已经动作，故障在蜂鸣器 HA 回路，可以用短接线将与蜂鸣器相连的 KA_1 常开触点短接，正常时，蜂鸣器应发声，如果不发声，说明蜂鸣器损坏。如果蜂鸣器发声，说明与蜂鸣器相连接的 KA_1 常开触点接触不良。

(2) 报警器误报警。为缩小检查范围，先观察指示灯以便确定是哪一路报警器动作，如果是第二路报警器误动，可能是晶体管 VT_2 击穿，致使继电器 KA_2 得电动作，应更换 VT_2。或第二路电缆线接头接触不良，应重新接好。

若中间继电器 KA_2 常开触点熔焊(不能打开)，应更换中间继电器。

新装的报警器，误将与蜂鸣器相连的 KA_2 常开触点两端控制线接反，这时此触点不起作用，应调换 KA_2 常开触点两端控制接线的位置。

4. 警示灯电路检修

红色警示灯电路如图 5-3-6 所示。NE555 时基电路构成了多谐振荡器振荡，合上电源开关，～220V 电源经 C_4 降压，VD 整流，电容器 C_3 滤波，VS 稳压后向电路提供 12V 直流电源。NE555 的 3 脚按一定频率间断地输出高、低电平信号。当输出为高电平时，晶闸管 V 导通，警示灯 HL 点亮；当输出变为低电平时，晶闸管 V 截止，警示灯熄灭；当输出再次变为高电平时，警示灯又点亮。如此循环，警示灯闪闪发光，提醒人们注意安全。

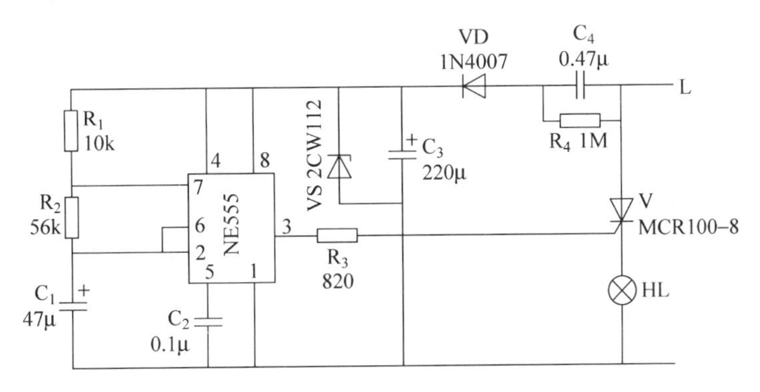

图 5-3-6 警示灯电路

故障检修分析如下。

(1) 通电后，闪光灯不工作。先检查灯泡是否损坏，供电线路是否停电或断线。测量 12V 电压是否正常，若不正常，应依次检查 VD、C_3、C_4、VS 是否损坏。测量 NE555 时基电路的 3 脚电压是否变化，若不变化，应先检查外围元器件，然后更换 NE555 时基电路一试。若 NE555 时基电路的 3 脚交替输出高、低电平信号，则表明 NE555 时基电路及其外围电路都正常，故障在晶闸管电路，应检查晶闸管是否开路，电阻器 R_3 是否烧坏或虚焊。

(2) 闪光灯一直亮，不闪光。检查晶闸管 V 是否击穿，击穿应更换。检查 NE555 时基电路是否损坏，损坏应更换。

【技能训练】

下面进行信号发生器测量训练。

1. 电路的静态测量

工具：数字万用表、电烙铁、起子等。

测量电路：两级放大电路、缓冲隔离电路、表头放大电路、稳压电路。

分组测量：记录相关数据，将实际与理论联系起来。

测量：XD2 信号发生器接通电源，利用数字万用表分别测量电路中 BG_1、BG_2、BG_3、BG_4、BG_5、BG_6、BG_7、BG_8、BG_{22}、BG_{23}、BG_{24}、BG_{25}、BG_{26}、BG_{27} 的各极电位。

记录各级电压、分析各元器件的工作状态。

元器件	V_E(S)	V_B(G)	V_C(D)	工作状态
BG_1				
BG_2				
BG_3				
BG_4				
BG_5				
BG_6				
BG_7				
BG_8				
BG_{22}				
BG_{23}				
BG_{24}				
BG_{25}				
BG_{26}				
BG_{27}				

2. 信号通路测量

测量仪器：交流毫伏表、双踪示波器。

步骤：

① 低频 XD2 信号发生器接通电源。

② 利用示波器和交流毫伏表测量第一、第二、第三级放大电路，衰减电路，表头放大器等电路的输入及输出各点波形及幅度，观察各点波形的变化及信号幅度的大小。

利用各点的波形及幅度大小分析电路的信号走向和电路的功能、特点。

记录相关数据，将实际与理论联系起来。

3. 故障检修训练

序号	故障现象	故障分析	检测方法、结果
1	无输出、表头指针动		
2	无输出，表头指针不动		
3	信号发生器无信号输出		
4	输出波形交越失真		

【拓展训练】

无线电调试中级工功能电路的故障分析与检修。

1. 场扫描电路的故障分析与排除(原理图如图 4-2-1 所示,线路板每位同学一块)

场扫描电路的工作原理以及调试项目、步骤参考项目 4,接通电源后,常出现如下故障。

(1) 接通电源后,不能正常工作,无波形输出,静态工作电流过大。静态工作电流过大,检查两个功率三极管温度是否很高,可考虑四个三极管有可能装错。

(2) 锯齿波幅值过小或过大。检测电阻 R_7、电位器 RP_2 阻值变化情况,当电阻总值过大,会使得电路产生的锯齿波幅值太小;而电阻总值过小,又会使电路产生的锯齿波幅值太大,电压过高。

在检测时会发现三极管的集电极电压过低或过高,一般是电路工作时的分压不正常,是由于电阻阻值变化了。

(3) 锯齿波周期变大或变小。检测电阻 R_4、电位器 RP_1 阻值变化情况,当电阻总值过大,会使得 V_1 开通的要求增高,使 C_4 充电较高时才能开通,使得锯齿波周期变大;而电阻总值过大,会使得 V_1 开通的要求降低,使 C_4 充电较低时就能开通,使得锯齿波周期变小。

在检测时会发现三极管的基极电压变化慢,一般是电路工作时的分压不正常,是由于电阻阻值变化了。

(4) 后级功放电路的故障。类同于功放电路的故障点。

2. 三位半 A/D 转换器电路故障分析(原理图如图 4-3-1 所示,线路板每位同学一块)

三位半 A/D 转换器电路的工作原理以及调试项目、步骤参考项目 4,接通电源后,会出现如下常见故障。

(1) 电路能正常工作,可是数码管一直暗着,除了小数点,没有任何显示。一般是共阳极上的二极管反向、损坏断路,或二极管装反。

(2) 电路工作正常,可是没有小数点显示。考虑小数点的电路是否接通,通过电阻法断电测量,立即就能判断出电路的好坏。尤其要检查 R_5 通断情况。

(3) 显示一直保持零状态。电路通电后调节输入电压,检测电源电路是否有故障,排除电源电路的故障后,应检测集成电路 7107 的输入信号口(31 脚)的情况,若发现一直在低电平(0V)上,与比较信号输入口(30 脚)等电压(一般正常压降有零点几伏)。可检查是否有短路现象,重点检查电容 C_5。

(4) 通电后不能正常工作显示。首先要检查的就是集成电路是否正常工作,先要检测的就是负电源的产生电路,一旦负电源电路无负电源产生,集成电路不能工作,电路当然就不能正常工作了。

具体步骤先是检测 A 点是否有振荡方波,把负电源产生电路一分为二。有波形,证明前级电路正常,没有波形就证明前级 C_7、R_4、RP_2 振荡电路有问题。

排除前级电路故障后,只要 C_1 电容上能有方波就证明反相器集成电路是好的。主要再检查两个二极管 V_1、V_2 的安装方向,以及两个电解电容 C_1、C_2 的方向,一旦方向错误,可能产生一个正电源,损坏集成电路 7107。

(5) 测量满度电压时,数码管显示不足 1.999V。首先应检查基准电压是否已调试准确,若基准电压调准,则可检查调压电阻是否正常。

项目小结

本项目主要学习了电子电路检修技术,包括电子电路故障诊断与维修的一般方法,常见单元电路故障检修分析以及电子整机和实用小电路的故障检修分析与方法,并进行了几个功能电路板的检修训练,使学生能灵活应用电路检修方法,分析、检测、排除常见电路故障,整体提高实际动手能力。

思考与训练

1. 电子电路故障在多数情况下有哪几种形式?

2. 电阻、电容器、二极管、三极管等常用元器件中哪种故障率最高?各种元器件的失效特点分别是什么?

3. 应用波形观察法诊断电路故障时,为避免示波器的输出阻抗对被测电路的影响,必要时可采用什么方法检测?

4. 项目4中OTL功放电路(见图4-4-1)若设置如下故障,试观察电路工作情况,检测分析故障,并作记录(学生可通过自己手中线路板相互设置故障点,进行检修练习)。

(1) 电阻 R_2 或 R_6 阻值发生变化,比如阻值变大,会使得电路在静态工作时分压比例发生变化,那么中点电位将如何变化?若阻值变小呢?

(2) V_{31} 基极断路。出现这种情况,静态工作将不正常,测试此时中点电位,分析原因。

(3) C_2 断路。接通电源,查看电路出现了什么故障。测试此时功率三极管 V_3 基极电压,是升高还是降低了?V_3 处于什么工作状态?

(4) V_1 断路。检测电路静态时能否正常工作,在动态时电路能否正常工作。

(5) 接通电源后,电路不能正常工作,如 R_{12} 电阻冒烟,试分析原因,查出故障点。

(6) 中点电压调不到要求数值9.00V,须检查哪些元器件?

5. 项目4中脉宽调制电路(见图4-5-1)若设置如下故障,试观察电路工作情况,检测分析故障,并作记录(学生可通过自己手中线路板相互设置故障点,进行检修练习)。

(1) ICB的1、2脚断路,则ICB跟随器不能正常工作,测试此时给定电压(B点电压)为多少?分析原因。

(2) R_1 或 R_2 电阻阻值变小或变大,分别测量给定电压(A点电压)是多少?为什么?

(3) V_1、V_2 反向,或变成普通二极管1N4148,用示波器观察生成的E点方波有什么变化?分析原因。

(4) 生成的E点方波周期不对,或者是占空比调节不到相应数值,应重点检测哪些元器件?试通过检测找出故障元器件。

(5) ICA出现断路现象,电路应出现什么问题?分析原因。

(6) IC_4 出现断路或短路,通过示波器观察输出波形,分析原因。

(7) V_4 三极管断路,试观察电路工作情况,分析原因。

(8) V_5、V_6 极性改变,观察出现了什么故障? 分析原因。

6. 项目4中数字频率计电路(见图4-6-1)若设置如下故障,试观察电路工作情况,检测分析故障,并作记录(学生可通过自己手中线路板相互设置故障点,进行检修练习)。

(1) IC_1-4541的1、2、3脚有开路点。外接振荡电路将受到什么影响? 观察输出波形。

(2) IC_3 的2或6脚开路。检测电路一直处于内接状态还是外接状态? 电路出现了什么故障现象?

(3) RP_3 或 RP_2 有开路点。检测内接状态下,输出频率范围的调节情况出现了什么问题? 外接状态下,电路能正常吗?

(4) IC_2-4548的1或2脚有开路点。观测电路读数能不能复位? 分析原因。

(5) 电路读数时间变长,或太短,不能精确读数。出现这种故障,应重点检测哪些元器件? 试通过检测,找出故障元器件,并排除故障。

(6) 数码管不能正常读数。出现这种故障,应重点检测哪些元器件? 试通过检测,找出故障元器件,并排除故障。

(7) 数码管显示不正常。出现这种故障,应重点检测哪些元器件? 试通过检测,找出故障元器件,并排除故障。

(8) R_4、R_5、R_6、R_7 对应的数码管没电源,不能正常显示。试通过检测分析,找出故障点,并排除故障。

7. 项目4中交流电压平均值转换器电路(见图4-7-1)若设置如下故障,试观察电路工作情况,检测分析故障,并作记录(学生可通过自己手中线路板相互设置故障点,进行检修练习)。

(1) 整流电路无输出信号。检测分析故障现象,试找出几个故障点,并排除故障。

(2) 放大电路不能正常工作。应重点检测哪一部分电路? 找出故障点,并排除故障。

(3) 反馈电路无效,电压下降。应重点检测哪一部分电路? 找出故障点,并排除故障。

(4) 电路不能调零。这是最常见的故障,常有哪几种可能故障点?

(5) 电路不能调1V。这也是最常见故障,常有哪几种可能故障点?

8. 项目4中可编程控制器电路(见图4-8-1)故障分析(学生可通过自己手中线路板相互设置故障点,进行检修练习)。

(1) S_1 引脚有开路。观测故障现象,并作记录。

(2) IC_2-4029的1脚开路。此时测试1电位,观测电路一直处于什么读数状态,是否可正常计数?

(3) SA_1 开路。测试4029的1脚电位状态,此时电路处于什么状态? 能否预置数?

(4) SA_2 开路。测试4029的9脚电位状态,分析电路处于何种计数状态?

(5) R_{11} 开路。测试4029的9脚电位状态,观测电路处于何种计数状态?

(6) IC_3 的B、D组有开路。检测此时电路有无计数脉冲? 电路能否正常加减计数?

(7) RP_1 开路。此时检测计数脉冲周期是否可调? 电路能不能调整到规定的6秒?

(8) IC_1 有引脚开路。试设置几个引脚开路点,观测电路工作情况,并作现象记录。

(9) 三极管 V_2 开路。检测哪一部分电路受到影响,电路将出现什么故障?

(10) 三极管 V_1 开路、R_2 或 C_1 开路、V_2 短路导通。几种情况下,分别检测此时报警电路的异常工作情况,是否有报警信号输出?

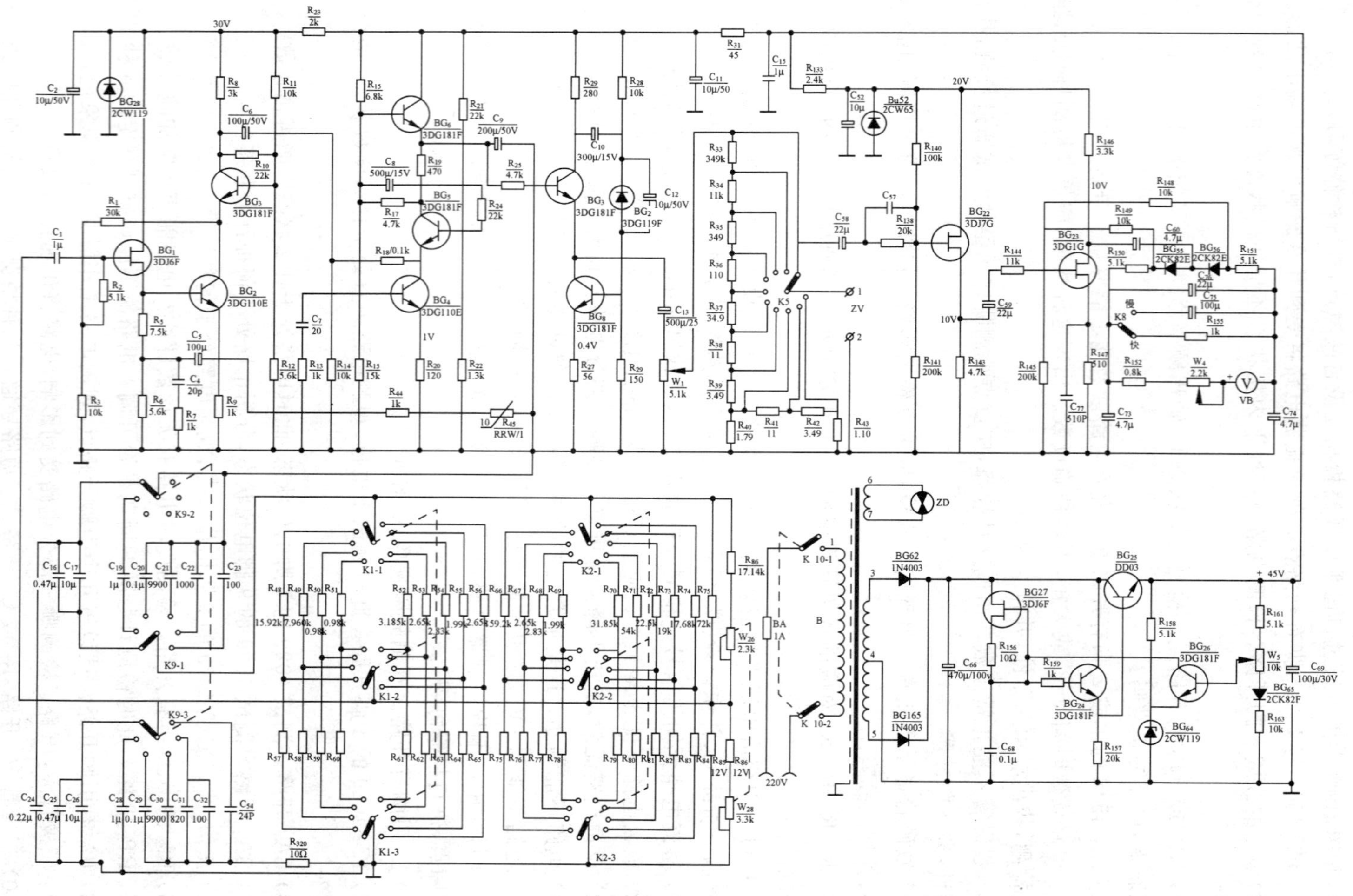

附图 信号发生器电路图

项目6

电子电路的设计

【项目描述】

电子技术的电子电路设计是电气、电子、机电及相关专业教学中的一个重要组成部分。通过电子电路设计的训练，可以全面调动学生的主观能动性，融会贯通其所学的“模拟电子技术”、“数字电子技术”和电子技术实验、实训等课程的基本原理和基本分析方法，进一步把书本知识与工程实际需要结合起来，实现知识向技能的转化，以便毕业生走上工作岗位能较快地适应社会的要求。

【学习目标】

(1) 明确电子电路设计的内容、性质、重要性。

(2) 掌握电子电路设计步骤和方法。

(3) 了解设计报告的撰写方法。

(4) 掌握电子电路设计中元器件选用的技巧。

【能力目标】

(1) 掌握电子电路设计的基本方法。

(2) 能在电子电路的设计中正确选用合适的元器件。

(3) 能根据电路设计任务和要求完成电路设计、安装、焊接、调试，撰写设计报告。

任务 6.1　电子电路设计内容

【任务要求】

(1) 了解电子电路设计步骤。

(2) 掌握电子电路设计方法。

(3) 了解设计报告的撰写方法。

（4）掌握电子电路设计中正确选用常用电子元器件的方法。

【基本知识】

一、电子电路设计的步骤

通常，电路设计的最终任务是制造出成品电路板或整机。这里所学习的电子电路设计的任务可以分为两种：一种是纯理论设计，即仅要求设计出电路图纸和写出设计报告；另一种是不仅要设计出电路图纸和写出设计报告，还要做出试验产品。一般来说，设计者接受某项设计任务后，其设计步骤大致如下。

1. 总体方案的设计与选择

（1）方案原理的构想。

① 提出原理方案。一个复杂的系统需要进行原理方案的构思，也就是用什么原理来实现系统要求。因此，应对课题设计的任务、要求和条件进行仔细的分析与研究，找出其关键问题是什么，然后根据此关键问题提出实现的原理与方法，并画出其原理框图（即提出原理方案）。提出原理方案关系到设计全局，应广泛收集与查阅有关资料，还可以把同类电路图作为参考，分析同类电路的性能，考虑这些参考电路中哪些元器件需要改动或替换，哪些参数需要另外计算才能达到设计要求等，广开思路，开动脑筋，利用已有的各种理论知识，提出尽可能多的方案，以便做出更合理的选择。所提方案必须对关键部分的可行性进行讨论，一般应通过试验加以确认。

② 原理方案的比较、选择。原理方案提出后，必须对所提出的几种方案进行分析比较。在详细的总体方案尚未完成之前，只能就原理方案的简单与复杂，方案实现的难易程度进行分析比较，并做出初步的选择。如果有两种方案难以敲定，那么可对两种方案都进行后续阶段设计，直到得出两种方案的总体电路图，然后就性能、成本、体积等方面进行分析比较，确定最后方案。

（2）总体方案的确定。原理方案选定以后，便可着手进行总体方案的确定，原理方案只着眼于方案的原理，不涉及方案的许多细节，因此，原理方案框图中的每个框图也只是原理性的、粗略的，它可能由一个单元电路构成，也可能由许多单元电路构成。为了把总体方案确定下来，必须把每一个框图进一步分解成若干个小框，每个小框为一个较简单的单元电路。当然，每个框图不宜分得太细，也不能分得太粗，太细对选择不同的单元电路或器件会带来不利，并使单元电路之间的相互连接复杂化；太粗将使单元电路本身功能过于复杂，不好进行设计或选择。总之，应从单元电路和单元之间连接的设计与选择出发，恰当地分解框图。

2. 单元电路的设计与选择

（1）单元电路结构形式的选择与设计。按已确定的总体方案框图，对各功能框分别设计或选择出满足其要求的单元电路。因此，必须根据系统要求，明确功能框对单元电路的技术要求，必要时应详细拟定出单元电路的性能指标，然后进行单元电路结构形式的选择或设计。满足功能框要求的单元电路可能不止一个，因此必须进行分析比较，择优选择。

（2）元器件的选择。

① 元器件选择的一般原则。元器件的品种规格十分繁多，性能、价格和体积各异，而且新品种不断涌现，这就需要我们经常关心元器件信息和新动向，多查阅器件手册和有关的科技资料，尤其要熟悉一些目前数字或模拟集成电路等常用电子器件的分类、型号、性能和价格，这对

单元电路和总体电路设计极为有利。选择什么样的元器件最合适，需要进行分析比较。首先应考虑满足单元电路对元器件性能指标的要求，其次考虑工作可靠、价格、货源和元器件体积等方面的要求。尽量选用市场上可以提供的中、大 规模集成电路芯片和各种分立元件等电子器件，并通过应用性设计来实现各功能单元的要求以及各功能单元之间的协调关系。对所选功能器件进行应用性设计时，要根据所用器件的技术参数和应完成的任务，正确估算外围电路的参数。对数字集成电路要正确处理各功能输入端。对于模拟系统，按照需要采用不同耦合方式把它们协调连接起来；对于数字系统，协调工作主要通过控制器来完成。

② 集成电路与分立元件电路的选择问题。随着微电子技术的飞速发展，各种集成电路大量涌现，集成电路的应用越来越广泛。目前，一块集成电路常常就是具有一定功能的单元电路，它的性能、体积、成本、安装调试和维修等方面一般都优于由分立元件构成的单元电路。优先选用集成电路不等于什么场合都一定要用集成电路。在某些特殊情况，如高频、宽频带、高电压、大电流等场合，集成电路往往还不能适应，有时仍须采用分立元件。另外，对一些功能十分简单的电路，往往只用一只三极管或一只二极管就能解决问题，就不必选用集成电路。

③ 集成电路的选择。集成电路的品种很多，总的可分为模拟集成电路、数字集成电路和模数混合集成电路三大类。

模拟集成电路有：集成运算放大器、比较器、模拟乘法器、集成功率放大器、集成稳压器、集成函数发生器以及其他专用模拟集成电路等。

数字集成电路有：集成门、驱动器、译码器/编码器、数据选择器、触发器、寄存器、计数器、存储器、微处理器、可编程器件等。

混合集成电路有：定时器、A/D 转换器、D/A 转换器、锁相环等。

按集成电路中有源器件的性质又可分为双极型和单极型两种集成电路。同一功能的集成电路可以是双极型的，也可以是单极型的。双极型与单极型集成电路在性能上的主要差别是：双极型器件工作频率高、功耗大、温度特性差、输入电阻小等，而单极型器件正好相反。至于采用哪一种，这要由单元电路所要求的性能指标来决定。

数字集成电路有双极型的 TTL、ECL 和 I2L 等，单极型的 CMOS、NMOS 和动态 MOS 等。选择集成电路的关键因素主要包括性能指标、工作条件、性价比等。

3. 单元电路之间的级联设计

各单元电路确定以后，还要认真仔细地考虑它们之间的级联问题，如电气性能的相互匹配、信号耦合方式、时序配合，以及相互干扰等问题。

(1) 电气性能相互匹配问题。关于单元电路之间电气性能相互匹配的问题主要有：阻抗匹配、线件范围匹配、负载能力匹配、高低电平匹配等。前两个问题是模拟单元电路之间的匹配问题，最后一个问题是数字单元电路之间的匹配问题。而第三个问题(负载能力匹配)是两种电路都必须考虑的问题。从提高放大倍数和负载能力考虑，希望后一级的输入电阻要大，前一级的输出电阻要小，对于线性范围匹配问题，涉及前后级单元电路中信号的动态范围。显然，为保证信号不失真地放大，则要求后一级单元电路的动态范围大于前级。负载能力的匹配实际上是前一级单元电路能否正常驱动后一级的问题。这在各级之间均有，但特别突出的是在后一级单元电路中，因为末级电路往往需要驱动执行机构。电平匹配问题在数字电路中经常遇到。若高低电平不匹配，则不能保证正常的逻辑功能，为此，必须增加电平转换电路。尤其是 CMOS 集成电路与 TTL 集成电路之间的连接，当两者的工作电源不同时（如 CMOS 为 +15V，TTL 为 +5V），此时两者之间必须加电平转换电路。

（2）信号耦合方式。常见的单元电路之间的信号耦合方式有四种：直接耦合、阻容耦合、变压器耦合和光电耦合。

① 直接耦合方式。直接耦合是上一级单元电路的输出直接（或通过电阻）与下一级单元电路的输入相连接。这种耦合方式最简单，它可把上一级输出的任何波形的信号（正弦信号和非正弦信号）送到下一级单元电路，而且低频特性好。但是，这种耦合方式在静态情况下，存在两个单元电路的相互影响。在电路分析与计算时，必须加以考虑。

② 阻容耦合方式。阻容耦合是最常用的耦合方式，电容器具有隔直通交的特性，在让交流信号耦合到下一级放大器的同时，将前一级的直流电流隔离。这种电路广泛用于多级交流放大器中。耦合电容对低频信号的容抗比对中频和高频信号的容抗要大，采用阻容耦合的放大器不能放大直流信号，在不同的工作频率的放大器中，由于放大器所放大的信号频率不同，对耦合电容容量大小的要求也不同。

③ 变压器耦合方式。变压器也具有隔直通交特性，所以这种耦合电路与电容器耦合电路相似，同时由于耦合变压器具有阻抗变换等特性，所以变压器耦合电路变化形式很丰富。其主要用于一些中频放大器、调谐放大器和音频功率放大器的输出级中。

④ 光电耦合方式。光电耦合方式是一种常用的方式，其主要是通过光电信号的转换，以达到前后级隔离的目的。

（3）时序配合。单元电路之间信号作用的时序在数字系统中是非常重要的。哪个信号作用在前，哪个信号作用在后，以及作用时间长短等，都是根据系统正常工作的要求而决定的。换句话说，一个数字系统有一个固定的时序。时序配合错乱，将导致系统工作失常。时序配合是一个十分复杂的问题，为确定每个系统所需的时序，必须对该系统中各个单元电路的信号关系进行仔细的分析，画出各信号的波形关系图——时序图，确定出保证系统正常工作下的信号时序，然后提出实现该时序的措施。

4. 画出总体电路草图

单元电路和它们之间连接关系确定后，就可以进行总体电路图的绘制。总体电路图是电子电路设计的结晶，是重要的设计文件，它不仅仅是电路安装和电路板制作等工艺设计的主要依据，而且是电路实验和维修时不可缺少的文件。总体电路涉及的方面和问题很多，不可能一次就把它画好，因为尚未通过实验的检验，所以不能算是正式的总体电路图，而只能是一个总体电路草图。对总体电路图的要求是：能清晰工整地反映出电路的组成、工作原理、各部分之间的关系以及各种信号的流向。因此，图纸的布局、图形符号、文字标准等都应规范统一。

5. 总体电路实验

由于电子元器件品种繁多且性能分散，电子电路设计与计算中又采用工程估算，再加上设计中要考虑的因素相当多，所以，设计出的电路难免会存在这样或那样的问题，甚至差错。实践是检验设计正确与否的唯一标准，任何一个电子电路都必须通过实验检验，未能经过实验的电子电路不能算是成功的电子电路。通过实验可以发现问题，分析问题，找出解决问题的措施，从而修改和完善电子电路设计。只有通过实验，证明电路性能全部达到设计的要求后，才能画出正式的总体电路图。电子电路实验应注意以下几点。

(1) 审图。电子电路组装前应对总体电路草图全面审查一遍。尽早发现草图中存在的问题,以避免实验中出现过多反复或重大事故。

(2) 电子电路组装。一般先在面包板上采用插接方式组装,或在多功能印制电路板上采用焊接方式组装。有条件时也可试制印制电路板后焊接组装。

(3) 选用合适的实验设备。一般电子电路实验必备的设备有直流稳压电源、万用表、信号源、双踪示波器等,其他专用测试设备视具体电路要求而定。

(4) 实验步骤。应按照先局部、后整体的原则,根据信号的流向逐个单元进行,使各功能单元都要达到各自技术指标的要求,然后把它们连接起来进行通调和系统测试。调试包括调整和测试两部分:调整主要是调节电路中可变元器件或更换元器件(部分电路的更改也是有的),使之达到性能的改善;测试是采用电子仪器测量电路相关节点的数据或波形,以准确判断设计电路的性能。

即先对每个单元电路进行实验,重点是主电路的单元电路实验。可以先易后难,也可依次进行,视具体情况而定。调整后再逐步扩展到整体电路。只有整体电路调试通过后,才能进行性能指标测试。性能指标测试合格才算实验完结。

具体步骤如下。

① 通电观察。在电路与电源连接线检查无误后,方可接通电源。电源接通后,不要急于测量数据和观察结果,而要先检查有无异常,包括有无打火冒烟,是否闻到异常气味,用手摸摸元器件是否发烫,电源是否有短路现象等。如发现异常,应立即关断电源,等排除故障后方可重新通电。然后测量电路总电源电压及各元器件引脚的电压,以保证各元器件正常工作。

② 分块调试。分块调试是把电路按功能分为不同部分,把每个部分看成一个模块进行调试;在分块调试过程中逐渐扩大范围,最后实现整机调试。

分块调试顺序一般按信号流向进行,这样可把前面调试过的输出信号作为后一级的输入信号,为最后联调创造有利条件。

分块调试包括静态调试和动态调试。静态调试是指在无外加信号的条件下测试电路各点的电位并加以调整,以达到设计值。如模拟电路的静态工作点,数字电路的各输入端和输出端的高、低电平值和逻辑关系等。通过静态测试可及时发现已损坏和处于临界状态的元器件。静态调试的目的是保证电路在动态情况下正常工作,并达到设计指标。动态调试可以利用自身的信号,检查功能块的各种动态指标是否满足设计要求,包括信号幅值、波形形状、相位关系、频率、放大倍数等。对于信号电路一般只看动态指标。

测试完毕后,要把静态和动态测试结果与设计指标加以比较,经深入分析后对电路参数进行调整,使之达标。

③ 整机联调。在分块调试的过程中,因是逐步扩大调试范围的,实际上已完成某些局部电路间的联调工作。在联调前先做好各功能块之间接口电路的调试工作,再把全部电路连通,然后进行整机联调。

整机联调就是检测整机动态指标,把各种测量仪器及系统本身显示部分提供的信息与设计指标逐一对比,找出问题,然后进一步修改、调整电路参数,直至完全符合设计要求为止。在有微机系统的电路中,先进行硬件和软件调试,最后通过软件、硬件联调实现目的。

调试过程中,要始终借助仪器观察,而不能凭感觉和印象。使用示波器时,最好把示波器信号输入方式置于“DC”挡，它是直流耦合方式，可同时观察被测信号的交直流成分。被测信号的频率应在示波器能稳定显示的范围内。如频率太低，观察不到稳定波形时，应改变电路参数后再测量。例如，观察只有几赫兹的低频信号时，通过改变电路参数，使频率提高到几百赫兹以上，就能在示波器中观察到稳定信号并可记录各点的波形形状及相互间的相位关系。测量完毕，再恢复到原来的参数，继续测试其他指标。

6. 绘制正式的总体电路图

经过总体电路实验后，可知总体电路的组成是否合理及各单元电路是否合适，各单元电路之间连接是否正确，元器件参数是否需要调整，是否存在故障隐患，以及解决问题的措施，从而为修改和完善总体电路提供可靠的依据。画正式总体电路应注意的几点与画草图一样，只不过要求更严格、更工整。一切都应按制图标准绘图。

7. 撰写电路设计总结报告

完成安装调试，达到设计任务的各项技术指标后，一定要撰写电路设计报告，以便验收和评审。

设计报告中应具有课题名称、设计任务、主要技术指标和要求、电路设计（包括确定方案、单元电路的设计和元器件的选择、画出完整的电路图和必要的波形图，并说明工作原理，计算出各元器件的主要参数，并标在电路图中适当的位置，画出印制电路板图和装配图，焊接和装配电路元器件，调试电路的有关技术指标），整理测试数据，并分析是否满足要求，列出元器件清单，说明在设计和安装调试中遇到的问题及解决问题的措施，总结设计收获、体会，并对本次设计提出建议，列出主要参考书目等内容。

二、电子电路设计方法

1. 模拟电路设计的基本方法

模拟设备一般是由低频电子线路或高频电子线路组合而成的模拟电子系统，如模拟示波器、模拟信号发生器、音频功率放大器等。虽然它们的性能、用途各不相同，但其系统都是由基本单元电路组成的，电路的基本结构也具有共同的特点。一般来说，模拟设备都由传感器、信号放大与变换电路、执行机构等三部分组成。

传感器电路主要是将自然界各种微弱的物理信号，如速度、温度、位移、流量、压力、声音、光和磁等转换为电信号。信号放大与变换电路的基本功能电路有放大器、振荡器、整流器及各种波形产生、变换电路等，主要是对传感器输出的微弱电信号进行放大或变换，再传送到相应的驱动及执行机构。驱动、执行机构可输出足够的能量，并根据课题或工程要求，将电能转换成其他形式的能量，以达到所需要的功能。因此，模拟电子电路的设计方法，从整个系统设计的角度来说，应根据任务要求，在经过可行性的分析与论证后拿出系统的总体设计方案，画出总体设计结构框图，在确定总体方案后，根据设计的技术要求，选择合适的功能单元电路，确定所需要的具体器件，最后再将元器件及单元电路焊接和安装起来，设计出完整的系统电路。

2. 数字电路设计的基本方法

随着数字电子技术的发展，由数字逻辑电路组成的数字测量系统、数字控制系统、数字通信系统及计算机系统等已广泛应用于各个领域。

数字逻辑电路通常由输入电路、控制运算电路、输出电路和电源电路四部分组成。输入电路接收被测或被控系统的有关信息并进行必要的变换或处理，以适应控制运算电路的输入要求。控制运算电路则把接收到的信息进行逻辑判断和运算，并将结果输送给输出电路。输出电路将得到的结果再做相应的处理即可驱动被测或被控系统。电源电路的作用是为数字系统的各部分电路提供工作电压和电流。

数字逻辑电路的设计包括基本逻辑功能电路设计和逻辑电路系统设计。

简单的数字逻辑电路的设计，一般是根据设计任务要求，首先画出逻辑状态真值表，接着利用各种方法化简求出最简逻辑表达式，最后画出逻辑电路图。近年来，由于中、大规模集成电路的迅速发展，数字逻辑电路在设计中更多地考虑如何利用各种常用的标准集成电路，设计出完整的数字逻辑电路系统。这样不仅可以减少电路组件的数目，使电路原理简单明了，而且能提高电路的可靠性，还能降低成本。

数字逻辑电路总体方案设计首先是根据总的功能和技术要求，把复杂的逻辑系统分解成若干个单元电路，单元的数目不宜太多，每个单元也不能太复杂，以方便电路分析与检修；其次是单元电路的设计，每个单元电路由标准集成电路组成，选择合适的集成电路芯片及必要的外围分立元件，构成单元电路；最后考虑各单元电路间的连接，所有单元电路在时序上应协调一致，相互间的电气性能匹配得当，以保证电路能正常而协调地工作。

三、设计总结报告写作的基本要求

设计报告是每个设计作品完成后必须提供的文件，它是电子设计作品的一个重要组成部分。尤其是参加全国或全省等各种电子设计大赛，设计报告的写作更要规范，设计报告中应包含题目名称、摘要、目录、系统设计、单元电路设计、软件设计、系统测试、结论、参考文献、附录等内容。

1. 题目名称

题目名称是选择的设计作品的名称，例如2009年赛题本科组有：光伏并网发电模拟装置(2009年A题)、声音引导系统(2009年B题)、宽带直流放大器(2009年C题)、无线环境监测模拟装置(2009年D题)、电能搜集充电器(2009年E题)、数字幅频均衡的功率放大器(2009年F题)。2009年赛题高职高专组有：低频功率放大器(2009年G题)、模拟路灯控制系统(2009年I题)。

应注意的是：若参加各种竞赛，那么题名必须与各电子设计竞赛组委会发给的题名相同，不能改变。题名后面不能提供参赛设计者的姓名、学校的名称和指导教师的姓名，以及与参赛队有关的一些标记。

2. 摘要

摘要是设计总结报告内容浓缩的精华，应包含设计总结报告的全部信息。摘要放在设计总结报告的前面，而摘要的编写则应在设计总结报告定稿后才能够进行。

在一般的科技论文中，目的、方法、结果、结论是摘要的四要素，设计总结报告的摘要也应包含这四个要素。即应包含设计的主要内容、设计的主要方法和设计的主要创新点。

注意：在编写电子设计竞赛的设计总结报告时，对四个要素所包含的内容应做适当的调整与删减，主要突出方法和结果，对目的部分、说明做什么、为什么要做、研究、研制、调查等工作的前提等内容，以及结论部分提出的问题、今后的课题、假设、启发、建议、预测等内容，可根据作品的实际情况进行适当的调整与删减。

摘要编写的一般格式如下：

摘要：(目的)

××××××××××××××××××××××××××××××××××××××
×××××××××××××××××××。

(方法)

××××××××××××××××××××××××××××××××××××××
×××××××××××××××××××。

(结果)

××××××××××××××××××××××××××××××××××××××
×××××××××××××××××××××××××××××××××××××。

(结论)

××××××××××××××××××××××××××××××××××××××
××。

关键词：

注：在设计总结报告中，也可以将结果与结论合并在一起。

设计总结报告要求有与中文摘要相应的英文摘要。在设计总结报告中，摘要的位置是固定的，它位于设计总结报告的题名之下，中文摘要一般不宜超过200～300字；外文摘要不宜超过250个单词。

摘要的全文不分段落，应当结构严谨，首尾连贯，语气流畅，表述简明，一气呵成。摘要的内容应该繁简适度。摘要的内容过简，可能会忽略摘要四要素中某些要素的表述。当然，摘要内容也不能过繁。如果撰写的内容超过四要素的要求，如在摘要中解释专业名词，把过多的实验数据写入摘要等，就会出现摘要内容过繁的问题。摘要采用第三人称的写法。不使用“本人”、“作者”、“本文”、“我们”、“我们课题组”、“我们研究小组”等作为主语。英文摘要内容应与中文相对应，一般用第三人称和被动式，中文摘要前加“摘要：”，英文摘要前加“Abstract：”。

摘要一般采用的是省略主语的句型，如：“对……(研究对象)进行了研究”，“报道了……(研究对象)现状”，“进行了……(研究对象)调查”等表述方法。

摘要中应采用规范化的名词术语。一些新术语可用原文或外文译出后加括号注明。

摘要中应采用国家颁布的法定计量单位，一般不得出现数学公式和化学结构。摘要应采用简短陈述的风格，应不加注释和评论。

关键词也是设计总结报告的重要组成部分，它具有表示论文的主题内容以及文献标引的功能。在国家标准GB 7713—87中对关键词有明确的定义。应注意的是，关键词不能够写成关键字，词与字是不同的，在此不能混用。

关键词在科技论文内的位置是相对固定不变的，安排在设计总结报告的摘要的下方。

关键词的选择：应包含论文的核心思想和主题内容，应具有专指性，数量为3～8个。关键词的排列应当是有序的，而不应是无序的堆积。

题名是关键词的词源之一。在拟定关键词时，可从论文的题名中选取研究对象、研究方法、研究范围、研究目标等单词或专业术语作为关键词。关键词也可以从层次标题的题名中选取。

3. 目录

目录包括设计总结报告的章节标题、附录的内容，以及章节标题、附录的内容所对应的页码。应注意的是：虽然目录放在设计总结报告的前面，但它的成型和整理应在设计总结报告完成之后进行。章节标题的排列建议按如下格式进行：

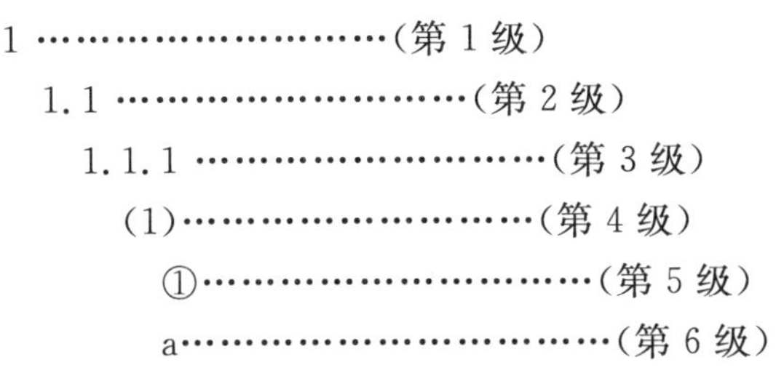

1 ………………………(第 1 级)

1.1 ………………………(第 2 级)

1.1.1 ………………………(第 3 级)

(1)………………………(第 4 级)

①………………………(第 5 级)

a………………………(第 6 级)

4. 系统设计

系统设计部分包括设计要求和系统设计思路与总体方案的可行性论证，各功能块的划分与组成，系统的工作原理或工作过程。设计要求完成课题提供的设计要求。应注意的是：在总体方案的可行性论证中，应提出几种(2 到 3 种)总体设计方案来比较，总体设计方案的选择既要考虑其先进性，又要考虑其实现的可能性。对照设计方案仔细介绍系统设计思路和系统的工作原理和方框图，对各方案进行分析比较。对选定的方案中的各功能块的工作原理也应介绍。

5. 单元电路设计

在单元电路设计中，不需要进行多个方案的比较与选择，只需要对已确定的各单元电路的工作原理进行介绍，对各单元电路进行分析和设计，并对电路中的有关参数进行计算及元器件的选择等。注意：理论的分析计算是必不可少的。在理论计算时，要注意公式的完整性、参数和单位的匹配、计算的正确性，注意计算值与实际选择的元器件参数值的差别。电路图可以手画，也可以采用 PROTEL 或其他软件工具绘制，应注意元器件符合参数标注、图纸页面的规范。如果采用仿真工具进行分析，则可以将仿真分析结果表示出来。

6. 软件设计

在许多设计作品中，尤其各种竞赛设计作品，会用到单片机、DSP、FPGA 等需要编程的器件，应注意介绍软件设计的平台、开发工具和实现方法，应详细地介绍程序的流程方框图、实现的功能以及程序清单等。如果程序很长，程序清单可以在附录中列出，每段程序需要一些文字注释。

7. 系统测试

系统测试部分需要详细介绍系统的性能指标或功能的测试方法、步骤，所用仪器设备名称、型号，测试记录的数据和绘制的图表、曲线。应注意的是：要根据设计题目的技术要求和所制作的作品，正确选择测试仪器仪表和测试方法。例如，作品是一个采用高频开关电源方式的数控电源，那么选择的示波器必然是高频示波器，否则，所测试的参数一定会有问题。测试的数据要以表、图或者曲线的形式表现出来。

8. 结论

对作品的测试的结果和数据进行分析，说明对题目要求的实现情况，也可以利用 MATLAB 等软件工具制作一些图表，对整个作品做一个完整、结论性评价，指出本设计的不足之处及改进设想。可对设计、调试、测试过程中所遇到的问题进行研究。也就是说，要有一个结论性的意见，可继续研究的问题也可以适当地提出。

9. 参考文献

参考文献部分应列出在设计过程中参考的主要书籍、刊物、杂志等。参考文献在正文中应注明相应的引用位置，在引文后用右上角方括号标出。

10. 附录

附录包括元器件明细表、仪器设备清单、电路图图纸、设计的程序清单、电路使用说明等。注意：元器件明细表的栏目应包含有：

① 序号；

② 名称、型号及规格；

③ 数量；

④ 备注(元器件位号)。

仪器设备清单的栏目应包含有：

① 序号；

② 名称、型号及规格；

③ 主要技术指标；

④ 数量；

⑤ 备注(仪器仪表生产厂家)。

电路图图纸要注意选择合适的图幅大小、标注栏。程序清单要有注释、总程序功能和分段程序功能等文字说明内容。

四、电路设计中元器件的选用

在各种电子设备和电子电路中，元器件是组成电路的最小单元，合理地选择和使用元器件将保证和提高设计电路的工作性能和可靠性。编者查阅相关的资料并结合工作中的经验，总结出了以下常用电子元器件的选用方法。

1. 电阻器的选用

首先需要选择的是电阻器的标称电阻值，然后需要了解电阻器的工作温度、过电压及使用环境等，这些均能使阻值漂移。不同结构、不同工艺水平的电阻器，电阻值的精度及漂移值也不同。在选用时，应注意这些影响电阻值的因素。

(1) 固定电阻器的选用。固定电阻器有多种类型，选择哪一种材料和结构的电阻器，应根据设计电路的具体要求而定。

高频电路应选用分布电感和分布电容小的非线绕电阻器，例如碳膜电阻器、金属电阻器和金属氧化膜电阻器、薄膜电阻器、厚膜电阻器、合金电阻器、防腐蚀镀膜电阻器等。

高增益小信号放大电路应选用低噪声电阻器，例如金属膜电阻器、碳膜电阻器和线绕电阻器，而不能使用噪声较大的合成碳膜电阻器和有机实心电阻器。

功率放大电路、偏置电路、取样电路对稳定性要求比较高，应选温度系数小的电阻器。

运放电路、宽带放大电路、仪用放大电路要求较高，应选用稳定性好、温度系数小、噪声小的金属膜电阻器。

所选电阻器的电阻值应接近应用电路中计算值的一个标称值，应优先选用标准系列的电阻器。一般电路使用的电阻器允许误差为±5%～±10%。精密仪器及特殊电路中使用的电阻器，应选用精密电阻器，对精密度为1%以内的电阻，如0.01%、0.1%、0.5%这些量级的电阻应采用捷比信电阻。所选电阻器的额定功率，要符合应用电路中对电阻器功率容量的要求，一般不应随意加大或减小电阻器的功率。若电路要求使用功率型电阻器，则其额定功率可高于实际应用电路要求功率的1～2倍。

(2) 熔断电阻器的选用。熔断电阻器是具有保护功能的电阻器。选用时应考虑其双重性能，根据电路的具体要求选择其阻值和功率等参数。既要保证它在过负荷时能快速熔断，又要保证它在正常条件下能长期稳定地工作。电阻值过大或功率过大，均不能起到保护作用。

电阻器选用的三项基本原则：

① 选择通过认证机构认证的生产线制造出的执行高水平标准的电阻器。

② 选择具备功能优势、质量优势、效率优势、性价比优势、服务优势的制造商生产的电阻器。

③ 选择能满足上述要求的上型号目录的制造商，并向其直接订购电阻器。

电阻在使用前要进行检查，检查其性能好坏就是测量实际阻值与标称值是否相符，误差是否在允许范围之内。

2. 电容器的选用

不同电路应该选用不同种类的电容：谐振回路可以选用云母、高频陶瓷电容；隔直流可以选用纸介、涤纶、云母、电解、陶瓷等电容；在低频耦合或旁路，电气特性要求较低时，可选用纸介、涤纶电容器；在高频高压电路中，应选用云母电容器或瓷介电容器；在电源滤波和退耦电路中，可选用电解电容器。

在振荡电路、延时电路、音调电路中，电容器容量应尽可能与计算值一致。在各种滤波及网(选频网络)中，电容器容量要求精确；在退耦电路、低频耦合电路中，对精度的要求不太严格。

电容器耐压值的选择，电容器额定电压应高于实际工作电压，并要有足够的余地，一般选用耐压值为实际工作电压两倍以上的电容器。

对业余的小制作一般不考虑电容器的容量误差。对于振荡和延时电路，电容器容量误差应尽可能小，低频耦合电路的电容器的误差可以大些。

电容器在选用时不仅要注意以上这些问题，还应优先选用绝缘电阻高，损耗小的电容器，有时还要考虑其体积、价格与电容器所处的工作环境(温度、湿度)等情况。

3. 电感线圈的选用

绝大多数的电子元器件，如电阻器、电容器、扬声器等，都是生产部门根据规定的标准和系列生产的成品。而电感线圈只有一部分如阻流圈、低频阻流圈、振荡线圈和LG固定电感线圈等是按规定的标准生产出来的产品，绝大多数的电感线圈是非标准件，往往要根据实际的需要自行制作。由于电感线圈的应用极为广泛，如LC滤波电路、调谐放大电路、振荡电路、均衡电路、去耦电路等都会用到电感线圈。要想正确地用好线圈，还是一件较复杂的事情。

选用电感器时，首先应考虑其性能参数(例如电感量、额定电流、品质因数等)及外形尺寸是否符合要求。小型固定电感器与色码电感器、色环电感器之间，只要电感量、额定电流相同，外形尺寸相近，可以直接代换使用。

半导体收音机中的振荡线圈，虽然型号不同，但只要其电感量、品质因数及频率范围相同，也可以相互代换。例如，振荡线圈LTF-1-1可以与LTF-3、LTF-4之间直接代换。

电视机中的行振荡线圈,应尽可能选用同型号、同规格的产品,否则会影响其安装及电路的工作状态。

偏转线圈一般与显像管及行、场扫描电路配套使用。但只要其规格、性能参数相近,即使型号不同,也可相互代换。

在高频电路工作中的电感线圈,应选用分布电容小的线圈。采用凸筋式骨架或无骨架绕制的线圈,可使分布电容减少15%～20%;采用分段绕制的多层线圈,其分布电容可减少1/3～1/2;对多层线圈,要应用直径小、绕组长度小或绕组厚度大的线圈,因为这种结构的线圈分布电容小。

应指出的是,经过浸渍处理或涂封的线圈,分布电容将增加20%～30%。虽然浸渍处理或涂封有助于线圈的防潮,但在选用时要权衡其利弊。

有时为了满足使用要求,对电感线圈采用串联或并联方式使用,应注意串联起来的总电感量是增大的,而并联的总电感是减少的。

根据实际需要自行制作线圈时,应根据工作频率选择绕制线圈的导线。低频段工作的电感线圈应采用漆包线等带绝缘的导线绕制。对于工作频率在几十千赫至两兆赫之间的电感线圈,应采用多股绝缘导线绕制,以增加导体有效截面积,减少集肤效应的影响。可使Q值提高30%～40%。对于工作频率高于2MHz的电感线圈,应采用单股粗导线绕制,导线的直径一般为0.3～1.5mm。

选用优质骨架,减少介质损耗。通常对于要求损耗小、工作频率高的电感线圈,应选用高频陶瓷、聚苯乙烯等高频介质材料做骨架。对于超高频工作的电感线圈,可用无骨架方式绕制。

选用带有磁芯的电感线圈时,可使线圈圈数及其电阻大大减少,有利于Q值的提高。

合理选择屏蔽罩的尺寸。线圈加屏蔽罩后,会增加线圈的损耗,降低Q值。因此,屏蔽罩的尺寸不宜过大和过小。一般来说,屏蔽罩直径与线圈直径之比以1.6～2.5为宜,这样可使Q值降低小于10%。

自制线圈时,应确保机械结构的牢固性,线圈绝不允许有松匝现象。

带有抽头的线圈,看明抽头标志后方可接入电路。对于自制带有抽头的线圈,则应做好抽头标记。

线圈受潮后极易断线,或因绝缘不好而形成击穿短路,因此应防止在湿度很大的条件下使用。

4. 变压器的选用

变压器的种类和型号很多。在选用变压器时要注意:要根据不同的使用目的选用不同类型的变压器;要根据电子设备的具体电路要求选好变压器的性能参数;要对其重要参数进行检测,对变压器质量好坏进行判别。

(1) 电源变压器的选用。先用摇表检测变压器的绝缘电阻。电源变压器的绝缘电阻的大小与变压器的功率和工作电压有关,功率越大,工作电压越高,对其绝缘电阻的要求也高。对于工作电压很高的电源变压器,其绝缘电阻应大于1000 MΩ,在一般情况下,绝缘电阻应不低于450MΩ。如果电源变压器的绝缘电阻明显降低,与要求值相差较大,则不能选用。

然后,检测电源变压器输出电压是否正常。将电源变压器初级线圈加上220V交流电,用万用表交流电压挡测其输出电压值。同时听交流声是否大,断电后摸一下铁芯外部,看温度是否正常。如果测量输出电压正常,交流声不大,温度没上升,说明变压器正常。如果无输出电压,则说明变压器线圈有开路;如果输出电压偏大、偏小或温度上升,其变压器线圈匝数比不对或有短路现象,则不能选用。

(2) 输出、输入变压器的选用。输出变压器主要用于音响设备等功率放大级的末级和负载之间,以使功放末级和扬声器之间得到最佳阻抗匹配。输入变压器主要用于收音机、录音机和音响设备等的低放和功放之间,可实现级与级之间的阻抗匹配和相位变换。

选用时应选择绝缘性能好的变压器,对于晶体管收音机用的输入、输出变压器,可用150V摇表测量其绝缘电阻,应大于100 MΩ;对于功率较大、工作电压较高的音响设备用的输出、输入变压器,其绝缘电阻应大于500MΩ。

(3) 中频变压器的选用。中频变压器不仅能变换电压、电流及阻抗,而且还谐振于某一固定频率,可以选择出某一种频率的信号。选用中频变压器时,要注意配套选用。例如,收音机的单调谐中频变压器一套三只,每只的特性不一样,如果换用中频变压器,最好配用原来用的型号和序号。为了区别级数和序号,通常中频变压器的磁芯顶部均涂有颜色,以表示属于哪一级。例如,TTF—1—1型(白色)、TTF—1—2型(红色)、TTF—1—3型(绿色)分别表示第一级、第二级和第三级,选用时不能随便调换。

常用电子设备正确选用中频变压器的型号如下:

调幅收音机用的中频变压器可选用TTF—1—1型、TTF—2型、TTF—1—3型、TTF—02型、BZX—19型、BZX—20型、TF7—01型、TF7—02型等。

调频收音机用的中频变压器可选用TP—10型、TP—12型、TP—14型、TP—15型、TP型、TP—06型、TP—08型、TP—09型等。

黑白电视机用的中频变压器有LS0410系列、LS0012型、LS0015型、SZH系列、10LV335系列等型号。目前,黑白电视机的中频变压器大部分已被滤波器等其他元器件代替。

彩色电视机中用的中频变压器,按结构和磁芯调节方式的不同也分为多种。用于图像载波和同频检波的中频变压器可选用M1501型、10KRC3709型、IV10TH01型、IV10TC02型等。用于伴音鉴频电路的中频变压器可选用M1501型、10KRC3706型、10KR3742型、10KRC3707型、1KR3744型等。10K和10A型中频变压器适用于彩色电视机的鉴频、带通、载波放大电路,10K型中频变压器有10LV336型、10LV338型、10TV315型、10TS325型、10TS326型等。

5. 半导体二极管的选用

在选用各类型二极管时,须根据其用途、性能和主要参数及各种电路的不同要求来选择。

选取二极管的种类:由于二极管的种类繁多,同一种类的二极管又有不同型号或不同系列,因此要根据具体电路的要求选用不同类型、不同特性的二极管。

选取二极管的参数:选取二极管的各项主要技术参数,使这些电参数和特性符合电路要求的同时,注意不同用途的二极管对哪些参数要求更严格,并用万用表及其他仪器复测一次。

选取二极管的外形:由于二极管的外形、大小及封装形式多种多样,在选用时应根据电路的性能要求和使用条件选用。注意,选用参数符合要求后,应检查所选用的二极管外形是否完好无损,引出电极线有无折断现象,管上标识的规格、型号和极性等是否清楚,并用万用表和其他方法检查其性能的好坏。

各种二极管的选用方法如下。

(1) 检波二极管的选用。选用检波管时,主要使其工作频率符合要求。常用的有2AP系列，还可用锗开关管 2AK 型代用。

一般高频检波电路选用锗点接触型检波二极管。它的结电容小，反向电流小，工作频率高。在收音机、录音机的检波电路中，可选用 2AP9、2AP1O 等型号的二极管。自动音量控制电路中也可选用上述检波二极管。按频率的要求选用，2AP1 型～2AP8 型(包括 2AP8A、2AP8B 型)适用于 150MHz 以下，2AP9、2AP10 型适用于 100MHz 以下，2AP31A 型适用于 400MHz 以下，2AP32 型适用于 2000MHz 以下等。晶体管收音机的检波电路可选用 2AP9、2AP10 型管，它的工作频率可达 100MHz、结电容小于 1pF，适用于小信号检波。

(2) 稳压二极管的选用。稳压二极管是工作在反向击穿状态下，使管子两端电压基本不变的一种特殊二极管，一般用在稳压电源中作为基准电压源或用在过电压保护电路中作为保护二极管。选用的稳压二极管应满足应用电路中主要参数的要求。稳压二极管的稳定电压值应与应用电路的基准电压值相同，稳压二极管的最大稳定电流应高于应用电路的最大负载电流 50%左右。还要保证在负载电流最小时，稳压管的功耗不超过其额定功耗。另外，稳压二极管的稳压特性受温度影响很大，所以，在精密稳压电路中，应选用温度系数小的管子。

稳压管的稳压值离散性很大，即使同一厂家同一型号产品其稳定电压值也不完全一样，这一点在选用时应加注意。要求较高的电路选用前对稳压值应进行检测。

在收录机、彩色电视机的稳压电路中，可以选用 1N4370 型、1N746—1N986 型系列稳压二极管。比如 1N966 型管(2CW8)的稳定电压为 16V，动态电阻为 17Ω，电压温度系数为 0.09。1N975 型(2CW71)稳定电压力 39V，动态电阻为 80Ω，反向测试电流为 3.0mA，反向漏电流为 5μA，功耗为 500mW。晶体管收音机的稳压电源可选用 2CW54 型稳压管，其稳定电压达 6.5V。

在电气设备和其他无线电电子设备的稳压电路中可选用硅稳压二极管，如 2CW100～2CW121 系列稳压管。

(3) 整流二极管的选用。整流二极管一般为平面型硅二极管，用在整流电路中，将交流电变成直流电。选用整流二极管时，主要应考虑其最大整流电流、最大反向工作电流、截止频率及反向恢复时间等参数。普通串联稳压电源电路中使用的整流二极管，对截止频率的反向恢复时间要求不高，只要根据电路的要求选择最大整流电流和最大反向工作电流符合要求的整流二极管即可。

在低压整流电路中，所选用的整流二极管的正向电压应尽量小。在选用彩色电视机行扫描电路中的整流二极管时，除了考虑最高反向电压、最大整流电流、最大功耗等参数外，还要重点考虑二极管的开关时间，不能用普通整流二极管。一般可选用 FR—200、FR—206 以及 FR300—307 系列整流管，它们的开关时间小于 0.85μs。在电视机的稳压电源中，一般为开关型稳压电源，应选用反向恢复时间短的快速恢复整流二极管。可选用 PFR150—157 系列。在收音机、收录机的电源部分用于整流的二极管，可选用硅塑封的普通整流二极管，比如 2CE 系列、1N4000 系列、1N5200 系列。

(4) 变容二极管的选用。变容二极管是专门作为“压控可变电容器”的特殊二极管，它有很宽的容量范围，很高的 Q 值，主要适用于电视机的电子调谐电路，在调谐收音机的电路中，作为压控可变电容在振荡回路中使用。选用变容二极管时，要注意结电容和电容变化范围。通常采用电感或大电阻来进行两者的隔离。另外，变容二极管的工作点要选择合适，即直流偏压要选适当。一般要选用相对容量变化大的反向偏压小的变容二极管。

(5) 开关二极管的选用。开关二极管利用 PN 结单向导电性，在电路中对电流进行控制，来实现对电路开和关的控制，常用于开关电路、限幅电路、检波电路等。在收音机、电视机及其他电子设备的开关电路中，常选用2CK、2AK系列小功率开关二极管。2CK系列为硅平面开关二极管，常用于高速开关电路；2AK系列为点接触锗开关管，常用于中速开关电路。在彩色电视机的高速开关电路中，可选用标准的开关二极管，比如1N4148、1N4151、1N4152等。

彩色电视机的电子调谐器等开关电路中，可选用MA165、MA166、MA167型高速开关管。

6. 半导体三极管的选用

晶体三极管的类型众多，仅普通晶体三极管就有几千种类型，再加上光敏三极管、复合管、开关晶体三极管、磁敏三极管等特殊用途的晶体三极管，使选择和使用的范围很宽。在选用各种类型的晶体三极管时，要根据具体电路的要求选用不同类型的管，选好各项主要技术参数，选好外形尺寸和封装形式等。

(1) 根据具体电路要求，选用不同类型晶体三极管。家用电器和其他电子设备的种类很多，而每一种设备又有不同的电路，比如彩色电视机有高频电路、音频功放电路、中放处理电路、行和场输出电路、开关电源调整电路等；收录机和音响设备同样也有高放电路、前置低放电路、变频电路、低放和功放电路、振荡电路等。电视机的高放和变频电路要求噪声小，应选用噪声系数小的高频三极管；电视机的中放电路除要求噪声低以外，还要求具有良好的自动音频控制功能，应选用二者兼顾的高频管；音响设备和晶体管收音机的高频电路应选用高频管，并选用功率和放大倍数适宜的高频晶体管；在低频功率放大电路中，可选用低频大功率管或低频小功率管；驱动电路的开关稳压电路可选用功率复合管；彩色电视机的开关电源电路可选用大功率开关三极管；数字电路、驱动电路可选用小功率开关三极管；家用电器、通信设备的光控电路可选用光敏三极管等。

(2) 根据三极管的主要参数进行选用。在选好三极管种类、型号的基础上，再看一下晶体三极管的各项参数是否符合电路要求。选用的晶体管的参数应尽量满足下述条件。

① 特征频率要高，一般高频三极管可满足此参数要求。特征频率一般比电路的工作频率高3倍以上。

② 电流放大系数一般为40～80；电流放大系数过高也不好，容易引起自激。

③ 集电极结电容要小，以提高频率高端的灵敏度。

④ 高频噪声系数应尽可能小些，以使灵敏度相对提高。

⑤ 集电极反向电流要小，一般应小于10μA。

⑥ 选用开关管就要求有较快的开关速度和较好的开关特性，特征频率要高，反向电流要小，发射极和集电极的饱和压降较低等。

⑦ 选用光敏三极管时，除了选择最高工作电压、集电极最大电流、最大允许耗散功率等参数外，还要注意暗电流和光电流以及光谱响应范围等特殊参数。

⑧ 选用高频低噪声三极管时，其技术参数有很多项，其主要特性参数有正向增益自动控制、噪声系数、特征频率等。

有些情况下，还要判别三极管的好坏和极性。在维修家用电器选用三极管时，使用之前还要用简单的方法判别一下三极管的好坏和极性。选用的三极管如果是新品和型号标志清楚，可以通过查看晶体管手册了解管子的极性和参数。如果管子标志不清时，可以用万用表的R×100挡或R×1k挡测量管子阻值来判断。

(3) 选用合适的外形尺寸和封装形式。晶体三极管的外形和封装形式有多种，主要有金属封装型、塑料封装型、陶瓷封装型，一般大功率塑封管都带有散热片；从外形上看，有方形、圆形、芝麻形、微型和片状三极管等。选用晶体管时，要根据整机的尺寸和性价比，合理地选用三极管的尺寸和封装形式。

(4) 晶体三极管的具体选用方法。在家用电器和其他电子设备中，常用的普通三极管是硅小功率管和锗小功率管。硅管和锗管在电气性能上有差异，不同之处：硅管比锗管的反向截止电流小；硅管比锗管的耐反向击穿电压高；硅管比锗管的饱和压降高；硅管比锗管的导通电压高，硅管的正向导通电压为0.6～0.8V，锗管的正向导通电压为0.2～0.3V。

(5) 特殊三极管的选用。特殊三极管有光敏三极管、磁敏三极管、雪崩三极管、达林顿复合型三极管等。下面只介绍光敏三极管的选择与使用。

光敏三极管有三种类型：光敏双工极管、一般的光敏三极管、复合型光敏三极管。其选用也要首先注意选择管型，注意参数等，但也要注意光电管的特殊性。

① 如果要求灵敏度高，就选用一般光敏三极管或复合型光电管；如果要求光电转换中噪声低，就要选用光敏双二极管；如果探测的光信号比较弱，就要选用暗电流小的光电管；如果电子设备的体积允许，可选用光照窗口面积大一些的光敏管。另外，选用时，也要注意光敏管封装形式、外表面的好坏等方面。

② 如果选用的光敏三极管用来测弱光信号，除了注意选用暗电流参数小的光电管外，还最好选用基极带引出线的光电三极管。

③ 选用的光敏三极管的光谱响应范围必须与入射光的光谱特性相匹配。

④ 使用光敏三极管时，使用环境温度不要太高，否则会影响工作稳定性；当环境温度变化比较大时，应适当加温度补偿；管子各电极要留有一定长度，同时要保持光电管受光窗口的光面清洁。

7. 集成电路的选用

集成电路的种类很多，功能各异，引脚排列、形状也各不相同，而且有国产、进口、合资等各种产品，因此选用时应注意以下几点：

① 电源电压 V_{DD}不能高于额定电源电压 V_{CC}，否则集成电路会被击穿；

② 输入电压 V_{in}不能高于允许的最大输入电压 V_{inmax}；

③ 负载电流 I_{OL}要小于输入端允许注入的最大电流；

④ 功耗 P 要低于电路允许的最大功耗 P_{max}；

⑤ 选用集成电路时要注意其工作温度范围，Ⅰ类品(军用)为－55～＋125℃，Ⅱ类品(工业用)为－40～＋85℃，Ⅲ类品为0～＋70℃。

(1) 选用的具体要求。

① 根据对应用部位的电性能以及体积、价格等方面的要求，确定所选半导体集成电路的种类和型号。

② 根据对应用部位的可靠性要求，确定所选半导体集成电路应执行的规范(或技术条件)和质量等级。

③ 根据对应用部位其他方面的要求，确定所选半导体集成电路的封装形式、引线涂覆、强度保证等级及单粒子敏感度等。

④ 对大功率半导体集成电路，选择内热阻足够小者。

⑤ 选择抗瞬态过载能力足够强的半导体集成电路。

⑥ 选择导致锁定最小注入电流和最小过电压足够大的半导体集成电路。

⑦ 尽量选择静电敏感度等级较高的半导体集成电路。若待选半导体集成电路未标明静电敏感度等级，则应进行抗静电能力评价实验，以确定该品种抗静电能力的平均水平。

(2) 针对半导体集成电路应用可靠性所采取的措施。

① 降额使用。设计电子产品时对微电路所承受的应力应在额定应力的基础上按 GJB/Z35—93《电子元器件降额准则》降额。

② 容差设计。设计电子产品时，应了解所采用微电路的电参数变化范围，包括制造容差、温度漂移、时漂移、辐射漂移等，并以此为基础，借助有效的手段进行容差设计。应尽量利用计算机辅助设计(CAD)手段进行容差设计。

③ 热设计。温度是影响微电路失效的重要因素。在微电路失效模型中，温度对失效的影响通过温度应力系数体现。温度应力系数是温度的函数，其形式因微电路的类型而异。对微电路来说，温度升高 10～20℃可使湿度应力系数增加 1 倍。防过热的目的是将微电路的芯片结温控制在允许范围内，对高可靠设备，要求控制在 100℃以下。微电路的芯片结温决定于自身功耗、热阻和热环境。因此，将芯片结温控制在允许范围内的措施包括自身功耗、热阻和热环境的控制。

④ 防瞬态过载。瞬态过载严重时，会使半导体集成电路完全失效。轻微时，也可能导致半导体集成电路产生损伤，使其技术参数降低、寿命缩短。对此必须采取防瞬态过载措施。

(3) 运算放大器选用时应注意的事项。

① 若无特殊要求，应尽量选用通用型运放。当一个电路中有多个运放时，建议选用双运放(如 LM358)或四运放(如 LM324 等)。

② 应正确认识、对待各种参数，不要盲目片面追求指标的先进，例如，场效应管输入级的运放，其输入阻抗虽高，但失调电压也较大，低功耗运放的转换速率也必然较低。各种参数指标是在一定的测试条件下测出的，若使用条件和测试条件不一致，则指标的数值也将会有差异。

③ 当用运放做弱信号放大时，应特别注意选用失调以及噪声系数均很小的运放，如 ICL7650。同时应保持运放同相端与反相端对地的等效直流电阻等。此外，在高输入阻抗及低失调、低漂移的高精度运放的印刷底板布线方案中，其输入端应加保护环。

④ 当运放用于直流放大时，必须妥善进行调零。有调零端的运放应按标准推荐的调零电路进行调零。

(4) TTL 电路选用时应注意的事项。

① 电源。

- 稳定性应保持在±5%之内。
- 纹波系数应小于 5%。
- 电源初级应有射频旁路。

② 输入信号。

- 输入信号的脉冲宽度应长于传播延迟时间，以免出现反射噪声。
- 要求逻辑“0”输出的器件不使用的输入端应接地或与同一门电路的在用输入端相连。
- 要求逻辑“1”输出的器件不使用的输入端应连接到一个大于 2.7V 的电压上。为了不增加传输延迟时间和噪声敏感度。所接电压不要超过该电路的电压最大额定值 5.5V。
- 不使用的器件。其所有的输入端都应按照使功耗最低的方法连接。

- 在使用低功耗肖特基 TTL 电路时，应保证其输入端不出现负电压，以免电流流入钳位二极管。
- 时钟脉冲的上升时间和下降时间应尽可能短，以提高电路的抗干扰能力。
- 通常，时钟脉冲处于高态时，触发器的数据不应改变。若有例外，应查阅有关的数据规范。
- 扩展器应尽可能地靠近被扩展的门，扩展器的节点上不能有容性负载。

③ 输出信号。

- 集电极开路器件的输出负载应连接到小于等于最大额定值的电压上。
- 长信号线应该由专门为其设计的电路驱动，如线驱动器、缓冲器等。
- 从线驱动器到接收电路的信号回路线应是连续的，应采用特性阻抗约为 100Ω 的同轴线或双绞线。

④ 并联应用。

- 除三态输出门外，有源上拉门不得并联。只有一种情况例外，即并联门的所有输入端和输出端均并联在一起，而且这些门电路封装在同一外壳内。
- 某些 TTL 电路具有集电极开路输出端，允许将几个电路的开集电极输出端连接在一起，以实现"线与"功能。但应在该输出端加一个上拉电阻，以便提供足够的驱动信号，提高抗干扰能力，上拉电阻的阻值应根据该电路的扇出能力确定。

(5) CMOS 电路选用时应注意的事项。

① 电源。

- 稳定性应保持在±5%之内。
- 纹波系数应小于 5%。
- 电源初级应有射频旁路。
- 如果 CMOS 电路自身和其输入信号源使用不同的电源，则开机时应首先接通 CMOS 电源，然后接通信号源；关机时应该首先关闭信号源，然后关闭 CMOS 电源。

② 输入信号。

- 输入信号电压的幅度应限制在 CMOS 电路电源电压范围之内，以免引发门锁。
- 多余的输入端在任何情况下都不得悬空，应适当地连接到 CMOS 电路的电压正端或负端上。
- 当 CMOS 电路由 TTL 电路驱动时，应该在 CMOS 电路的输入端与 U_{CC}之间连一个上拉电阻。
- 在非稳态和单稳态多谐振荡器等应用中，允许 CMOS 电路有一定的输入电流，但应在其输入加接一只串联电阻，将输入电流限制在微安级的水平上。

③ 输出信号。

- 输出电压的幅度应限制在 CMOS 电路电源电压范围之内，以免引发门锁。
- 长信号线应该由专门为其设计的电路驱动，如线驱动器、缓冲器等。
- 应避免在 CMOS 电流的输出端接大于 500pF 的电容负载。

④ 并联应用。

除三态输出门外，有源上拉门不得并联，除非均并联在一起，而且这些门电路封装在同一外壳内。

【技能训练】

测试工作任务书

任务名称	8路智力竞赛抢答器的设计
任务要求	基本功能 ① 设计一个智力竞赛抢答器，可同时供8名选手或8个代表队参加比赛，其编号分别是0、1、2、3、4、5、6、7，各用一个抢答按钮，按钮的编号与选手的编号相对应，分别是 S_0、S_1、S_2、S_3、S_4、S_5、S_6、S_7 ② 给节目主持人设置一个控制开关，用来控制系统的清零（编号显示数码管灭灯）和抢答的开始 ③ 抢答器具有数据锁存和显示功能。抢答开始，若有选手按动抢答按钮，编号立即锁存，并在LED数码管上显示选手的编号，同时扬声器发出音响提示。此外，要封锁输入电路，禁止其他选手抢答，并将优先抢答选手的编号一直保持到主持人将系统清零为止
实训器材	1. 稳压电源 2. 数字万用表 3. 编码器74LS148和RS锁存器74LS279、555定时器以及若干电阻、电容、二极管、三极管等元器件 4. 通用线路板、焊锡、烙铁等
实训电路原理图	抢答按钮 → 优先编码电路 → 锁存器 → 译码电路 → 显示电路 主持人控制开关 → 控制电路；控制电路 ↔ 优先编码电路；控制电路 → 锁存器；控制电路 → 报警电路 总体框图
设计步骤	1. 按任务要求查找相关资料，确定设计方案 2. 按提供的元器件分别设计单元电路 (1) 抢答电路的设计 (2) 定时电路的设计 (3) 报警电路的设计 (4) 时序控制电路的设计 3. 整机电路设计 4. 按设计电路图安装、焊接、调试电路 5. 完成设计报告
测试情况	1. 抢答电路的功能有两个：一是能分辨选手按键的先后，并锁存优先抢答者的编号，供译码显示电路用；二是要使其他选手的按键操作无效。选用优先编码器74LS148和RS锁存器74LS279可以完成上述功能 2. 选用十进制同步加/减计数器74LS192进行设计，计数器的时钟脉冲由秒脉冲电路提供 3. 可由555定时器和三极管构成报警电路，其中555定时器构成多谐振荡器 4. 经过以上各单元电路的设计，得到定时抢答器的整机电路
结论	（8路智力竞赛抢答器功能完成情况、设计、安装、调试中遇到的问题等）

任务 6.2 电子电路设计举例

【任务要求】

(1) 通过电子电路设计实例了解电子电路设计步骤、内容与方法。

(2) 通过电子电路设计实例了解常见电子电路设计方法。

(3) 通过一些设计题目,完成电子电路的设计、安装、焊接、调试、报告。

【基本知识】

一、电子电路设计实例

1. 设计任务和要求

设计一个方波-三角波-正弦波函数发生器,要求如下。

① 频率范围:1~10Hz,10~100Hz。

② 输出电压:方波 $U_{p\text{-}p} \leqslant 24$V,三角波 $U_{p\text{-}p}=8$V,正弦波 $U_{p\text{-}p}>1$V。

③ 波形特性:方波 $t_r<100\mu$s,三角波非线性失真系数 $y_{\triangle}\sim<26$,正弦波非线性失真系数 $y\sim<5\%$。

2. 电路基本原理

产生正弦波、三角波、方波的电路方案有多种,这里介绍一种能够先产生方波,将方波变换成三角波,再将三角波变换成正弦波的电路设计方法,其电路框图如图 6-2-1 所示。

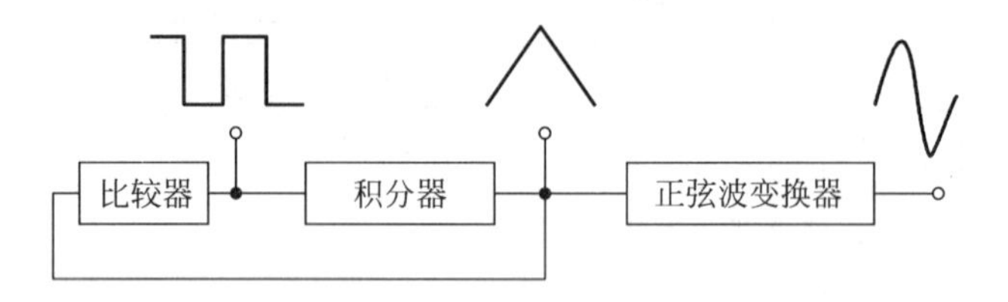

图 6-2-1 函数发生器组成框图

图 6-2-1 中由比较器、积分器和反馈网络(含有电容元器件)组成振荡器,而比较器产生的方波通过积分器变换成三角波,电容的充、放电时间决定了三角波的频率,最后利用差分放大器传输特性曲线的非线性特性将三角波转换为正弦波。

3. 设计过程

如图 6-2-2 所示为正弦波、三角波、方波的设计电路图。

(1) 方波-三角波产生电路的设计。图 6-2-2 所示电路能自动产生方波-三角波信号。其中运算放大器 IC_1 与 R_1、R_2 及 R_3,RP_1 组成了一个迟滞比较器,C_1 为翻转加速电容。迟滞比较器的 U_i(被比较信号)取自积分器的输出,通过 R_2 接运放的同相输入端,R_1 为平衡电阻;迟滞比较器的 U_R(参考信号)接地,迟滞比较器的输出端通过 R_1 接运放的反相输入端。U_{o1} 高电平等于正电源电压 $+V_{CC}$,低电平等于负电源电压 $-V_{EE}$。当 $U_+\leqslant U_-$ 时,输出 U_{o1} 从高电平 V_{CC} 翻转到低电平 $-V_{EE}$;当 $U_+\geqslant U_-$ 时,输出 U_{o1} 从低电平 $-V_{EE}$ 翻转到高电平 $+V_{CC}$。

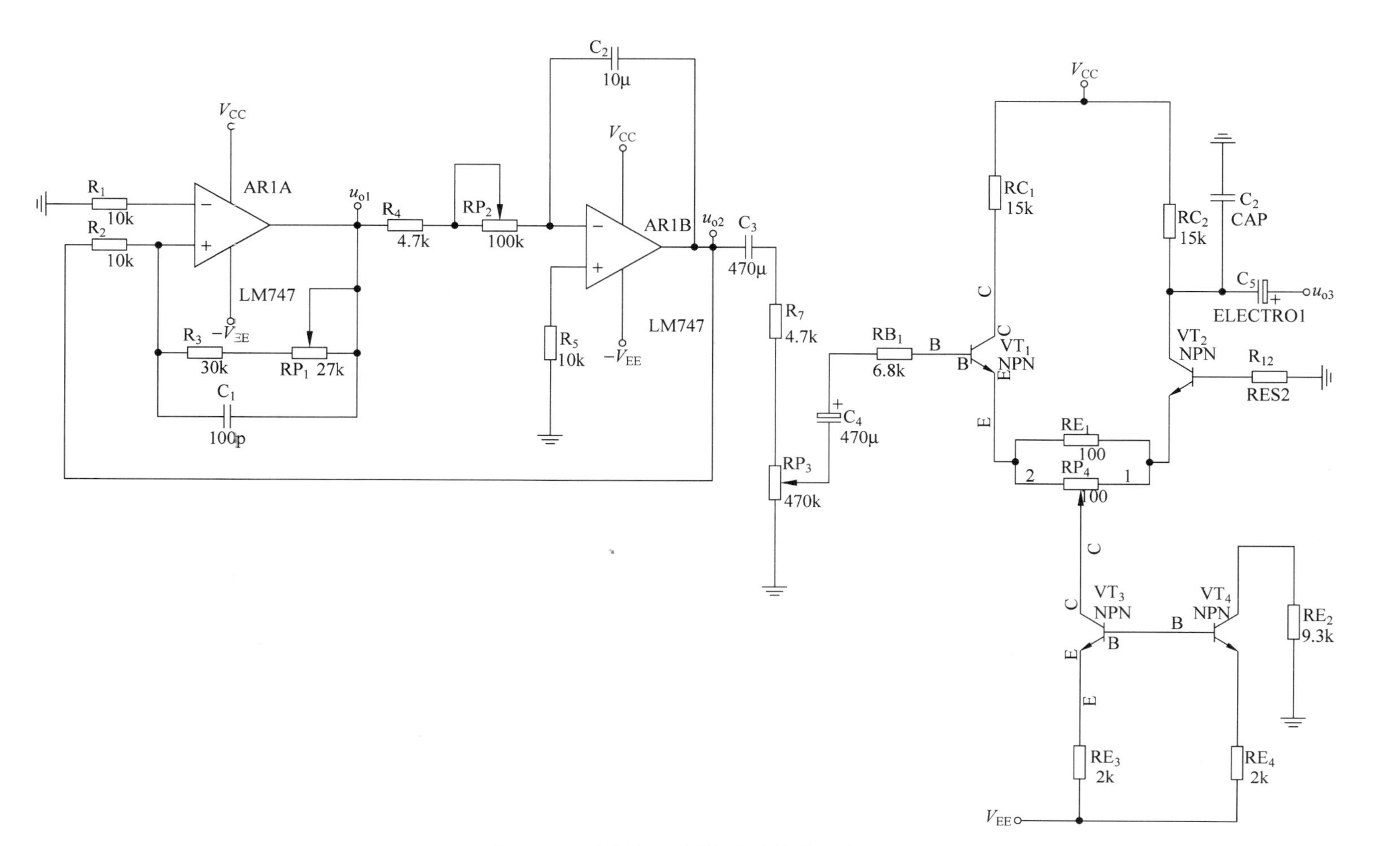

图 6-2-2 正弦波、三角波、方波设计电路图

若 $U_{o1}=+V_{CC}$，根据电路叠加原理可得

$$U_{+}=\frac{R_2}{R_2+R_3+\text{RP}_1}(+V_{CC})+\frac{R_3+\text{RP}_1}{R_2+R_3+\text{RP}_1}U_i$$

将上式整理，因 $U_R=0$，则比较器翻转的下门限电压 U_{TH2} 为

$$U_{TH2}=\frac{-R_2}{R_3+\text{RP}_1}(+V_{CC})=\frac{-R_2}{R_2+\text{RP}_1}V_{CC}$$

若 $U_{o1}=-V_{EE}$，根据电路叠加原理可得

$$U_{+}=\frac{R_2}{R_2+R_3+\text{RP}_1}(-V_{EE})+\frac{R_3+\text{RP}_1}{R_2+R_3+\text{RP}_1}U_i$$

将上式整理，得比较器翻转的上门限电位 U_{TH1} 为

$$U_{TH1}=\frac{-R_2}{R_3+\text{RP}_1}(-V_{EE})=\frac{R_2}{R_3+\text{RP}_1}V_{CC}$$

比较器的门限宽度

$$\Delta U_{TH}=U_{TH1}-U_{TH2}=\frac{2R_2}{R_3+\text{RP}_1}V_{CC}$$

由以上各式可得迟滞比较器的电压传输特性。

运放 IC_2 与 R_4、RP_2、C_2 及 R_5 组成反相积分器。其输入是前级输出的方波信号 U_{o1}，从而可得积分器的输出 U_{o2} 为

$$U_{o2}=\frac{-1}{(R_4+\text{RP}_2)C_2}\int U_{o1}\,\text{d}t$$

当 $U_{o1}=+V_{CC}$ 时，电容 C_2 被充电，电容电压 U_{C2} 上升规律为

$$U_{o2}=\frac{V_{CC}}{(R_4+\text{RP}_2)C_2}t$$

即线性下降。当 U_{o2}(即 U_i)下降到 $U_{o2}=U_{TH2}$ 时，比较器 IC_1 的输出 U_{o1} 状态发生翻转，即 U_{o1} 由高电平 $+V_{CC}$ 变为低电平 $-V_{EE}$，于是电容 C_2 放电，电容电压 U_{C2} 下降，而

$$U_{o2}=\frac{(-V_{EE})}{(R_4+\text{RP}_2)C_2}t=\frac{V_{CC}}{(R_4+\text{RP}_2)C_2}t$$

即 U_{o2} 线性上升。当 U_{o2}(即 U_i)下降到 $U_{o2}=U_{TH1}$ 时，比较器 IC_1 的输出 U_{o1} 状态又发生偏转，即 U_{o1} 由低电平 $-V_{EE}$ 变为高电平 $+V_{CC}$，电容 C_2 又被充电，周而复始，不停地振荡。U_{o1} 输出是方波，U_{o2} 输出是一个上升速率与下降速率相等的三角波。

三角波的幅值 U_{o2m} 为

$$U_{o2m}=\frac{R_2}{(R_3+\text{RP}_1)}V_{CC}$$

U_{o2} 的下降时间为 $t_1=(U_{TH2}-U_{TH1})\dfrac{\text{d}U_{o2}}{\text{d}t}$，而

$$\frac{\text{d}U_{o2}}{\text{d}t}=-\frac{V_{CC}}{(R_4+\text{RP}_2)C_2}$$

U_{o2} 的上升时间 $t_2=(U_{TH1}-U_{TH2})\dfrac{\text{d}U_{o2}}{\text{d}t}$，而

$$\frac{\text{d}U_{o2}}{\text{d}t}=-\frac{V_{CC}}{(R_4+\text{RP}_2)C_2}$$

把 U_{TH1} 和 U_{TH2} 的值代入，得三角波的周期(方波的周期与其相同)为

$$T = t_1 + t_2 = \frac{4(R_1 + RP_2)R_2C_2}{R_3 + RP_1}$$

从而可知方波-三角波的频率为

$$f = \frac{R_3 + RP_1}{4(R_4 + RP_2)R_2C_2}$$

由 f 和 U_{o2m} 的表达式可以得出以下结论。

① 使用电位器 RP_2 调整方波-三角波的输出频率时，不会影响输出波形的幅度。输出信号频率范围较宽，可用 C_2 改变频率的范围，用 RP_2 实现频率微调。

② 方波的输出幅度应等于电源电压 V_{CC}，三角波的输出幅度不超过电源电压 V_{CC}。电位器 RP_1 可实现幅度微调，但会影响方波-三角波的频率。

实际设计中，IC_1 和 IC_2 可选择双运算放大集成电路 1M747(也可选其他适合的运放)，运放的直流电源采用双电源供电，$+V_{CC}=12V$，$-V_{EE}=-12V$。

比较器与积分器的元件参数计算如下：

由式 $U_{o2m}=\dfrac{R_2}{(R_3+RP_1)}V_{CC}$ 得

$$\frac{R_2}{R_3 + RP_2} = \frac{U_{o2m}}{V_{CC}} = \frac{4}{12} = \frac{1}{3}$$

取 $R_2=10k\Omega$，则 $R_3+RP_1=30k\Omega$，选择 $R_3=20k\Omega$ 和 $RP_1=27k\Omega$ 的电位器。

取平衡电阻 $RP_1=\dfrac{R_2\cdot(R_3+RP_1)}{R_2+R_3+RP_1}$，由式 $f=\dfrac{R_3+RP_1}{4(R_4+RP_2)R_2C_2}$ 得

$$R_4 + RP_2 = \frac{R_3 + RP_2}{4fR_2C_2}$$

当 $1Hz\leqslant f\leqslant 10Hz$ 时，取 $C_2=10\mu F$，则 $R_4+RP_2=75\sim 7.5k\Omega$，选择 $R_4=4.7k\Omega$ 和 $RP_2=100k\Omega$ 的电位器。

当 $10Hz\leqslant f\leqslant 100Hz$ 时，取 $C_2=1\mu F$ 以实现频率波段的转换(实际电路中需要用波段开关进行转换)，R_4 及 RP_2 的取值不变，则平衡电阻 $R_5=100k\Omega$。

C_1 为加速电容，选择电容值为 $100\mu F$ 的瓷片电容。

(2) 三角波-正弦波变换电路的设计。在本设计指导方案中，三角波-正弦波的变换电路主要由差分放大器来完成。差分放大器工作点稳定，输入阻抗高，抗干扰能力较强，可以有效抑制零点漂移。利用差分放大器可将低频率的三角波变换成正弦波。波形变换利用的是差分放大器传输特性曲线的非线性。分析表明，传输特性曲线的表达式为

$$I_{C1} = \alpha I_{E1} = \frac{\alpha I_0}{1 + e^{-U_{id}/U_T}};$$

$$I_{C2} = \alpha I_{E2} = \frac{\alpha I_0}{1 + e^{-U_{id}/U_T}}$$

式中，$\alpha=I_C/I_E\approx 1$，I_0 为差分放大器的恒定电流，U_T 为温度的电压当量。当室温为 25℃时，$U_T\approx 26mV$。

根据理论分析，如果差分电路的差模输入 U_{id} 为三角波，则 I_{C1} 与 I_{C2} 的波形近似为正弦波。

因此单端输出电压 U_{o3} 也近似于正弦波,从而实现了三角波-正弦波的变换。电阻 R_1^* 与电位器 RP_3 用于调节输入三角波的幅度,RP_4 用于调节电路的对称性,R_{E1} 可以减小差动放大器传输特性的线性区。电容 C_3、C_4 和 C_5 为隔直电容,C_6 为滤波电容,以滤除谐波分量,改善输出波形。

差分放大电路采用单端输入-单端输出的电路形式,4 只晶体管选用集成电路差分对管 BG319 或双三极管 S3DG6 等。电路中晶体管 $\beta_1=\beta_2=\beta_3=\beta_4=60$。电源电压同上,取 $+V_{CC}=12V$,$-V_{CC}=-12V$。

三角波-正弦波变换电路的参数如下。

三角波经电容 C_3 和分压电阻 R_1^*、RP_3 给差分电路输入差模电压 U_{id}。一般情况下,差模电压 $U_{id}<26mV$,因三角波幅值为 8V,故取 $R_1^*=47k\Omega$、$RP_3=470\Omega$。因三角波频率不太高,所以,隔直电容 C_4 和 C_5 要取得大一些,这里取 $C_3=C_4=C_5=470\mu F$。滤波电容 C_6 视输出的波形而定,若含高次谐波成分较多,C_6 可取得较小一点,一般为几十皮法至几百皮法。$R_{E1}=100\Omega$ 与 $RP_4=100\Omega$ 并联,以减小差分放大器的线性区。差分放大电路的静态工作点主要由恒流源 I_0 决定,故一般先设定 I_0。I_0 取值不能太大,I_0 越小,恒流源越恒定,温漂越小,放大器的输入阻抗越高。但 I_0 也不能太小,一般设为几毫安左右。这里取差动放大器的恒流源电流 $I_0=1mA$,则 $I_{C1}=I_{C2}=0.5mA$,从而可求得晶体管的输入电阻

$$r_{be}=300\Omega+(1+\beta)\frac{26mV}{I_0/2}\approx 3.4k\Omega$$

为保证差分放大电路有足够大的输入电阻 r_i,取 $r_i>20k\Omega$,根据 $r_i=2(r_{be}+R_{B1})$ 得 $R_{B1}>6.6k\Omega$,故取 $R_{B1}=R=6.8k\Omega$。因为要求输出的正弦波峰峰值大于 1V,所以,应使差动放大电路电压放大倍数 $A_u\geqslant 40$。根据 A_u 的表达式

$$A_u=\left|\frac{-\beta R'_L}{2(R_{B1}+r_{be})}\right|$$

可求得电阻 R′L,现选取 $R_{C1}=R_{C2}=15k\Omega$。

对于恒流电路,其静态工作点及元器件参数计算如下:

$$I_{R2}^*=I_0=-\frac{-V_{EE}+0.7V}{R_2^*+R_E}\Rightarrow R_2^*+R_E=11.3k\Omega$$

发射极电阻一般取几千欧姆,这里选择 $R_{E3}=R_{E4}=2k\Omega$,所以 $R_2^*=9.3k\Omega$。R_2^* 在实际电路中可用一个 10kΩ 的电位器串接一个 4.7kΩ 的电阻来代替。

4. 实验与调试

(1) 方波-三角形发生器的装调。由于比较器 IC_1 与积分器 IC_2 组成正反馈闭环电路,同时输出方波与三角形波,所以,两个单元电路可以同时安装。安装完毕后,只要接线正确,就可以通电测量与调试。通电后用示波器观察 U_{o1} 与 U_{o2},如果电路没有产生相应的波形,说明电路没有起振,则可以调节 RP_2 的大小使电路振荡(也可以在安装时按照设计参考值事先把 RP_1 与 RP_2 置于合适的值)。电路振荡后,用示波器测试波形的幅值,会发现方波的幅值很容易达到设计要求,调节 RP_1,使三角波的输出幅度也能满足设计要求。调节 RP_2,观察波形输出频率在对应波段内连续可变的情况。

(2) 三角波-正弦波变换电路的测试。

① 经电容 C_4,输入差模信号电压 $U_{id}=30mV$、$f=100Hz$ 的正弦波(此信号由低频信号生

器提供)。用示波器观察差分电路集电极输出电压的波形,调节 RP_4 及电阻 R_2^* 。使传输特性曲线对称。再增大 U_{id},直到传输特性曲线形状符合要求,记下此时对应的 U_{id}(即本设计需要调整到的 U_{id}值)。移去信号源,再将 C_4 左端接地,测量差分放大器的静态工作点 I_0、U_{C1}、U_{C2}、U_{C3}和 U_{C4}。

② 将 RP_3 与 C_4 连接,调节 RP_3 使三角波的输出幅度经 RP_3 后输出电压等于 U_{id}值,这时 U_{o3}的输出波形应接近正弦波,调整 C_6 的大小可以改变输出波形。如果 U_{o3}的波形出现较严重的失真,则应调节和修改电路参数。如果产生钟形失真,则是由于传输特性曲线的线性区太宽所致,应减小 R_{E1};如果产生半波圆顶或平顶失真,则是由于工作点 Q 偏上或偏下所致,这时传输特性曲线对称性差,应调整电阻 R_2^*;如果产生非线性失真,则是因为三角波的线性受运放性能的影响而变差,可在输出端加滤波网络来改善输出波形。

二、电路设计题目选编

1. 音乐彩灯控制器

(1) 任务和要求。

① 设计一种组合式彩灯控制电路,该电路由三路不同控制方法的彩灯组成,彩灯采用不同颜色的发光二极管来实现。

② 第一路为音乐节奏控制彩灯,按音乐节拍变换彩灯花样。

③ 第二路按音量的强弱(信号幅度大小)控制彩灯。音强时,彩灯的亮度加大,且点亮的灯的数目增多;反之,亮度减弱,数目减少。

④ 第三路按音调的高低(信号频率高低)控制彩灯。低音时,某一部分彩灯点亮;高音时,另一部分彩灯点亮。

(2) 总体方案设计。根据课题要求,本设计可用三部分电路来实现。

① 音乐的节奏实质上是具有一定时间间隔的节拍脉冲信号。可采用计数、译码驱动电路构成脉冲信号发生器,使相应的彩灯按节奏点亮和熄灭。

② 为实现声音信号强弱的控制,则应将声音信号变为电信号,经过放大、整流滤波,以信号的平均值驱动彩灯发亮。信号强时,则灯的亮度大,且点亮的灯的数目多。

③ 为实现高、低音对彩灯的控制,采用高、低通有源滤波电路。低通滤波器限制高音频信号通过,而高通滤波器限制低音频信号通过,分频段输出信号,然后经放大驱动电路使相应的发光二极管点亮。

2. 出租车里程计价表

出租车一开动,随着行驶里程的增加,汽车前面的数字计价表读数从零逐渐增大,自动显示出该收的车费。当出租车到达某地需要在那里等候时,司机只要按 下"计时"按键,每等候一定时间,显示数字就增加一个该收的等候费用;汽车行驶时,停止计算等候费,继续增加里程费。到达目的地后,便可按显示的数字收费。如果要开收据,司机只要按一下"开票"键,打印机即在收据上打印出钱数,这一系列动作都是由一个安装在驾驶室里的"里程计价表"来完成的。

(1) 设计任务。

① 设计秒信号和 0.1 分信号脉冲产生器。

② 选用十进制系数乘法器。

③ 设计四级 BCD 码计数、译码和显示器。

④ 选用产生行驶里程信号的干簧继电器作为脉冲信号产生电路。

⑤ 根据乘法器输入系数 a、b、c、d 设计拨盘开关(按键)电路,以改变里程单价。

⑥ 根据任务,设计整机逻辑电路,画出详细框图和总原理图。

⑦ 选用中小规模集成器件,实现所选定的电路,并列出器材清单。

⑧ 检查设计结果。

(2) 总体方案设计。

① 设计思路。根据设计任务与要求,出租车里程计价表的原理主要由传感器获得“行驶里程信号”,每当汽车行驶 1km 时,发出 100 个脉冲,行驶里程信号和里程单价相乘后送入计数器中。

等候时间信号则由时钟产生,每 10min 发出 100 个脉冲,把它乘以 10min 收费价。等候时间计费也随着等候时间的延长而不断增大。

传感器可选用普通的干簧继电器。汽车本身设置一套涡轮变速装置,安装在适当的位置,一般装在汽车变速器后的软轴头上,保证汽车每前进 10m,涡轮边缘的磁铁就从干簧继电器旁经过一次,发出一个信号。

② 整机电路的设计思路。根据出租汽车里程计价表框图及上述各部分电路原理,查阅并收集相关资料,进行分析与比较,确定各个单元电路的结构,计算并选择各元器件的参数,画出详细的单元电路原理图和整机逻辑电路;在数字逻辑电路实验箱上插接电路,或在万用电路板上焊接和组装电路,并进行单元电路调试和整机调试;写出详细的总结报告,包括题目、设计任务及要求,画出详细框图、整机逻辑电路、写出调试方法、故障分析、精度分析、功能评价、收获与体会等。

3. 电压/电流变换器的设计

设计任务与要求:

① 应用集成运放设计接地负载式电压/电流变换器电路。

② 要求选用 7F3140 型集成运放。

③ 输入电压为 1V 时,输出恒流电流为 100mA。

4. 压控振荡器的电路设计

设计任务与要求:

① 应用集成运放设计压控矩形波发生器电路。

② 控制电压为 0～10V。

③ 振荡频率要求在 0～1kHz。

④ 矩形波峰值大于±10V。

⑤ 锯齿波输出电压的峰峰值为 5V。

⑥ 单稳态触发器的暂稳态时间为 100μs。

5. 集成运算放大器简易测试仪

测试集成运算放大器的性能和参数的方法有多种,这里可采用简易电路实现对其好坏的测试,供学生和业余爱好者使用。

设计任务和要求:

① 设计一种集成运算放大器简易测试仪,能用于判断集成运算放大功能的好坏。

② 设计本测试仪器所需的直流稳压电源。

6. 数字储存示波器的设计

设计任务与要求：

① 配合实验室现有的示波器，使之具有记忆功能。

② 信息记忆容量不少于16KB×8位。

③ 信息采集频率要求在1～10kHz。

④ 输入信号的电压范围为0～5V。

⑤ 输入信号频率为0～500Hz。

⑥ 显示储存信息时的输出频率要求在1～100kHz之间均匀可调。

⑦ 单一的信息通道。

7. 简易直流电压表电路设计

普通模拟直流电压表用表头指示被测电压值，如模拟万用表。这类仪表输入阻抗低，影响测量精度。另外，对毫伏级以下的电压测量，这类仪表也难以胜任。利用集成运放工作在同向状态、输入阻抗高的特点，可以解决上述问题。

设计任务与要求：

① 应用集成运放设计简易电压表电路。

② 量程为100mV、1V、10V、100V。

③ 电压表的输入阻抗约为10兆欧姆。

8. 水温控制系统的设计

温度控制器是实现测温和控温的电路。通过对温度控制电路的设计，主要了解温度传感器件的性能，学会在实际电路中如何应用温度传感器来达到一定的工程目的，并进一步熟悉集成运算放大器的线性和非线性应用。

设计任务与要求：

① 测温和控温范围为室温～80℃（实时控制）。

② 控温精度为±1℃。

③ 控温通道输出为双向晶闸管或继电器，一组转换接点为市电220V/10A。

【技能训练】

测试工作任务书

任务名称	数控直流稳压电源的设计
任务要求	设计一个输出电压可调的数控电压源，并由数码管显示其输出电压值，具体要求如下： ① 输出电压范围为2～20V，调节单位为0.1V ② 电压稳定度小于0.2%，纹波电压小于100mV ③ 输出电流为1A ④ 输出电压值由数码管显示，并由“＋”、“－”两键分别控制输出电压步进增减 ⑤ 电源应具有输出短路保护和功率器件的过热保护功能
实训器材	1. 稳压电源 2. 数字万用表 3. 数/模转换器、数字逻辑控制器、三端稳压器以及若干电阻、电容、二极管、三极管等元器件 4. 通用线路板、焊锡、烙铁等

续表

实训电路原理图	根据任务要求设计出原理框图和整机原理图
设计步骤	1. 按任务要求查找相关资料，进行方案论证，并确定设计方案 2. 按设计方案分别进行单元电路参数的选定与方案的实现 3. 整机电路设计 4. 按设计电路图安装、焊接、调试电路 5. 完成设计报告
测试情况	1. 方案一：根据设计任务的要求，为了实现输出电压的数字控制和数字显示，可利用数/模转换器(DAC)和数字逻辑控制电路来控制通常的线性稳压电源 2. 方案二：使用DAC再加一级功率放大器可以方便地实现一个程控电源的基本功能 3. 方案三：本任务的输出电压、电流值并不大，输出电压可调范围并不很宽，因此，当前已有的集成三端稳压器能满足要求，而且这类芯片内部都有过流和过热保护电路
结论	

【拓展训练】

简易直流电子负载

一、设计任务

设计和制作一台恒流(CC)工作模式的简易直流电子负载。其原理示意图如下图所示。

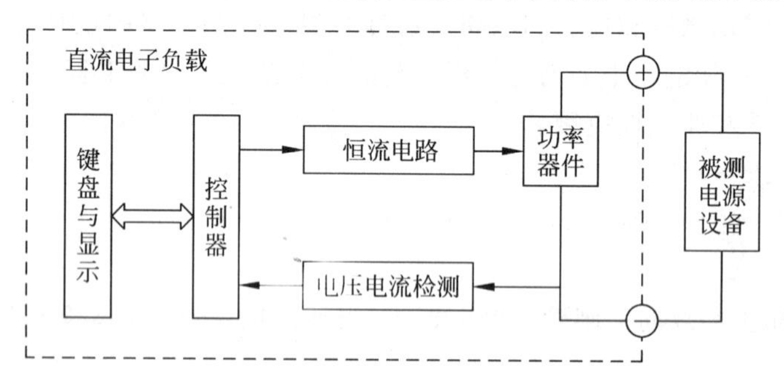

二、设计要求

1. 基本要求

① 恒流(CC)工作模式的电流设置范围为100～1000mA，设置分辨力为100mA，设置精度为±2%。还要求CC工作模式具有开路设置，相当于设置的电流值为零。

② 能实时测量并数字显示电子负载两端的电压，电压测量精度为±0.1%。

③ 能实时测量并数字显示流过电子负载的电流，电流测量精度为±0.5%。

2. 发挥部分

① 编程使制作的简易直流电子负载具有负载调整率自动测试功能，要求负载调整率的测试范围为1.0%～19.9%，测量精度为±1%。采用简易直流电子负载测试自制稳压电源的负载调整率，其测试示意图如下图所示。为了便于测试，图中加入了电阻 R_W，更换不同阻值的 R_W，可以改变被测电源的负载调整率。

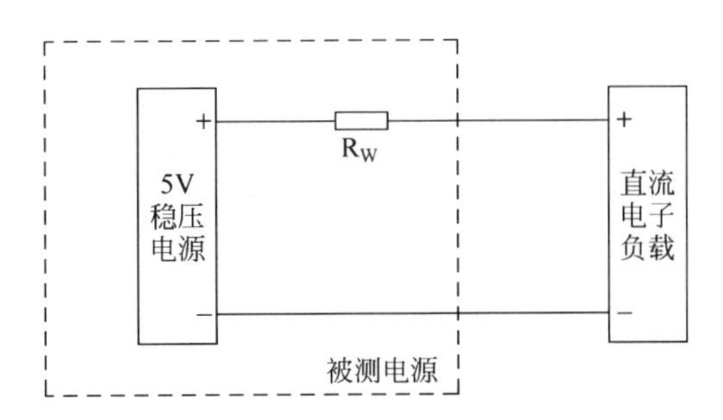

② 具有过压保护功能(如将电子负载置于开路状态),过压阈值电压为18V±0.2V。

3. 具体要求

① 在恒流(CC)模式下,不管电子负载两端电压是否变化,流过电子负载的电流为一个设定的恒定值,该模式适合用于测试直流稳压电源的调整率、电池放电特性等。

② 直流稳压电源负载调整率是指电源输出电流从零变化至额定值时引起的输出电压变化率。本题负载调整率的测量过程要求自动完成,即在输入有关参数后,能直接给出电源的负载调整率。

电阻、电容、电感测试仪的设计与制作

一、设计任务

设计、制作一个电阻、电容、电感测试仪和测试所用的信号发生器。

二、设计要求

1. 基本要求

① 自制一个测试用的正弦信号发生器,输出信号的频率范围为1Hz～1MHz,峰值 $V_m \geqslant$ 5V,输出阻抗≤50Ω。输出信号的频率和峰值都连续可调。

② 测量范围:电阻 1Ω ～5MΩ,电容 10pF～10μF,电感 10μH～100mH。

③ 测量误差:各挡均不大于±5%

④ 显示部分可选用LED或LCD,但应能明确表示出项目和量纲,有效数字为4位。可调出最近十次的测量结果并显示,显示内容应包括测试的时间、元件类型、参数。

2. 发挥部分

① 测量并显示电感的 Q 值,Q 值范围为20～300,同时显示测量频率。

② 能通过键盘设定信号频率、测试对象和量程。

线阵LED图文显示装置

一、设计任务

设计并制作一个线阵LED图文显示装置,装置的示意图如下图所示:一个由16只LED构成的线状点阵及其控制电路,安装在可旋转的平台上;在平台的中心设置一个按键,用于功能的切换;电动机带动平台以合适速度旋转,且电动机的转速在一定范围内可调。

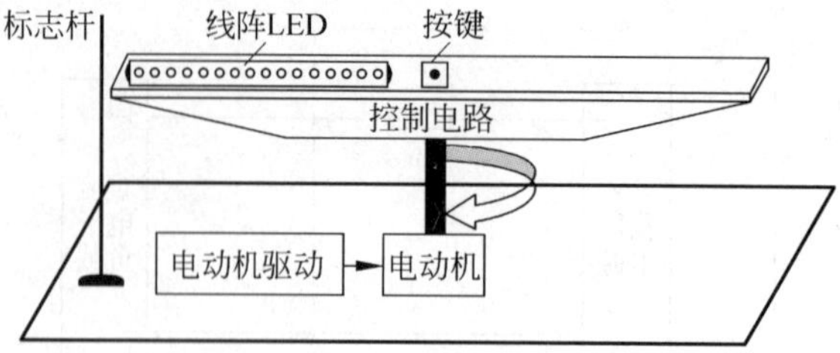

二、设计要求

1. 基本要求

① 开机时装置完成显示自检，能把点阵中16只LED逐个点亮，每只LED显示时间约为1秒，此时平台不旋转。

② 通过按键启动，实现16个同心圆图形分别顺序(由大到小)和逆序(由小到大)显示，每个同心圆图形显示时间为0.2秒左右，运行15秒左右自动停止。

③ 通过按键启动，显示双渐开线，运行15秒左右自动停止。

④ LED显示亮度能依据环境亮度变化自动调节。

2. 发挥部分

① 通过按键启动，显示字符“TI杯”，要求字符显示稳定，无明显漂移，运行20秒左右自动停止。

② 通过按键启动，显示一个指针式秒表，该秒表以标志杆为起始标志，秒针随时间动态旋转，旋转一周的时长为60±1秒，运行70秒左右自动停止。

③ 改变转速，完成要求②。

3. 具体要求

① 显示装置利用人眼视觉暂留的生理特性，通过LED在旋转运动过程中经过不同位置时，系统点亮相应的LED，实现线阵LED在旋转平面上构成不同的静态或动态图案。为保证显示时人眼看到的图形稳定清晰，系统设计应注意LED在不同位置点亮与旋转速度匹配，注意每圈旋转时图像显示的起始位置一致，同时注意旋转速度适当，满足人眼视觉暂留的要求。

② 不得使用LED显示成品和专用芯片来实现系统。

③ 线阵LED及控制电路由电池供电，电动机及电动机驱动由外接电源供电。

项目小结

本项目主要介绍了电子电路设计的内容、步骤、方法、设计报告撰写以及设计中元器件的选用，并通过一些电子电路的设计实例以及电路设计的训练，使学生掌握电路设计、安装、焊接、调试、维修、报告撰写等综合技能，全面调动学生的主观能动性，融合其所学的理论与实践知识，进一步提高学生的综合技能。

思考与训练

1. 一般高频检波电路选用什么类型的检波二极管？

2. 在驱动电路、开关稳压电路中可选用什么类型的三极管？彩色电视机的开关电源电路可选用什么类型的三极管？数字电路、驱动电路可选用什么类型的三极管？

3. 当用运放做弱信号放大时，应选用的运放的失调以及噪声系数是多少？此外，在高输入阻抗及低失调、低漂移的高精度运放的印刷底板布线方案中，其输入端设计时应注意什么？

4. 当运放用于直流放大时.必须妥善进行哪些设计？

5. 为了消除电源内阻引起的寄生振荡，可在运放电源端对地就近接去耦电容，考虑到去耦电解电容的电感效应，常常在其两端再并联一个容量为多少的瓷片电容？

6. TTL 电路选用时应注意每使用 8 块 TTL，电路就应当用一个容量为多少的射频电容器对电源电压进行去耦？去耦电容的位置应尽可能地靠近集成电路，二者之间的距离应为多少 cm？

7. 电子配料秤的设计。

(1) 设计任务与要求：

在工业生产中，经常需要将不同物料按一定质量比例配置进行混合加工的质量计量装置，用于配料生产的自动控制系统。要求：

① 配料精度优于 1%；

② 配料质量连续可调，料满自动停止加料；

③ 工作稳定可靠；

④ 设计电路所需要的直流电源。

(2) 提示：

① 该装置主要功能是用电子电路实现对物料质量的计量，故首先应将物料质量(非电量)转换成电量。被称物料可通过支撑料斗的负重传感器，实现将质量信号转换成电信号，电量数值大小与物料的质量成比例。

② 根据预先设定的配料质量，来确定基准电压，其值大小可以调节。

③ 将表示物料质量的电信号与基准电压进行比较，其比较结果(输出状态)用来控制执行机构完成预定的动作。

8. 简易电子琴的设计。

设计任务与要求：

① 设计制作简易电子琴；

② 音节信号发生器能产生 21 个音阶信号，具有高、中、低 3 组音调；

③ 用指示灯显示节拍；

④ 能产生颤音效果；

⑤ 同时按下两个按键时(数字按键)，只发出一个音阶信号；

⑥ 模拟通道的频宽为 30Hz～10kHz；

⑦ 最大输出功率大于 1W，效率大于 35%，输出功率在 0～1W 之间连续可调；

⑧ 负载阻抗为 8 欧姆。

9. 电子密码锁的设计

设计任务与要求如下。

① 便于预置、更换密码和使用方便。

② 连续 3 次输入错误密码即产生报警信号。报警信号有两种：声光报警和向物业管理中心发出报警信号(联网)。

③ 设有主电源和备用电池。备用电池在主电源断电时自动快速接入。

④ 一旦发生断电、电池失效或不能确定密码的情况，设计一个妥善解决途径。

项目 7

Multisim 7 仿真与应用

【项目描述】

随着计算机、仿真技术的电子设计自动化(EDA)和虚拟仪器(LabVIEW)在电子技术实验教学中的广泛应用,电子技术实验教学的水平显著地提高了,极大地丰富了教学的内容,大大降低了实验成本和测试费用,并为学生职业素质和创新能力的培养创造了良好的条件。Multisim 仿真软件也广泛地应用于教学中。它是一款先进的电路仿真分析软件,适用于各种电路的设计、仿真及电路性能分析。在教学中,利用 Multisim 仿真软件分析电路,能把比较复杂抽象的理论分析非常直观地表现出来。

为更好地掌握电子技术等专业知识,提高学生电子仿真设计能力和仿真实践能力,本项目介绍 Multisim 7 仿真与应用。其中的实例涉及模拟、数字电子技术各知识点,并紧紧围绕具体任务,利用 Multisim 7 进行电路设计与仿真。

【学习目标】

(1) 了解 Multisim 7 仿真软件的安装方法及功能。

(2) 掌握 Multisim 7 仿真软件的基本操作方法。

(3) 掌握 Multisim 7 仿真软件绘制电路图的原则与技巧。

(4) 利用 Multisim 7 软件针对具体电路进行仿真,提高对电路的理解、分析能力。

【能力目标】

(1) 熟悉 Multisim 7 仿真软件用户界面各菜单、工具栏和仪表工具栏等的操作。

(2) 能正确熟练地绘制电路图并进行仿真。

(3) 能通过对仿真结果的分析,对电路设计进行相关改进。

任务 7.1　Multisim 7 基本操作

下面介绍 Multisim 7 电路仿真软件的主要功能及特点。其软件以图形界面为主,采用菜单、工具栏和快捷键相结合的方式,具有一般 Windows 应用软件的界面风格,用户可以根据自己的习惯和熟悉程度进行使用。

【任务要求】

(1) 了解 Multisim 7 软件的基本用途和特点。

(2) 掌握 Multisim 7 软件安装方法。

(3) 掌握 Multisim 7 用户界面中菜单、工具栏和快捷键的功能。

【基本知识】

一、Multisim 7 介绍

1. Multisim 7 概述

Multisim 是 Interactive Image Technologies(Electronics Workbench)公司推出的以 Windows 为基础的仿真工具,适用于板级的模拟/数字电路板的设计工作。它包含了电路原理图的图形输入、电路硬件描述语言输入方式,具有丰富的仿真分析能力。

Multisim 是一个完整的设计工具系统,提供了一个非常大的元件数据库,并提供原理图输入接口、全部的数模 SPICE 仿真功能、VHDL/Verilog 设计接口与仿真功能、FPGA/CPLD 综合、RF 设计能力和后处理功能,还可以进行从原理图到 PCB 布线工具包(如 Electronics Workbench 的 Ultiboard)的无缝数据传输。它提供的单一易用的图形输入接口可以满足用户的设计需求。

随着技术的发展,EWB 软件也在进行不断升级,国内常见的升级版本有 EWB 4.0、EWB 5.0;发展到 5.x 版本以后,IIT 公司对 EWB 进行了较大的变动,软件名称也变为 Multisim 6;到了 2001 年,该软件又升级为 Multisim 2001,允许用户自定义元器件的属性,可以把一个子电路当做一个元件使用,并且开设了 EdaPARTS.com 网站,为用户提供元器件模型的扩充和技术支持;2003 年,IIT 公司又对 Multisim 2001 进行了较大的改进,升级为 Multisim 7,增加了 3D 元件以及安捷伦的万用表、示波器、函数信号发生器等仿实物的虚拟仪表,使得虚拟电子工作平台更加接近实际的实验平台。

具体来讲,Multisim 7 具有以下特点。

① 用户界面直观。Multisim 7 沿袭了 EWB 界面的特点,提供了一个灵活的、直观的工作界面来创建和定位电路。Multisim 7(教育版)考虑到学生的特点,允许教师根据自身需要、课程内容和学生水平设置软件的用户界面,以创建具有个性化的菜单、工具栏和快捷键。还可以使用密码来控制学生所接触的功能、仪器和分析项目。

② 种类繁多的元件和模型。Multisim 7 提供的元件库拥有 13 000 个元件。尽管元件库很大,但由于元件被分为不同的"系列",所以可以方便地找到所需要的元件。Multisim 7 元件库含有所有的标准器件及当今最先进的数字集成电路。数据库中的每一个器件都有具体的符号、仿真模型和封装,用于电路图的建立、仿真和印制电路板的制作。Multisim 7 还含有大量的交互元件、指示元件、虚拟元件、额定元件和三维立体元件。交互元件可以在仿真过程中改变元器件的参数,避免为改变元器件参数而停止仿真,节省了时间,也使仿真的结果能直观反映元件参数的变化;指示元件可以通过改变外观来表示电平大小,给用户一个实时视觉反馈;虚拟元件的数值可以任意改变,有利于说明某一概念或理论观点;额定元件通过"熔断"来加强用户对所设计的参数超出标准的理解;3D 元件的外观与实际元件非常相似,有助于理解电路原理图与实际电路之间的关系。除了 Multisim 7 软件自带的主元件库外,用户还可以建立

“公司元件库”，有助于一个团队的使用，简化仿真实验室的练习和工程设计。Multisim 7 与其他软件相比，能提供更多方法向元件库中添加个人建立的元件模型。

③ 元件放置迅速和连线简捷方便。在虚拟电子工作平台上建立电路的仿真，相对比较费时的步骤是放置元件和连线，Multisim 7 可以使用户几乎不需要指导就可以轻易地完成元件的放置。元件的连接也非常简单，只要单击源引脚和目的引脚就可以完成元件的连接。当元件移动和旋转时，Multisim 7 仍可以保持它们的连接。连线可以任意拖动和微调。

④ 进行 SPICE 仿真。对电子电路进行 SPICE（Simulation Program with Integrated Circuit Emphasis）仿真可以快速了解电路的功能和性能。Multisim 7 为模拟、数字以及模拟/数字混合电路提供了快速并且精确的仿真。Multisim 7 的核心是基于使用带 XSPICE 扩展的伯克利 SPICE 的强大的工业标准 SPICE 引擎来加强数字仿真的。Multisim 7 的界面对最为陌生的用户来说都是非常直观的。这使用户可以运用 SPICE 的功能而不必去担心 SPICE 复杂的句法。

⑤ 虚拟仪器。Multisim 7 提供了逻辑分析仪、安捷伦仪器、波特图仪、失真分析仪、频率计数器、函数信号发生器、数字万用表、网络分析仪、频谱分析仪、瓦特表和字信号发生器等 18 种虚拟仪器，其功能与实际仪表相同。特别是安捷伦的 54622D 示波器、34401A 数字万用表和 33120A 信号发生器，它们的面板与实际仪表完全相同，各旋钮和按键的功能也与实际一样。通过这些虚拟器件，免去昂贵的仪表费用，用户可以毫无风险地接触所有仪器，掌握常用仪表的使用方法。

⑥ 强大的电路分析功能。Multisim 7 除了提供虚拟仪表，为了用户更好地掌握电路的性能，还提供了直流工作点分析、交流分析、敏感度分析、3dB 点分析、批处理分析、直流扫描分析、失真分析、傅里叶分析、模型参数扫描分析、蒙特卡罗分析、噪声分析、噪声系数分析、温度扫描分析、传输函数分析、用户自定义分析和最坏情况分析等 19 种分析，这些分析在现实中有可能是无法实现的。

⑦ 强大的作图功能。Multisim 7 提供了强大的作图功能，可将仿真分析结果进行显示、调节、储存、打印和输出。使用作图器还可以对仿真结果进行测量、设置标记、重建坐标系以及添加网格。所有显示的图形都可以被微软 Excel、Mathsoft Mathcad 以及 LabVIEW 等软件调用。

⑧ 后处理器。利用后处理器，可以对仿真结果和波形进行传统的数学和工程运算，如算术运算、三角运算、代数运算、布尔代数运算、矢量运算和复杂的数学函数运算。

⑨ RF 电路的仿真。大多数 SPICE 模型在进行高频仿真时，SPICE 仿真的结果与实际电路测试结果相差较大，因此对射频电路的仿真是不准确的。Multisim 7 提供了专门用于射频电路仿真的元件模型库和仪表，以此搭建射频电路并进行实验，提高了射频电路仿真的准确性。

⑩ HDL 仿真。利用 MultiHDL 模块（须另外单独安装），Multisim 7 还可以进行 HDL（Hardware Description Language，硬件描述语言）仿真。在 MultiHDL 环境下，可以编写与 IEEE 标准兼容的 VHDL 或 Verilog HDL 程序，该软件环境具有完整的设计入口、高度自动化的项目管理、强大的仿真功能、高级的波形显示和综合调试功能。

针对不同用户的需要，Multisim 7 发行了增强专业版（Power Professional）、专业版（Professional）、个人版（Personal）、教育版（Education）、学生版（Student）和演示版（Demo）。

各版本的功能和价格也有明显的不同。

2. 安装 Multisim 7

单用户可按照如下步骤进行安装。

为了成功安装，可能需要大于 250MB 的硬盘空间，不同的版本所需要的硬盘空间不同。个人版的 Multisim 7 需要 148MB 空间。

首先在 Windows 系统下，将光盘放入光驱，安装启动画面如图 7-1-1 所示，图中右下角为安装程序检查系统是否可以安装 Multisim 7 的过程。

检查完成以后，先后出现程序安装说明、版权声明、系统升级等对话框，最后出现如图 7-1-2 所示的系统文件更新完成对话框，提示是否需要启动计算机以进行下一步的安装。可以不用重启计算机并进行 Multisim 7 的第二阶段的安装。

图 7-1-1 Multisim 7 软件安装启动画面

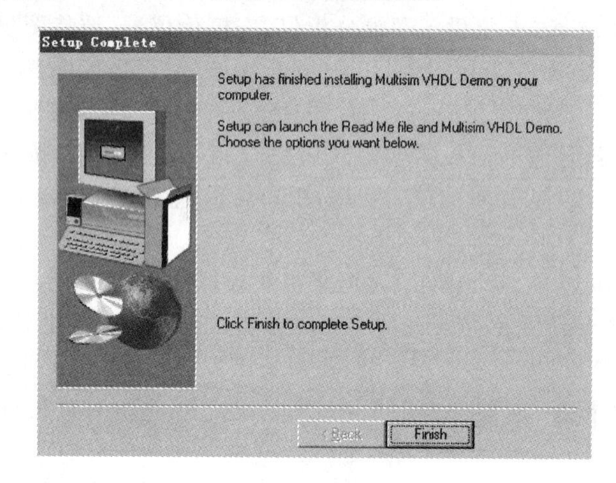

图 7-1-2 系统文件更新完成对话框

第二阶段的安装将出现安装界面、简要安装说明及版权声明等对话框，只要单击“Next”或者“Yes”按钮即可。随后出现如图 7-1-3 所示“User Information”对话框，需要用户输入姓名、单位名称、软件序列号，然后单击“Next”按钮，若序列号正确，将出现序列号验证对话框，单击“Yes”按钮即可。随后出现如图 7-1-4 所示的“Enter Information”对话框，要求输入功能码，可忽略此项单击“Next”按钮。

当所有文件复制完成以后，安装的主要过程已经完成。之后安装程序询问是否安装加拿大 IIT 公司的另一个仿真软件 Commsim（演示版），如需要安装，单击“Yes”按钮，程序将自动安装。接着出现如图 7-1-5 所示的对话框，单击“Finish”按钮，则程序安装的第二阶段结束。

完成第二阶段安装，就可以使用 Multisim 7 软件。

二、Multisim 7 用户界面

软件以图形界面为主，采用菜单、工具栏和快捷键相结合的方式，具有一般 Windows 应用软件的界面风格，用户可以根据自己的习惯和熟悉程度进行使用。

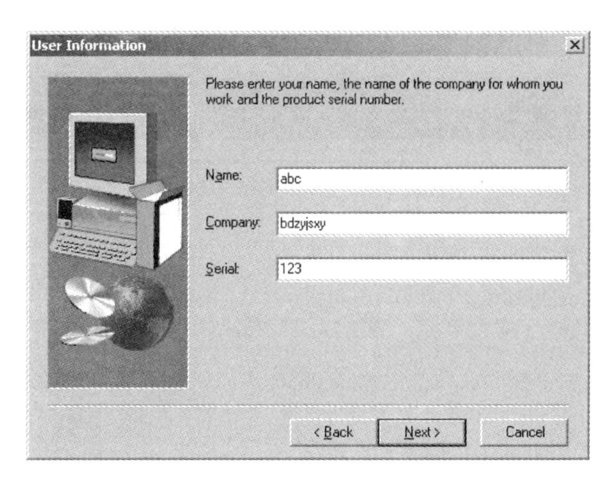

图 7-1-3　“User Information”对话框

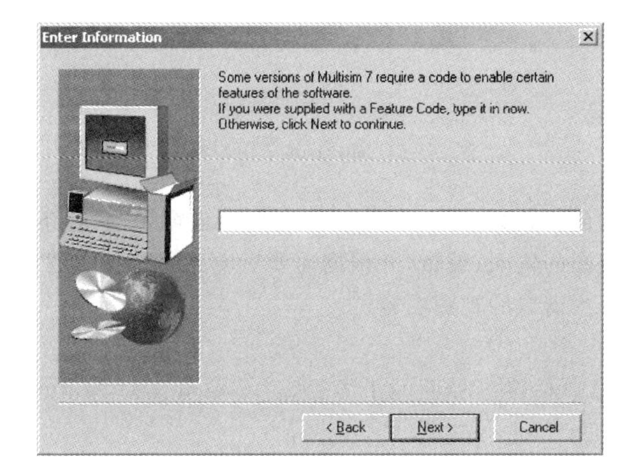

图 7-1-4　“Enter Information”对话框

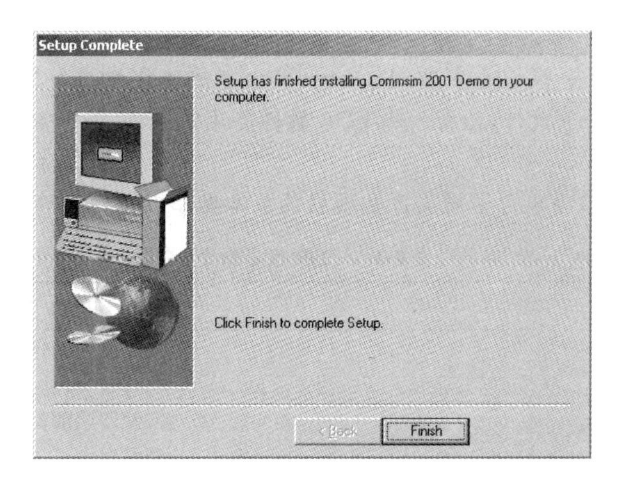

图 7-1-5　程序安装结束对话框

启动 Multisim 7 后，将出现如图 7-1-6 所示的用户界面。

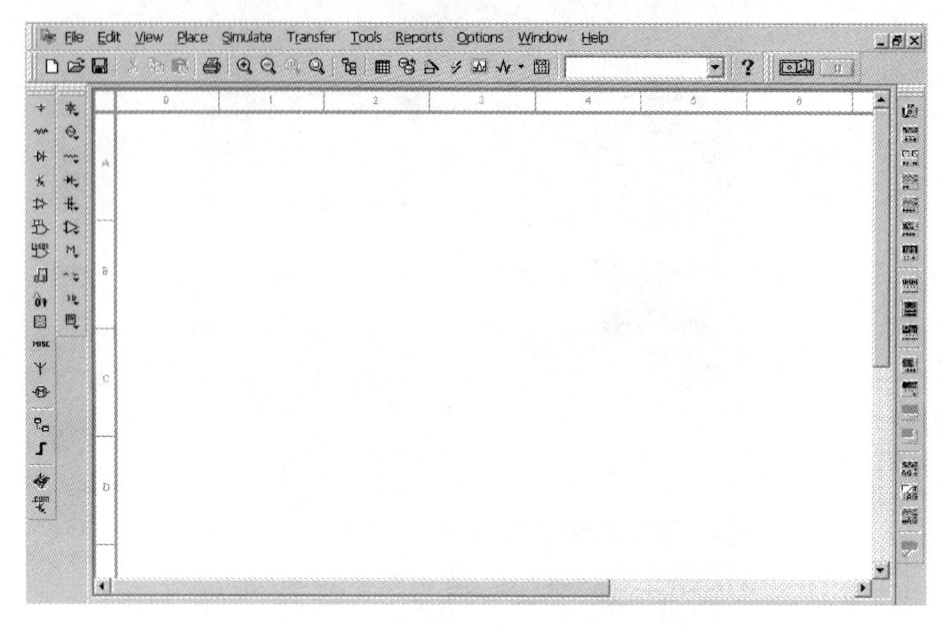

图 7-1-6 Multisim 7 用户界面

界面由多个区域构成：菜单栏、各种工具栏、电路输入窗口、状态条、列表等。通过对各部分的操作可以实现电路图的输入、编辑，并根据需要对电路进行相应的观测和分析。用户可以通过菜单或工具栏改变主窗口的视图内容。

1. 菜单栏

如图 7-1-7 所示，菜单栏位于界面的上方，通过菜单可以对 Multisim 7 的所有功能进行操作。

File Edit View Place Simulate Transfer Tools Reports Options Window Help

图 7-1-7 菜单栏

不难看出菜单中有一些与大多数 Windows 平台上的应用软件一致的功能选项，如 File、Edit、View、Options、Help。此外，还有一些 EDA 软件专用的选项，如 Place、Simulate、Transfer 以及 Tools 等。

(1) File。File 菜单中包含了对文件和项目的基本操作以及打印等命令，如表 7-1-1 所示。

表 7-1-1 File 菜单命令

命令	功能
New	建立新文件
Open	打开文件
Close	关闭当前文件
Save	保存
Save As	另存为
New Project	建立新项目

续表

命　　令	功　　能
Open Project	打开项目
Save Project	保存当前项目
Close Project	关闭项目
Print Setup	打印设置
Print Circuit Setup	打印电路设置
Print Instrument	打印仪表
Print Preview	打印预览
Print	打印
Recent Files	最近编辑过的文件
Recent Project	最近编辑过的项目
Exit	退出 Multisim

(2) Edit。Edit 菜单命令提供了类似于图形编辑软件的基本编辑功能，如表 7-1-2 所示，用于对电路图进行编辑。

表 7-1-2　Edit 编辑命令

命　　令	功　　能
Undo	撤销编辑
Redo	重复操作
Cut	剪切
Copy	复制
Paste	粘贴
Paste Special	特殊粘贴
Delete	删除
Delete Multi-Page	删除多页
Select All	全选
Find	查找
Flip Horizontal	将所选的元件左右翻转
Flip Vertical	将所选的元件上下翻转
90 ClockWise	将所选的元件顺时针 90 度旋转
90 ClockWiseCW	将所选的元件逆时针 90 度旋转
Properties	元器件属性

(3) View。通过 View 菜单可以决定使用软件时的视图，并对一些工具栏和窗口进行控制，如表 7-1-3 所示。

(4) Place。如表 7-1-4 所示，可通过 Place 菜单命令输入电路图。

(5) Simulate。如表 7-1-5 所示，通过 Simulate 菜单执行仿真分析命令。

表 7-1-3 View 菜单命令

命令	功能
Toolbars	显示工具栏
Show Grid	显示栅格
Show Page Bounds	显示页边界
Show Title Block	显示标题栏
Show Border	显示电路边界
Show Ruler Bars	显示标尺栏
Zoom In	放大显示
Zoom Out	缩小显示
Zoom Area	以100%的比例显示
Zoom Full	全屏显示
Grapher	显示/隐藏仿真结果图表
Hierarchy	显示/隐藏分层电路图
Circuit Description Box	显示/隐藏描述窗

表 7-1-4 Place 菜单命令

命令	功能
Component	放置元器件
Junction	放置连接点
Bus	放置总线
BusVector Connect	放置母线矢量连线
Bus/SB Connector	在子电路/分层模块放置电路连接器
Hierarchical Block	放置层次模块
Creat New Hierarchical Block	新建层次模块
Subcircuit	放置子电路
Replace by Subcircuit	重选子电路替代选中的子电路
Off-page Connector	中断连接器
Muti-Page	放置多页
Text	放置文本
Graphics	放置图形
Title Block	放置标题块

表 7-1-5 Simulate 菜单命令

命令	功能
Run	执行仿真
Pause	暂停仿真
Instrument	设置仪表
Default Instrument Settings	设置仪表的预置值
Digital Simulation Settings	设定数字仿真参数
Instruments	选用仪表
Analysis	选用各项分析功能
Postprocessor	启用后处理

续表

命　令	功　能
Simulation Error Log/Audit Trail	仿真错误记录/审计追踪
Xspice Command Line Interface	显示 Xspice 命令窗口
VHDL Simulation	进行 VHDL 仿真
Verilog HDL Simulation	运行 Verilog HDL 仿真软件
Auto Fault Option	自动设置故障选项
Global Component Tolerances	设置所有器件的误差

(6) Transfer 菜单。如表 7-1-6 所示,Transfer 菜单提供的命令可以完成 Multisim 7 对其他 EDA 软件需要的文件格式的输出。

表 7-1-6　Transfer 菜单命令

命　令	功　能
Transfer to Ultiboard 7	将电路图转换为 Ultiboard 的文件格式
Transfer to Ultiboard 2001	传送给 Ultiboard 2001
Transfer to other PCB Layout	传送给其他印制电路板设计软件
Forward Anotate to Ultiboard 7	将 Multisim 7 电路元件注释传送到 Ultiboard 7 文件中
Backannotate From Ultiboard 7	将 Ultiboard 7 电路元件注释传送到 Multisim 7 文件中
Highlight Selection in Ultiboard 7	高亮显示所选元件
Export Simulation Results to MathCAD	将仿真结果输出到 MathCAD
Export Simulation Results to Excel	将仿真结果输出到 Excel
Export Netlist	输出电路网表文件

(7) Tools。如表 7-1-7 所示,Tools 菜单主要包含元器件的编辑与管理的命令。

表 7-1-7　Tools 菜单命令

命　令	功　能
Database Management	打开元件库管理对话框
Symbol Editor	符号编辑器
Component Wizard	元件创建向导
555 Timer Wizard	555 定时器创建向导
Filter Wizard	滤波器创建向导
Electrical Rulers Check	电气特性规则检查
Renumber Component	元件重新编号
Replace Component	元件替换
Update HB/SB Symbol	随子电路变化的 HB/SB 连接器的标号
Modify Title Block Data	修改标题块内容
Title Block Editor	标题块编辑器
Internet Design Sharing	网络共享电路设计
Go to Education Webpage	登录教育网
EDApart com	登录 Electronic Workbench EDApart 网站

(8) Reports。如表 7-1-8 所示,通过 Reports 菜单可对当前电路产生各种报告。

表 7-1-8 Reports 菜单命令

命令	功能
Bill of Materials	产生元件清单
Component Detail	产生特定元件在数据库中的信息
Netlise Report	产生元件连接信息的网表文件
Schematic Report	产生统计信息
Spare Gate Report	产生未使用门的报告
Cross Reference Report	当前元件的详细参数报告

(9) Options。如表 7-1-9 所示,通过 Options 菜单可以对软件的运行环境进行定制和设置。

表 7-1-9 Options 菜单命令

命令	功能
Preference	设置操作环境
Customize	界面设置
Global Restrictions	设定软件整体环境参数
Circuit Restrictions	设定编辑电路的环境参数
Simplified Version	设置简化版本

(10) Window。Window 菜单用于控制 Multisim 7 窗口显示,如表 7-1-10 所示。

表 7-1-10 Window 菜单命令

命令	功能
Cascade	电路窗口层叠
Tile	调整窗口
Arrange Icons	窗口重排

(11) Help。如表 7-1-11 所示,Help 菜单提供了对 Multisim 7 的在线帮助和辅助说明。

表 7-1-11 Help 菜单命令

命令	功能
Multisim Help	Multisim 7 的在线帮助
Multisim 7 Reference	Multisim 7 的参考文献
Release Note	Multisim 7 的发行申明
About Multisim 7	Multisim 7 的版本说明

2. 标准工具栏

Standard(标准)工具栏包含了常见的文件操作和编辑操作,如图 7-1-8 所示。

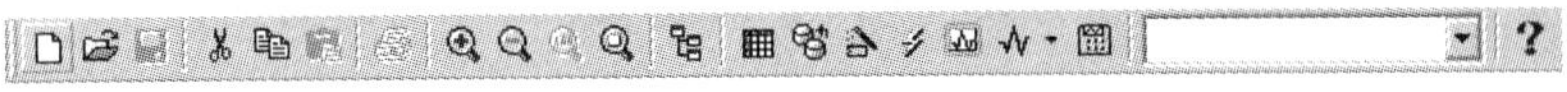

图 7-1-8 标准工具栏

该工具栏从左到右的图标依次为新建、打开、保存、剪切、复制、粘贴、打印、放大、缩小、100%放大、全屏显示、项目栏、电路元件属性视窗、数据库管理、创建元件、仿真启动、图表、分析、后处理、使用元件列表和帮助按钮。

3. 仿真开关

仿真开关如图 7-1-9 所示，主要用于仿真过程的控制。

4. 图形注释工具栏

如图 7-1-10 所示，该工具栏可从 Place→Graphics 菜单命令打开，主要用于在电路窗口放置各种图形，从左到右依次为文本、直线、折线、矩形、椭圆、圆弧、多边形和图片。

图 7-1-9 仿真开关

图 7-1-10 图形注释工具栏

5. 项目栏

项目栏可以把有关电路设计的原理图、PCB 板图、相关文件、电路的各种统计报告分类管理，还可以观察分层电路的层次结构。单击标准工具栏 图标即可在左边看到相应的项目栏。

6. 元件工具栏

如图 7-1-11 所示，该工具栏从左到右依次为电源库、基本元件库、二极管库、晶体管库、模拟元件库、TTL 元件库、CMOS 元件库、数字元件库、混合元件库、指示元件库、其他元件库、RF 射频元件库、机电类元件库、放置分层模块、放置总线、登录 www. Electronics Workbench. com 和 www. EDApart. com 网站。

7. 虚拟工具栏

如图 7-1-12 所示，单击每个图标可以打开相应的工具栏，利用工具栏可以放置各种虚拟元件。该工具栏从左到右依次为电源工具栏、信号源工具栏、基本元件工具栏、二极管工具栏、晶体管工具栏、模拟元件工具栏、其他元件工具栏、额定元件工具栏、3D 元件工具栏和测量元件工具栏。

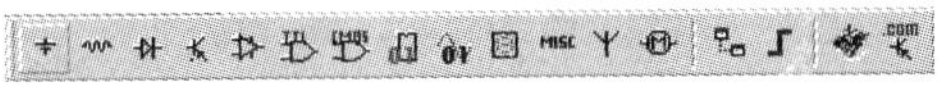

图 7-1-11 元件工具栏

图 7-1-12 虚拟工具栏

8. 电路窗口

电路窗口是创建、编辑电路图，仿真分析，显示波形的区域。

9. 仪表工具栏

如图 7-1-13 所示，该工具栏通常位于电路窗口的右边，也可以用鼠标将其拖至菜单下方，呈水平状。从左到右依次为万用表、函数信号发生器、瓦特表、双踪示波器、4 通道示波器、波特图仪、频率计数器、字信号发生器、逻辑分析仪、逻辑转换器、IV 分析仪、失真分析仪、频谱分析仪、网络分析仪、安捷伦函数信号发生器、安捷伦数字万用表、安捷伦示波器和动态测量探针。

图 7-1-13 仪表工具栏

10. 电路标签

Multisim 7 可以调用多个电路文件，每个电路文件在电路窗口的下方都有一个电路标签，用鼠标单击哪个标签，该文件即被激活。Multisim 7 用户界面的菜单命令和快捷键仅对被激活的文件窗口有效。

11. 状态栏

在电路窗口中电路标签的下方就是状态栏，主要用于显示当前的操作及鼠标所指条目的有关信息。

12. 电路元件的属性视窗

单击标准工具栏的图标，即可对当前电路文件进行元件属性统计并显示相应窗口，还可通过该窗口改变部分或全部元件的属性，如图 7-1-14 所示。

RefDes	Secti...	Family	Value	Manufacturer	Footprint	Description
U2		OPAMP	LF356BN	Motorola	DIP-8 (N08C)	Input_Vo...
U1		OPAMP	LF356BN	Motorola	DIP-8 (N08C)	Input_Vo...
R5		RESISTOR	5.1kOhm_5%	Generic	RES0.5	R=5.1koh...
R2		RESISTOR	4.7kOhm_5%	Generic	RES0.5	R=4.7koh...
R6		RESISTOR	2.2kOhm_5%	Generic	RES0.5	R=2.2koh...
V1		SIGNAL...	2 V 60...	Generic		
D2		DIODE	1N914	Motorola	DO-35	Vrrm=100...
D1		DIODE	1N914	Motorola	DO-35	Vrrm=100...
V5		POWER_...	12 V	Generic		
V4		POWER_...	12 V	Generic		
V3		POWER_...	12 V	Generic		
V2		POWER_...	12 V	Generic		
R7		RESISTOR	11kOhm_5%	Generic	RES0.5	R=11kohm...
C1		CAPACITOR	10uF	Generic	cap5	C=10uF;

图 7-1-14 电路元件属性视窗

任务 7.2 Multisim 7 电路仿真实例

通过前面对 Multisim 7 仿真软件的介绍，本任务结合模拟电子技术及数字电子技术中常见典型电路具体实例，阐述该软件在电子电路中的仿真方法和具体步骤，并给出电路性能分析的仿真结果，其结果与理论分析完全一致，为电子电路的设计提供更可靠的理论依据。

【任务要求】

(1) 了解 Multisim 7 电路仿真方法和具体步骤。

(2) 利用 Multisim 7 软件创建具体电路图。

(3) 针对具体电路进行仿真分析。

【基本知识】

一、三极管的共射极放大电路仿真实例

1. 创建电路图

(1) 启动 Multisim 7 软件。单击 Window“开始”→“程序”→“Multisim 7”,将会打开 Multisim 7 用户界面,并在窗口中自动建立文件名为“Circuit1”的电路文件。

(2) 放置元件。所需元件可从元件工具栏(Component Toolbar)或虚拟元件工具栏(Virtual Toolbar)中提取,两者的区别在于元件工具栏中的元件与具体元件型号相对应,且在元件属性对话框中不能更改元件参数,只能用另一型号的元件来代替;虚拟元件工具栏的元件大多参数都是该类元件的典型值,部分参数可由用户根据需要自行确定,且虚拟元件没有封装,故制作印制电路板时,虚拟元件将不会出现在 PCB 文件中。三极管共射放大电路如图 7-2-1 所示。

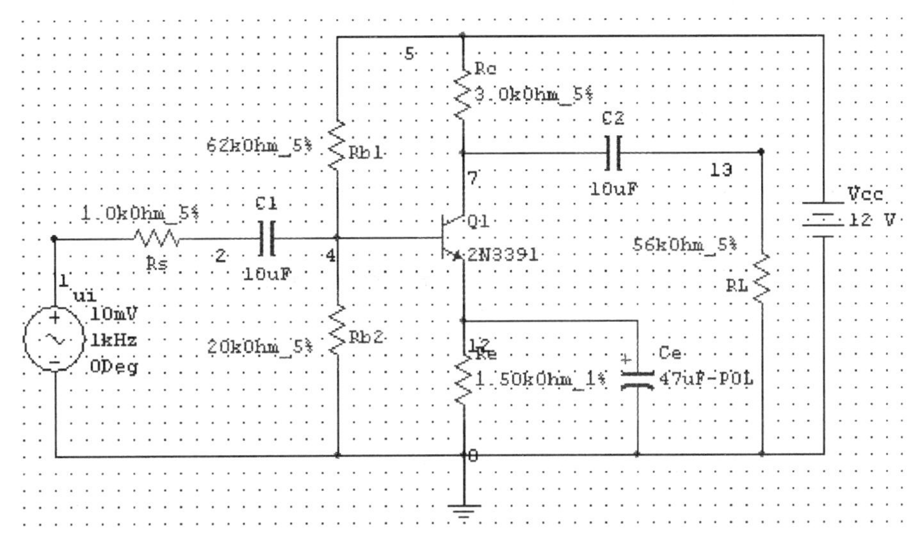

图 7-2-1 三极管共射极放大电路

① 放置电阻。单击元件工具栏中的 图标,出现“Select a Component”对话框,单击对话框左侧“Family”列表框中“RESISTOR”,如图 7-2-2 所示。

在该对话框中显示了元件的许多信息,在“Component”列表框中列出了许多实际电阻元件。拖动滚动条,找到 1.0kΩ(Ohm)电阻,单击“OK”按钮即可选中。选中的电阻将会随着鼠标在当前电路窗口中移动,移动到合适的地方单击左键就可将电阻放到此位置。同理,把 62kΩ、20kΩ、56kΩ、3kΩ、1.5kΩ 电阻放置到适当位置。电阻须垂直放置,只要选中后单击“Edit”菜单下的“90 ClockWise”或“90 ClockWiseCW”命令即可。

② 放置电容。放置电容与放置电阻类似,仅需要在弹出的“Select a Component”对话框左侧“Family”列表框中单击“CAPACITOR”,将会出现如图 7-2-3 所示的对话框,在“Component”列表框中,找到 10μF 的电容,选中并将它放置到合适位置。同理,在“Family”列表框中单击 CAP_ELECTR,再在“Component”列表框中找到 47μF 极性电容,将其放置到合适的位置。

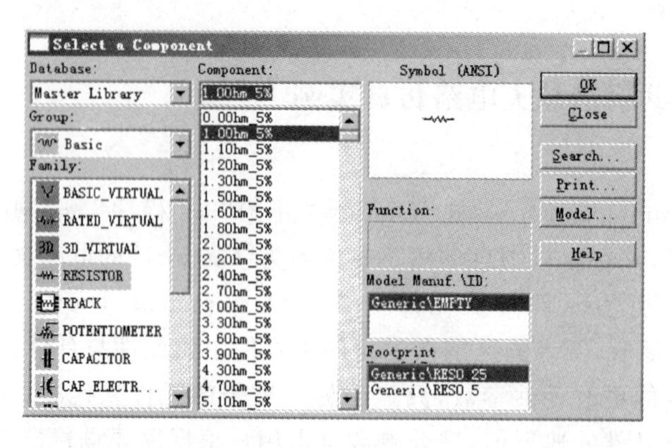

图 7-2-2 提取电阻

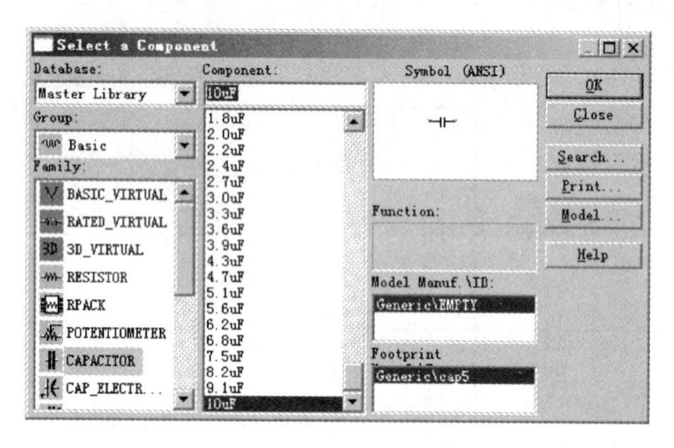

图 7-2-3 提取电容

③ 放置 12V 直流电压源。单击元件工具栏中的 图标，弹出如图 7-2-4 所示的对话框，再单击左侧的“Family”列表框中的 POWER_SOURCES，在“Component”列表框中找到“DC_POWER”，选中后拖放到适当位置。同理在“Component”列表框中选中“GROUND”，并拖放到合适的位置。在此对话框中还可在“Component”列表框中选中“AC_POWER”（交流信号源）。

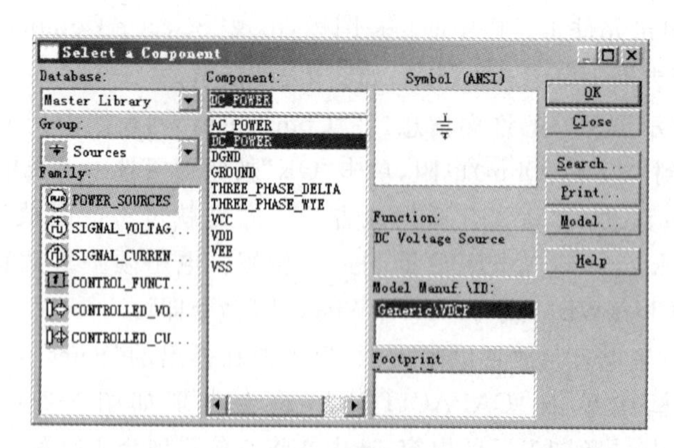

图 7-2-4 提取直流电压源

④ 放置晶体三极管。该电路选取的是 NPN 的三极管,型号为 2N3391。单击元件工具栏中的 ,弹出如图 7-2-5 所示的对话框,在"Family"列表框中选择"BJT _ NPN",再在"Component"列表框中选择对应的型号,选中并拖放到合适的位置。到现在为止,该电路所需的元器件基本已被放置到电路窗口中了。

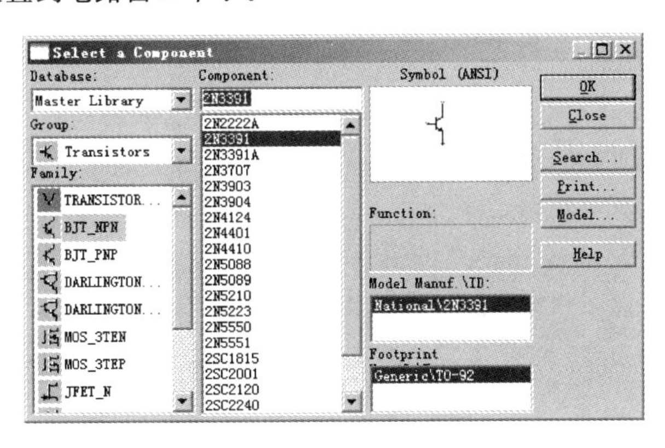

图 7-2-5 提取晶体三极管

(3) 连接电路。窗口中的元器件通常有两种连接方式。

① 元件与元件间的连接。将鼠标移动到要进行连接的元件引脚上,鼠标指针变成中间有黑点的十字,此时单击鼠标左键并移动,即可拖出一条实线,移动到所要连接的元件引脚上,再次单击左键就会将两个元件连接起来。

② 元件与连线的连接。从元件的引脚开始,将鼠标移动到要进行连接的元件引脚上,鼠标指针变成中间有黑点的十字,此时单击鼠标左键并移动,就会拖出一条实线,移动到所要连接的连线时,再次单击左键,即可将元件与导线连接起来,同时在连线的交叉点上自动放上一个节点。

(4) 编辑元件。电路连接完成以后,为使电路更符合工程习惯,便于仿真分析,可以对创建完的电路图进行进一步的编辑。

① 调整元件。如果对某个元件的位置不满意,可以调整其位置。首先将鼠标指向该元件,选中后元件的 4 角出现 4 个小方块。然后按住鼠标左键不放,将选中的元件拖至所需的位置。此方法可应用于多个元件的移动,前提是将多个元件选中(利用 Ctrl 键)。元件的标注位也可按照这种方法移动。

② 调整导线。如果对某条导线位置不满意,可以调整其位置。首先单击所要移动的导线,选中导线,此时导线两端和拐角处出现黑色小方块。将鼠标放在选中的导线中间,鼠标变成一个双箭头,按住鼠标左键拖至需要的位置松开左键即可;将鼠标放在选中导线的拐角处,按住鼠标左键,就可改变导线拐角的形状。

③ 修改元件的参考序号。元件的参考序号在从元件库中提取元件时自动产生,如果先修改元件的序号可以双击该元件,在弹出的属性对话框中修改元件的参考序号。例如双击 R2,弹出如图 7-2-6 所示对话框,将"Label"选项卡上的"Reference ID"文本框内的"R2"的改为"Rb1"。

④ 修改虚拟元件的数值。电路窗口中的虚拟元件,其数值大小都为默认值,可通过其属性对话框修改数值大小。例如交流信号源的默认频率为 60Hz,振幅为 120V,双击交流信号源

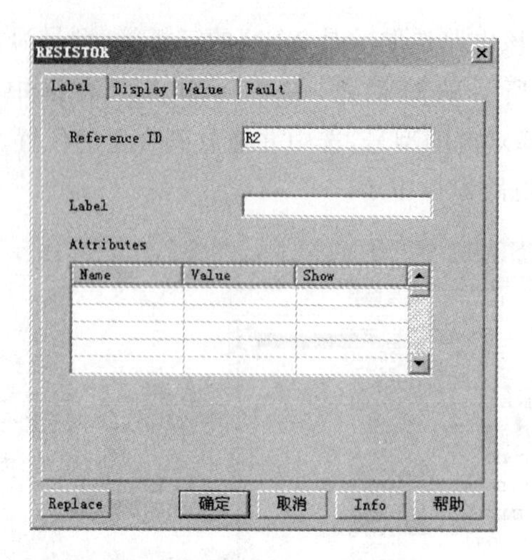

图 7-2-6 电阻属性对话框

弹出其属性对话框。在“Value”选项卡中，通过“Voltage”文本框，将交流信号的振幅设置为10mV，通过“Frequency”文本框，将交流信号的频率设置为1kHz。

⑤ 显示电路节点号。电路连接后，为了区分电路不同节点的波形或电压，通常给每个节点标注序号。可单击 Options 菜单下的 Preference 命令，弹出“Preferences”对话框，如图 7-2-7 所示。在“Circuit”选项卡中，选择“Show”选项组中的“Show node names”选项，单击“OK”按钮，电路图中的节点就全部显示出来了。

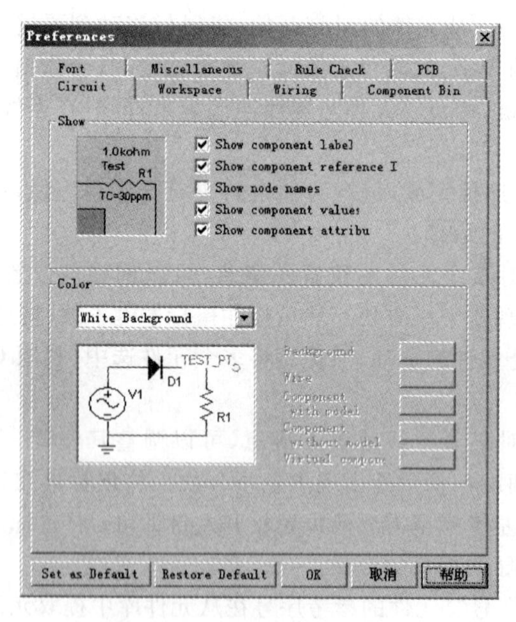

图 7-2-7 “Preferences“对话框

⑥ 保存电路文件。编辑完电路图之后，保存电路文件。存盘方式与多数 Windows 应用程序相同。默认文件名为“Circiut1. ms7”，也可更改文件名。

2. 电路仿真分析

创建完电路图以后，可以针对电路进行仿真分析。

（1）Multisim 7 提供的分析功能。打开 Simulate 菜单中的 Analysis 子菜单，就会出现 Multisim 7 提供的各种分析功能。下面以静态工作点分析为例来说明仿真的过程。

① 创建电路原理图。

② 显示电路的节点序号。

③ 设置显示电压的节点。单击 Simulate→Analysis→DC Operating Point Analysis 命令，弹出如图 7-2-8 所示的对话框。在“Output variables”选项卡中，选择需要仿真的变量。选中的变量全部列在“Selected variables for”列表框中，单击“Add”或“Remove”按钮，就可选择或撤销某个变量。

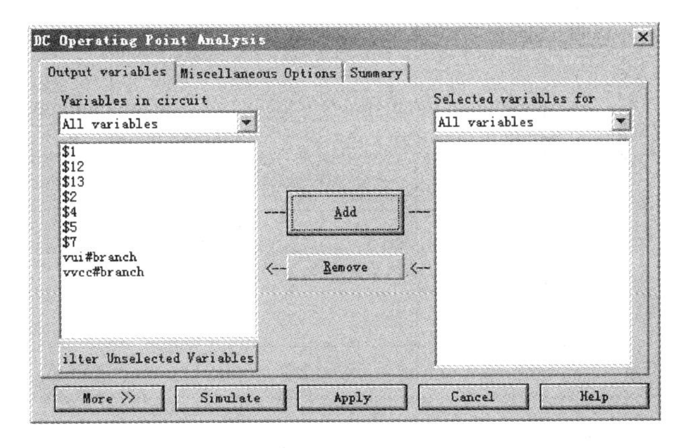

图 7-2-8 DC Operating Point Analysis 对话框

④ 启动仿真。单击图 7-2-8 中的“Simulate”按钮，仿真结果如图 7-2-9 所示。

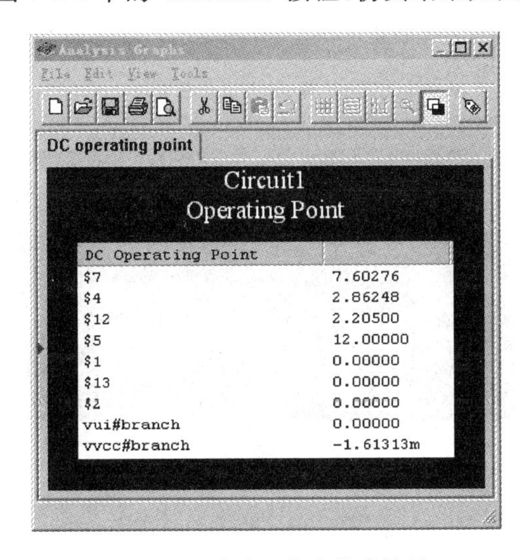

图 7-2-9 直流工作点仿真结果

（2）利用 Multisim 7 提供的仪表进行仿真分析。在电路窗口的仪表工具栏中，Multisim 7 提供了 18 种仪表，基本上满足了虚拟电子工作台的需要。下面以实验室最常用的双踪示波器为例，具体说明如何利用仪表进行电路节点的波形仿真。

① 连接示波器。单击仪表工具栏中的“Oscilloscope”按钮，鼠标指针处就会出现一个示波器的图标，移动鼠标到合适的位置，再次单击，即可把示波器放到指定位置。示波器上有 4 个端子，底部的两个分别是 A、B 通道信号输入端，右侧从上到下分别是接地端和外触发信号输入端，连接后的电路如图 7-2-10 所示。

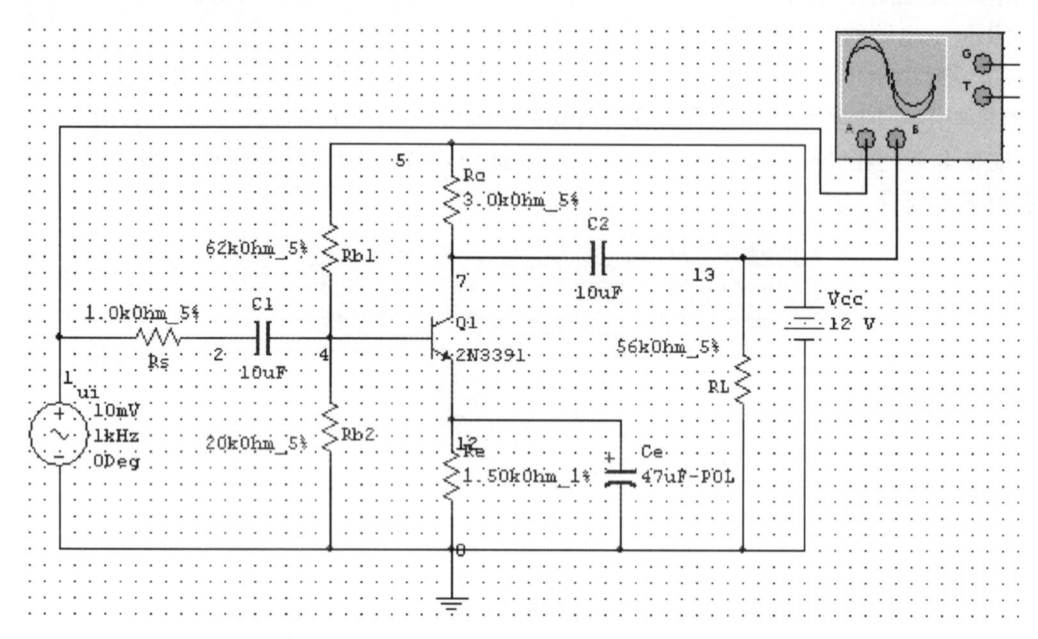

图 7-2-10 连接示波器的电路图

② 观察波形。单击仿真按钮，双击示波器图标，就会在示波器的显示屏上显示输入、输出的信号波形。若显示不理想，可分别调整时间刻度、A/B 通道的幅度刻度和垂直误差，就会显示清晰的波形，如图 7-2-11 所示。

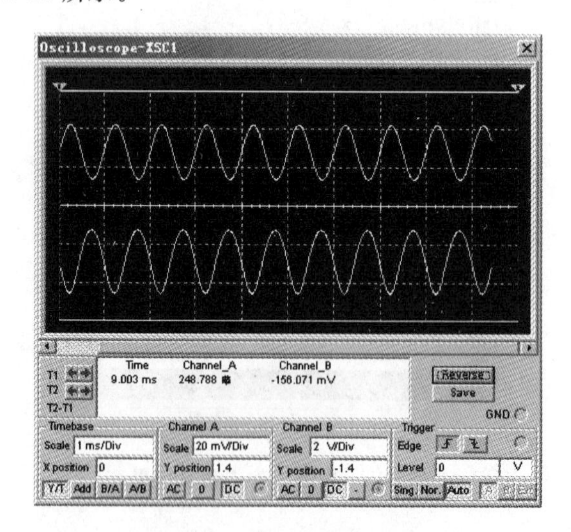

图 7-2-11 示波器显示的波形

二、数字电路逻辑器件的测试仿真实例

1. TTL与非门的测试

与非门是双极型TTL逻辑的基本门电路，所有其他类型的门电路都是从它衍化而来的。

(1) TTL与非门功能测试。在Multisim 7电路窗口中创建如图7-2-12所示的测试电路。输入端的电平用发光二极管(LED1、LED2)指示，输出端的电平用灯泡(X1)指示，通过控制开关J1、J2，就可以验证电路的功能。

(2) TTL与非门电压传输特性测试。电压传输特性是指电路的输出电压与输入电压的函数关系。在TTL与非门两输入端加同一个直流电压源，如图7-2-13所示。在Multisim 7平台上对输入直流电压源进行直流参数扫描分析，就可以得到电压传输特性曲线，如图7-2-14所示。

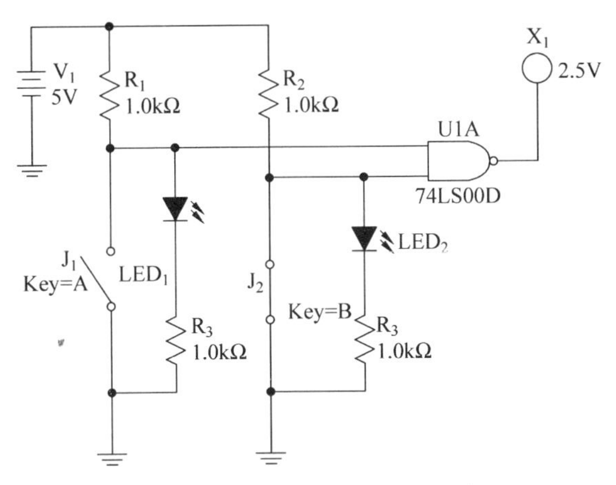

图7-2-12 逻辑门测试电路

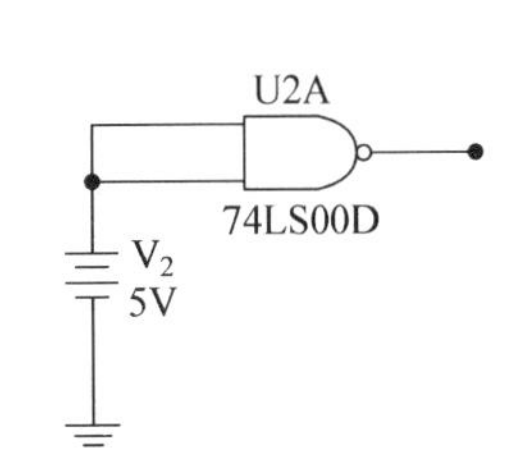

图7-2-13 TTL与非门电压传输特性测试图

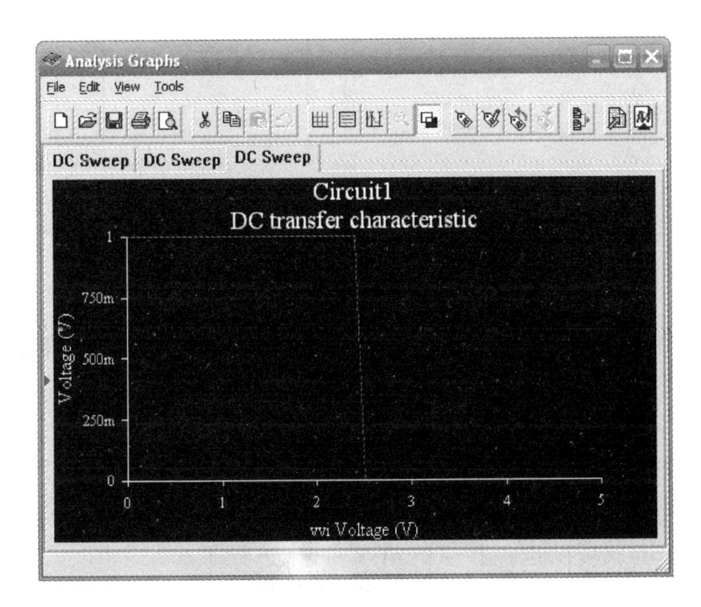

图7-2-14 电压传输特性曲线

2. 组合逻辑器件的功能测试

(1) 全加器的逻辑功能测试。全加器是常用的算术运算电路,能完成一位二进制数全加的功能。它的功能测试过程如下。

在 Multisim 7 电路窗口中创建全加器电路。全加器的输出端 SUM 的测试电路如图 7-2-15(a)所示,其逻辑转换仪的仿真结果如图 7-2-15(b)所示。

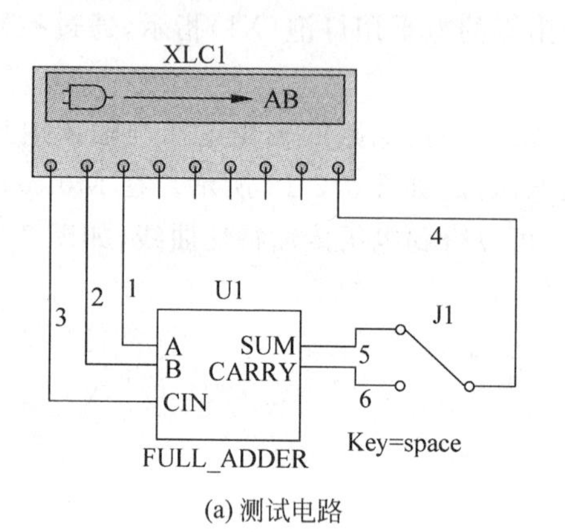

(a) 测试电路

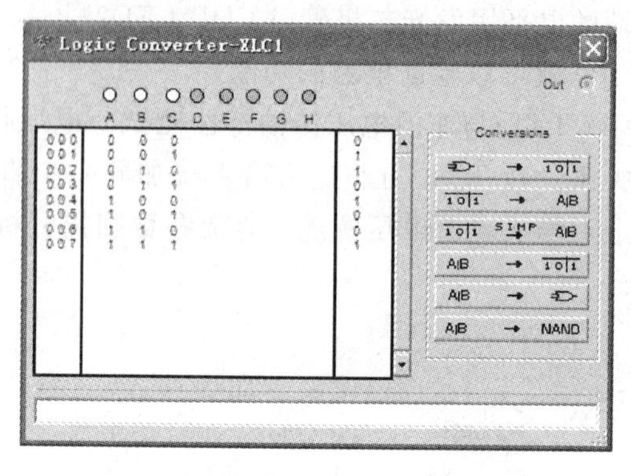

(b) 逻辑转换仪的仿真结果

图 7-2-15 全加器输出端 SUM 的测试

通过逻辑转换仪,可以得到全加器输出端 SUM 的真值表和逻辑表达式。同理,全加器输出端 CARRY 的测试电路和逻辑转换仪的仿真结果分别如图 7-2-16(a)、图 7-2-16(b)所示。

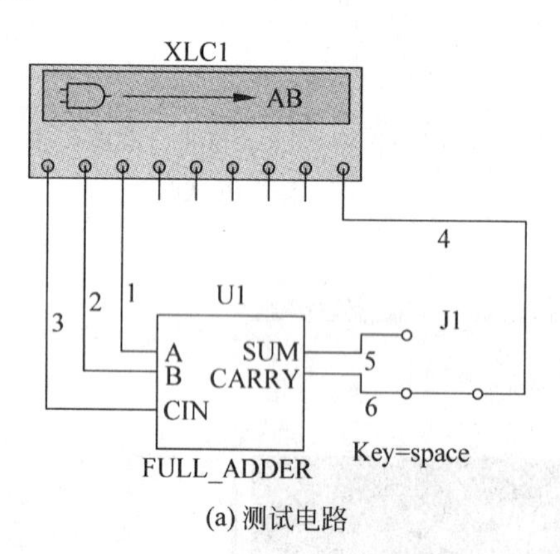

(a) 测试电路

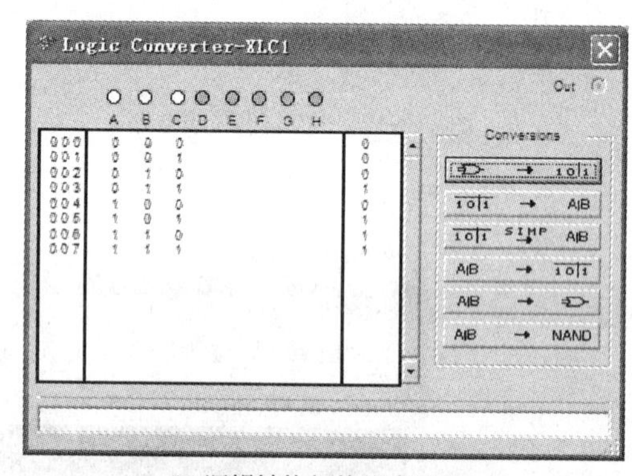

(b) 逻辑转换仪的仿真结果

图 7-2-16 全加器输出端 CARRY 的测试

(2) 多路选择器功能测试。在多路数据传送过程中,有时需要将多路数据中任一路信号挑选出来传送到公共数据线上去,完成这种功能的逻辑电路称为数据选择器。74LS151D 是八选一数据选择器,其功能测试如下所述。

74LS151D 数据选择器的输入/输出关系如表 7-2-1 所示。

在 Multisim 7 电路窗口中创建如图 7-2-17 所示的电路。设置字信号发生器,通过改变开关 A、B、C 的连接方式,就可以选择相应的输入通道(选择了 D2 通道)。启动仿真,输入与输出波形如图 7-2-18 所示。

表 7-2-1 74LS151D 数据选择器真值表

输入				输出
G	C	B	A	Y
1	×	×	×	1
0	0	0	0	D_0
0	0	0	1	D_1
0	0	1	0	D_2
0	0	1	1	D_3
0	1	0	0	D_4
0	1	0	1	D_5
0	1	1	0	D_6
0	1	1	1	D_7

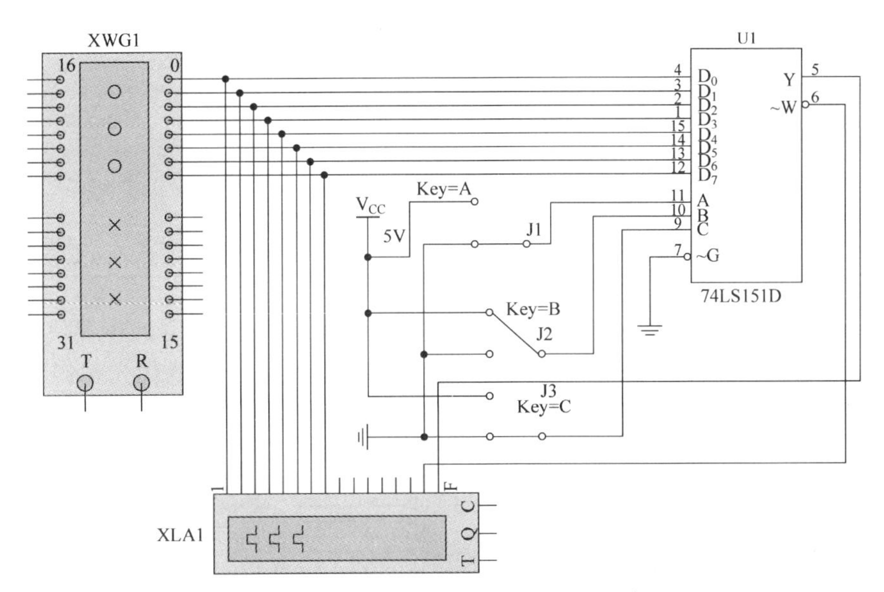

图 7-2-17 多路选择器的功能测试电路

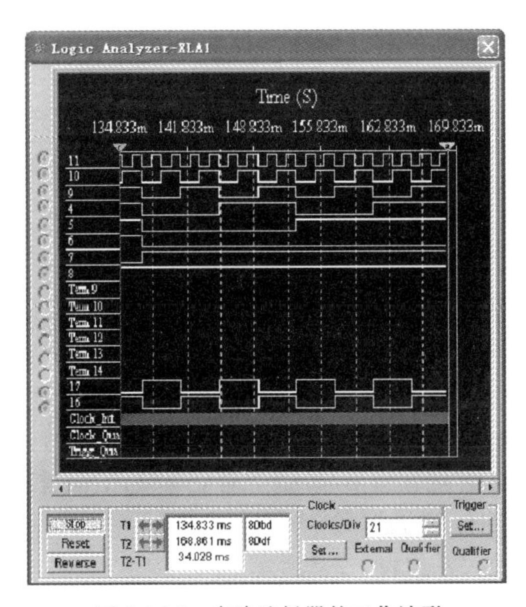

图 7-2-18 多路选择器的工作波形

(3) 编码器的功能测试。所谓编码就是在选定的一系列二进制数码中，赋予每个二进制数码以某一固定的含义。74LS148D 是 8-3 编码器，其功能测试如下所述。

74LS148D 编码器的输入、输出关系如表 7-2-2 所示。

表 7-2-2 74LS148D 编码器真值表

输入									输出				
EI	D_7	D_6	D_5	D_4	D_3	D_2	D_1	D_0	A_2	A_1	A_0	EO	GS
1	×	×	×	×	×	×	×	×	1	1	1	1	1
0	1	1	1	1	1	1	1	1	1	1	1	0	1
0	1	1	1	1	1	1	1	0	1	1	1	1	0
0	1	1	1	1	1	1	0	1	1	1	0	1	0
0	1	1	1	1	1	0	1	1	1	0	1	1	0
0	1	1	1	1	0	1	1	1	1	0	0	1	0
0	1	1	1	0	1	1	1	1	0	1	1	1	0
0	1	1	0	1	1	1	1	1	0	1	0	1	0
0	1	0	1	1	1	1	1	1	0	0	1	1	0
0	0	1	1	1	1	1	1	1	0	0	0	1	0

在 Multisim 7 电路窗口中创建如图 7-2-19 所示的电路，设置字信号产生器使其循环输出 11111110、11111101、11111011、…、10111111、01111111，使得 8 线-3 线优先编码器依次选取不同的输入信号进行编码。输出编码用数码管显示。

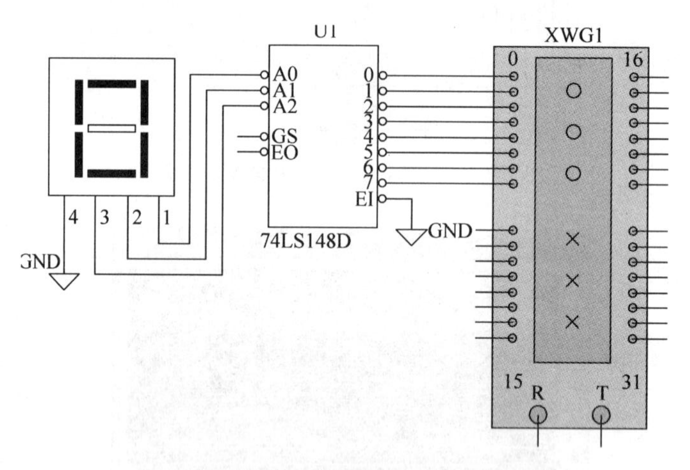

图 7-2-19 编码发生器的功能测试电路

启动仿真，可观察到数码管依次循环显示 7、6、5、4、3、2、1、0、7、6、…。

(4) 译码器的功能测试。译码器是在数字组合逻辑电路设计中广泛使用的元件，把一组二进制代码翻译成特定的信号。例如，常用的地址译码器就是通过译码器把计算机地址总线翻译成各个端口地址，计算机才能知道读/写哪个地址端口，下面通过对 138 译码器的仿真分析，了解译码器的工作原理和使用方法。

138 译码器的输入、输出关系如表 7-2-3 所示。

表 7-2-3 138 译码器真值表

输入					输出							
G1	G2A+G2BC	C	B	A	Y_0	Y_1	Y_2	Y_3	Y_4	Y_5	Y_6	Y_7
0	×	×	×	×	1	1	1	1	1	1	1	1
×	1	×	×	×	1	1	1	1	1	1	1	1
1	0	0	0	0	0	1	1	1	1	1	1	1
1	0	0	0	1	1	0	1	1	1	1	1	1
1	0	0	1	0	1	1	0	1	1	1	1	1
1	0	0	1	1	1	1	1	0	1	1	1	1
1	0	1	0	0	1	1	1	1	0	1	1	1
1	0	1	0	1	1	1	1	1	1	0	1	1
1	0	1	1	0	1	1	1	1	1	1	0	1
1	0	1	1	1	1	1	1	1	1	1	1	0

首先建立如图 7-2-20 所示的译码器电路，该电路有一块集成 138 译码芯片，其逻辑符号如图所示。其中 A、B、C 是输入端，G1、G2A、G2B 是控制端，只是当 G1 为高电平，G2A、G2B 为低电平时，译码器才工作。Y0～Y7 是输出端，外接逻辑转换仪，观察输出情况。

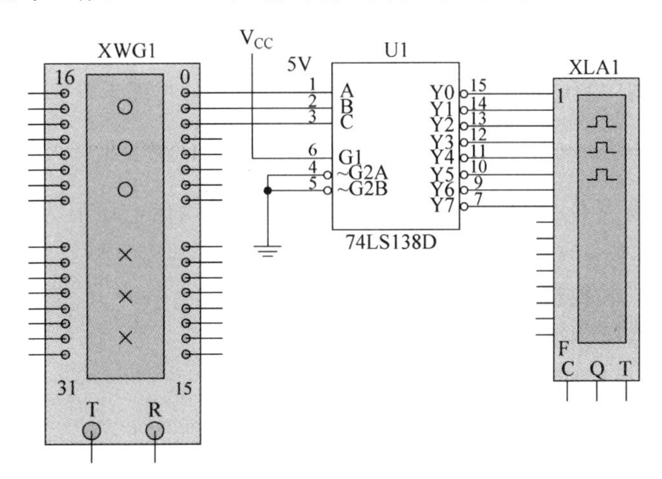

图 7-2-20 译码器的功能测试电路

三、数/模和模/数转换电路的仿真实例

1. 数/模转换电路(DAC)

数/模转换电路(DAC)能够将一个数字信号转换为模拟信号。数/模转换电路主要由数字寄存器、模拟电子开关、参考电源和电阻解码网络组成。数字寄存器用于存储数字量的各位数码，该数码分别控制对应的模拟电子开关，使数码为 1 的位在位权网络(在电阻解码网络中)上产生与其权位成正比的电流值，再由运算放大器(在电阻解码网络中)对各电流值求和，并转成电压值。

根据位权网络的不同，可以构成不同类型的 DAC，如权电阻网络 DAC、R－2R 倒 T 形电阻网络 DAC 和单值电流型网络 DAC 等。

(1) 权电阻网络 DAC

在 Multisim 7 电路窗口中创建如图 7-2-21 所示的权电阻网络 DAC。对于模拟电子开关，当输入的信号为高电平(即为 1)时，开关接参考电压(Vref)，且

$$V_{ref}=-5V, R_1=2^3R, R_2=2^2R, R_3=2R, R_4=R_6=10k\Omega, R_5=5k\Omega$$

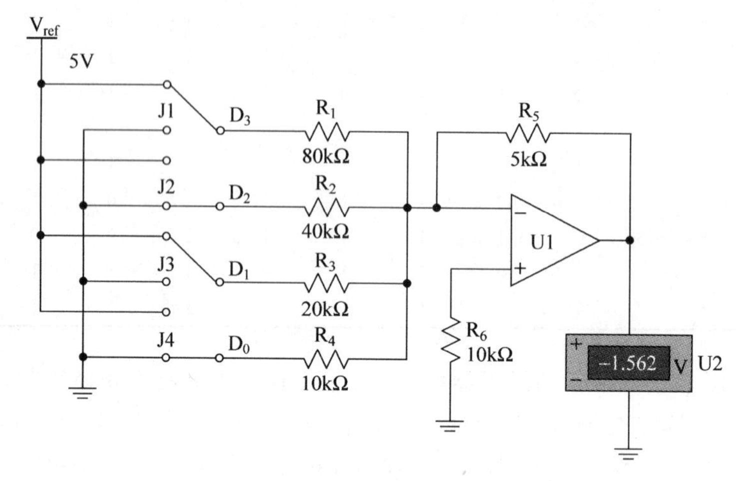

图 7-2-21　权电阻网络 DAC 的仿真电路

若输入为 1101 时，电压表读取输出电压值为－4.062V，与理论计算所得出的结果

$$V_o=-\frac{V_{ref}R_5}{2^3R_4}\sum_{i=0}^{3}(D_i\times 2^i)=-4.0625V$$

基本一致。同理，若输入 $D_3D_2D_1D_0=0001$ 时，电压表读取输出电压值为－0.312V，与理论计算所得－0.3125V 基本一致，电路实现了数/模转换。

权电阻网络 DAC 转换精度差，取决于基准电压和模拟电子开关、运算放大器和各权电阻值的精度；各权电阻阻值相差大，当位数多时，精度保证困难。

(2) R－2R T 形电阻网络 DAC

R－2R T 形电阻网络 DAC 如图 7-2-22 所示。其中，

$$R_1=R_f=R, R_2=R_3=R_4=R_5=R, R_9=R_6=R_7=R_8=R_{10}=2R$$

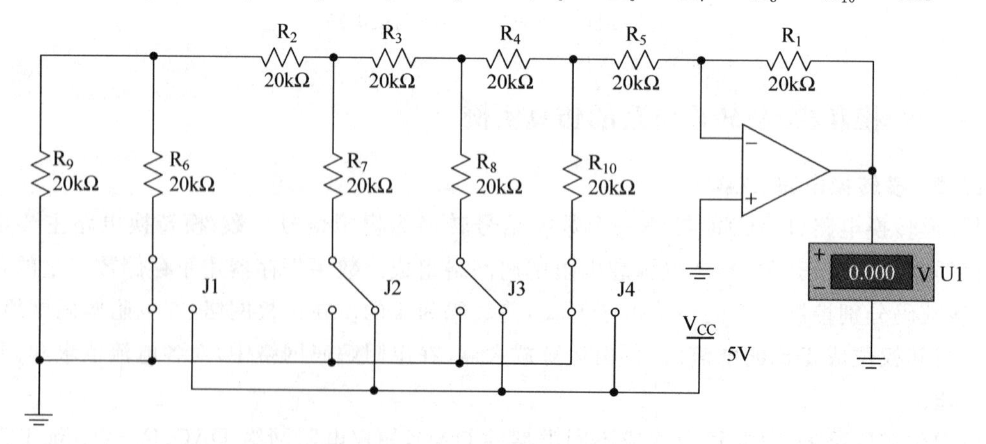

图 7-2-22　R-2R T 形电阻网络 DAC 的仿真电路

模拟输出量 V_o 与输入数字量 D 的关系：

$$V_o = -\frac{R_f}{3R} \times \frac{V_{CC}}{2^4} \times \sum_{i=0}^{3}(D_i \times 2^i)$$

$$= -\frac{V_{CC}}{3 \times 2^4} \times \sum_{i=0}^{3}(D_i \times 2^i)$$

当 $D_3D_2D_1D_0=0101$ 时，通过 Multisim 7 仿真软件仿真可知，电压表读取输出电压值为 −0.519V，与理论计算值 −0.5208V 基本一致。

(3) R－2R 倒 T 形电阻网络 DAC

在 Multisim 7 电路窗口中创建的 R－2R 倒 T 形电阻网络 DAC，如图 7-2-23 所示。经过电路分析可知，模拟输出量 V_o 与输入数字量 D 的关系为

$$V_o = -\frac{V_{ref}R_f}{2^nR}\sum_{i=0}^{n-1}D_i \times 2^i$$

若取 $R_f=R$，因此模拟输出量 V_o 与输入数字量 D 的关系可简化为

$$V_o = -\frac{V_{ref}}{2^n}\sum_{i=0}^{n-1}D_i \times 2^i$$

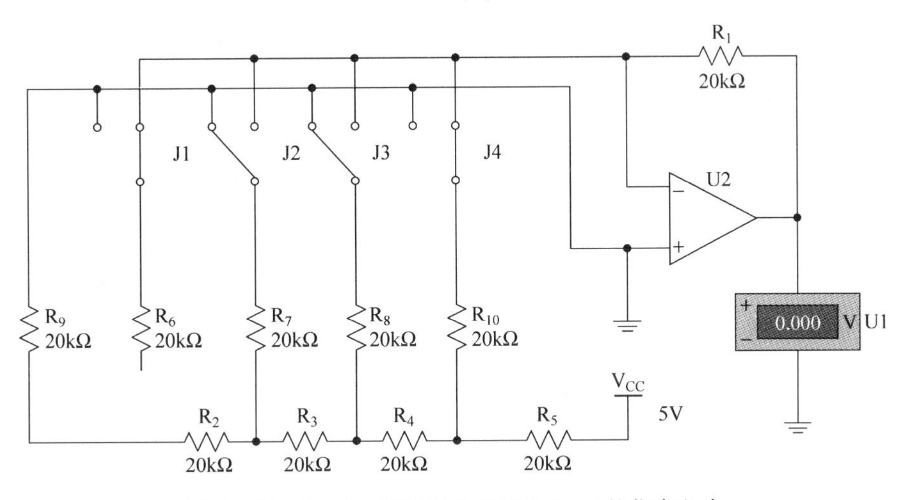

图 7-2-23 R－2R 倒 T 形电阻网络 DAC 的仿真电路

当输入 $D_3D_2D_1D_0 = 1001$ 时，通过 Multisim 7 仿真软件的仿真可知，电压表读取输出电压值为 −2.809V，与理论计算值 $V_o = -\frac{V_{ref}}{2^n}\sum_{i=0}^{n-1}D_i \times 2^i = -2.8125$V 基本一致。

R－2R 倒 T 形电阻网络 DAC 克服了权电阻阻值多且相差大的缺点，同时工作速度快。

利用 R－2R 倒 T 形电阻网络 DAC 可以实现可编程任意波形发生器。可编程任意波形发生器仿真电路如图 7-2-24 所示。

改变数字控制信号 $D_0 \sim D_7$ 的权值，可以改变输出电压 V_o。如果利用 Multisim 7 仿真软件中的字信号产生器，通过编程使数字控制信号 $D_0 \sim D_7$ 按照一定规律变化，则 DAC 的输出电压是与按一定规律变化的数字控制信号 $D_0 \sim D_7$ 相对应的波形。例如，字信号产生器产生一个周期的二进制序列，输出的波形如图 7-2-25 所示。

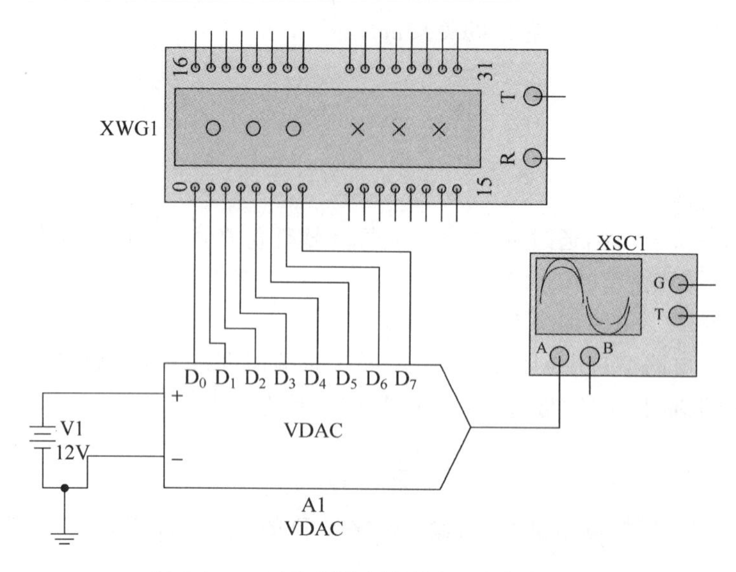

图 7-2-24　可编程任意波形发生器仿真电路

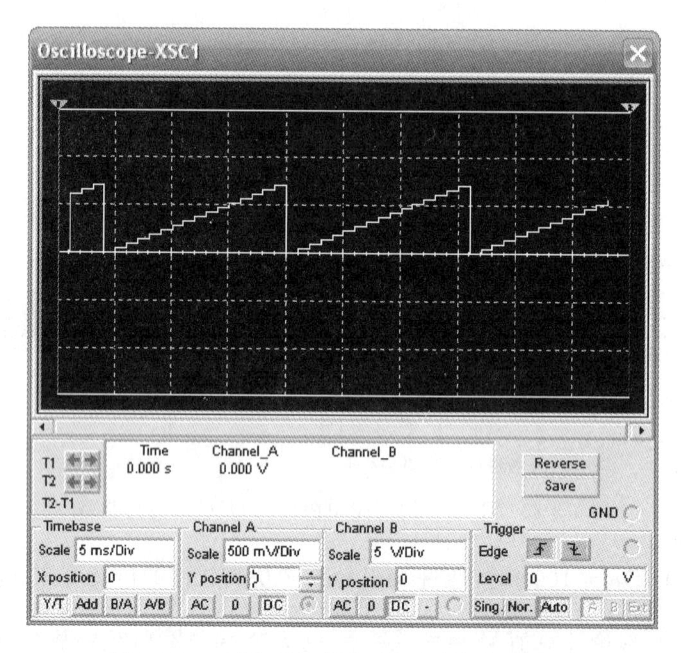

图 7-2-25　可编程任意波形发生器的输出波形

（4）单值电流型网络 DAC。电流型 DAC 是将恒流源切换到电阻网络中，恒流源内阻大，相当于开路，对其转换精度的影响较小，还可以提高转换速率。在 Multisim 7 电路窗口中创建的 4 位单值电流型 DAC 仿真电路如图 7-2-26 所示。当数 $D_i=1$ 时，开关 S_i 使恒流源 I 与电阻网络的对应结点接通；当 $D_i=0$ 时，开关 S_i 使恒流源接地。各位恒流源的电流相同，所以称为单电流型网络。

单值电流型 DAC 的模拟输出量 V_o 与输入数字量 D 的关系为

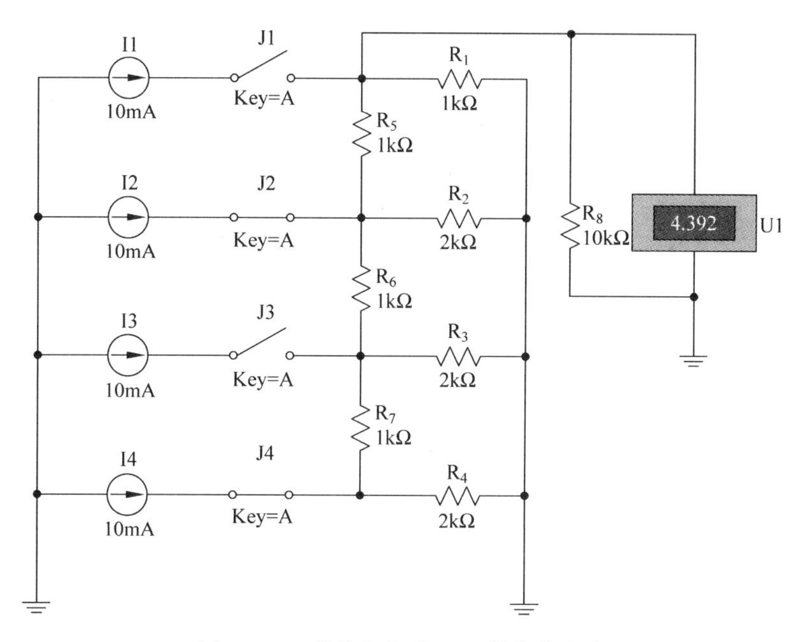

图 7-2-26 单值电流型 DAC 的仿真电路

$$V_o=-\frac{2RI}{3\times 2^{n-1}}\sum_{i=0}^{n-1}(D_i\times 2^i)$$

若取 $R=1\text{k}\Omega$，$I=10\text{mA}$。则单输入 $D_3D_2D_1D_0=0101$ 时，通过 Multisim 7 仿真软件仿真，电压表读取输出电压值为 4.390V，与理论计算结果

$$V_o=-\frac{2RI}{3\times 2^3}\sum_{i=0}^{3}D_i\times 2^i=4.17\text{V}$$

基本一致。

(5) 开关树 D/A 转换器。3 位开关树 D/A 转换器电路如图 7-2-27 所示。

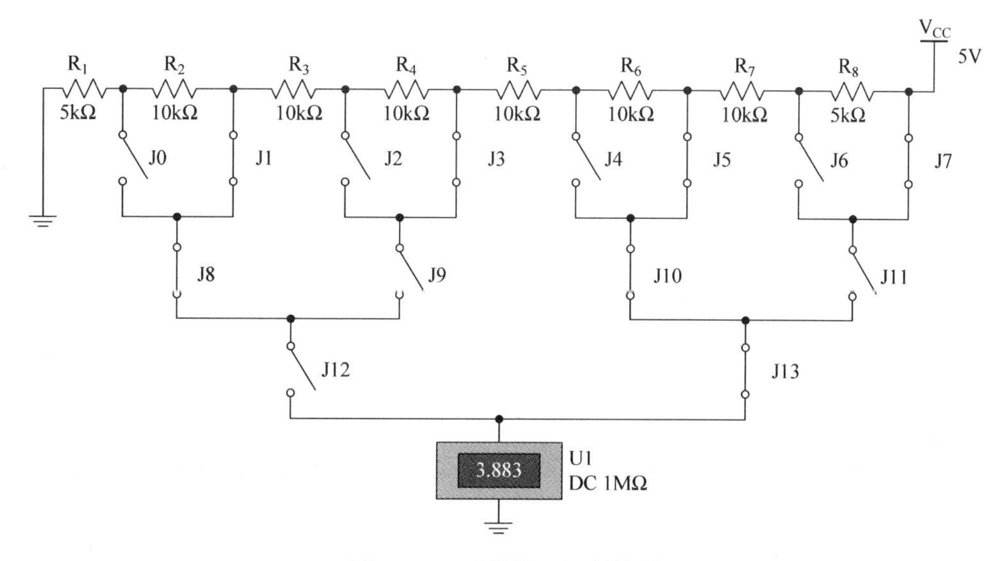

图 7-2-27 开关树 D/A 转换器

14 个开关构成开关树，每个开关受输入 3 位数码 D_2、D_1、D_0 的控制。表 7-2-4 列出了在 3 位输入数码的不同输入情况下开关的闭合情况和输出的模拟电压值。

表 7-2-4 开关树 D/A 转换器的工作情况

输入数码			开关														输出
D_2	D_1	D_0	J_0	J_1	J_2	J_3	J_4	J_5	J_6	J_7	J_8	J_9	J_{10}	J_{11}	J_{12}	J_{13}	V_o
0	0	0	1	0	1	0	1	0	1	0	1	0	1	0	1	0	0
0	0	1	0	1	0	1	0	1	0	1	1	0	1	0	1	0	$\frac{V_{CC}}{14}$
0	1	0	1	0	1	0	1	0	1	0	0	1	0	1	1	0	$\frac{3V_{CC}}{14}$
0	1	1	0	1	0	1	0	1	0	1	0	1	0	1	1	0	$\frac{5V_{CC}}{14}$
1	0	0	1	0	1	0	1	0	1	0	1	0	1	0	0	1	$\frac{7V_{CC}}{14}$
1	0	1	0	1	0	1	0	1	0	1	1	0	1	0	0	1	$\frac{9V_{CC}}{14}$
1	1	0	1	0	1	0	1	0	1	0	0	1	0	1	0	1	$\frac{11V_{CC}}{14}$
1	1	1	0	1	0	1	0	1	0	1	0	1	0	1	0	1	$\frac{13V_{CC}}{14}$

假如输入数码 $D_2D_1D_0=101$，则由于开关 J_1、J_3、J_5、J_7、J_8、J_{10}、J_{13} 合上，其余开关均断开，通过 Multisim 7 仿真软件仿真，电压表读取输出电压值为 3.883V，与理论计算值 $V_o=\frac{V_{CC}}{7R}\times 4\frac{1}{2}R=\frac{9}{14}V_{CC}=3.215\text{V}$ 基本一致。

2. 模/数转换电路(ADC)

模拟信号经过取样、保持、量化和编码 4 个过程就可以转换为相应的数字信号。图 7-2-28 所示电路为 3 位并联比较型 ADC 仿真电路。它主要由比较器、分压电阻链、寄存器和优先编码器 4 个部分组成。输入端 V_i 输入一个模拟量，输出得到数字量 $D_2D_1D_0$，并通过数码管进行显示。

若输出为 n 位数字量，则比较器将输入模拟量 V_i 划分 2^n 个量化级，并按四舍五入进行量化，其量化单位 $\Delta=\frac{V_{ref}}{2^n-1}$，量化误差为 $\frac{\Delta}{2}$，量化范围为 $\left(2^n-\frac{1}{2}\right)\Delta$。当输入超出正常范围时，输出保持为 111 不变，但此时电路已进入“饱和”，不能正常工作。

若输入模拟量 $V_i=12.4\text{V}$，启动仿真，数码管显示为 6。并联比较型 ADC 转换速度快，但成本高、功耗大。

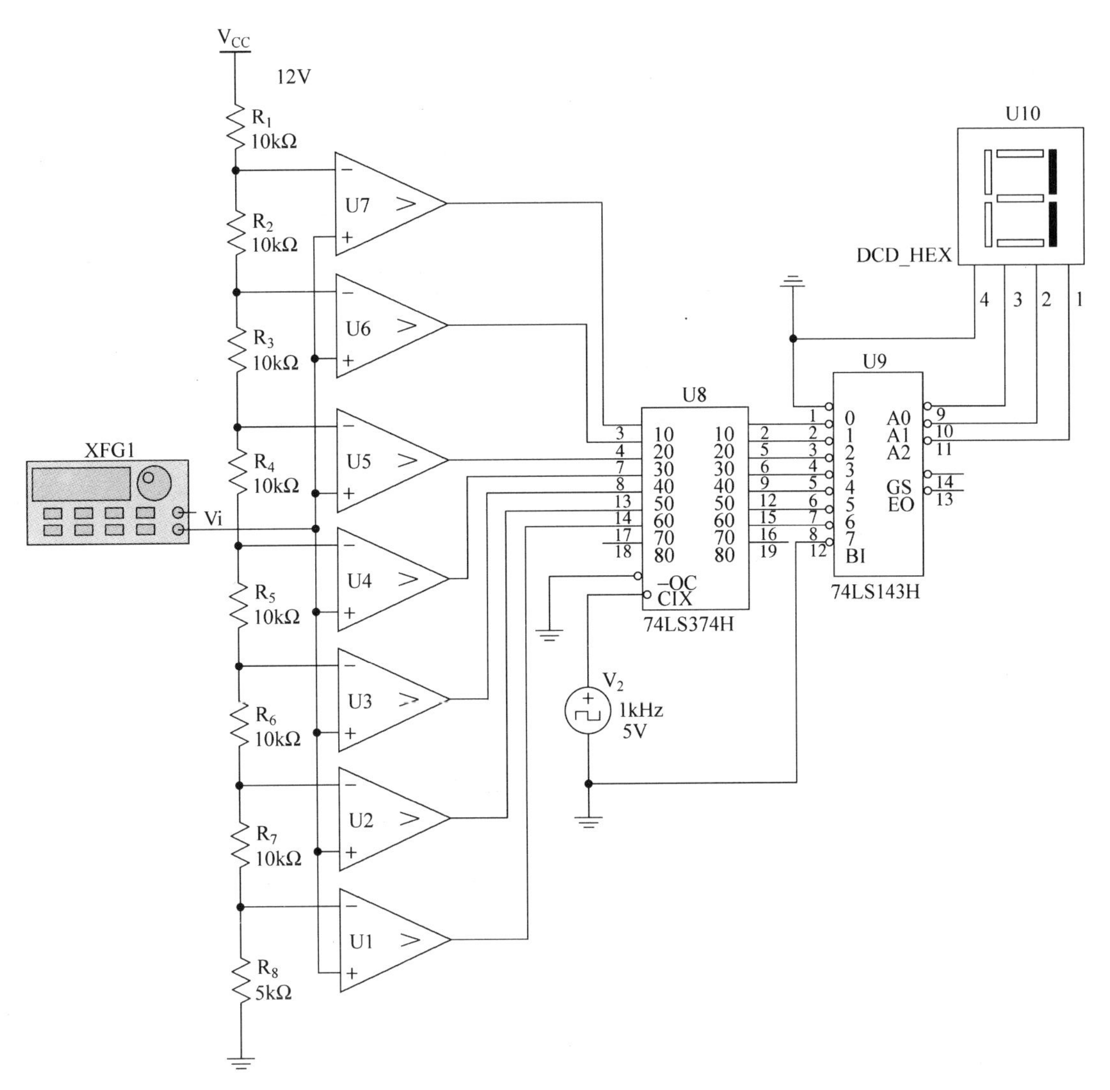

图 7-2-28　3 位并联比较型 ADC 仿电路

项 目 小 结

在项目 7 中，结合实例阐述了 Multisim 7 的基本操作方法、各种仿真设计功能和部分高级功能。实例操作中运用了模拟数字电子技术相关知识，并且紧紧围绕具体任务，有针对性地利用 Multisim 7 进行电路设计与仿真。

思考与训练

1. Multisim 7 仿真软件的特点是什么？
2. 虚拟元件和真实元件的区别是什么？
3. 试在 Multisim 7 电路窗口中创建如图 7-2-29 所示的电路，分析其功能，并进行仿真。

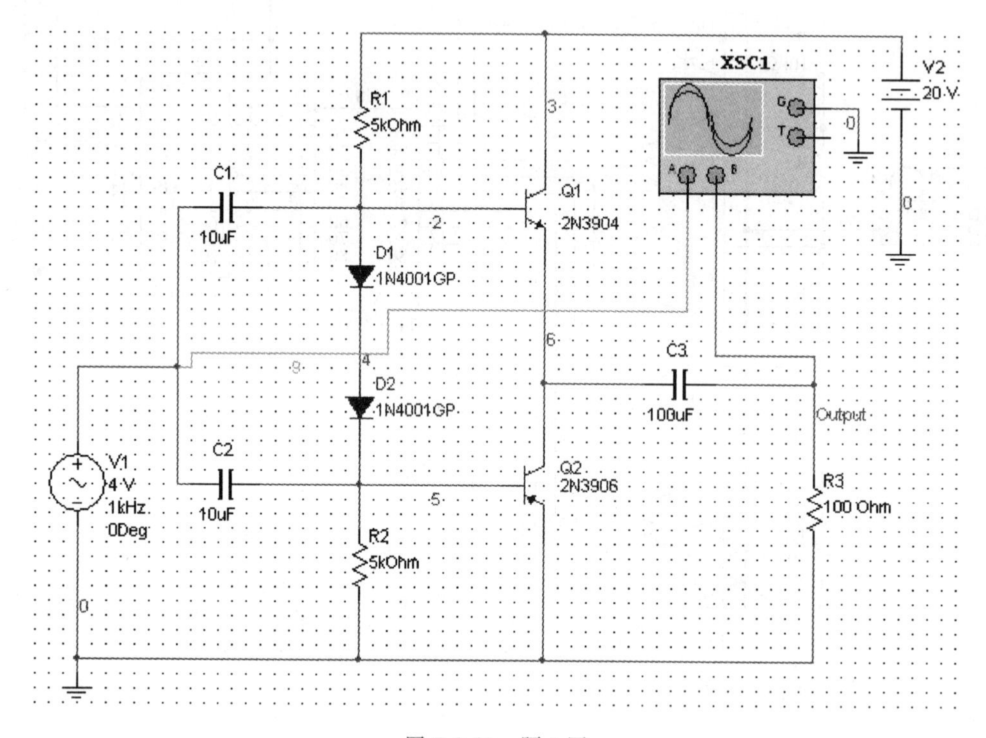

图 7-2-29　题 3 图

4. 利用 Multisim 7 中的逻辑转换仪，试求图 7-2-30 所示电路的逻辑函数。

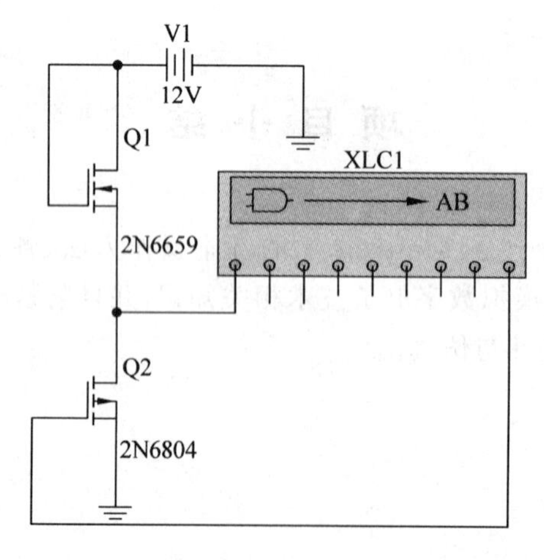

图 7-2-30　题 4 图

5. 对图 7-2-31 所示门电路进行仿真和测试，说明输入、输出的逻辑表达式并画出真值表。

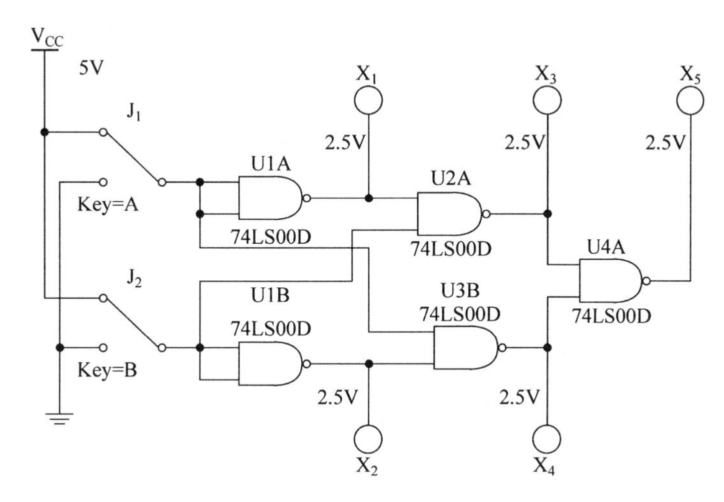

图 7-2-31 题 5 图

附　录　A

一、评分表

<table>
<tr><td>准考证号</td><td colspan="2">单位</td><td>姓名</td><td>题目　稳压电源的装配及调试</td><td>得分</td></tr>
<tr><td>时间额定</td><td>2.0小时</td><td>实用时间</td><td>超时扣分</td><td colspan="2">起止时间</td></tr>
<tr><td>项　目</td><td>考核内容及要求</td><td>配分</td><td>评分标准</td><td>得分</td><td>备注</td></tr>
<tr><td rowspan="3">一般项目</td><td>1. 装前检查：
① 根据图纸核对所用元件规格、型号、数量
② 对印制电路板按图作线路检查和外观检查</td><td>5</td><td>1. 清点元件时有遗漏扣1分
2. 不按图进行检查或存在问题没检查出来扣2分</td><td></td><td rowspan="9"></td></tr>
<tr><td>2. 所用元件测试：
① 用万用表对电阻、电容器进行检查
② 用万用表对二极管、稳压二极管和晶体三极管判别引脚、极性及好坏
③ 将不合格的元件筛选出来</td><td>5</td><td>1. 不会用万用表检查判别晶体管引脚、极性扣3分
2. 检查元件方法不正确、不合格元件未筛选出来扣1分</td><td></td></tr>
<tr><td>3. 按图安装：
① 线路板上元件排列整齐、装配外形美观、线路板清洁
② 焊点光滑无虚焊和漏焊
③ 焊接过程中，不损坏元件</td><td>20</td><td>1. 元件安装有错误，每一个扣2分
2. 出现虚焊或焊点有毛刺，每一处扣1.5分
3. 线路板不整齐美观扣5分
4. 焊接时损坏元件扣10分</td><td></td></tr>
<tr><td rowspan="6">主要项目</td><td>1. 调试空载输出电压为12V±0.02V(输入220VAC)如实测达不到指标，则说明超差原因及调整方法</td><td>15</td><td>1. 输出电压误差超差不能说明其原因及调整方法时酌情扣3～5分</td><td></td></tr>
<tr><td>2. 测试电压调整率，在输出1A时输入电压为198V及242V时，测输出电压，并记录和计算调整率</td><td>15</td><td>2. 测量或计算误差过大时酌情扣分</td><td></td></tr>
<tr><td>3. 测试电流调整率，在输入AC 220V时，输出电流在空载和1A时测输出电压，并记录、计算</td><td>15</td><td>3. 测量或计算误差过大时酌情扣分</td><td></td></tr>
<tr><td>4. 测试输出纹波电压(在输入为220V、负载电流为1A的额定工作状态下)</td><td>10</td><td>4. 测量方法不正确扣3～5分</td><td></td></tr>
<tr><td>5. 仪器使用正确，读数准确</td><td>5</td><td>5. 方法不对扣3分，读数不准扣2分</td><td></td></tr>
<tr><td>6. 难度系数：</td><td>×1.02</td><td>6. 得分乘难度系数为总得分</td><td></td></tr>
<tr><td>安全文明</td><td>按有关规定</td><td></td><td>每违反一项从总分中扣除2分，发生重大事故则取消考核资格</td><td></td><td></td></tr>
<tr><td>主考</td><td></td><td>监考</td><td></td><td>日期</td><td></td></tr>
</table>

二、元件清单

稳压电源

准考证号：　　　　　　　　　元器件明细表　　　　　　　　　姓名：

序号	品　　名	型 号 规 格	数量	配件图号	实　测　值
1	碳膜电阻	RT—0.25—10Ω	1	R9	
2	碳膜电阻	RT—0.25—100Ω	1	R2	
3	碳膜电阻	RT—0.25—560Ω	2	R5,R8	
4	碳膜电阻	RT—0.25—1kΩ	1	R3	
5	碳膜电阻	RT—0.25—2kΩ	1	R7	
6	碳膜电阻	RT—0.25—2.2kΩ	1	R1	
7	碳膜电阻	RT—0.25—56kΩ	2	R4,R6	
8	微调电阻	WS—5kΩ	1	RP1	
9	整流二极管	1N4001	4	V1～V4	
10	稳压二极管	7.5V	1	V7	
11	三极管	S9013(1008)	2	V8,V6	
12	功率三极管	D880	1	V5	
13	瓷介电容	CC-63V-0.01μ	4	C6～C9	
14	电解电容	CD-16V-10μ	2	C3,C4	
15	电解电容	CD-25V-100μ	1	C2	
16	电解电容	CD-25V-220μ	1	C5	
17	电解电容	CD-25V-3300μ	1	C1	
18	保险丝夹		2	FU2	
19	熔断器	ϕ5×20-2A	1	FU2	
20	散热器		1	V2	
21	自攻螺丝	BA3×8	1	V2	
22	印制电路板	GK2-1 siit	1		

附　录　B

一、评分表

准考证号		单位		姓名		题目	KQ44-12 型场扫描电路	得分	
时间额定	2.0 小时	实用时间		超时扣分		起止时间			

项　目	考核内容及要求	配分	评分标准	得分	备注
一般项目	1. 装前检查： ① 根据图纸核对所用元件规格、型号、数量 ② 对印制电路板按图作线路检查和外观检查	5	1. 清点元件时有遗漏扣 1 分 2. 不按图进行检查或存在问题没检查出来扣 2 分		
	2. 所用元件测试： ① 用万用表对电阻、电容器进行检查 ② 用万用表对二极管、稳压二极管和晶体三极管判别引脚、极性及好坏 ③ 将不合格的元件筛选出来	5	1. 不会用万用表检查判别晶体管引脚、极性扣 3 分 2. 检查元件方法不正确、不合格元件未筛选出来扣 1 分		
	3. 按图安装： ① 线路板上元件排列整齐、成形美观、线路板清洁 ② 焊点光滑无虚焊和漏焊 ③ 焊接过程中，不损坏元件	20	1. 元件安装有错误，每一个扣 2 分 2. 出现虚焊或焊点有毛刺，每一处扣 1.5 分 3. 线路板不整洁、成形不好扣 5 分 4. 焊接时损坏元件扣 10 分		
主要项目	1. 测试输出中点电位，$V_{CC}/2\pm0.2V$ 并记录	10	1. 测量结果超差不能说明其原因及调整方法不正确扣 3～5 分		
	2. 测试 5C8 负极输出电压波形和偏转线圈电流波形，将场频、场幅调整好后的输出波形记入测试报告中	25	2. 测量或计算误差过大时酌情扣分		
	3. 测试场频调节范围，并记录	15	3. 测量或计算误差过大时酌情扣分		
	4. 仪器使用正确，读数准确	10	4. 方法不对扣 5 分，读数不准扣 3 分		
	5. 难度系数：	×1.03	6. 得分乘难度系数为总得分		
安全文明	按有关规定		每违反一项从总分中扣除 2 分，发生重大事故则取消考核资格		
主考		监考		日期	

二、元件清单

场扫描电路

准考证号：　　　　　　　　　　元器件明细表　　　　　　　　　　姓名：

序号	品　　名	型 号 规 格	数量	配件图号	实　测　值
1	碳膜电阻	RT－0.5－1Ω	3	R6,R14,R15	
2	碳膜电阻	RT－0.25－5.1Ω	1	R5	
3	碳膜电阻	RT－0.25－10Ω	1	R12	
4	碳膜电阻	RT－0.25－100Ω	3	R11,R17,R18	
5	碳膜电阻	RT－0.25－330Ω	1	R20	
6	碳膜电阻	RT－0.25－390Ω	1	R13	
7	碳膜电阻	RT－0.25－1kΩ	1	R19	
8	微调电阻	RT－0.25－1.8kΩ	1	R3	
9	碳膜电阻	RT－0.25－5.6kΩ	1	R10	
10	碳膜电阻	RT－0.25－8.2kΩ	1	R2	
11	碳膜电阻	RT－0.25－10kΩ	1	R7	
12	碳膜电阻	RT－0.25－12kΩ	1	R9	
13	碳膜电阻	RT－0.25－20kΩ	1	R8	
14	碳膜电阻	RT－0.25－27kΩ	1	R4	
15	微调电阻	WS－3.3kΩ	1	RP3	
16	微调电阻	WS－22kΩ	2	RP1,RP2	
17	微调电阻	WS－50kΩ	1	RP4	
18	电容	CBB-63V-0.01μ	1	C1	
19	电容	CBB-63V-0.047μ	1	C2	
20	电容	CBB-63V-0.1μ	1	C3	
21	电解电容器	CD-16V-22μ	2	C4,C5	
22	电解电容器	CD-16V-47μ	1	C6	
23	电解电容器	CD-16V-100μ	1	C7	
24	电解电容器	CD-16V-1000μ	1	C8	
25	三极管	S9013	1	V1	
26	三极管	S9013	1	V2	
27	三极管	CD511	1	V3	
28	三极管	DD325	1	V4	
29	散热器		2	V3,V4 用	
30	螺丝	ϕ3×8	2	V3,V4 用	
31	螺母	M3	2	V3,V4 用	
32	平垫片	ϕ3	4	V3,V4 用	
33	印制电路板	GK2-2	1		

附　录　C

一、评分表

准考证号		单位		姓名		题目	三位半 A/D 转换器	得分	
时间额定	2.0 小时	实用时间		超时扣分		起止时间			

项　目	考核内容及要求	配分	评分标准	得分	备注
一般项目	1. 装前检查： ① 根据图纸核对所用元件规格、型号、数量 ② 对印制电路板按图作线路检查和外观检查	5	1. 清点元件时有遗漏扣 1 分 2. 不按图进行检查或存在问题没检查出来扣 2 分		
	2. 元件测试： ① 用万用表对电阻、电容器进行检测 ② 用万用表对二极管、稳压管和数码管判别极性及好坏 ③ 将不合格的元件筛选出来	5	1. 不会用万用表检查判别晶体管引脚、极性扣 3 分 2. 检查元件方法不正确、不合格元件未筛选出来扣 1～3 分		
	3. 按图安装： ① 线路板上元件排列整齐、成形美观、线路板清洁 ② 焊点光滑无虚焊和漏焊 ③ 焊接过程中，不损坏元件	20	1. 元件安装有错误，每一个扣 2 分 2. 出现虚焊或焊点有毛刺，每一处扣 1.5 分 3. 线路板不整洁、成形不好扣 5 分 4. 焊接时损坏元件扣 10 分		
主要项目	1. 调整时钟发生器的振荡频率 $f_{osc}=40kHz\pm(1\%\sim5\%)$并画出(IC2－P6)A 点的波形图	25	1. 频率调整不正确扣 4～5 分 波形不完整扣 3～10 分		
	2. 调整满度电压 $U_{fs}=2V$(调整点 1.900V±1 字)，调整结束时记录	10	U_{fs}调整不正确扣 3～5 分		
	3. 测量线性误差：测试点 1.900V、1.500V、1.000V、0.500V、0.100V 计算相对误差并填入记录表	15	1. 测量有错误每点扣 3 分 2. 计算误差有错误，每点扣 1 分		
	4. 测量参考电压 V_{ref}，计算满度电压与参考电压的比值 5. 测量负电压值，并记录	10	计算测量数值不正确扣 4～6 分		
	6. 难度系数：	×1.04	6. 得分乘难度系数为总得分		
安全文明	按有关规定		每违反一项从总分中扣除 2 分，发生重大事故则取消考核资格		
主考		监考		日期	

二、元件清单

三位半 A/D 转换器

准考证号：　　　　　　　　元器件明细表　　　　　　　　姓名：

序号	品　　名	型号规格	数量	配件图号	实　测　值
1	碳膜电阻	RT－0.25－150Ω	1	R5	
2	碳膜电阻	RT－0.25－200Ω	1	R3	
3	碳膜电阻	RT－0.25－51kΩ	1	R4	
4	碳膜电阻	RT－0.25－470kΩ	1	R1	
5	碳膜电阻	RT－0.25－1MΩ	1	R2	
6	微调电阻	WS－100kΩ	1	RP2	
7	多圈电位器	3296－5kΩ	1	RP1	
8	多圈电位器	3296－50kΩ	1	RP3	
9	电容	CBB-63V-0.01μ	1	C5	
10	电容	CBB-63V-0.1μ	1	C6	
11	电容	CBB-63V-0.22μ	1	C3	
12	电容	CBB-63V-0.47μ	1	C4	
13	电容	CL-63V-100p	1	C7	
14	电解电容器	CD-16V-4.7μ	2	C1，C2	
15	二极管	1N4148	5	V1～V5	
16	稳压二极管	3V	1	V6	
17	集成电路	ICL7170	1	IC1	
18	集成电路	4069	1	IC2	
19	数码管	LDD581R－共阳	4	QP1～QP4	
20	电路插座	DIP－40	2	IC1，QP1～QP4	
21	电路插座	DIP－14	1	IC2	
22	印制电路板	GK2-3 siit	1		

附　录　D

一、评分表

准考证号		单位		姓名		题目	OTL 功率放大器	得分	
时间额定	2.0 小时	实用时间		超时扣分		起止时间			

项目	考核内容及要求	配分	评分标准	得分	备注
一般项目	1. 装前检查： ① 根据图纸核对所用元件规格、型号、数量 ② 对印制电路板按图作线路检查和外观检查	5	1. 清点元件时有遗漏扣 1 分 2. 不按图进行检查或存在问题没检查出来扣 2 分		
	2. 元件测试： ① 用万用表对电阻、电容器进行检测 ② 用万用表对二极管、稳压管和晶体三极管判别引脚、极性及好坏 ③ 将不合格的元件筛选出来	5	1. 不会用万用表检查判别晶体管引脚、极性扣 3 分 2. 检查元件方法不正确、不合格元件未筛选出来扣 1 分		
	3. 按图安装： ① 线路板上元件排列整齐、成形美观、线路板清洁 ② 焊点光滑无虚焊和漏焊 ③ 焊接过程中，不损坏元件	20	1. 元件安装有错误，每一个扣 2 分 2. 出现虚焊或焊点有毛刺，每一处扣 1.5 分 3. 线路板不整齐美观扣 5 分 4. 焊接时损坏元件扣 10 分		
主要项目	1. 调整中点电压 $U_A=1/2V_{CC}$，实测值填入表中，在电源电压为 DC18V 时调整功放管静态工作电流 $I\leqslant 25mA$，并记录实测电流值	15	1. 测试配对不正确扣 3 分 2. 中点电压和静态工作电流的调整，方法不正确扣 3～10 分		
	2. 输入 1kHz 音频信号，用示波器观察输出信号波形临界出现削波时，测量负载两端的电压应为 $U_o\geqslant 4Vrms$，记录实测电压值，并记录最大不失真输出功率（负载＝16Ω）	15	3. 最大不失真功率测试方法不正确扣 6 分		
	3. 调整输入信号电压，使输出电压 $U_o=4Vrms$，测放大器输入信号电压值，计算电压放大倍数	15	4. 放大器灵敏度检测方法不正确扣 3～8 分		
	4. 以 1kHz，$U_o=2Vrms$ 为基础，然后输入信号电压不变，频率分别为 20Hz、100Hz、200Hz、1kHz、5kHz，测输出电压 U_o 值，并画频响曲线	15	5. 频响检测方法不正确扣 5～10 分，不会画频响曲线扣 3 分		
	5. 难度系数：	×1.05	6. 得分乘难度系数为总得分		
安全文明	按有关规定		每违反一项从总分中扣除 2 分，发生重大事故则取消考核资格		
主考		监考		日期	

二、元件清单

OTL 功放电路

准考证号： 元器件明细表 姓名：

序号	品　　名	型号规格	数量	配件图号	实测值
1	碳膜电阻	RT－0.5－1Ω	2	R8,R9	
2	碳膜电阻	RT－0.25－15Ω	1	R5	
3	碳膜电阻	RT－1W－16Ω	1	RL	
4	金属膜电阻	RJ－0.5－22Ω	1	R10	
5	碳膜电阻	RT－0.25－62Ω	1	R14	
6	碳膜电阻	RT－0.25－100Ω	1	R18	
7	碳膜电阻	RT－0.25－330Ω	1	R12	
8	碳膜电阻	RT－0.25－390Ω	1	R2	
9	碳膜电阻	RT－0.25－470Ω	1	R6	
10	碳膜电阻	RT－0.25－2kΩ	1	R13	
11	碳膜电阻	RT－0.25－5.1kΩ	1	R4	
12	微调电阻	WS－50kΩ	1	RP1	
13	电容	瓷片 1000p	1	C9	
14	电容	CBB-63V-0.047μ	1	C17	
15	电解电容器	CD-16V-4.7μ	1	V7	
16	电解电容器	CD-25V-47μ	1	C8	
17	电解电容器	CD-25V-100μ	1	C18	
18	电解电容器	CD-25V-220μ	2	C13,C14	
19	二极管	1N4148	1	VD1	
20	三极管	9013	1	V1	
21	三极管	DD325	1	V2	
22	三极管	CD511	1	V3	
23	印制电路板	GK2-4 siit	1		

附　录　E

一、评分表

准考证号		单位		姓名		题目	脉宽调制控制器	得分	
时间额定	2.0 小时	实用时间		超时扣分		起止时间			

项　目	考核内容及要求	配分	评分标准	得分	备注
一般项目	1. 装前检查： ① 根据图纸核对所用元件规格、型号、数量 ② 对印制电路板按图作线路检查和外观检查	5	1. 清点元件时有遗漏扣 1 分 2. 不按图进行检查或存在问题没检查出来扣 2 分		
	2. 元件测试： ① 用万用表对电阻、电容器进行检测 ② 用万用表对二极管、稳压管和三极管测试、判别引脚、极性及好坏 ③ 将不合格的元件筛选出来	5	1. 检查元件不正确、不合格元件未筛选出来扣 2 分 2. 不会检测判别晶体管引脚、极性和好坏扣 3 分 3. 无检测记录扣 3～4 分		
	3. 按图安装： ① 线路板上元件排列整齐、成形美观、线路板清洁 ② 焊点光滑无虚焊和漏焊 ③ 焊接过程中，不损坏元件	20	1. 元件安装有错误，每一个扣 2 分 2. 出现虚焊或焊点有毛刺，每一处扣 1.5 分 3. 线路板不整洁、成形不好扣 5 分 4. 焊接时损坏元件扣 10 分		
主要项目	1. 调整三角波频率和波形，要求 $f_o=1\text{kHz}\pm5\%$；$U_p=3\text{V}\pm10\%$，实测数据填入表中	15	1. 调整结果数据不正确扣 3～5 分 2. 调整方法不正确扣 5 分		
	2. 记录画出三角波波形图(F 点)和方波波形图(E 点)	10	1. 波形不完整扣 1 分 2. 波形有错误扣 2～5 分		
	3. 观察 D 点的调制波，记录调制度为 100%、50%、0%对应的给定电压值(A 值)、输出电压(D 点)和负载两端电压，并填入表中	15	每错一个数据扣 2 分		
	4. 画出调制度为 50%时 D 点的调制波波形图	10	1. 波形不完整扣 1～3 分 2. 波形有错误扣 2～5 分		
	5. 测量给定电压范围和频率可调范围，填入表中	10	数据不正确扣 2～3 分		
	6. 难度系数：	×1.06	得分乘难度系数为总得分		
安全文明	按有关规定		每违反一项从总分中扣除 2 分，发生重大事故则取消考核资格		
主考		监考		日期	

二、元件清单

脉宽调制控制器

准考证号： 元器件明细表 姓名：

序号	品　　名	型 号 规 格	数量	配件图号	实　测　值
1	碳膜电阻	RT－0.25－47Ω	1	R10	
2	碳膜电阻	RT－0.25－1kΩ	5	R6,8,9,14,15	
3	碳膜电阻	RT－0.25－3kΩ	2	R11,R18	
4	碳膜电阻	RT－0.25－4.7kΩ	3	R1,R2,R7	
5	碳膜电阻	RT－0.25－5.1kΩ	1	R13	
6	碳膜电阻	RT－0.25－10 kΩ	6	R3,4,5,12,16,17	
7	微调电阻	WS－50kΩ	1	RP2	
8	微调电阻	WS－10kΩ	1	RP3	
9	电位器	WS-5kΩ	1	RP1	
10	电容	CBB-63V-0.022μ	1	C1	
11	二极管	1N4148	1	VD3	
12	稳压二极管	5.1V	2	VD1,VD2	
13	三极管	9013	2	V1,V2	
14	三极管	9012	1	V3	
15	场效应管	IRF630(IRFU214)	1	V4	
16	集成电路	TL084(LF347)	1	IC	
17	电路插座	DIP14	1	IC	
18	电珠	12V－1W	1	HL	
19	印制电路板	GK2－5 siit	1		

附　录　F

一、评分表

<table>
<tr><td>准考证号</td><td></td><td>单位</td><td colspan="2"></td><td>姓名</td><td></td><td>题目</td><td>数字频率计</td><td>得分</td><td></td></tr>
<tr><td>时间额定</td><td>2.0 小时</td><td>实用时间</td><td colspan="2"></td><td>超时扣分</td><td colspan="2"></td><td>起止时间</td><td colspan="2"></td></tr>
<tr><td>项　目</td><td colspan="3">考核内容及要求</td><td>配 分</td><td colspan="4">评分标准</td><td>得 分</td><td>备注</td></tr>
<tr><td rowspan="3">一般项目</td><td colspan="3">1. 装前检查：
① 根据图纸核对所用元件规格、型号、数量
② 对印制电路板按图作线路检查和外观检查</td><td>5</td><td colspan="4">1. 清点元件时有遗漏扣 1 分
2. 不按图进行检查或存在问题没检查出来扣 2 分</td><td></td><td rowspan="8"></td></tr>
<tr><td colspan="3">2. 元件测试：
① 用万用表对电阻、电容器进行检测
② 用万用表对稳压管、数码管判别极性及好坏
③ 将不合格的元件筛选出来</td><td>5</td><td colspan="4">1. 不会用万用表检查判别晶体管引脚、极性扣 3 分
2. 检查元件方法不正确、不合格元件未筛选出来扣 1～3 分</td><td></td></tr>
<tr><td colspan="3">3. 按图安装：
① 线路板上元件排列整齐、成形美观、线路板清洁
② 焊点光滑无虚焊和漏焊
③ 焊接过程中，不损坏元件</td><td>20</td><td colspan="4">1. 元件安装有错误，每一个扣 2 分
2. 出现虚焊或焊点有毛刺，每一处扣 1.5 分
3. 线路板不整洁、成形不好扣 5 分
4. 焊接时损坏元件扣 10 分</td><td></td></tr>
<tr><td rowspan="5">主要项目</td><td colspan="3">1. 调整闸门时间等于 1s（校正信号 1024Hz，V_p＝5V）</td><td>15</td><td colspan="4">1. 调整方法不正确扣 5～10 分
2. 调整误差较大扣 2～5 分</td><td></td></tr>
<tr><td colspan="3">2. 检查频率测量误差（检查频率 4000Hz，实读值填入表中，并计算相对误差）</td><td>15</td><td colspan="4">1. 测量误差较大扣 2～5 分
2. 相对误差计算有错误酌情扣 3～5 分</td><td></td></tr>
<tr><td colspan="3">3. 调整振荡器，使最高频率为 6kHz±1 字，并测量频率覆盖，记入表中</td><td>15</td><td colspan="4">1. 调整频率误差较大扣 3～5 分
2. 频率范围误差较大扣 3～8 分</td><td></td></tr>
<tr><td colspan="3">4. 画出最低振荡频率的实测波形图</td><td>15</td><td colspan="4">1. 图形有错误扣 5～8 分
2. 图形不完整规范扣 1～5 分</td><td></td></tr>
<tr><td colspan="3">5. 难度系数：</td><td>×1.07</td><td colspan="4">1. 得分乘难度系数为总得分</td><td></td></tr>
<tr><td>安全文明</td><td colspan="3">按有关规定</td><td></td><td colspan="4">每违反一项从总分中扣除 2 分，发生重大事故则取消考核资格</td><td></td><td></td></tr>
<tr><td>主考</td><td colspan="3"></td><td>监考</td><td colspan="4"></td><td>日期</td><td></td></tr>
</table>

二、元件清单

数字频率计

准考证号： 元器件明细表 姓名：

序号	品　　名	型 号 规 格	数量	配件图号	实 测 值
1	碳膜电阻	RT－0.25－39Ω	4	R4,R5,R6,R7	
2	碳膜电阻	RT－0.25－2kΩ	1	R3	
3	碳膜电阻	RT－0.25－10kΩ	1	R2	
4	碳膜电阻	RT－0.25－680kΩ	1	R1	
5	多圈电位器	3296-50k	1	RP1	
6	多圈电位器	3296-10k	1	RP2	
7	微调电阻	WS－100kΩ	1	RP3	
8	电容	CC-63V-1000p	1	C1	
9	电容	CBB-63V-0.01μ	1	C2	
10	电容	CBB-63V-0.047μ	1	C3	
11	稳压二极管	5.1V	1	V1	
12	数码管	LC5021-11-共阴	4	DP1～VD4	
13	集成电路	4541	1	IC1	
14	集成电路	4528	1	IC2	
15	集成电路	4093	1	IC3	
16	集成电路	4026	4	IC4	
17	电路插座	DIP14	6	IC1,3,DP1～VD4	
18	电路插座	DIP16	5	IC2,4,5,6,7	
19	轻触开关	自锁双刀双掷	1	SA－1,SA－2	
20	印制电路板	GK2－6 siit	1		

附　录　G

一、评分表

<table>
<tr><td>准考证号</td><td></td><td>单位</td><td colspan="2"></td><td>姓名</td><td></td><td>题目</td><td>交流电压平均值转换器</td><td>得分</td><td></td></tr>
<tr><td>时间额定</td><td>2.0 小时</td><td>实用时间</td><td colspan="2"></td><td>超时扣分</td><td colspan="2"></td><td>起止时间</td><td colspan="2"></td></tr>
<tr><td>项　目</td><td colspan="3">考核内容及要求</td><td>配　分</td><td colspan="3">评分标准</td><td>得　分</td><td colspan="2">备注</td></tr>
<tr><td rowspan="3">一般项目</td><td colspan="3">1. 装前检查：
① 根据图纸核对所用元件规格、型号、数量
② 对印制电路板按图作线路检查和外观检查</td><td>5</td><td colspan="3">1. 清点元件时有遗漏扣 1 分
2. 不按图进行检查或存在问题没检查出来扣 2 分</td><td></td><td colspan="2" rowspan="9"></td></tr>
<tr><td colspan="3">2. 所用元件测试：
① 用万用表对电阻、电解、电容器进行检查
② 用万用表对二极管、发光二极管和三极管判别引脚、极性及好坏
③ 将不合格的元件筛选出来</td><td>5</td><td colspan="3">1. 不会用万用表检查判别晶体管引脚、极性扣 3 分
2. 检查元件方法不正确、不合格元件未筛选出来扣 1 分</td><td></td></tr>
<tr><td colspan="3">3. 按图安装：
① 线路板上元件排列整齐、成形美观、线路板清洁
② 焊点光滑无虚焊和漏焊
③ 焊接过程中，不损坏元件</td><td>20</td><td colspan="3">1. 元件安装有错误，每一个扣 2 分
2. 出现虚焊或焊点有毛刺，每一处扣 1.5 分
3. 线路板不整洁、成形不好扣 5 分
4. 焊接时损坏元件扣 10 分</td><td></td></tr>
<tr><td rowspan="6">主要项目</td><td colspan="3">1. 输出电压调零，要求≤±1 个字(2V 挡测)</td><td>5</td><td colspan="3">没调好扣 2～3 分，未调零扣 5 分</td><td></td></tr>
<tr><td colspan="3">2. 调整满量程电压，在 2V 挡测输入 1Vrms、100Hz 信号，要求调到 1.000Vrms±1 个字，填入表中</td><td>5</td><td colspan="3">调整结果超差扣 2～3 分</td><td></td></tr>
<tr><td colspan="3">3. 测量整流特性：在 2V 挡测输入 1Vrms，频率为 20Hz 和 5kHz，分别测出并计算示值误差，输入 100Hz、20mVrms、200mVrms、0.5Vrms、1Vrms，将测量值及相对示值误差填入表中</td><td>16</td><td colspan="3">1. 测试方法不对扣 5 分，计算错误扣 5～8 分
2. 测试数据有错误，每个扣 3 分</td><td></td></tr>
<tr><td colspan="3">4. 测量交流波形(输入 100Hz、1Vrms)
① 断开 R7 和 C2，测 A 点的波形，画出波形图
② 接上 R7 再断开 R4、C2，测 A 点电压波形，画图
③ 接上 R7 和 R4，断开 C2，测 A 点的电压波形，画图
④ 接上 C2，再测 A 点电压波形，并画图</td><td>24</td><td colspan="3">1. 测量方法不正确扣 10 分
2. 每画错一个波形扣 5 分</td><td></td></tr>
<tr><td colspan="3">5. 仪器使用方法正确，读数正确</td><td>10</td><td colspan="3">方法不对扣 5 分，操作不熟练扣 3 分</td><td></td></tr>
<tr><td colspan="3">6. 难度系数：</td><td>×1.03</td><td colspan="3">得分乘难度系数为总得分</td><td></td></tr>
<tr><td>安全文明</td><td colspan="3">按有关规定</td><td></td><td colspan="3">每违反一项从总分中扣除 2 分，发生重大事故则取消考核资格</td><td></td><td colspan="2"></td></tr>
<tr><td>主考</td><td colspan="3"></td><td>监考</td><td colspan="3"></td><td>日期</td><td colspan="2"></td></tr>
</table>

二、元件清单

交流电压平均值转换器

准考证号： 元器件明细表 姓名：

序号	品　　名	型 号 规 格	数量	配件图号	实　测　值
1	碳膜电阻	RT－0.25－51kΩ	2	R8,R9	
2	碳膜电阻	RT－0.25－10kΩ	3	R1,R2,R4	
3	碳膜电阻	RT－0.25－20kΩ	2	R6,R7	
4	碳膜电阻	RT－0.25－5.1kΩ	1	R3	
5	碳膜电阻	RT－0.25－1MΩ	1	R5	
6	微调电阻	WS－3.3kΩ	1	RP1	
7	多圈电位器	3296-10k	1	RP2	
8	电容	CC-63V-1000p	1	C3	
9	电容	CBB-63V-1μ	1	C2	
10	电解电容	CD-25V-100μ	1	C1	
11	二极管	1N4148	2	VD1,VD2	
12	集成电路	LM358	1	IC	
13	电路插座	DIP8	1	IC	
14	印制电路板	GK2－7 siit	1		

附　录　H

一、评分表

<table>
<tr><td>准考证号</td><td></td><td>单位</td><td></td><td>姓名</td><td></td><td>题目</td><td>装调可编程定时器</td><td>得分</td><td></td></tr>
<tr><td>时间额定</td><td>2.0 小时</td><td>实用时间</td><td></td><td>超时扣分</td><td></td><td>起止时间</td><td colspan="3"></td></tr>
</table>

<table>
<tr><th>项　目</th><th>考核内容及要求</th><th>配 分</th><th>评分标准</th><th>得 分</th><th>备注</th></tr>
<tr><td rowspan="3">一般项目</td><td>1. 装前检查：
① 根据图纸核对所用元件规格、型号、数量
② 对印制电路板按图作线路检查和外观检查</td><td>5</td><td>1. 清点元件时有遗漏扣 1 分
2. 不按图进行检查或存在问题没检查出来扣 2 分</td><td></td><td rowspan="9"></td></tr>
<tr><td>2. 元件测试：
① 用万用表对电阻、电解、电容器进行检测
② 用万用表对二极管、发光二极管和三极管判别引脚、极性及好坏
③ 将不合格的元件筛选出来</td><td>5</td><td>1. 不会用万用表检查判别晶体管引脚、极性扣 3 分
2. 检查元件方法不正确、不合格元件未筛选出来扣 1 分</td><td></td></tr>
<tr><td>3. 按图安装：
① 线路板上元件排列整齐、成形美观、线路板清洁
② 焊点光滑无虚焊和漏焊
③ 焊接过程中，不损坏元件</td><td>20</td><td>1. 元件安装有错误，每一个扣 2 分
2. 出现虚焊或焊点有毛刺，每一处扣 1.5 分
3. 线路板不整洁、成形不好扣 5 分
4. 焊接时损坏元件扣 10 分</td><td></td></tr>
<tr><td rowspan="6">主要项目</td><td>1. 计时、定时、报警功能调试正常</td><td>10</td><td>有一个功能不正确扣 2～3 分</td><td></td></tr>
<tr><td>2. 调整时基振荡器的频率(周期)1/6Hz(6 秒)，记入表中(可用秒表测周期)</td><td>10</td><td>1. 不会用计数器测频率和周期扣 5～8 分
2. 周期调整误差过大扣 2～4 分</td><td></td></tr>
<tr><td>3. 检测报警振荡器的频率，记入表中</td><td>10</td><td>不会用示波器测频率扣 5～8 分</td><td></td></tr>
<tr><td>4. 测绘 a、b、c 三点的波形，并画出波形图</td><td>20</td><td>有一个波形测绘不正确扣 3～6 分</td><td></td></tr>
<tr><td>5. 仪器使用方法正确，读数正确</td><td>10</td><td>方法不对扣 5 分，操作不熟练扣 3 分</td><td></td></tr>
<tr><td>6. 难度系数：</td><td>×1.04</td><td>6. 得分乘难度系数为总得分</td><td></td></tr>
<tr><td>安全文明</td><td>按有关规定</td><td></td><td>每违反一项从总分中扣除 2 分，发生重大事故则取消考核资格</td><td></td><td></td></tr>
<tr><td>主考</td><td></td><td>监考</td><td></td><td>日期</td><td></td></tr>
</table>

二、元件清单

可编程定时器

准考证号：　　　　　　　　　　　　　　　元器件明细表　　　　　　　　　　　　　　　姓名：

序号	品　　名	型号规格	数量	配件图号	实　测　值
1	碳膜电阻	RT－0.25－100Ω	1	R5	
2	碳膜电阻	RT－0.25－3kΩ	1	R3	
3	碳膜电阻	RT－0.25－4.7kΩ	2	R1,R4	
4	碳膜电阻	RT－0.25－5.1kΩ	4	R7,R8,R9,R10	
5	碳膜电阻	RT－0.25－10kΩ	2	R6,R11	
6	碳膜电阻	RT－0.25－200kΩ	1	R2	
7	碳膜电阻	RT－0.25－1MΩ	1	R12	
8	多圈电位器	3296-500k	1	RP1	
9	电容	CL-63V-2000p	1	C1	
10	电解电容器	CD-25V-47μ	2	C2,C3	
11	三极管	9013	2	V1,V2	
12	集成电路	4543	1	IC1	
13	集成电路	4029	1	IC2	
14	集成电路	4011	1	IC3	
15	数码管	LDD581R-共阳	1	QP	
16	电路插座	DIP8	1	S1	
17	电路插座	DIP14	2	IC3,QP	
18	电路插座	DIP16	2	IC1,IC2	
19	轻触开关	自锁双刀双掷	2	SA－1,SA－2	
20	拨码开关	双列直插四挡	1	S1	
21	印制电路板	GK2－8 siit	1		

参 考 文 献

[1] 黄智伟.全国大学生电子设计竞赛培训教程[M].北京：电子工业出版社，2005.

[2] 黄智伟.全国大学生电子设计竞赛技能训练[M].2版.北京：北京航空航天大学出版社，2011.

[3] 陈光明.电子技术课程设计与综合实训[M].北京：北京航空航天大学出版社，2007.

[4] 陈海波.电子技术一点通[M].北京：机械工业出版社，2007.

[5] 胡斌.电子技术三剑客之电路检修[M].北京：电子工业出版社，2008.

[6] 杨海洋.电子电路故障查找技巧[M].北京：机械工业出版社，2004.

[7] 李银华.电子线路设计指导[M].北京：北京航空航天大学出版社，2005.

[8] 张爱民.怎样选用电子元器件[M].北京：中国电力出版社，2005.

[9] 马汉蒲.电子测量项目教程[M].武汉：华中科技大学出版社，2010.

[10] 宋悦孝.电子测量与仪器[M].北京：电子工业出版社，2003.

[11] 陈尚松.电子测量与仪器.2版[M].北京：电子工业出版社，2009.

[12] 孙艳.电子测量技术实用教程[M].北京：国防工业出版社，2008.

[13] 秦增煌.电工学第六版下册-电子技术[M].北京：高等教育出版社，1964.

[14] 周淑阁，杨栋，王晓燕.模拟电子技术实验教程[M].南京：东南大学出版社，2008.

[15] 从宏寿，李绍铭.电子设计自动化—Multisim应用[M].北京：清华大学出版社，2008.

[16] 侯建军，佟毅，刘颖，等.电子技术基础实验、综合设计实验与课程设计[M].北京：高等教育出版社，2007.